中国科协学科发展研究系列报告

中国科学技术协会 / 主编

指挥与控制学科发展报告

—— REPORT ON ADVANCES IN ——
COMMAND AND CONTROL

中国指挥与控制学会 / 编著

中国科学技术出版社
· 北　京 ·

图书在版编目（CIP）数据

2018—2019 指挥与控制学科发展报告 / 中国科学技术协会主编；中国指挥与控制学会编著 . —北京：中国科学技术出版社，2020.8

（中国科协学科发展研究系列报告）

ISBN 978-7-5046-8527-8

Ⅰ. ① 2… Ⅱ. ①中… ②中… Ⅲ. ①指挥控制系统—学科发展—研究报告—中国—2018—2019 Ⅳ.① E94-12

中国版本图书馆 CIP 数据核字（2020）第 036883 号

策划编辑	秦德继　许　慧
责任编辑	张　楠　彭慧元
装帧设计	中文天地
责任校对	焦　宁
责任印制	李晓霖

出　　版	中国科学技术出版社
发　　行	中国科学技术出版社有限公司发行部
地　　址	北京市海淀区中关村南大街16号
邮　　编	100081
发行电话	010-62173865
传　　真	010-62179148
网　　址	http://www.cspbooks.com.cn

开　　本	787mm × 1092mm　1/16
字　　数	425千字
印　　张	18.75
版　　次	2020年8月第1版
印　　次	2020年8月第1次印刷
印　　刷	河北鑫兆源印刷有限公司
书　　号	ISBN 978-7-5046-8527-8 / E · 18
定　　价	102.00元

2018—2019

指挥与控制学科发展报告

首席科学家　戴　浩

专　家　组

名誉主任　李德毅　费爱国

主　　任　秦继荣

成　　员　（按姓氏笔画排序）

卜先锦　王飞跃　王兆魁　王树良　王积鹏
付　琨　匡麟玲　吕金虎　刘　伟　刘　忠
刘玉超　关　欣　李　智　李　强　李定主
杨　林　何　明　何元智　宋　荣　张维明
陈　杰　陈洪辉　范　丽　郑晓龙　胡晓峰
夏元清　黄　强　黄四牛　黄红兵　董希旺
潘　泉

撰　写　组　（按姓氏笔画排序）

丁　嵘　刁联旺　于　龙　马　严　王兆魁

当今世界正经历百年未有之大变局。受新冠肺炎疫情严重影响，世界经济明显衰退，经济全球化遭遇逆流，地缘政治风险上升，国际环境日益复杂。全球科技创新正以前所未有的力量驱动经济社会的发展，促进产业的变革与新生。

2020 年 5 月，习近平总书记在给科技工作者代表的回信中指出，“创新是引领发展的第一动力，科技是战胜困难的有力武器，希望全国科技工作者弘扬优良传统，坚定创新自信，着力攻克关键核心技术，促进产学研深度融合，勇于攀登科技高峰，为把我国建设成为世界科技强国作出新的更大的贡献”。习近平总书记的指示寄托了对科技工作者的厚望，指明了科技创新的前进方向。

中国科协作为科学共同体的主要力量，密切联系广大科技工作者，以推动科技创新为己任，瞄准世界科技前沿和共同关切，着力打造重大科学问题难题研判、科学技术服务可持续发展研判和学科发展研判三大品牌，形成高质量建议与可持续有效机制，全面提升学术引领能力。2006 年，中国科协以推进学术建设和科技创新为目的，创立了学科发展研究项目，组织所属全国学会发挥各自优势，聚集全国高质量学术资源，凝聚专家学者的智慧，依托科研教学单位支持，持续开展学科发展研究，形成了具有重要学术价值和影响力的学科发展研究系列成果，不仅受到国内外科技界的广泛关注，而且得到国家有关决策部门的高度重视，为国家制定科技发展规划、谋划科技创新战略布局、制定学科发展路线图、设置科研机构、培养科技人才等提供了重要参考。

2018 年，中国科协组织中国力学学会、中国化学会、中国心理学会、中国指挥与控制学会、中国农学会等 31 个全国学会，分别就力学、化学、心理学、指挥与控制、农学等 31 个学科或领域的学科态势、基础理论探索、重要技术创新成果、学术影响、国际合作、人才队伍建设等进行了深入研究分析，参与项目研究和报告编写的专家学者不辞辛劳，深入调研，潜心研究，广集资料，提炼精华，编写了 31 卷学科发展报告以及 1 卷综合报告。综观这些学科发展报告，既有关于学科发展前沿与趋势的概观介绍，也有关于学科近期热点的分析论述，兼顾了科研工作者和决策制定者的需要；细观这些学科发展报告，从中可以窥见：基础理论研究得到空前重视，科技热点研究成果中更多地显示了中国力量，诸多科研课题密切结合国家经济发展需求和民生需求，创新技术应用领域日渐丰富，以青年科技骨干领衔的研究团队成果更为凸显，旧的科研体制机制的藩篱开始打破，科学道德建设受到普遍重视，研究机构布局趋于平衡合理，学科建设与科研人员队伍建设同步发展等。

在《中国科协学科发展研究系列报告（2018—2019）》付梓之际，衷心地感谢参与本期研究项目的中国科协所属全国学会以及有关科研、教学单位，感谢所有参与项目研究与编写出版的同志们。同时，也真诚地希望有更多的科技工作者关注学科发展研究，为本项目持续开展、不断提升质量和充分利用成果建言献策。

中国科学技术协会

2020 年 7 月于北京

中国指挥与控制学会于 2014 年组织国内外有关专家学者编写出版了国内外首部《2014—2015 指挥与控制学科发展报告》，引起了较大的反响，受到从事“指挥 – 控制 – 通信 – 计算 – 情报 – 侦察 – 监视”（C4ISR）领域相关学科研究、系统设计、生产制造、产品使用、科研教学与组织管理的科技工作者的青睐。为了进一步促进指挥与控制科学技术在现代社会治理、军事变革、组织创新中的顶层引领作用，中国指挥与控制学会于 2018 年再次组织近 50 名专家学者，编写了这部《2018—2019 指挥与控制学科发展报告》，以期推动基于网络信息环境指挥与控制的科技创新。

根据中国科协对学科发展工程项目的要求，本报告由综合报告和 6 个专题报告两部分构成。综合报告对最近五年我国指挥与控制学科的发展进行了总结、分析和研究，从系统理论、技术发展、工程应用 3 个层面，比较了国内外本学科领域发展状况，较为全面地总结了国内指挥与控制领域的最新成果，并对学科发展态势进行了概述、分析和展望，提出了我国在指挥与控制学科领域的发展对策与建议。专题报告紧紧围绕指挥与控制领域的热点和前沿技术选题，涉及信息融合技术、移动指挥网络技术、云控制系统理论与技术、集群系统协同控制、空间安全控制技术、公共安全指挥调度 6 个专业方向。

本报告的编写，对于指挥与控制科学事业的发展，具有深远的历史意义和重要的现实意义。中国指挥与控制学会是一个年轻的学会，但指挥与控制学科源远流长，可以说“指挥与控制学”是对“赛博学（Cybernetics）”更准确的翻译。1948 年维纳的“Cybernetics”是研究生物和机器之间的通信与控制的科学，1845 年法国物理学家安培首次提出的“赛博”概念，更是被定义为研究管理国家的社会科学，因此，“赛博学”本质上是研究交互驱动的复杂系统工程问题，这正是指挥与控制学的核心，也是钱学森先生倾注后半生精力追求的大系统科学事业。“指挥与控制”一词诞生于朝鲜战场，自海湾战争以来，需求驱动的军事领域应用快速发展，把指挥与控制理论技术推向高潮。当前，面对世界处于百年未有之大变局，我国在国防领域的军队调遣、训练和作战，经济活动领域的交通运输、航空管理、安全生产、应急救援等，科学研究领域的飞船上天、太空登月飞行等，社会生活领域的自然灾害和突发事件的应急处理，政治领域的舆情管控、国家安全等多维复杂交互驱动的信息－物理－社会系统(CPSS)工程问题，对智能指挥与控制科学技术创新提出了严峻挑战，指挥与控制学科的重要性日益凸显。数字经济时代，数字孪生、虚实结合的新时空基准体系逐渐形成，基于网络平台的不确定性交互呈指数级增长，复杂系统工程问题日益突出，同时也成为不同学科融合创新的交叉点。国家社会治理体系建设、军事智能化、多域作战体系及公共安全体系建设，都需要新的创新发展驱动力。这些将是中国指挥与控制学会肩负的使命，也是指挥与控制学科发展的时代要求。

当今时代充满不确定性，人与人之间、组织与组织之间、国家与国家之间，相互依赖、相互摩擦、相互合作、相互竞争等积极的、消极的交互关系并存演化成为常态，复杂系统不确定性的时域、空域都更加宽广。我们相信，指挥与控制科学和工程，将越来越显示出其强大的时代生命力和重大的科学价值，而成为推进国家治理体系和治理能力现代化、国防和军事智能化、中国特色社会主义现代化建设事业全面、协调、可持续发展的强大理论武器和重要工具手段，成为富国强军的宝贵财富。

中国指挥与控制学会

2020 年 5 月

综合报告

专题报告

ABSTRACTS

Comprehensive Report

Reports on Special Topics

综合报告

指挥与控制学科发展报告

1. 引言

1.1 指挥与控制学科概貌

指挥与控制是综合运用数字化、网络化、智能化等技术，通过情报综合、态势分析、筹划决策、行动控制的动态迭代过程，对军事和公共安全领域的对抗性、应急性、群体性行动进行组织领导、计划协调、监控调度的活动。指挥与控制学科是关于指挥与控制的理论、方法、技术、系统及其工程应用的学科，是在指挥与控制认识和实践过程中所形成的专门的知识体系，是控制科学、信息科学、军队指挥学、系统科学、复杂科学、智能科学、认知科学、数学、管理科学等多学科交叉融合的一门综合性、横断性学科。指挥与控制学科涵盖了作战指挥与控制、非战争军事行动指挥与控制以及反恐维稳、抢险救灾、应急处置、交通管理等公共安全与民用领域的指挥与控制，学科发展的主体涉及军队、高等院校、国防工业部门、研究院所、智库等，力量结构呈现多元化特征。

以 2009 年指挥与控制学科正式列入国家学科分类标准和 2012 年中国指挥与控制学会成立为标志，我国指挥与控制学科发展进入了一个加速发展的轨道。目前在中国指挥与控制学会下已成立了 28 个专业委员会，它们分别是：建模与仿真、无人系统、海上指挥控制、C4ISR 理论与技术、火力与指挥控制、数据处理与集成、空天安全平行系统、富媒体指挥、认知与行为、网络科学与工程、电磁频谱安全与控制、安全防护与应急管理、智能控制与系统、智能物联网、智能指挥调度、云控制与决策、虚拟现实与人机交互、空天大数据与人工智能、空中交通管制、网络空间安全、智能可穿戴技术、数据链技术、指挥控制网络、筹划与决策、公共安全数据工程、智能指挥与控制系统工程、安全应急共享知识、青少年创客联合会等专业委员会。这些学术组织及学者们的学术交流空前活跃，既引领和推动着我国指挥与控制学科的蓬勃发展，也不断探索和深化着我国指挥与控制学科的内涵和外延。

近几年来，适逢世界“百年未有之大变局”，随着世界军事变革、国家军事战略调整、社会治理现实需求以及信息技术和武器装备技术的发展变化，我国指挥与控制学科的发展始终面向国家安全的战略制高点，始终紧扣科技发展的时代脉络，始终适应国家和军队的发展规划和体系框架，体现出“基于网络信息体系、面向多域精确作战、强调任务式指挥和武器实时控制、突出数据驱动和知识指导、注重人机混合智能和无人自主协同”的阶段性特征。

1.2 本卷学科发展报告的定位与内容组织

近几年来，我国指挥与控制学科在基础研究、应用研究和工程实践方面取得了很多突出成果，学科建设投入不断增长、学科队伍建设不断优化和成长、学科优势和特色日益显著，相关学科间交叉融合也不断孕育着创新、正在逐步深化学科内涵和拓展学科外延，同时也存在着一些问题。本卷学科发展报告总结了 2016—2019 年指挥与控制学科的国内外发展状况，分析了成效与差距，并就未来的发展进行了展望和构想。本报告不仅是对本学科近几年来所取得成果的一次梳理，对学科发展态势的一次盘点，也希望能为本学科今后更加科学有效的发展奠定基础。

观察一个学科的发展有多个视角和维度，为了在一个一致的逻辑框架下对国内现状、国外现状和未来发展分别进行研究和对比分析，本报告的各部分都将按照指挥与控制理论、指挥与控制技术、指挥与控制应用 3 个层面分别展开（如图 1 所示）。其中，指挥与控制理论层面主要包括指挥与控制基础理论、指挥与控制过程模型、指挥与控制体系结构

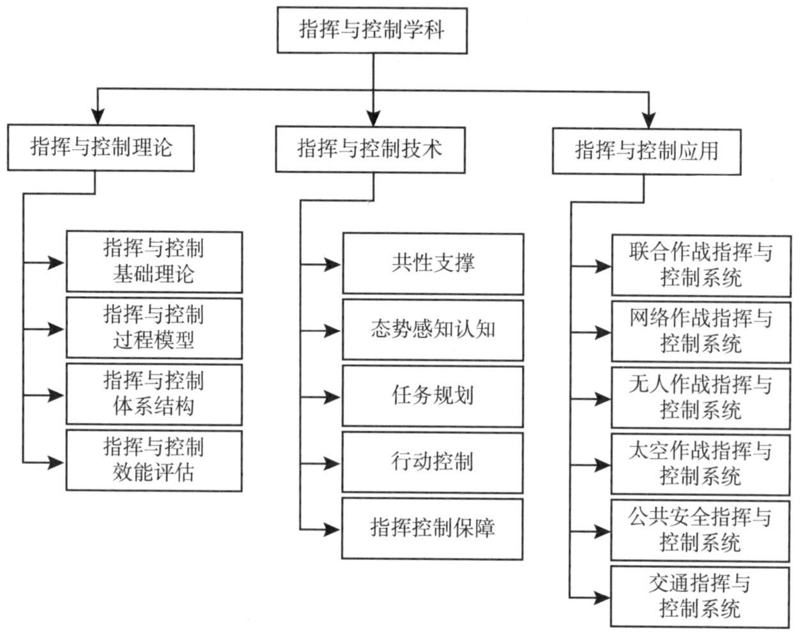

图 1　本报告的体系框架

和指挥与控制效能评估，主要突出网络信息体系、复杂系统、敏捷自适应、任务式指挥、不确定博弈等；指挥与控制技术层面主要包括共性支撑技术、态势感知认知技术、任务规划技术、行动控制技术和指挥控制保障技术，主要突出网络化、服务化、智能化；指挥与控制应用层面主要包括联合作战指挥与控制系统、网络作战指挥与控制系统、无人作战指挥与控制系统、太空作战指挥与控制系统、公共安全指挥与控制系统、交通指挥与控制系统等。

《2018—2019 指挥与控制学科发展报告》除综合报告外，另有 6 个专题报告作为分报告。其中，专题报告 1、2、3 分别针对指挥与控制技术中的态势感知认知、共性支撑（通信保障）、行动控制技术进行深化和拓展，专题报告 4、5、6 分别针对指挥与控制应用中的无人作战、太空作战、公共安全指挥与控制系统进行深化和拓展。

此外，需要特别说明的是，以军事领域为代表的一些研究领域多年来一直采用“指挥控制”这一表述，为了保证引述的准确性，本报告不对“指挥与控制”和“指挥控制”进行严格区分，视为同义。

2. 近年的最新研究进展

2.1 学科发展数据分析

2.1.1 研究热点和领域

为较全面地了解和掌握本学科的研究进展信息，在 CNKI–KNS（知识网络服务平台）中分别以“主题（指挥与控制、指挥控制）”和“全文（指挥与控制、指挥控制）”及“发表时间”（2016 年 1 月 1 日至 2019 年 6 月 22 日）为检索条件，对近五年本学科的研究热点关键词进行筛选和提炼，其结果如表 1 所示。

表 1　2016 年 1 月 1 日至 2019 年 6 月 22 日本学科热点关键词

按照“主题”——指挥与控制、指挥控制			按照“全文”——指挥与控制、指挥控制		
1	模型	5152	1	模型	13247
2	仿真	3118	2	仿真	11183
3	指标体系	660	3	大数据	3010
4	效能评估	444	4	体系结构	2806
5	大数据	388	5	人工智能	2683
6	人工智能	374	6	指标体系	2220
7	体系结构	343	7	信息融合	2100
8	信息融合	270	8	效能评估	1799
9	态势感知	121	9	态势感知	1463
10	系统集成	106	10	辅助决策	1403

续表

按照“主题”——指挥与控制、指挥控制			按照“全文”——指挥与控制、指挥控制		
11	信息安全	102	11	信息安全	1362
12	辅助决策	93	12	系统集成	1350

从表 1 中可以看出，对比 2010—2015 年的研究热点，近五年来本学科的研究热点主要分布在“模型”“仿真”“指标体系”“效能评估”“大数据”“人工智能”“体系结构”等方向，特别是对“指标体系”“人工智能”和“大数据”方向的研究，近五年尤为突出。

根据表 1 所列的 12 个关键词，本报告分别按军事、应急、交通、消防、航空管制五个领域进行了检索，结果如表 2 所示。

表 2　五个领域发表的与关键词相关的论文篇数

	模型	仿真	指标体系	效能评估	大数据	人工智能	体系结构	信息融合	态势感知	系统集成	信息安全	辅助决策
军事	6257	5489	1138	1177	1613	1722	1913	1347	2143	811	830	961
应急	1991	1337	605	217	843	543	546	308	628	392	496	423
交通	4803	3737	921	354	1498	1265	1037	890	894	587	648	491
消防	597	338	196	32	259	158	145	86	153	116	153	139
航管	79	69	14	18	17	20	18	27	9	7	9	9

从表 2 中可以得出，近五年在热点关键词所示方向最活跃的研究领域是军事领域，其次是交通和应急指挥。从具体方向看，模型、仿真、指标体系是受关注最多的方向，指挥控制系统安全、辅助决策相对成果较少。

2.1.2　分方向研究话题分布

为更清晰地了解与本学科研究相关的内容，在表 1 所给研究热词的基础上，再对各方向按研究话题进行细分，获得近五年论文发表的情况，见表 3。

表 3　近五年与本学科研究方向相关论文发表的情况

方向	话题	总数	博士	硕士	期刊	会议
模型	概念模型	63	6	10	46	3
	组织模型	18	0	2	8	1
	仿真模型	589	57	295	231	8
	数据模型	102	7	34	56	6
	结构模型	113	17	38	51	5

续表

方向	话题	总数	博士	硕士	期刊	会议
仿真	方法	1242	138	701	396	7
	模型	1785	132	868	760	25
	系统	1940	132	1004	758	45
体系结构	作战体系结构	40	0	1	37	2
	装备体系结构	62	0	4	56	2
	网络体系结构	45	3	4	34	4
效能评估	评估模型	238	7	31	196	4
	评估方法	152	7	28	115	2
	评估技术	62	6	17	36	3
	指标体系	183	4	16	157	6
人工智能	机器人	100	0	32	64	4
	无人机	43	1	4	37	1
	机器学习	16	1	3	12	0
	计算机视觉	16	1	6	9	0
大数据	方法	80	12	26	36	6
	模型	66	12	16	33	5
	系统	219	11	42	142	22
	技术	250	12	45	168	23
系统集成	集成方法	23	1	3	19	0
	集成技术	27	1	1	23	2
	指挥信息系统集成	5	0	0	5	0
	仿真系统集成	9	1	0	8	0
信息融合	模型	38	6	20	12	0
	方法	90	13	49	27	1
	技术	120	14	75	29	2
	系统	75	9	42	20	4
态势感知	空间态势感知	22	0	0	16	6
	网络态势感知	25	2	9	11	3
辅助决策	方法	21	4	9	7	1
	模型	42	4	12	25	1
	技术	39	3	10	24	2
	系统	63	4	18	38	3

续表

方向	话题	总数	博士	硕士	期刊	会议
信息安全	系统安全	24	2	9	10	3
	数据安全	11	1	3	7	0
	网络安全	61	3	14	40	4
指标体系	模型	327	20	92	212	3
	方法	286	22	125	132	7

值得一提的是，表 3 中论文发表数量的检索是将方向作为主题在 KNS 中检索，且去除了报纸类文章的数量。从表中可以看出，作为本学科发展的生力军，博士 / 硕士研究生论文在学科主要方向的学术贡献占了较大份额，反映了本学科在人才培养和后备力量的储备上已拥有相当的规模和成效，但在基础性的“概念和组织模型”“效能评估模型”及前沿性的“辅助决策”等方面研究有待加强和提升。

2.2 指挥与控制理论研究进展

2.2.1 指挥与控制基础理论

（1）基于网络信息体系的全域作战

随着世界形势的发展变化和科学技术的进步，国内外一直在探索新的作战概念和作战理论。不同历史时期，军队需要不同的作战能力。习近平主席着眼国家安全威胁、军队使命任务、战争制胜机理等的新变化，抓住部队战斗力提升的逻辑源头，在“十九大”报告中明确提出要“提高基于网络信息体系的联合作战能力、全域作战能力”[1]。习近平主席指出：“网络信息体系是打赢信息化战争的核心支撑。要扭住网络信息体系这个抓手，推动信息化建设实现跨越式发展，运用信息技术的渗透性和联通性，把多种作战力量、作战单元、作战要素融合为一个有机整体。”[2] 网络信息体系是以“网络中心、信息主导、体系支撑”为主要特征，涵盖物理域、信息域、认知域、社会域的复杂巨系统。网络信息体系作为信息化时代体系作战能力的催化剂和融合剂，它正在改变着信息化战争的形态以及战斗力生成的模式。网络信息体系已成为衡量国防和军队现代化水平的重要标志，网络信息体系的能力成为国防和军队战斗力核心要素[3]，而指挥控制是网络信息体系的中枢和灵魂。

基于网络信息体系的全域作战是一个全新的概念，当前军内和国内的相关研究机构都在积极探索和研究全域作战的内涵、机理。全域作战，可以从以下 3 个角度来理解[4]：一是从地理疆域的角度，涵盖境内和境外作战。这里的地理疆域，也可以称为任务地域，包括国土境内及附近周边陆海战场、海外的国家利益辐射区战场。二是从空间领域的角度，涵盖陆、海、空、天、网络、电磁以及认知等物理域和虚拟域作战。三是从领域性质的角度，涵盖陆、海、空等传统领域和太空、网络空间等新型安全领域作战，以及深海、量子、人工智能和生物安全等新兴领域的对抗活动。

与此同时，美军近年来也提出了多域作战的概念。文献［5］研究了多域作战的主要概念、核心思想和应用设想，并进行了多次军演验证。多域作战指单一军种能完成多个作战空间内的任务，美军对多域作战的核心要求为，通过具有富有灵活性和弹性的力量编成，将作战力量从传统的陆地和空中，拓展到海洋、太空、网络空间、电磁频谱等其他作战域，获取并维持相应作战域优势，控制关键作战域，支援并确保联合部队行动自由，从物理打击和认知两个方面挫败高端对手。多域作战指挥与控制是多域作战体系的核心和重中之重，也是近年最新的研究热点之一。关于这方面的理论探索，国内才刚刚开始。

文献［6］针对作战体系中类型各异的作战实体及交互关系，构建了包含物理域、信息域与认知域三层网络的体系作战超网络模型，建立了作战体系指挥周期模型，提出了基于作战环的体系作战同步模型。文献［7］结合美军提出的“跨域协同增效”和“多域指挥与控制”，分析体系作战下指挥控制发展趋势和实现难点，探讨如何将人工智能技术和体系作战下的跨域指挥与控制相结合，实现多域指挥与控制中的跨域知识理解和复杂系统关系组织。

（2）任务式指挥

任务式指挥是战争实践的产物，是基于对战争复杂性和不确定性深刻认识的选择。它起源于19世纪的普鲁士军队，在两次世界大战时期的德军中得到发展运用。从20世纪80年代开始，英军、美军、法军等西方国家军队陆续将任务式指挥写入条令。2012年，美军参联会发布了《任务式指挥白皮书》，要求在条令、教育、训练、人事等全面贯彻任务式指挥理念，标志着任务式指挥在信息时代重新焕发生机。国内针对军队改革后我军新的指挥体制，积极探索任务式指挥在战区联合作战中的地位与作用，尤其是任务式指挥在战术级联合作战中的实施理论与方法。

文献［8］分析了无人机系统参战后对战争形态及指挥控制方法的影响，提出了无人机系统参战需要倡导任务式指挥和启发式控制。文献［9］针对战区联指指挥机构设置的特点，研究了联合投送任务式指挥的基本内涵、指挥层次、指挥关系、前提条件以及比较优势等基本问题，从任务授权、明确职责、监控干预3个方面设计了联合投送任务式指挥的指挥流程（如图2、图3所示）。

（3）战区联合作战指挥与控制理论

近五年，尤其在军队改革以后，我国学者重点对联合作战指挥与控制基础理论开展了研究，特别是针对战区联合作战指挥与控制的基础理论更是受到了广泛的关注。但总的来看，国内学者的研究仍是跟踪国外尤其是美军理论研究成果，并进行理解和借鉴[10-11]。

联合作战指挥与控制，是联合作战指挥机构对编成内部队及其他参战力量进行组织、协调、掌握和制约的活动，是联合作战指挥的基本活动，旨在保证指挥高效、协同顺畅、行动有序，确保指挥员决心意图得以贯彻和实现。战区联合作战指挥与控制流程是军队改革后亟须解决的理论与现实问题，军事科学院、国防科技大学、中国电子科技集团第二十八研究所等单位围绕这个问题从不同视角开展了大量的理论研究工作[12-15]。

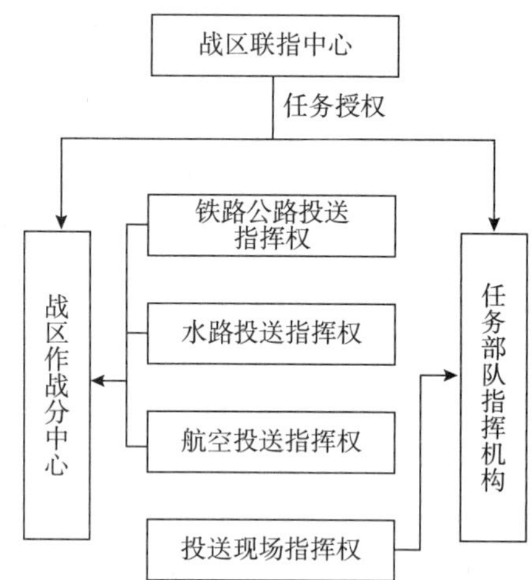

图 2　联合投送任务式指挥的任务授权过程

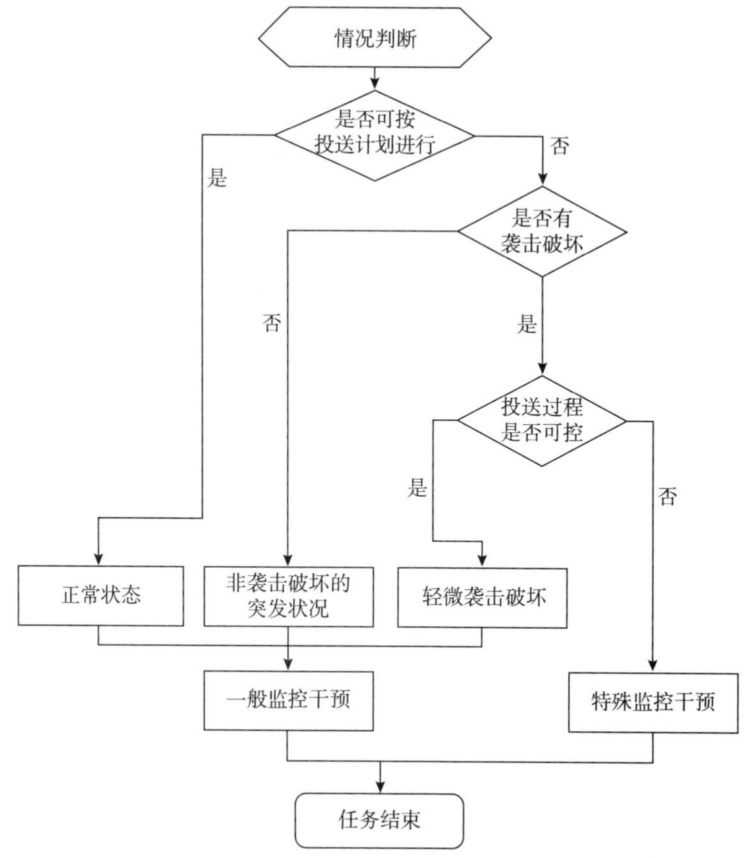

图 3　联合投送任务式指挥的监控干预流程

（4）智能化指挥与控制理论方法

随着人工智能技术的快速发展并在若干应用领域取得实质性突破，智能化指挥与控制理论方法成为指挥与控制理论方法的研究热点，并取得了多方面的进展。代表性的研究团队包括军事科学院、国防大学、国防科技大学、中国电子科技集团第二十八研究所、中国航天科工集团第四研究院十七所等。

基于知识中心、智能处理特点的作战指挥，就是将大量、冗余、繁杂的数据/信息进行融合精炼，形成态势知识、决策知识和作战指挥知识，并通过仿真、推理、判断等方式生成作战方案供指挥人员使用，从而实现从信息优势到决策优势和行动优势的跨越。

文献［16］针对指挥控制智能化问题的复杂性，将指挥控制智能化问题进行了分解，分别针对融合处理、态势研判、方案设计、计划制订、个体行动、群体行动等子问题，提出了相应的智能化解决方法。

文献［17］阐述了新一代指挥信息系统面向认知与智能处理、泛在网络与普适计算、弹性适变与赛博免疫以及人机融合与自主演化的能力特征，提出了一种基于军事云脑的指挥信息系统架构模型，从反馈学习和韧性保障两个方面设计了以知识为中心的系统运行演化机理。

文献［18］研究了新一代指挥信息系统发展的能力需求，提出了“结构自适应、功能自同步、信息自汇聚、体系自保护和行为自决策”5个亟待研究的基础性问题。

2.2.2 指挥与控制过程模型

国内外提出了许多关于指挥与控制过程的参考模型，如OODA（Observe Orient Decide Act）环模型及其变形[19-24]、SHOR（Stimulus Hypothesis Option Response）[25]、HEAT（Headquarters Effectiveness Assessment Tool）、CECA（Critique Explore Compare Adapt）认知模型[26]等。随着网络中心战理论系统和实践的不断深入，对指挥控制系统设计要求不断提高，产生了诸如网络中心赋能能力、敏捷指挥控制、任务式指挥、多域作战等一批新的概念和理论方法，都对指挥与控制过程模型提出了更高的要求，不少研究人员对指挥与控制系统的模型和系统设计方法取得了有一定特色和先进性的研究成果。

（1）针对不同作战场景和作战任务，在OODA环模型基础上进行优化变形

1）基于作战任务规划的P-OODA模型。文献［27］提出一种基于规划的杀伤链循环模型P-OODA（Plan Based OODA）环，用于作战任务规划。P-OODA环的每一个环节都应基于周密的规划，态势感知、行动控制、武器打击、作战保障等要素都要紧紧围绕作战任务规划展开，形成P-OODA闭环。

2）基于兰彻斯特方程的信息战简化扩展OODA模型。文献［28］针对兰彻斯特方程描述信息战在信息对抗作战条件下的局限性，提出了信息对抗条件下的简化扩展OODA环模型（如图4所示），为有效分析部队作战能力提供了一种方法，对于信息对抗条件下的作战筹划具有一定的参考价值。

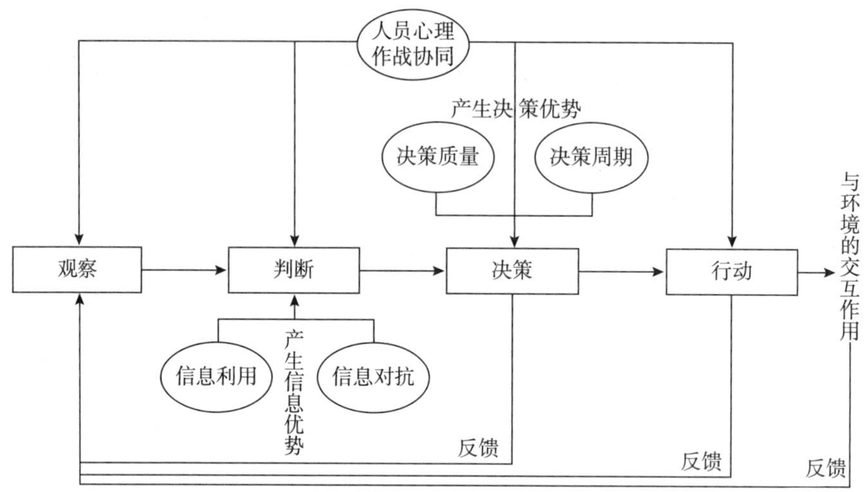

图 4　信息对抗条件下的 OODA 环模型

3）基于人工智能技术的 OODA 模型优化框架。文献［29］针对人工智能和大数据技术的发展，提出了一种数据库与专家系统相结合、以神经网络作为自学习反馈机制的 OODA 模型整体优化框架（如图 5 所示），用于提高 OODA 环的运行效率，提升基于大数据的作战指挥决策优势。

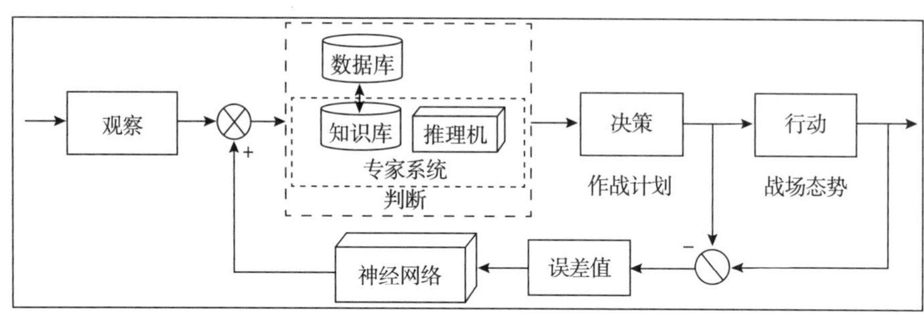

图 5　基于人工智能的 OODA 模型优化框架

4）Agent 化的 OODA 模型。目前，使用 Agent 来构建指挥实体是各国军队的主流做法，不同指挥层次的每一个实体看成一个 Agent。研究人员运用 OODA 环和 Agent 建模技术建立指挥控制模型（如图 6 所示），为我军构建新一代指挥控制过程模型提供有益的参考。

5）OODA 模型优化应用。文献［30］提出一种基于网络对抗的 OODA-NetAD 模型（如图 7 所示），用于描述网络对抗过程及网络攻防对抗分析，提高网络对抗能力。

文献［31］提出一种基于使命和方法框架（Mission and Means Framework，MMF）的 MMF-OODA 模型（如图 8 所示），用于海军装备体系贡献度分析与评估。

此外，一些科研机构提出利用 OODA 环模型来指导与设计登陆作战全过程[32]、设计电磁频谱拒止指挥调度系统[33]、设计战役级作战态势智能认知系统[34]。

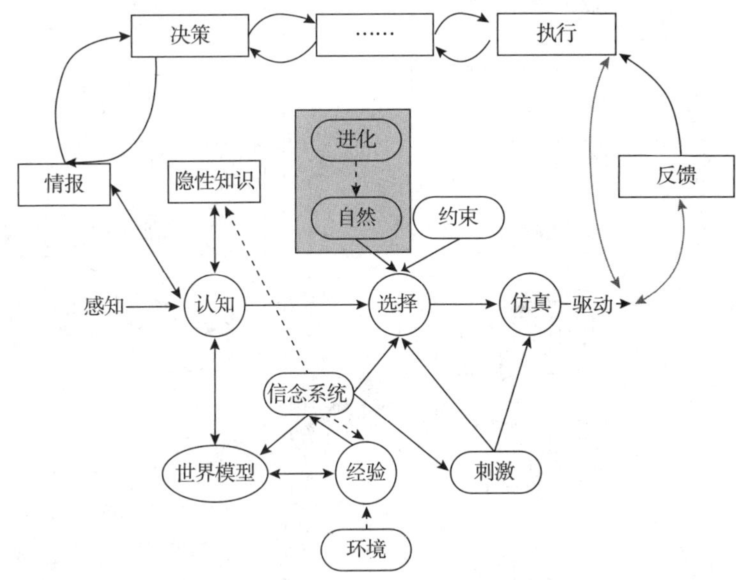

图 6　Agent 指挥决策过程模型

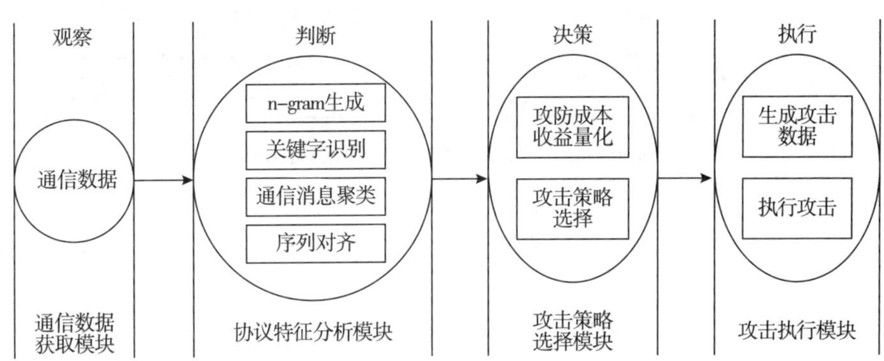

图 7　OODA-NetAD 模型

（2）自主提出的 PREA 环指挥控制模型

根据军事体系指挥活动在不同域的属性变化，文献［35］从宏观尺度重新审视指挥控制过程，从物理域、信息域和认知域上剖析了作战平台与作战体系指挥活动的差异，提出了 PREA 环（如图 9 所示），用于描述作战体系指挥对抗活动的一般过程。PREA 环是指：筹划（Planning）→准备（Readiness）→执行（Execution）→评估（Assessment）→筹划（Planning）。

与 OODA 环相比较，阳东升等提出的 PREA 模型更适合国内对军事体系指挥活动的过程描述，PREA 环有如下 5 个特征[35]：

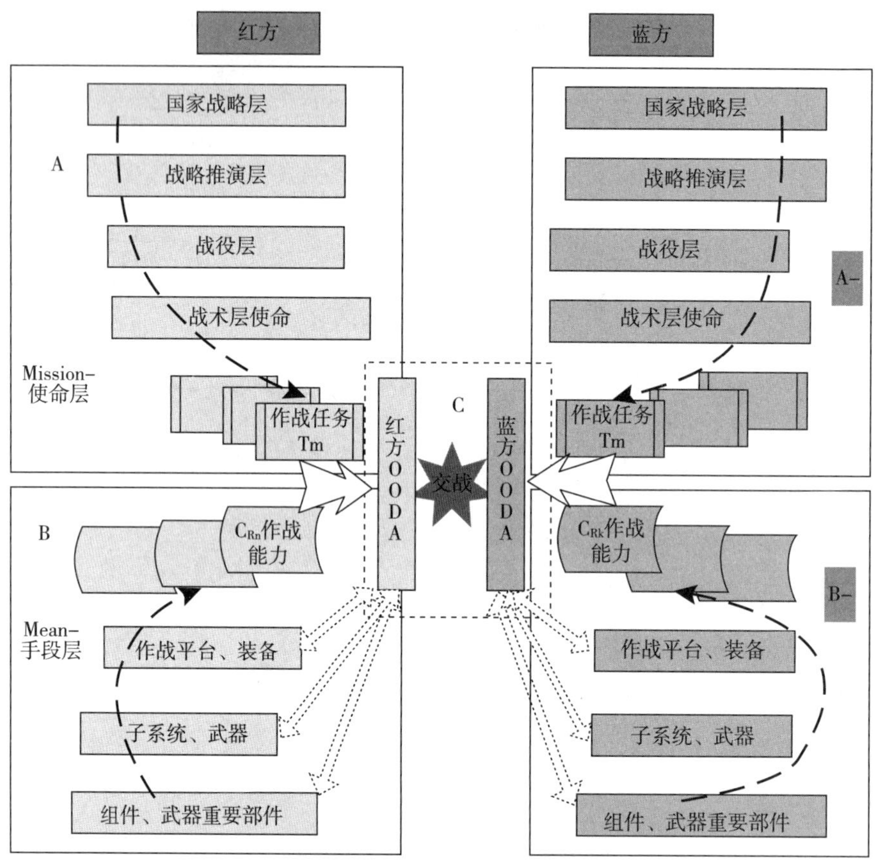

图 8 基于 MMF 框架和 OODA 红蓝双方体系对抗图

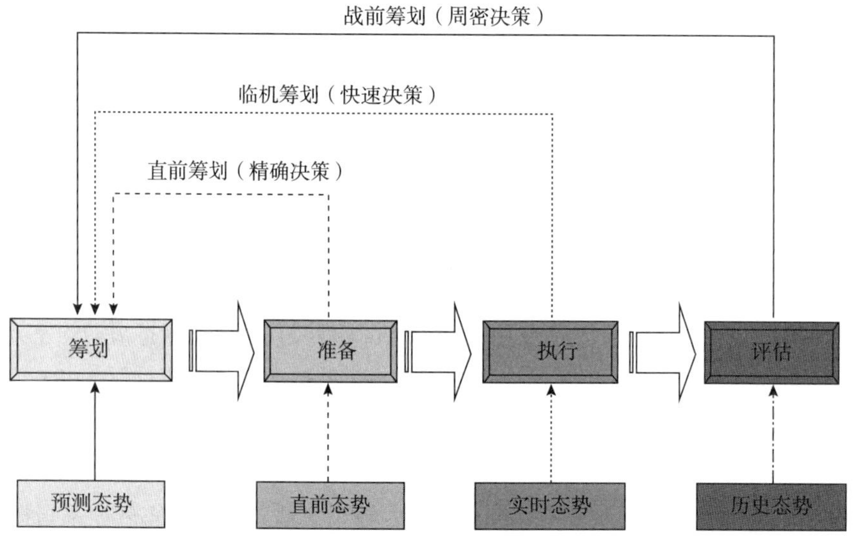

图 9 体系指挥对抗 PREA 环

1）多环共生、关联和效果累积。PREA 环描述军事体系对抗包括从筹划至总结评估的完整过程。与体系对抗的过程相比，OODA 环的运转是一维的、线性的，往往是一个周期的结束才转入下一个周期。在体系层面，多环共生是体系指挥活动的常态，通常是多个 PREA 环共生，环环相关，可能并发、并行、异步，也可能串行、嵌套。

2）“决策”活动的持续性和关键性。在 PREA 环，决策活动包含在“筹划”活动中，而“筹划”贯穿其全过程，突出“筹划”，着力“筹划”。在作战平台层次，“决策”是狭义的、间断的，被理解为“扣”扳机的决定，在 OODA 环中仅仅体现在“决策”环节。

3）“态势”的关键性和多样性。在 OODA 环中“观察”可直接转入指挥主体的“判断”，但在军事体系层面，“观察”通常需要形成有“时间”属性的“态势”产品，有独立的机构“生产”产品，在各指挥节点共享，直接影响指挥主体的“决策”活动。

4）“决策”活动的时间和事件关联性。在 PREA 环中，“筹划”活动的内容和组织形式并非一成不变，而是具有时间关联和事件关联性。时间关联性即在不同的时间需要不同的筹划内容和组织形式，事件关联性即战场不同的事件需要不同的筹划决策方式。

5）“行动”的节奏性。在军事体系层面，“行动”并不是一个连续的过程，不同阶段有不同的作战行动以实现不同的作战目的。在 PREA 环中，突出“评估”环节，而在 OODA 环中，由于平台对抗过程的相对连续性，“评估”环节就隐含在“观察”和“判断”环节之中了。

文献［36］提出联合作战指挥控制过程由联合情报计划与态势综合、联合作战筹划、联合作战计划和联合执行与控制 4 个阶段组成（如图 10 所示），并认为联合作战指挥控制系统“依赖于信息域，决胜于认知域，协同于社会域，作用于物理域”。

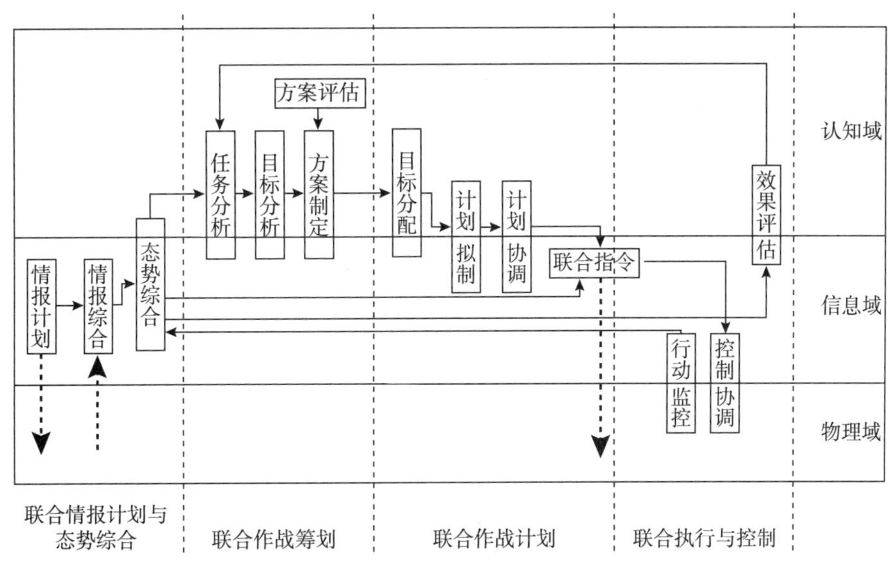

图 10　联合作战指挥控制过程模型

（3）信息与知识视角的指挥控制模型

为了更好地发挥信息的智能化优势，海军工程大学将信息挖掘（Information Mining）和主动感知（Initiative Sensing）引入指挥控制模型，提出了IMIS指挥控制模型（如图11所示）。

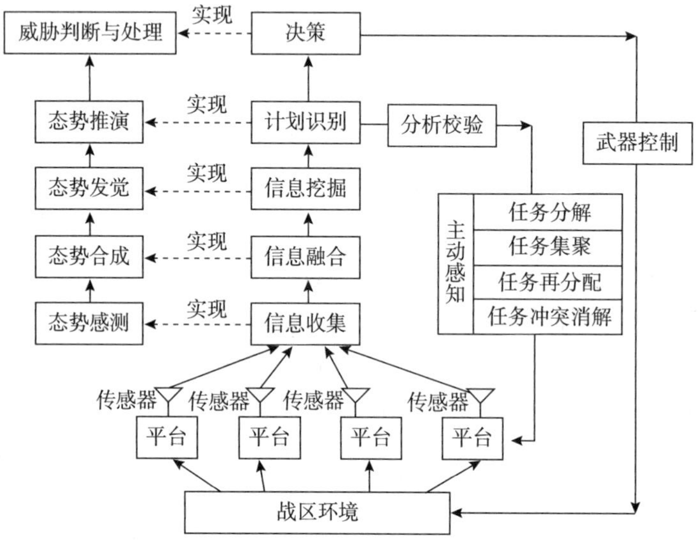

图11 引入信息挖掘与主动感知的指挥与控制系统模型

文献［37］通过计算机系统对信息进行分析、理解、过滤、关联、推演等智能行为，将其转变为可以直接指导作战指挥的战场空间知识、作战规律知识、作战行动知识的新型指挥与控制系统，如图12所示。

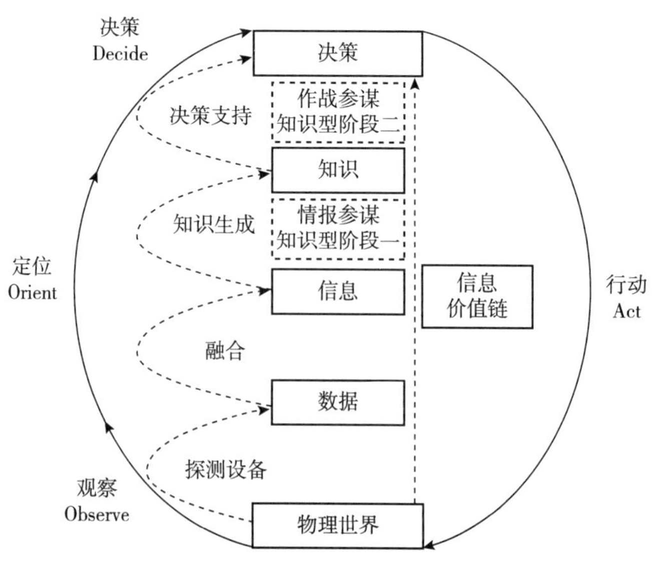

图12 知识型指挥控制系统工作过程模型

文献［38］探讨了 OODA 环中的知识活动机理，如图 13 所示。知识活动将信息优势转化为决策优势，最终推动智能化的 OODA 业务活动，形成行动优势。

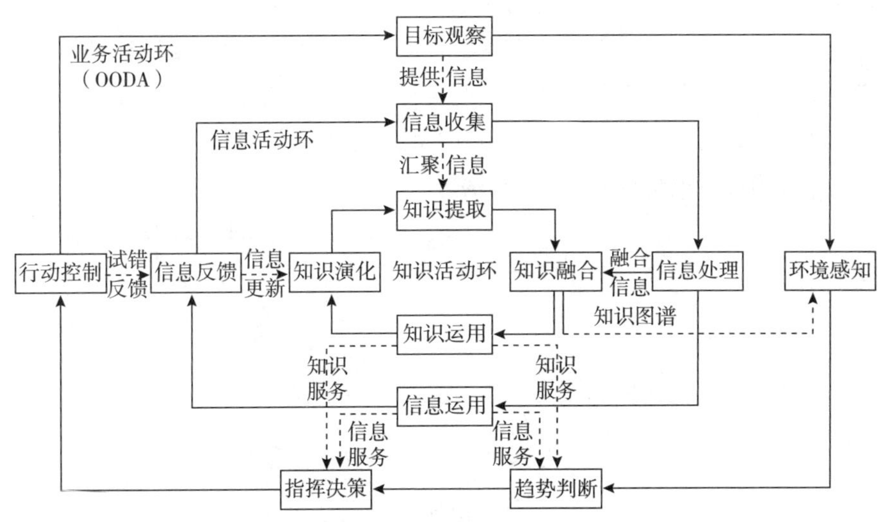

图 13　OODA 环中知识活动作用机理

2.2.3　指挥与控制体系结构

指挥与控制体系结构是指构成指挥与控制的要素及要素关系。近年来国内研究的重点放在了指挥控制体系、指挥与控制的组织结构、指挥与控制结构的度量方法以及指挥与控制体系结构的开发方法等方面。

（1）指挥控制体系

文献［39］将指挥控制体系中的情报获取、情报融合、指挥决策和任务执行单元视为网络的节点，将指挥控制体系中指挥信息流视为网络的边，构建由情报网、指挥与控制网和火力网组成的指挥控制体系网络模型（如图 14 所示），并对联合作战指挥控制体系 3 种指挥方式下的指挥网络进行了比对分析。

文献［40–41］将信息网络与军事作战相结合，对各种军事实体、组织关系和行动策略进行有效整合，构建了网络信息体系建模、博弈与演化研究架构。

文献［45］提出体系作战信息流转超网络概念，构建由物理层和逻辑层组成的分层网络结构，建立作战信息流转超网络均衡模型，以具备更强的抗毁性、更高的流转效率和更大的网络化效能。

（2）指挥与控制的组织结构

在指挥与控制组织设计的原理与方法研究方面，由于对指挥与控制组织还没有一个公认的定义，还谈不上对一个组织的完整描述，尤其信息化条件下的指挥与控制组织结构问题更是处在探索阶段。目前国内的研究状态是针对不同的具体问题提出了各种不同的解决方法[42]。文献［43］研究了敏捷指挥控制组织结构设计方法，阐述了动态不确定使命环境下指挥与控制组织结构的敏捷性需求和设计原理，建立了敏捷指挥与控制组织模型，提出了不确定使命环境下指挥与控制组织结构设计的流程、模型和算法。国防科技大学还有学者基于联合作战使命的需求，提出了一种系统的兵力组织优化方法。国防科技大学还研究了敏捷指挥与控制组织结构设计与调整方法，建立了敏捷指挥与控制组织模型，提出了确定任务环境下的敏捷指挥与控制组织结构设计方法，提出了不确定任务环境下的敏捷指挥与控制组织结构设计的方法。

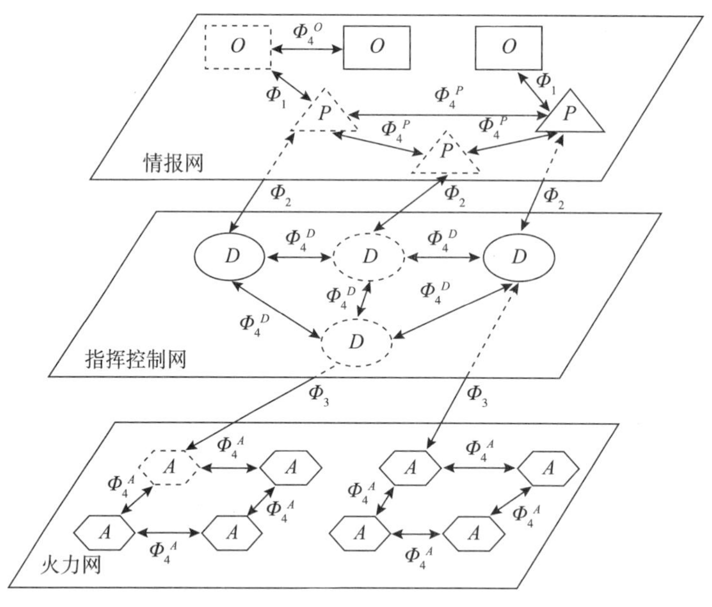

图 14　联合作战指挥控制体系网络模型

（3）指挥与控制结构度量方法

在指挥与控制结构测度与评价方法研究方面，国防科技大学等单位先期开展了大量研究工作，如指挥与控制组织的有效性测度与设计研究，尝试军事指挥理论与管理科学领域组织理论的结合，对高效指挥体系的构建提出了指挥与控制组织的有效测度与设计方法；面向指挥与控制组织效能测度的探索性分析方法研究，面向指挥与控制组织效能测度研究的发展趋势，将探索性分析方法引入指挥与控制组织效能测度过程；不确定使命环境下指挥与控制组织结构动态适应性优化方法研究，进行了不确定使命环境下指挥与控制组织能力的测度分析，指挥与控制组织结构的适应性优化模型以及动态适应性优化方法等方面研究。

（4）指挥与控制体系结构开发方法

在指挥与控制体系结构建模方法方面，国内研究主要集中在结构化方法、面向对象设计方法和 SOA 方法在体系结构建模和设计中的具体应用，特别是规范化建模语言，如

IDEF 系列、UML 语言、SysML 语言等在模型设计中的应用[44-45]。

在体系结构验证与评估方法方面，信息系统工程重点实验室研究团队在体系结构分析、验证与评估方法开展了深入研究，达到世界先进水平[46]。他们将体系结构分析、验证与评估分为语法层、语义层和语用层 3 个层次。语法层分析与验证主要是利用架构数据及其关系进行语法分析，如完备性、一致性等。语义层分析与验证主要采用网络建模、行为建模分析、逻辑合理性等技术。语用层验证与评估采用基于可执行模型的方法，通过体系结构模型的仿真运行，对体系结构进行性能、效能等验证与评估。

在体系结构开发工具方面，国防科技大学研究团队研制了基于元模型的体系结构设计工具，基于元模型的体系结构开发能够面向应用定制视图、产品、建模方法和输出结果，具有更高的灵活性和适应性，软件使用 Java 语言开发，支持自主可控的国产软硬件平台，具有自主知识产权。

2.2.4 指挥与控制效能评估

指挥与控制效能评估是基于系统的属性、结构、功能、使命及使用环境等，遵循基本的评估准则，依据科学、合理的效能指标体系，通过利用定性定量相结合的系统工程技术和方法，对指挥与控制系统自身和其在执行特定任务时所能达到预期目标程度的度量过程。其不仅要对指挥与控制质量、指挥与控制时效、指挥与控制效益等做出客观评估，真正摸清作战指挥的可靠性、时效性和正确性等，更要对作战活动的作用及其价值做出判断，以便指挥员进行指挥决策[47]。

国内自 20 世纪 80 年代中期开始，在指挥与控制效能评估领域取得了一系列的研究成果，自 2016 年以来，本学科围绕指挥与控制系统效能评估模型、评估方法等开展了更进一步的研究。

（1）效能评估模型

1）系统动力学模型和网络层次分析法在效能评估建模中得到广泛的应用。为了系统、客观地分析指挥控制系统的信息关系和反馈关系，文献［48-49］提出构建指挥控制系统作战效能评估的系统动力学（System Dynamics，SD）模型，为系统作战效能评估及各要素灵敏度分析提供平台。

指挥控制效能受到指挥员、指挥机关、指挥信息系统及所属部队等多种因素共同影响。在分析各因素之间的相互影响及其内部各子因素的相互关系后，文献［50］采用网络层次分析法建立指挥控制效能评估的网络模型，并运用 Super Decision（SD）软件对模型予以实现。

2）体系作战效能评估指标体系的构建逐渐成为研究重点。文献［51］从指标体系构建原则的确立，体系框架的搭建，指标的选取、聚合、验证等多个方面对现有的指标体系构建方法进行了描述和分析，提出面向信息化条件下网络化体系作战研究的基础应由主观少量数据向客观大数据转变，研究方法应由静态分析法向基于网络结构分析的智能学习方法靠拢，使评估效果上体现动态、整体、对抗的体系特征。

3）更加重视建立可量化的系统信息化能力评估指标体系。针对新一代指挥控制系统信息化能力大幅提升的情况，国内在效能评估的指标体系构建、指标建模方面开展了许多研究，如文献［52］提出在国军标和传统指挥控制系统指标体系基础上，融入信息优势评估指标，重点针对指挥控制系统信息化建设评估的问题，构建信息化能力评估指标体系，并结合每个指标特点，建立可量化的数学模型，为指标评价值的获取奠定基础。

（2）效能评估方法

近年来，在传统指挥与控制系统效能评估方法的基础上，一些新概念、新方法不断被研究者所采用。

1）基于体系贡献率的效能评估方法越来越受到重视。指挥控制系统对作战体系的贡献率（以下简称体系贡献率）是在作战体系完成使命任务的前提下，指挥与控制系统的变化对现有作战体系的体系编成方式和体系能力生成机制的影响程度，对外表征为指挥控制系统对作战体系效能的贡献程度[53]。体系贡献率是为了度量指挥与控制系统在作战中发挥的作用，对指挥与控制系统在作战体系中，为完成作战任务、达成使命目标所发挥贡献作用的一种度量。

体系贡献率的能效综合评估方法以任务效能对使命能力的支撑关系为主线，建立静态的全局能力评估与动态的局部效能评估之间的有机联系，并根据作战体系 OODA 运行机理给出能力效能结果的一致性判据，从而能够得到因果机理可解释的体系贡献率评估结果数值，该评估方法具备一定的可行性和有效性，能够给出贡献率能效综合的定量结果及其因果机理解释。

2）基于云模型、模糊理论的评估方法被广泛应用于解决效能评估的模糊性和难以量化的问题。新一代指挥控制系统研制过程中，评估指标模糊性和随机性较大、难以量化评估。针对此问题，文献［54］提出基于云模型的评估方法。该方法通过云模型理论，为不确定性系统的效能评估提供了新的解决思路。文献［55-56］采用了基于模糊理论的评估方法，可较好解决效能评估过程中存在的不确定性问题，对多层次、多因素问题评判效果良好。

3）基于神经网络等新方法在效能评估中得到更进一步发展。为弱化人为因素对评估过程的影响，基于 OLS-RBF 神经网络的指挥信息系统的评估方法逐步被采用。利用 RBF 神经网络结构简单、收敛速度快、逼近精度高的优点，使评估模型结构更加合理，评估结果更加准确。仿真结果表明，与其他方法相比，基于 RBF 神经网络的作战指挥信息系统模型结果的误差更小，与真实值更加接近[57]。

4）多 Agent 协同等方法促进了传统效能评估方法的完善改进。分布式交互仿真是开展指挥与控制系统效能评估的有效方法，但传统自顶向下的建模仿真方法难以满足系统结构的动态变化，且随着系统规模的不断扩大，内部交互行为的数量呈指数增长，复杂巨系统的大规模行为建模成为技术发展瓶颈。针对上述问题，文献［58］按照自底向上的思路，以多 Agent 协同对指挥与控制系统进行作战效能评估的方法，构建开放的、跨局域网、自动匹配评估指标和评估算法的作战效能评估原型系统，打破系统规模的限制，满足各类 C4KISR 系统作战效能评估的需求。

2.3 指挥与控制技术研究进展

2.3.1 共性支撑

指挥控制技术虽然是面向指挥与控制应用的技术，但其中也涉及一些共性的技术作为支撑，传统的包括仿真建模、人机交互等。随着技术的发展，又延伸出知识图谱和智能博弈 2 项共性技术。

（1）知识图谱构建已成为智能化技术应用研究与能力形成的主要途径

国内在关键技术研究与军民领域应用两方面均取得显著进展。智能化的知识抽取与融合是提高数据规模与质量的关键技术，现已经存在许多知识图谱的构建方法，并形成了 Zhishi.me、CN-DBpedia[59] 等为代表的中文百科类知识图谱，数据规则已达到 1 000 万个实体数据、12 000 万个 RDF 三元组。但是仍然面临着两大挑战：第一，构建本体和有监督的知识抽取模型需要消耗巨大的人力；第二，知识图谱更新频率很低。2019 年，CN-DBpedia2 采用了图 15 所示的抽取加验证的知识库增强框架[60]，基于现有的中文知识库，从实体的描述文本中抽取出新的事实，通过一种众包的方法来验证抽取结果，形成了由抽

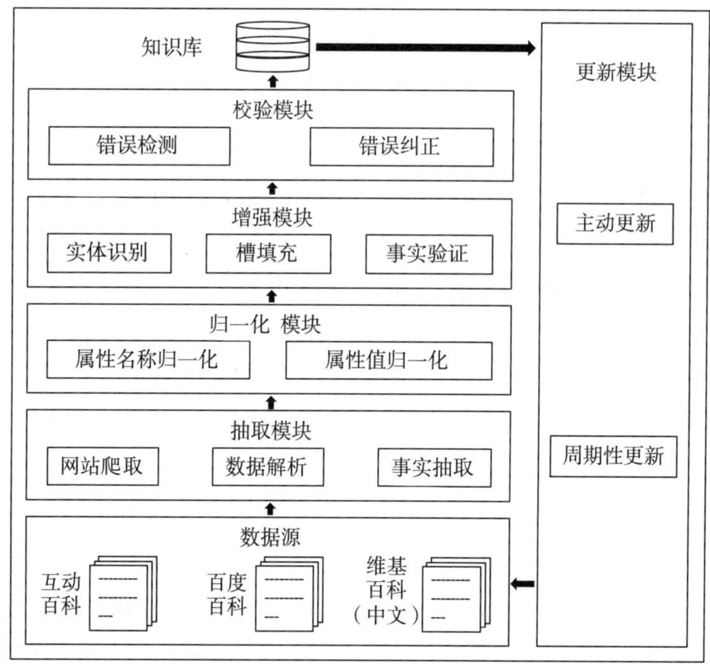

图 15 CN-DBpedia2 的系统架构

取、归一化、增强、校验以及更新模块构成的知识图谱构建方法。目前，已具备了重用现有知识图谱的本体、基于远程监督的知识抽取能力，形成了智能的主动更新策略，但是知识抽取整编的结果仍有质量问题，需要通过众包实现人工检测与修正。

为了让知识赋能业务，民用领域结合具体的应用需求，形成了多种行业知识图谱，辅助各种复杂的分析应用或决策支持。上海图书馆[61]借鉴美国国会书目框架 BibFrame[62]对家谱、名人、手稿等资源构建知识体系，打造家谱服务平台，为研究者们提供古籍循证服务。在企业商业知识领域，“量子魔镜”以全国 4 600 万家全量企业的全景动态数据资源为研究基础打造企业信用风险洞察平台，“天眼查”“启信宝”则专注服务于个人与企业信息查询工具，为用户提供企业、工商、信用等相关信息的查询。“企查查”立足于企业征信，通过深度学习、特征抽取以及知识图谱技术对相关信息进行整合，并向用户提供数据信息。

军事领域具有其密闭性的特点，导致缺乏领域词典、大量的标注预料等数据资源，因此知识图谱构建技术在军事领域的落地应用相对迟缓。2016 年，文献［63］提出了基于知识图谱的军事信息搜索技术架构，通过要素检测、模板匹配、查询生成、获取知识 4 个主要步骤，实现了知识检索。2019 年，文献［64］提出了一种军事装备知识图谱构建与应用方法，从百科数据中抽取军事装备数据并构建图谱，在此基础上实现了军事装备领域的知识问答。

（2）智能博弈技术发展迅猛，掀起了国内指挥控制领域的研究热潮

对于其应用潜力众说纷纭，对于指挥控制可起到支撑作用。2016—2017 年，AlphaGo 以及 AlphaGo Zero 先后战胜人类顶尖棋手的系列报道，在国内掀起了发展智能博弈技术的热潮。第四届中国指挥控制大会上热烈探讨了其技术在指挥与控制领域的潜在应用。2017—2019 年，以中国指挥与控制学会为代表，国内举办了多场兵棋推演 AI 大赛，目前主要在陆战场营级规模。在 2018 年“星际争霸”AI 国际大赛上，中国选手取得了第 4 名的成绩。相关文献围绕智能博弈技术在指挥控制领域的应用进行了分析和展望[65-70]，指出了其潜在的应用能力和面临的问题挑战。相关单位结合具体应用问题开展了智能博弈技术的应用研究[71-85]，内容涉及无人作战、网电对抗、兵棋推演、资源调度等方面。此外，还有部分研究围绕军事作战智能博弈中的机器学习框架软件展开[86-88]。目前，国内在智能博弈技术方面领先的单位主要包括中科院自动化所、中电科认知与智能实验室、阿里巴巴、陆军工程大学、南京大学等。

关于棋牌、游戏中的智能博弈技术能否解决智能作战指挥控制问题，目前国内存在两种较为典型的观点。激进派观点认为，沿用棋牌、游戏中训练 AI 模型的方法，终有一天 AI 能够掌握人类指挥员掌握的战法战术，并实现对人类指挥员的超越。保守派观点认为，棋牌、游戏中的智能博弈技术应用到作战指挥控制领域，尚面临着高复杂性、高实时性、强对抗性、弱规则性、不完全信息等问题，还有很长的路要走，并且 AI 永远无法代替指

挥员的智慧和艺术。

以目前的智能博弈技术水平，让 AI 自主生成优于人类指挥员的行动方案或指令尚难以实现。但可以用其实现战术层级的机—机自主对抗，为态势预测、方案评估、战法研究、指挥训练等指挥与控制业务功能提供自动化的对抗推演平台。同时可以产生大量对抗样本，为指挥与控制 AI 算法提供学习训练和测试验证环境。

（3）随着人工智能、云计算、大数据等技术快速发展，云仿真、军事智能建模、并行仿真等技术已成为建模与仿真的研究热点与发展方向

在云仿真架构及支撑技术方面，文献［89］在原有以网络化、服务化为主要特征的云仿真 1.0 版本的基础上，创新提出了智能化、敏捷化的新型智慧云仿真模式、架构与手段，形成了涵盖云仿真服务构建、资源虚拟化服务技术、高性能并行仿真引擎等关键技术与理论方法模型。

在军事智能建模与仿真方面，国内研究大多采用强化学习、有限状态机、决策树、基于军事规则等建模方法[90–92]，从作战实体智能决策与自主行动控制等维度，建立了态势认知类、指挥决策类、平台 / 编队级行动控制类等智能行为模型。所构建的智能行为模型可应用于对抗条件下作战方案仿真推演、模拟训练、AI 算法 / 模型验证等。

在面向指挥决策的平行仿真方面，围绕强对抗、快节奏、高度不确定的战场环境下实时高效指挥决策的需求，文献［93–95］相继开展了面向态势预测的平行仿真技术研究，创新建立了一套面向指挥决策支持系统的平行仿真运行架构，提出了情报数据驱动的平行仿真实体动态生成与修正方法、基于仿真克隆的多分支超实时推演等方法模型，用于支持联合作战态势超实时仿真和行动方案在线仿真推演与分析评估，辅助指挥员能够快速“透视”和预测未来并临机调整作战行动方案。

（4）人机交互技术正朝着自然、高效、智能化、可穿戴方向发展

基于智能处理技术的多模态自然人机交互成为主要发展趋势。近几年，国内自然交互技术发展迅速，在自然人机交互概念和理论研究方面取得了系列进展。文献［96］探索了“人 – 机器 – 环境”之间的关系，并且从“人”的特性出发进行人机交互研究，通过语音、语调、表情等触觉、听觉、味觉、视觉等多样化的方式进行人机交互。文献［97］探讨了自然人机交互在基础理论、关键技术以及在国内产业和相关领域的应用前景，并且通过智能技术实现自然交互的理论基础，探索了自然交互的科学问题。

在多模态智能人机交互技术方面。基于人工智能技术，人与计算机的交互方式变得越来越自然，机器已能在一定程度上听懂人类的话语、预测人类的意图以及理解人脸的表情。在此基础上，文献［97］在智能文本、情感交互和视觉脑机交互方面开展了研究，并且发布了 4 项人机交互成果。文献［98］基于“以人为中心”的原则探索了多模态智能人机交互，旨在通过多种模态的信号（语音、文本、动作、表情等）实现人与机器的交互，其最终目标是使得人机交互与人人交互一样便捷和自然。文献［99］依赖百度大数据、机

器学习和语言学方面的积累，对自然语言处理（NLP）技术开展了研究，实现了让机器能够理解和生成人类语言，并且应用在机器翻译、问答、对话、搜索等场景。文献［100］主要在智能交互、辅助诊断、虚拟现实等方面与国内外合作者共同开展的一系列研究工作，并取得了一些多模态人机交互成果。

在人机交互支撑平台技术方面。围绕人机交互平台的构建问题，文献［96］建设了典型自然交互应用中的用户心理和行为数据库，研制了脑机交互实验系统，建成了智能交互开放平台。文献［101］开发了人机对话平台 UNIT，该平台搭载了对话理解和对话管理技术、引入语音和知识建设能力，具有快速定制对话、深度定制和灵活接入等功能，提供了融合语义推导、语义匹配的对话理解技术，预置涵盖多种领域的可干预对话能力及 50 多种场景的词典。

2.3.2 态势感知认知

我国学者围绕态势感知和态势认知的理论方法开展了深入研究[102–105]，并指出态势感知是指所有参战部队和支援保障部队利用各监视设备，实时掌握战场空间内的敌、我、友各方兵力部署、武器装备及其动向，及时了解地形、气候、水文等战场环境信息[103]。态势感知主要包括 3 个要素：信息获取、精确信息控制和一致性战场空间理解。而态势认知是对战场态势的整体认知，是指挥员赖以决策、筹划、规划和实施行动控制的基础。战场认知通过对多源信息进行获取、融合、综合、研判、共享和展示等处理，揭示出物质、文化、政治、经济、环境和军事等因素对作战行动的影响，从而得出对战场态势的整体认知[103–105]。

（1）战场态势感知领域

目标检测、识别、定位与跟踪的智能化技术取得突破性进展，图像融合处理技术成为研究热点。随着电子侦察卫星、侦察无人机等多种侦察监视手段的运用，对战场目标的检测、识别、定位、跟踪等得到了丰富的数据支撑。结合模式识别、图像分析与理解、计算机视觉、计算机图形学、人工智能、人机交互等学科技术，目前已实现了舰船目标、低慢小目标、水下目标、机动目标识别与定位等，技术手段主要包括卷积神经网络、回归模型、混合高斯模型、时空域多特征检测、卡尔曼滤波等[106–111]。与单一传感器图像相比，融合图像能最大限度地利用多源图像的信息，提高分辨率和清晰度，增加图像目标感知的灵敏度、感知距离和精度、抗干扰能力等。军事领域的研究主要集中在红外与可见光图像的融合、无人机遥感图像处理、红外弱小目标检测、辅助背景下的运动目标跟踪等方面，技术手段包括卷积神经网络、深度解码网络、深度残差网络等[112–114]。相关的国内代表性的单位主要有中国电子科技集团第二十八研究所、中国航天科工集团第四研究院十七所、中科院电子所、武汉大学、国防科技大学、西北工业大学、西安电子科技大学、东南大学等。

目标识别技术是集传感器、目标、环境于一体的一项复杂的系统工程，是现代雷达技术的重要发展方向之一。文献［115］对各种方法的处理思路及其优缺点进行了分析和总结，并指出当前方法中存在的问题，对高超声速目标雷达检测的发展趋势进行了展望。为了实现复杂战场环境下空中目标敌我属性的综合识别，文献［116］在利用证据权重衡量信息可信度的基础上，提出了一种基于DS证据理论和直觉模糊集（Dempster-Shafer evidence Theory-Intuitionist Fuzzy Sets，DST-IFS）相结合的综合敌我识别方法。文献［117］尝试将模糊函数与改进证据理论相结合的算法应用于弹道中段的目标识别。文献［118］根据雷达测量的目标电磁散射面积（RCS）序列，采用深度神经网络模型识别空间飞行目标。

（2）战场态势认知领域

在信息化战争中，战场态势融合对获取信息优势，并进而转化为决策优势和行动优势具有重要作用。目前，目标识别、定位与跟踪等低层信息融合处理大都实现自动化，而态势估计、威胁估计等高层融合处理仅部分实现自动化，还常常依赖于情报人员和指挥人员的思维判断，对人机交互功能提出了很大的需求，催生了人机融合智能的产生[119-123]。人机融合智能是一种由人、机、环境系统相互作用而产生的新型智能形式，是数据统合中的高级智能，目前国内的研究处于起步阶段。文献［121］致力于对人机智能的研究，并指出深度态势感知是“对态势感知的感知，是一种人机智慧，既包括了人的智慧，也融合了机器的智能”。

在态势智能认知的挑战与对策、战场聚集行为预测、协同作战行动识别等方面，相关研究工作已经取得了一定的进展。文献［122］针对战场聚集行为的预测问题，将行为识别和时间序列分析相结合，在构建三维神经网络识别聚集行为的基础上，设计可变结构长短期记忆（Long Short-Term Memory，LSTM）网络对聚集行为进行时序分析，辅助指挥人员准确预报预警战场中即将发生的重要作战行动。文献［123］针对联合作战中协同作战行动识别问题，基于深度时空卷积神经网络实现了协同作战行动识别方法，构建了可扩展的战场协同作战行为识别模型。针对态势智能认知中面临的态势要图标绘、要素计算、局势研判和演化预测等技术挑战，提出了应重点开展基于概率论的态势理解框架、基于人在回路的态势认知智能计算、基于人机交互的态势认知可视化技术、基于人机协作的指挥员意图的机器理解与学习及基于时间序列分析的变化和异常检测等技术研究[105]。

文献［124］结合模板匹配算法具有推理高时延高准确度、贝叶斯网络算法低时延低准确度的特征，提出利用两者进行补偿修正的“模板 - 贝叶斯网络融合推理算法”，为指挥员提供一种准确、实时的态势推理方法和工具。文献［125］从体系对抗性和战争复杂性角度出发，系统地讨论了战场态势理解问题，通过建立复合架构的深度学习网络，基于联合作战背景下的兵棋演习（推演）大数据，进行了战场态势理解初步研究，提出了基于深度学习态势理解的研究方案。文献［126］分析了指挥员理解战场态势的思维模式，掌握了指挥员理解战场态势时的主要步骤，并结合深度学习运行原理，提出了一种基于深度学习的指挥员战场态势高级理解思维过程模拟方法。目前的战场态势图所展示的作战要素数量大、信息杂、变化快，指挥员极易出现认知过载问题，难以实时准确把握战场热点。文献［127］提出了基于改进加权核密度估计法的战场态势热力图的构建展示方法，该方法通过指挥员需求选择、战场热点值计算、颜色表映射及态势图融合的流程，以符合人直观认知的热力图形式展示战场态势热点。

针对智能态势认知面临的挑战，文献［128］提出了基于概率的态势理解框架、基于人在回路的态势认知智能计算、基于人机交互的态势认知可视化技术、基于人机协作的指挥员意图的机器理解与学习及基于时间序列分析的变化和异常检测 5 种对策及主要措施。文献［129］提出了态势智能认知概念模型，如图 16 所示，能够有效解决大数据下的信息过载问题，降低指挥员（人）的认知负荷；还能突破指挥员（人）主观认知的局限，弥补不足，更正错误，以人机融合为主要模式增强指挥员（人）的认知能力，辅助指挥员（人）获得更快、更全、更准、更深的认知结果。

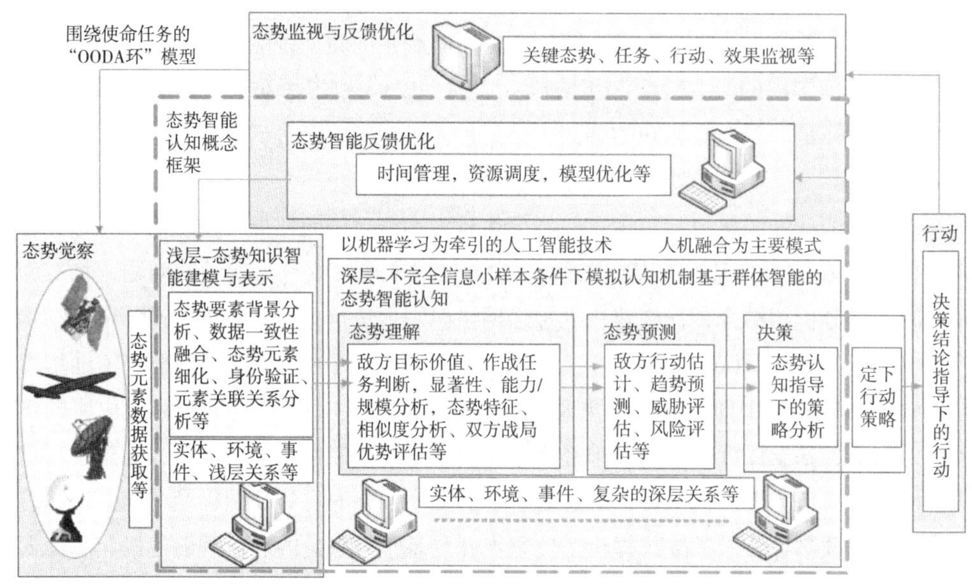

图 16 “OODA 环”框架下态势智能认知概念模型

2.3.3 任务规划

任务规划是利用先进的计算机技术，根据作战任务和要求，依托目标情报和保障数据（采集、存储的各种情报），结合武器控制系统参数数据及武器装备基础数据，进行大规模分析，辅助制订任务计划。任务规划日益得到军方的重视，系统建设投入持续加大。

任务规划是指挥与控制的关键环节之一。随着我军指挥信息系统的发展，国内对“任务规划”一词相比美军赋予了更加广泛的内涵，任务规划包含了两个层次，一是战区作战筹划，二是行动规划。

（1）战区作战筹划

战区作战筹划理论和实践取得了一定的突破，特别是在联合作战领域，通过一些专项建设取得了丰富的成果，理论上也出现了一批有价值的成果。2017年《指挥与控制学报》组织了作战任务规划专刊，围绕作战筹划中的重点、难点问题进行研究探讨。该刊收录的论文，从作战筹划理论研究、外军研究、规划平台构建、领域应用及基础方法研究等方面展开探讨，在此领域的公开研究成果中颇具代表性。国防科技大学和中国电子科技集团公司第二十八研究所等单位在战区作战筹划方面进行了积极的探索，取得了丰富的理论成果。还有部分院校和科研院所将作战任务规划理论进行了落地实践，在战区、军种等多个层面展开系统建设和指挥体制的创新探索。但是从整体上来讲，作战筹划理论体系尚未完全形成。各方观点争锋，基础概念尚存在争议，流程尚未固化，规划方法有待进一步深化，随着全军任务规划相关部门的编制体制进一步理顺，作战筹划必将成为组织联合作战行动的重要抓手。

文献［130］详细归纳了军事辅助决策过程中包括数学规划、仿真优化、博弈论、案例推理和兵棋推演在内的5种常用军事辅助决策模型及其求解技术，并对部分具有代表性的应用案例进行了概括总结，最后结合辅助决策的军事需求对求解技术未来的研究方向进行了展望。文献［131］通过深入分析作战决策制定过程，将其转化为一个序列多步决策问题，使用深度学习方法提取包含指挥员情绪、行为和战法演变过程决策状态在内的战场特征向量，基于强化学习方法对策略状态行动空间进行搜索并对决策状态进行评估，直到获得最佳的行动决策序列，旨在实现未来战场“机脑对人脑”的博弈优势。文献［132］研究提出作战筹划的运筹分析框架，设计作战构想空间表达模型，给出作战构想的效益、代价和风险的量化计算模型以及综合评价模型，进而支持作战构想的生成、评估与排序，辅助指挥员及其参谋机关开展科学化、精确化的作战筹划。

（2）行动规划

行动规划根据给定的规划任务，结合测绘、目标等保障数据以及部队、装备和阵地数据，完成目标分析、攻击可能性检查、毁伤方案拟制、火力规划、发射规划、值班规划、制导规划、弹道规划等，并形成规划成果，具备强实时、多火力联合、高精度、智能化等特点。在行动规划方面，近五年来主要进展如下：

1）多火力、多兵力集群协同规划成为行动规划重要发展方向。集群系统集中式或分布式的协作可以完成大规模决策任务，实现整体最优策略。通过个体自身的运动及相互之间的交互作用构成大规模集群后，就能够将有限的个体能力聚集起来，克服单一个体能力上的不足，在整体上涌现出功能和机制更为强大和复杂的行为，通过对集群的分析可以达到最优筹划策略。集群的对抗过程通常是一段时间内的序列决策过程，该决策过程具有马尔科夫性，即决策取决于当前状态，而与历史状态无关。在对抗环境具有明显的不确定性的情况下，将确定性的动态规划思想应用于不确定性环境下的决策问题，形成马尔科夫决策过程。

文献［133］针对编队协同攻击时间最优控制问题，建立各阶段的最优控制模型，得到了编队形成、保持和攻击一体化的时间最优控制算法。文献［134］针对无人机系统协同作战过程中建模过程的不足，考虑了无人机实际作战中侦察、打击和评估任务的时序关系，建立了多无人机多任务类型的任务分配模型，提出了一种多目标多决策融合量子粒子群算法得到相应的分配方案，增强了多无人机整体的作战能力。文献［135］利用马尔科夫决策模型研究了无人机集群系统侦查监视任务的决策规划能力，并建立了辅助决策的问题模型，提高了无人系统的搜索以及决策能力。

2）人工智能和人机混合智能决策为行动规划提供最优决策。人机混合智能决策将人作为回路中的一部分，智能化的规划决策系统提供可行性决策方案，为指挥员实时提供专家级咨询服务，帮助指挥人员快速准确地作出判断和决策。文献［136］为实现打击目标数量最多、火力分配最优目标，建立了模糊多目标的智能规划模型，得到最优决策方案。文献［137］针对多无人机编队空战战术决策问题，提出了基于案例推理和规则推理的战术决策方法。指挥人员在智能化作战筹划决策中的作用十分重要，指挥人员将对智能化的系统规划决策结合战场实时态势作出相应的判断与决策。文献［138］剖析了在信息化战争理论不断拓展的今天，指挥人员通过对作战任务规划的理解，形成决策思维方法、计划制订流程以及筹划作业方式，以实现科学高效的决策。文献［139］研究了多种适用于指挥员的作战筹划决策方法，对未来态势复杂、情报爆炸的信息化战争筹划决策进行了发展趋势预测，能提高指挥员的筹划决策能力。同时，近几年人机交互、脑机接口等的前沿技术正处于研究阶段。

2.3.4 行动控制

行动控制主要包括对武器平台的控制和对作战行动的控制。

（1）武器平台控制

武器平台控制是在计算机控制下的武器管理系统，是作战平台的重要组成部分，其主要功能是进行火力的组织指挥，其功能的正常发挥与否直接影响了作战平台武器系统的战斗有效性。近五年来在该方向主要围绕武器控制系统的体系架构设计、武器控制系统综合化及信息化、武器平台协同控制、支撑协同控制的武器协同数据链等进行了相关研究。

1）武器控制系统朝着开放式体系架构、适应不同平台应用方面演进。在武器控制体系架构研究方面，主要是系统地完成了对武器控制系统技术体制的确定，完成了功能组成的划分，提出了武器控制系统的硬件架构、软件架构、接口定义等一系列顶层体系框架。从武器控制系统体系架构的研究进展来看，我国武器控制系统主要经历了集中式体系结构、分布式体系结构、全分布式体系结构的几个发展阶段，逐步向开放式体系架构方面演进。文献［140］提出了导弹通用武控系统的开放式体系结构，这种体系结构具有可缩放性、可扩展性、可升级性以及与其他系统的互操作性等特点。文献［141］提出了面向 Agent 方法适用于巡航导弹武器控制系统（cMwcs）的体系结构设计方法，核心是根据 cMwcs 的概念和递阶智能控制思想，建立了 cMwcs 的多 Agent 系统框架，明确了其职责分配、组织结构、通信和协作机制。文献［142］通过对自主式智能无人攻击机武器控制系统的研究，提出了一种基于多智能体的无人攻击机武器控制系统的框架。文献［143］针对多武器平台分布式协同作战中协同控制系统信息化水平低、协同关系自适应能力弱等问题，结合任务规划和辅助决策等技术，提出了一种任务式多平台协同控制系统架构，研究了协同关系建立、协同行动优化和协同效果评估等技术，实现了协同控制系统各平台的柔性重组和闭环控制。

2）武器控制系统的高度综合化、信息化得到大力发展。文献［144］对通用机载武器控制系统的发展进行了深入研究，明确提出了高度综合化、智能化、模块化、标准化机载武器控制系统可支撑实现远距指挥引导、超视距多目标、多机协同攻击、近距大机动格斗、精确打击和反隐身、反电子对抗的作战能力。近几年的研究表明，各类作战平台武器控制系统，开始大量采用综合射频技术提升综合集成程度。文献［145］在开展舰载综合射频设计技术分析的研究后，系统地描述了舰载综合射频系统的体系架构，分析了组成模块的原理及功能。文献［146］在开展雷达 – 通信共享孔径研究中，提出了一种自顶向下的机载综合射频的通信传感器系统架构设计方法，建立起综合射频体系架构，划分了各部分的功能和接口。信息化与信息融合亦已成为提升武器控制系统性能的核心关键，文献［147］通过对机载武器控制系统的研究，证明各种多源数据融合技术的充分应用，可以大幅提高载机的综合战斗能力。文献［148］在防空导弹武器综合控制系统研究中，首次提出了武控台需要融合指挥与控制台和发控台信息处理功能的观点，使其具备信息接收、信息融合、威胁评估、目标分配、射击诸元解算、导弹参数装订、导弹发射控制、制导以及毁伤效果评估等功能。文献［149］在弹炮结合防空武器系统数据融合处理技术研究中，提出了一种采用基于多传感器的系统数据综合滤波算法，可用于防空武器系统控制的数据融合处理框架。随着计算机和人工智能技术的发展，基于知识的智能系统已成为武器控制系统研究的热点之一，为了提高舰艇防空系统的实时性和适应能力，文献［150］提出了一种基于知识的舰空武器智能综合控制系统的设计方法，使整个作战系统具有较强的扩展性和适应性。

3）多武器平台协同控制成为提升作战效能的重要发展方向。文献［151］的研究成果表明，将参战的所有导弹构成一个作战网络，在网络指挥与控制中心的调控和管理下，目标探测平台、导弹发射平台和各导弹间信息共享，以取得更高的作战效能为最终目的，是未来面向智能防空的导弹发展方向之一。文献［152］针对当前反导系统的不断增强和网络中心战逐渐取代平台中心战的情况，提出采用多导弹作战增强导弹攻防对抗系统作战的效能，建立了协同作战技术的体系结构，阐述了任务规划、轨迹规划、协同探测、目标分配、协同攻击与突防的研究现状，为未来导弹武器系统协同作战提供参考。

文献［153］开展了防空导弹武器综合控制系统的研究工作，指出各平台传感器及雷达可作为独立部分通过标准化接口接入到网络上，同时数据链与标准化接口相连，使得武控系统不局限于单平台，可以实现跨平台武器控制和多平台信息共享。

文献［154］针对慢速移动目标的精确打击和反舰弹道导弹的突防需求，提出了“领弹—从弹”构型的多反舰弹道导弹一体化协同制导与控制技术，为多弹协同突防和打击奠定了理论基础。

文献［155］针对复杂战场环境下多平台多目标体系作战的空中威胁，提出了多弹协同作战设计思路及其关键技术，分析了信息化条件下面向防空的多弹协同作战体系及协同作战策略，并以此为基础提出了面向防空的多弹协同关键技术设计理念，阐述了多弹协同总体、多弹编队飞行控制、多弹协同数据链、多弹协同制导验证等多项关键技术，为面向防空的多弹协同精确制导武器提供了新的发展思路。

4）武器协同数据链作为协同控制的重要支撑方向得到进一步发展。根据“网络中心战”思想，武器平台、传感器互联组网，要求在武器平台之间共享作战目标和单一战场态势，使武器协同数据链的发展成为必然。武器协同数据链是一种实现同类武器和不同种类武器平台间协同作战的通用型武器协同数据链，将多个不同种类武器平台的传感器、制导设备等连接在一起，产生具有武器控制级精度的统一战场态势，综合协调使用多平台火控系统，解决多个武器平台的目标信息、火力资源共享等问题，实现武器协同，提高联合打击能力。

文献［156］分析了数据链和协同作战能力的演进，借鉴民用先进的云计算、人工智能和自主系统等技术和设计理念，从数据链体系架构、网络、装备、服务和应用等方面，探讨了下一代数据链系统发展方向和协同作战能力的提升。文献［157］面向联合作战体系，分析了数据链系统具备的网络化战术信息系统的特征，阐述了数据链系统主要战术功能，论述了数据链系统设计与运用中需关注的基本概念，解决了数据链主要战术功能集成设计等方面的重点问题。文献［158］基于空天领域，研究了数据链传输技术在空地导弹武器上的运用，分析了数据链消息传输的关键技术，指出了导弹数据链系统的发展趋势。文献［159］针对数据链在体系作战中的作用，梳理了导弹武器数据链的应用模式和作战流程，包括协同探测、协同制导、协同打击等用于提高平台快速反应能力和协同作战能力，指出了数据链是进行实时或近实时指挥控制 / 战场态势共享和武器控制协同的主要手段。文献［160］从技术应用角度分析了弹载数据链的具体功能，并指出未来该技术可能在中继平台、抗干扰、软件无线电领域的发展趋势。文献［161］从导弹武器装备实践应用的角度出发，建立了评价指标体系，采用模糊综合评价法对基于数据链组织运用下的某型常规导弹作战效能进行评估，有力地支撑了数据链的组织运用对导弹作战行动效能的量化分析。

（2）作战行动控制

作战行动控制是对下级部队任务行动执行情况的动态监视和控制，目的是掌握任务行动的执行情况，估计与任务目标之间的偏差，调整控制行动的执行以消除或减小偏差，以确保任务目标的达成。作战行动控制研究热点主要集中在行动控制模型、行动控制方法优化与决策、行动控制组织设计方法、行动效果评估等方面。

1）行动控制建模为行动控制研究提供理论基础。文献［162］通过对基于效果作战的炮兵行动指挥控制进行建模分析，提出了运用动力学理论建立体系作战炮兵行动指挥控制模型的方法，探究了体系作战炮兵行动指挥控制的新方式。文献［163］开展了海上联合编队作战行动方案建模研究，在基本作战样式基础上，针对联合编队任务特点，设计了一种联合编队作战行动方案的建模方法。文献［164］在面向时敏目标的炮兵行动指挥控制建模仿真研究中，建立了面向时敏目标炮兵行动指挥控制的系统动力学模型，为解决联合作战炮兵行动精确指挥控制提供了一种有效途径。文献［165］开展了行动规划中的任务排序和目标分配研究，任务排序抽象为带约束的多目标优化问题，采用普通进化算法结合智能体结构的进化算法以及多智能体协同进化算法解决，动态目标分配主要解决了无人机的锁定机制、加入战场、退出战场情况，保持无人机目标分配结果稳定的方法。

2）针对行动控制的优化与决策，开展了多种技术路线的先进方法研究。文献［166］开展了跨区实兵演习陆军部队作战行动管控的研究，以“跨越系列”演习为参照，提出了一种基于非线式作战行动部署，强化全纵多维立体作战行动管控的方法，着力研究破解制约战时陆军部队作战行动管控的瓶颈。文献［167］开展了基于 GIS 的兵力投送行军调度指挥控制系统的研究，提出了以梯队交通流为指挥控制对象的行动控制方法。文献［168］针对战场前后方界限的模糊度提高，战场目标出现的随机性加大，炮兵部队作战行动的时间自由度会变得越来越小，而空间自由度却变得越来越大的问题，根据炮兵部队作战特点和运筹学相关理论，给出了确定炮兵部队最佳集结地域的群体决策法。

3）针对实时战场环境，开展了人工智能、博弈论等新型的行动控制方法研究。文献［169］开展了有 / 无人机编队对地攻击行动方案规划研究，基于马尔科夫决策过程模型，设计了一种对地攻击行动方案，有效解决了传统方法求解速度慢、解质量不高的问题。文献［170］开展了信息化条件下摩托化步兵作战行动研究，通过多维实时战场感知，采用基于重心的远程精确直达投送，解决战场纵深动态化部署摩托化步兵的问题。文献［171］开展了基于效果的联合作战行动规划研究，通过对交战环境状态、交战主体的资源能力状态、行动、事件和效果的定义，结合人工智能解决计划问题的研究，提出了联合作战行动规划的一种组织设计模式。文献［172］在信息作战行动序列规划随机博弈模型及求解方法的研究中，考虑到信息作战过程的不确定性和对抗性，以及信息作战行动与战场态势间的相互影响，利用随机博弈论分析了敌对双方对抗，基于建立的信息作战行动序列规划随机博弈模型，设计了一种可适应信息作战环境的作战行动序列。

4）针对作战行动效果的评估，围绕特定作战行动样式开展了评估指标和算法研究。作战行动效果评估是一套连续进行的过程，它可通过衡量作战行动是否正朝着完成任务、创造行动所需的某种条件或实现作战目的，以支持指挥官的决策活动[173]。国内近几年主要围绕作战行动效果评估方法和典型作战行动样式评估指标和算法开展了研究。文献［174］针对现有作战效果评估方法在网络化作战中考虑因素不全面、评估结果准确度低、可靠性差的问题，提出了一种基于网络协作度的作战效果评估方法，提高了评估结果的准确度。文献［175］采用了一种基于关键指标的模糊综合评判法来评估作战效果，提升了评估结论的准确性。文献［176］围绕电子对抗作战行动有效性评估，提出了基于行动效果和任务执行程度的评估方法。文献［177］围绕陆上防御行动效果评估，从阵地存失程度、己方作战能力保持率、敌方作战力量损失率和时间控制有效率等方面，建立了评估指标体系及模型，对防御行动效果进行了定性与定量分析。文献［178］对现有电子对抗干扰效果评估技术中的评估准则、评估指标和评估方法进行了总结，展望了电子对抗技术的未来发展方向。文献［179–180］提出了计算机网络攻击效果评估的准则，以及网络信息熵的攻击技术评估、系统安全层次的分析与评估、利用安全指标分析攻击效果等方法。

2.3.5 指挥控制保障

（1）信息基础设施

面向指挥与控制的信息基础设施可以从两个角度加以理解：一是信息系统建设的共用部分。信息基础设施应提供支撑信息系统建设的基础软、硬件设施，同时应支持各类用户收集信息、传输信息、存储信息和管理信息，并将原始信息综合处理成为对行动有用的共用信息，支持信息在物理实体间按需流动和灵活共享，支持信息系统的互联、互通和互操作，支持信息系统的一体化发展。二是基于信息系统的体系能力生成的基础支撑。信息基础设施作为信息系统的基础，不仅是信息系统建设的基础，还是信息化战场的“神经”和纽带，应能够将陆、海、空、天、电、网络等多域有机结合在一起，使得“侦、控、打、评”一体化、实时化，为体系能力生成提供信息基础支撑能力。

信息基础设施是一个复杂的大系统，由一系列基础设施综合集成而成，主要包括通信网络设施、计算存储设施、信息服务设施、安全保密设施和运行管理设施等，这些设施本身也是一个个复杂的系统，由多种要素组成，每个设施既具有相对独立的功能，又存在相互支撑和依赖的互补关系。

近年来我国大力发展信息基础设施建设，但不同业务部门之间，信息不能共享、资源不能共用、指挥难以协同等“互通难”的问题依旧突出，天基、空基网络、数据链系统仍然是走出国境、保障实施“一带一路”倡议的能力短板。

1）总体层面，在国家层面形成了情报、指挥与控制等业务领域的信息基础设施支撑能力，开展了信息栅格、云计算、边缘计算等新技术平台研究，跨领域、跨系统按需共享、动态集成等能力日益增强。虽然各业务领域都建设了信息基础设施平台，为应用业务和信息处理的一体化建设提供了良好的硬件条件，但体系化共享程度还不够高，信息管理和信息处理的能力还无法满足实时或近实时的信息保障需求，各级指挥与控制单元还无法完全共享情报信息，不能及时获取完整、正确的情报信息来进行辅助决策[181]。近年来，围绕高效、跨域、持续可用的体系化应用服务，在现有设施的基础上，开展了信息栅格、云计算、边缘计算等信息基础设施新技术平台研究，以体系的视角和系统的观点设计了顶层架构和分系统架构，利用新技术、新模式对信息基础设施进行改进，系统灵活性和按需共享、动态集成能力日益增强。

2）设施互联层面，国土范围的地面信息网络基本建成，空间、水下等战略性公共信息基础设施正在稳步推进。2016 年 3 月 25 日，中共中央、国务院、中央军委印发《关于经济建设和国防建设融合发展的意见》，提出要在太空领域，通过实施天地一体化信息网络重大工程，大力推动卫星资源的军地统筹和开放共享，构建军民共用的卫星导航应用服务平台和军民兼容的卫星遥感综合应用服务体系[182]，依托天地一体化信息网络重大工程加快构建国家空间信息网络。空间信息网络是以不同轨道上多种类型的卫星系统为主体，辅以陆、海、空基信息系统和应用终端的互联互通，有机构成的智能化、分布式、天地一体的综合信息网络系统，可提供关键的通信广播、侦察监视、情报探测、导航定位、导弹预警、气象水文和地形测绘等信息。此外，按照“军地共建、信息共享、分工协作”原则，依托现有通信传输渠道和信息资源，构建海洋网络信息基础设施，实现情报信息实时传输、同步共享，为海上维权维稳、海洋资源保护和海上交通安全维护等提供常态化情报保障[183]。

3）安全保障层面，信息基础设施存在自主可控短板，核心基础软硬件自主研制能力不足，网络空间的防御能力严重滞后。信息基础设施大量采用国外基础软硬件，美国因特网企业“八大金刚”垄断我国绝大多数核心领域信息基础设施。而“八大金刚”长期以来是美情报系统合作伙伴，为军方在服务器中增设过滤器，在软件中预留后门，将系统漏洞预先报告军方。由于我国信息基础设施安全主要依赖防火墙、杀毒软件和入侵防御系统，没有形成全局性态势感知技术能力和应急响应机制，面对大规模网络攻击无还击之力，因此构建安全可控的安全体系刻不容缓。

当前，云计算在我国信息基础设施的应用还处于起步阶段，资源弹性部署、按需使用、能力开放和聚合等云计算核心理念与信息基础设施设计、建设与使用流程的融合方式和融合过程等问题还需深入研究。未来，一体化联合行动将向边缘末端延伸发展，这就要求信息基础设施充分运用群智、边缘计算、弹性适变等新技术，将信息基础设施向前延伸，提供移动环境下的智能、高效、可信的海量实时数据处理与分析能力以及聚焦任务的信息服务能力，实现指挥与控制、情报和行动，以及各业务部门的横向交联，以安全、高效的方式，在任何时刻、任何地点，以任何设备，为用户提供所需的信息服务。

（2）数据保障

信息资源及获取手段日渐丰富，信息共享机制初步形成，但在服务精度、灵活性和粒度等方面还存在问题。首先，当前信息基础设施的信息获取方式大多是基于内容的无差别共享，无法提供聚焦任务的信息智能、精准保障能力，不能有效支撑联合作战行动过程中决策的生成；其次，信息服务中心还不具备根据任务按需组合资源、灵活定制系统功能的支撑能力，对如何提供高效可靠的云服务环境缺乏深入研究；最后，服务支撑环境立足于系统级、粗粒度的能力建设，对支持战术环境的轻量化、微服务化的支撑能力有限。

在作战数据保障方面，主要开展了作战数据工程的研究。作战数据工程是指用于规范和支撑作战数据从产生、传输、存储、处理、应用到销毁全过程的一系列技术和方法，以及建设、管理和应用等活动的总称。国防科技大学等单位对作战数据工程的研究起到了主导和推动作用。

2.4 指挥与控制应用研究进展

2.4.1 联合作战指挥与控制系统

国内关于我军指挥与控制系统技术现状的研究资料不多，据《汉和防务评论》《简氏防务周刊》等军事杂志报道，我军正逐步完善战区联合战役指挥体系，建成了我军第一套面向联合作战的指挥信息系统。

在未来战争中，战场空间越发复杂，作战任务日趋多样，战争节奏愈发加快，对指挥控制系统提出了更高的要求。大数据、云计算等技术已得到广泛应用，图形学、语音识别、自然语言处理等技术也渐趋成熟，新技术的应用与发展为解决复杂环境下的高效作战指挥与控制问题提供了新思路。我国学者普遍认为韧性与智能化是未来指挥与控制系统的发展方向，并结合新技术、新方法对新形势下的指挥与控制系统的发展做了诸多探索与研究。

文献［184］介绍美陆军“深绿”计划的功能与目标，分析了该计划在指挥信息系统智能化方面的难题，探讨了“深绿”计划及 AlphaGo 给指挥信息系统建设带来的启示和智能化发展方向。

文献［185］针对未来指挥与控制系统的韧性问题，从韧性过程描述、韧性指标体系、韧性度量与评估方法及设计的关键技术等方面对指挥与控制系统的设计进行了分析，并指出未来韧性指挥与控制系统设计应突出的技术能力。

文献［186］认为，在形势研判、情报处理、目标识别、筹划决策、行动控制等领域借助图像识别、语音处理、自然语言处理、推荐系统等技术，可以准确而高效地完成情报收集、体系分析、态势研判、推演决策等传统方法难以解决的问题，未来人工智能技术将会更加广泛而深入地改变传统的指挥与控制系统。

文献［187］针对未来新型指挥信息系统结构如何演变、新质能力如何生成的问题，阐述了新型指挥信息系统面向认知与智能处理、泛在网络与普适计算、弹性适变与赛博免疫以及人机融合与自主演化的能力特征，提出了一种基于军事云脑的指挥信息系统架构模型，从反馈学习和韧性保障两个方面设计了以知识为中心的系统运行演化机理，并对相关的技术问题进行了分析。

文献［188］主要对知识型指挥与控制系统进行研究、探讨，定义了指挥与控制系统中知识的概念，提出了知识型指挥与控制系统作战指挥过程模型，最终提出了一种初步实现知识型指挥与控制系统开发的构想，为知识型指挥与控制系统的深入研究奠定理论和模型基础。

敏捷指挥与控制系统在指挥控制系统发展过程中是一个全新概念和事物，文献［189］从敏捷性的定义出发，从响应动因、能力特征、运行演化过程以及应用模式等方面对敏捷指挥控制系统的概念模型进行分析和描述，探索概念模型和顶层架构等基础理论方法，并提出了有待进一步研究的问题和关键技术。

综上所述，面对未来更加复杂多变的战场形势，研究学者们普遍认为智能化、知识驱动、韧性、敏捷等是未来指挥信息系统发展的重要特征。未来的指挥与控制系统既要在宏观上提升指挥与控制系统的全域感知学习能力，又要在微观上加强系统协同控制和灵活重组的能力，持续提升系统的自我学习与韧性保障能力。

2.4.2 网络作战指挥与控制系统

2018 年 7 月 4 日，中国指挥与控制学会网络空间安全专业委员会成立，专委会将通过学术、科技和产业界的学术交流和技术合作，推动促进网络空间安全理论和技术发展，提高科技创新能力。专委会的成立标志着从指挥与控制的角度研究网络空间攻防对抗得到了学术界的重视。

文献［190］是一份专题技术文章合集，是国内在网络空间态势感知领域比较完整和系统的基础理论文献。该书对深入理解全球网空态势感知研究成果和理念起到了指向性作用，对于进行态势感知相关技术与系统的研发具有较大价值。

文献［191］在归纳网络空间作战建模仿真面临的新挑战的基础上，提出了一套相对完整的建模仿真理论和方法，对网络空间作战建模仿真进行了积极有益的探索，对于创新网络空间新作战概念、促进网络空间指挥控制技术发展具有较大作用。

文献［192］梳理完善了赛博空间战的指挥控制流程，如图 17 所示，并构建了我军赛博空间战指挥控制结构模型，如图 18 所示。

此外，研究人员还提出了赛博空间作战指挥信息系统的体系视图，如图 19 所示。

2.4.3 无人作战指挥与控制系统

无人作战指挥控制，是指在以无人作战平台为主要装备的敌对双方进行的有组织的武装冲突中，对参与人员、作战平台及其构成的系统与体系等所进行的指挥控制活动。总体来看，无人作战指挥控制技术呈现出单个平台技术日趋成熟，群体性、系统性、体系性的指挥控制迅猛发展的趋势。

随着无人车、无人机、无人艇、机器人等各种新型无人作战平台的出现与发展，指挥控制技术在无人系统中应用更加广泛，同时也促进了无人系统运用的发展。无人系统相关研究主要包括无人作战平台的指挥控制、有人 / 无人协同指挥控制和无人机群的协同与自主决策等方面。

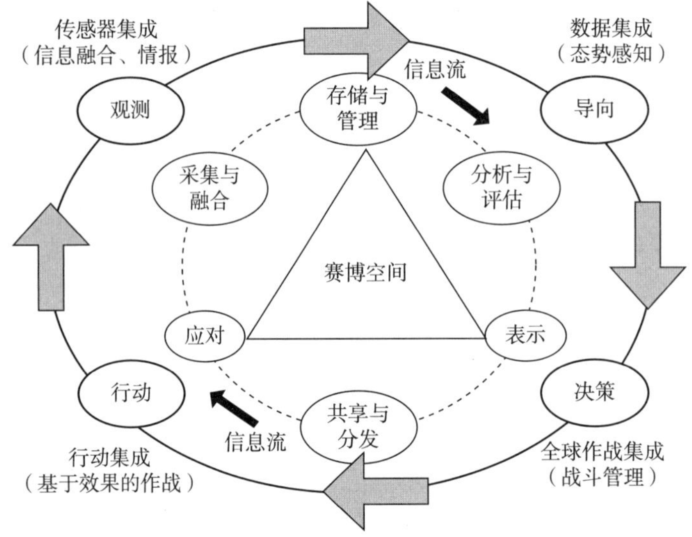

图 17　赛博空间战指挥控制流程

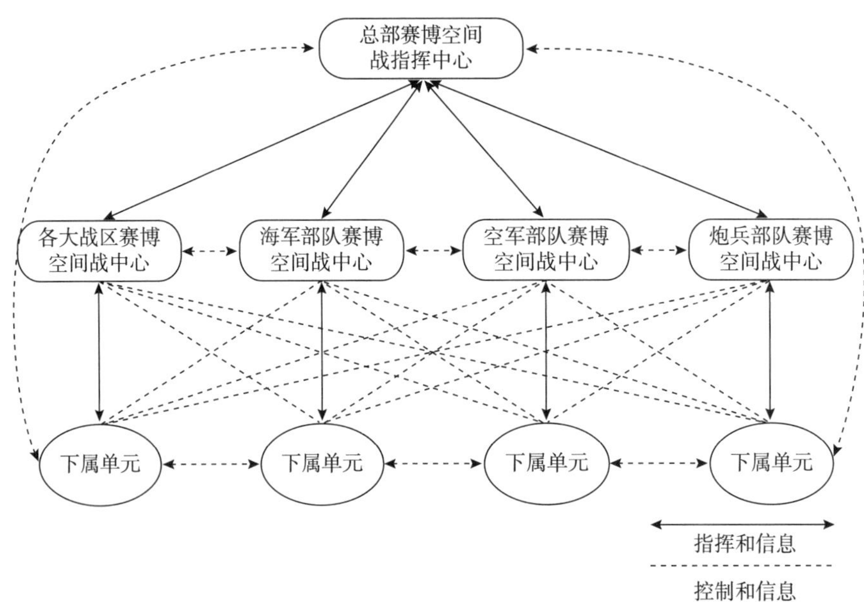

图 18　赛博空间战指挥控制结构模型

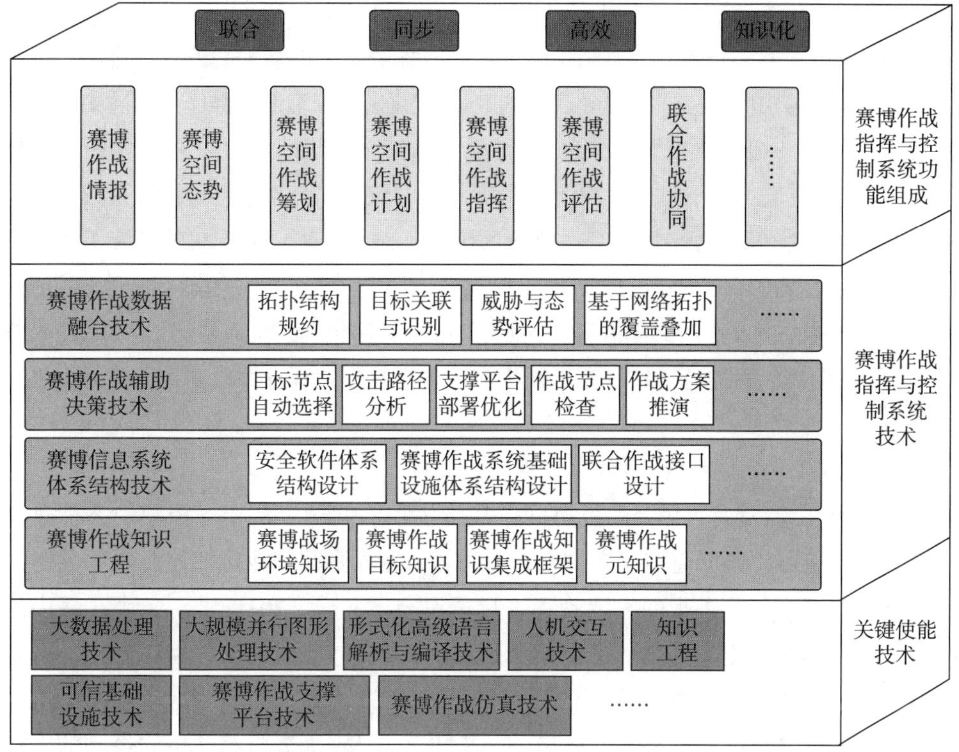

图 19　赛博空间作战指挥与控制系统体系视图

（1）无人作战平台的指挥控制

无人作战平台的大量出现催生了对无人作战平台指挥控制的研究。文献［193］针对无人下潜平台的指挥控制问题，探讨了无人反潜平台指挥控制的工作原理，对影响无人反潜平台未来发展方向的指挥控制方面的几个关键问题进行了分析。文献［194］针对无人作战平台的特点以及作战任务的需求，研究了基于层次结构的指挥控制结构模型，阐述了任务实现的逻辑结构，分析了协调解决任务执行过程中各平台计划和行动之间的层次化逻辑及相互影响问题，为未来无人作战平台智能指挥控制系统的顶层设计提供了参考。文献［195］研究了水下无人平台的战术使用策略，认为使用“蜂群”战术相比于有人潜艇在作战时具备数量优势、网络优势、成本优势和时敏优势，并基于“蜂群”战术思想构建水下无人平台集群体系结构以及指挥层次，利用作战环理论对水下无人平台运用“蜂群”战术进行集群体系对抗作战进行了分析。文献［196］研究了无人作战平台指挥控制架构的体系集中控制、集群分布控制和平台自主控制相融合的新机理，提出了一种基于认知的无人作战体系多层指挥控制架构，从不同层级实现无人作战体系的自主协同控制，保证了指挥的统一性、控制的灵活性和系统的可扩展性。

在军事应用中，无人机作为典型的无人作战平台受到了广泛的使用，对于无人机的指挥控制也是当前研究的热点。文献［8］介绍了美军利用无人机进行反恐作战对战争形态和无人机指挥控制方法的影响，对利用无人机进行作战带来的新问题进行了思考，提出了针对无人机作战运用的任务式指挥和启发式控制思想。针对无人机群任务协同中信息传输问题，文献［197］研究使用卫星来进行指挥控制消息的传输，提出了一个解析式的框架来评估卫星信息传输的可靠性，提供了一种简单而有效的工具来支持后续理论或经验上的相关研究。文献［198］从指挥控制系统角度出发，对无人机集群作战的系统组成、信息关系以及使用流程进行分析和设计，提出了无人机集群作战交互信息分级的概念，通过堆栈及相应策略及时高效处理交互信息。文献［199］利用包含狭义时序的 Petri 网建模方法对无人机放飞指挥流程进行建模，为无人机放飞指挥操作流程及用语体系的建立提供了借鉴思路。

（2）有人 / 无人协同指挥控制

文献［200］针对有人 / 无人机协同作战指挥控制问题，从指挥控制动态优化、智能决策、任务规划、数据通信 4 个方面，对有人 / 无人协同作战指挥控制中的关键技术进行了分析总结，并对未来的发展趋势进行了展望。文献［201］针对未来空战中的有人 / 无人编队协同作战样式，分析了两种有人 / 无人协同空战的指挥控制方式，并对影响协同作战效能的主要因素进行了分析。文献［202］总结了国外有人 / 无人机组队协同作战的概念、项目进展及技术发展趋势，提出了有人 / 无人机组队协同控制的功能体系架构、软件体系架构及硬件集成架构，分析了协同通信网络、辅助决策支持的任务规划等关键技术内涵及解决途径。文献［203］从系统构成、功能划分及指挥、控制和通信结构等方面研究了有人 / 无人机协同作战体系结构，并探讨了协同作战过程中的关键技术。

（3）无人机集群的协同与自主决策

随着人工智能技术的发展，当前无人机群协同与自主决策研究主要关注与实现不同的作战应用场景下的智能化指挥控制。文献［204］针对多无人机集群作战平台与体系的复杂性，将 ACP 平行理论与无人机集群相结合，提出平行机群的概念，定义平行无人机的数字四胞胎结构，提出平行机群的基本框架与逻辑以及平行机群的关键技术，并针对无人机集群面临的作战任务分析了平行机群的未来应用。文献［205］针对智能无人集群电子战系统发展需求，给出了基于人工智能的无人集群电子战新概念和新技术、通用综合对抗载荷、可视化指挥控制以及系统仿真和试验评估方面的建议。文献［206］针对无人机群自主编队中存在的控制器设计复杂、信息交互数据量大的问题，提出了一种利用智能突现和分布式通信的新型自主编队策略，建立了无人机群以及单个无人机的运动模型，为每个领航无人机设计比例导引制导律，为每个跟随无人机设计跟踪控制方法，以实现多主从式（Leader-Follower）编队形式。

2.4.4 太空作战指挥与控制系统

在“有限太空战”“多域作战”“第三次抵消战略”等新型作战理论和作战思想的引领下，在人工智能、大数据等技术的驱动下，太空已成为一个新的作战域，参与作战的实体越来越多，对抗性也日趋激烈。太空作战向多域作战框架下的“敏捷”作战转型成为新的趋势，这就要求太空作战指挥控制系统做出适应性的改变。

太空作战指挥具有鲜明的特征：体制高度集中；信息高度依赖；指挥程式严格；协同性要求高。近几年，国内太空作战指挥控制系统主要针对信息化、智能化以及实战化训练等方面开展相关系统设计和建设。

（1）重点基于云计算、大数据等技术构建敏捷、高效、柔性的指挥调度管理平台

针对航天器长期运行和敏捷指挥调度管理需求，基于云计算、大数据等技术，采用分布式协同方式和服务化理念，构建太空航天器任务组织、数据存储管理和数据处理服务的基础云平台，实现计算、存储、网络、显示等硬件资源和基础软件、指挥与控制应用软件资源的统一管理、统一分配、统一部署、统一监控和统一备份，实现资源高效指挥调度与运行管理。

（2）更加重视人工智能技术，提高态势感知和辅助决策水平

针对复杂环境下态势感知和指挥规划需求，借鉴最新人工智能发展成果，采用深度学习、深度强化学习等人工智能技术，结合专家系统，开展智能态势感知、推演、融合和敏捷规划相关技术研究，提高太空态势感知和辅助决策水平。

（3）采用虚实结合方法，构建太空作战指挥仿真环境，实现准实战化训练

构建虚实结合的半实物仿真环境，通过建模仿真技术，实现真实和虚拟资源的互联互通，把虚拟环境作为太空作战的想定条件，把真实环境作为开展环境适应性试验的重要背景，以全方位、多角度的虚实结合环境囊括航天装备遂行任务的全过程，实现逼真的战场模拟，推动太空作战指挥的实战化训练。

2.4.5 公共安全指挥与控制系统

（1）国家级公共安全工程的建设与运营，全面提升了城乡社会安全管理水平

1）平安城市。2005年，中共中央办公厅、国务院办公厅转发了《中共政法委员会、中央社会治安综合治理委员会关于深入开展平安建设的意见》。同年，在4个视频监控试点城市的经验之上，“3111”工程迅速推进，第一批共22个示范城市开展视频监控项目建设。2006年第二批“科技强警”示范城市建设开始，共计38个城市。同年“3111”工程第二期建设也迅速开展，共66个城市及其下属419个县市。至此，平安城市建设的热潮正式在全国拉开帷幕。

平安城市通过“三防系统”（技防系统、物防系统、人防系统）建设城市的平安和谐。它是一个特大型、综合性非常强的管理系统，不仅需要满足治安管理、城市管理、交通管理、应急指挥等需求，而且要兼顾灾难事故预警、安全生产监控等方面对图像监控的需

求，同时考虑各系统之间的联动。

2）天网工程。2004年中央提出在全国深入开展“平安建设”，“平安建设”的首要任务是“维稳”，而“天网工程”则是实现“平安建设”的重要手段。

为满足城市治安防控和城市管理需要，“天网工程”由GIS地图、图像采集、传输、控制、显示和控制软件等设备组成，对固定区域进行实时监控和信息记录的视频监控系统。“天网工程”通过在交通要道、治安卡口、公共聚集场所、宾馆、学校、医院以及治安复杂场所安装视频监控设备，利用视频专网、互联网、移动等网闸把一定区域内所有视频监控点图像传播到监控中心（即“天网工程”管理平台），对刑事案件、治安案件、交通违章、城管违章等图像信息分类，为强化城市综合管理、预防打击犯罪和突发性治安灾害事故提供可靠的影像资料。

我国大约有1.7亿台摄像头已经到位，其中公安系统掌握的有2 000万台。一线城市基本实现全覆盖，我国的天网系统查询速度非常惊人，几秒钟内就能将全国人口“筛”一遍。动态人脸识别技术的准确率也非常高，目前1∶1识别准确率已经达到99.8%以上，而人类肉眼的识别准确率为97.52%。

3）雪亮工程。2018年1月2日，《中共中央国务院关于实施乡村振兴战略的意见》全面实施。这既是“雪亮工程”首次被写入中央一号文件，也意味着平安乡村建设将进一步提速。

“雪亮工程”是以县、乡、村三级综治中心为指挥平台、以综治信息化为支撑、以网格化管理为基础、以公共安全视频监控联网应用为重点的“群众性治安防控工程”。它通过三级综治中心建设把治安防范措施延伸到群众身边，发动社会力量和广大群众共同监看视频监控，共同参与治安防范，从而真正实现治安防控“全覆盖、无死角”。根据“十三五”规划，到2020年，我国将基本实现“全域覆盖、全网共享、全时可用、全程可控”的公共安全视频监控建设联网应用。

2018年7月，为深入贯彻中共中央关于“深入实施大数据战略，大力加强智能化建设，推动新时代政法工作质量变革”的工作要求，法制日报社在北京中国国际展览中心举办了全国政法智能化建设研讨会，全国政法智能化建设技术装备及“雪亮工程”成果展。在成果展上展示了“雪亮工程”十大创新案例（见表4）。

表4　2018年“雪亮工程”十大创新案例

建设单位	案例名称
浙江省衢州市政法委	衢州市公共安全视频监控建设联网应用工程示范城市项目
山东省临沂市政法委	居家视频巡查项目
河北省综治办	严重精神障碍患者服务管理智能系统
湖北省武汉市综治办	武汉市社会服务与管理信息系统

续表

建设单位	案例名称
北京市大兴区亦庄镇人民政府	北京市大兴区亦庄镇雪亮工程
四川省成都市政法委	成都市雪亮工程＋网络化管理系统融合应用工程
广东省云浮市云安区政法委	智能化视频图像监控系统
湖南省常德市武陵区综治办	常德市武陵区智慧综治项目
江西省赣州市政法委	赣州市雪亮工程项目
天津市北辰区综治办	北辰区雪亮工程项目

4）中国移动公共安全预警系统。2015 年 7 月 31 日，中国移动位置服务基地公共安全预警系统正式上线试运行，该系统可以帮助政府以及城市管理等相关部门加强对人员密集场所的安全管理，防止重特大事故发生。

为减少人流聚集过密带来的公共安全隐患，中国移动位置服务基地将手机信令数据与自定义区域进行匹配，搭建起公共安全预警系统，监测公共活动区域的人流，防患于未然。一旦公共活动区域内的人流超过报警阈值，系统就会马上发送警报，政府及城市管理等相关部门可以收到相关区域的人流实时信息，并及时进行安全监控，发现人流聚集异常区域时及时发布警告。

5）警务指挥调度技术。我国警务指挥调度模式和技术手段在历次重大警务变革的推动下得到快速发展和完善：①以 110、119、122 的“三台合一”呼叫中心为核心，我国已经初步建立起快速接警反应机制，其主要技术特征在于有线语音通信调度，指挥手段较为有限。②巡逻防控体系建设和社区警务改革强化了指挥能力构建。截至 2018 年，公安机关已将 20 世纪 80 年代末从国外引进的模拟无线常规 / 集群系统基本替换为 PDT 窄带数字集群系统，实现报警响应—指挥中心—现场警力的指挥闭环，大大增强了扁平化指挥能力。这一阶段的主要技术特征在于无线窄带语音通信调度，指挥手段仍显单一。③以“科技强警”战略为指导的一系列警务信息化建设工程，使指挥手段更为丰富。金盾工程、天网工程、雪亮工程，全面提升了警方在日常管理和应急处突时的指挥调度能力。GIS 地理信息、计算机辅助调度、移动指挥、视频监控、动态勤务、多媒体会议等系统在各地指挥中心普遍应用，大量技战法创新层出不穷，其主要技术特征就是 IT 与 CT 技术密切结合，指挥手段较为全面丰富。④近年来出现了“情报主导警务”战略引导下的“情指行”一体化警务模式，进一步深化指挥体系变革，合成作战、主动预防和精确打击相结合，顺应了智能、高效、实战的现代警务升级转型的需要。⑤以大数据、云计算、AI、AR/VR、LTE、物联网等为代表的高新科技为指挥调度开辟了更广阔的空间，其发展趋势是以智能化应用实现“智慧新指调”。“智慧新指调”带来了全新的技术应用手段，但是如何贴近业务，目前还处于积极的探索之中[207]。

一体化指挥调度技术使用信息化手段以及与信息化相适应的工作机制，将互不相同、相互补充、互不隶属、相对独立的指挥要素、执行力量以及相关资源有机地融合为一个整体，以实现组织策划的目标。纵向实现上下信息对称，横向实现跨部门信息共享。针对当前通信指挥系统响应速度慢、调度智能化不足等问题，为提升警务指挥救援能力方面，早在 2016 年 2 月发改委和公安部即发布通知，设立一体化指挥调度技术国家工程实验室，2017 年，该实验室牵头发起成立了中国指挥与控制学会智能指挥调度专业委员会，标志着指挥调度技术已经向智能化时代迈进，传统指挥调度的要素和手段在发生改变：从通信网络走向泛在网络，从业务功能驱动走向数据智能驱动，从指挥中心系统走向以人为中心的“端 + 云”指挥模式，从通信终端走向各类智能系统，从软件信息系统走向“信息 – 物理 – 社会”系统。一体化指挥调度涵盖感知域、认知域、行动域、保障域，关键技术包括：融合通信、地理信息（系统）、数据融合分析、智能辅助决策、移动应用、多媒体、人机交互等。而大数据和云计算技术是当前一体化指挥调度迈向敏捷性、智能化的关键支撑。感知域的大数据获取是指挥调度业务流程的源头，是战斗力生成的第一链条，解决传统各行业信息化建设过程中所产生的系统相对独立、数据信息孤岛现象，构建统一大数据平台是关键。认知域的决策云和服务云将成为大脑中枢，传承学习的行业经验加上自主学习的数据智能，为数据警务智慧公安提供强大计算能力、高度信息共享和深度智能应用[208]。

（2）公共安全指挥控制技术呈现网络化、智能化、数据化的发展趋势

公共安全指挥控制领域的核心技术包括风险评估与预防技术、监测预测预警技术、应急处置与救援技术、综合保障技术，如图 20 所示[209]。

风险评估与预防技术是以预防或减少突发事件的发生，增强承灾载体的抵御能力和增强应急能力为目标；监测预测预警技术以实现突发事件的全方位监测、精确定位、准确态

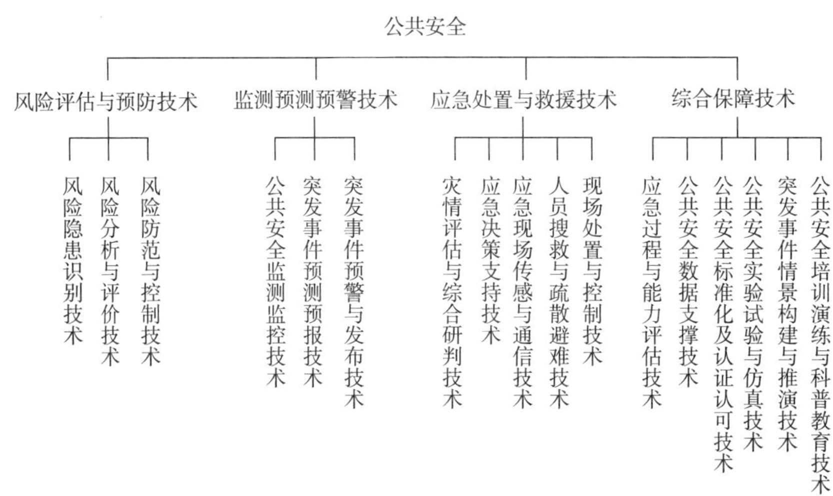

图 20　公共安全领域核心技术体系

势预测和全覆盖实时预警为目标；应急处置与救援技术以实现对突发事件的高效应急为目标；综合保障技术以为公共安全预防与应急准备、监测预警、应急处置与救援和恢复重建全过程提供基础与技术保障为目标。

1）风险评估与预防技术。风险评估作为城市公共安全应急决策的基础性工作，用于对城市范围内成员造成损失的风险隐患进行量化分析、估计与量测[210]。为了科学地评价城市公共安全风险，需要分析城市公共安全涉及的领域和影响维度，并在此基础上提出城市公共安全风险评估模型，建立超大城市公共安全评估指标体系。在公共安全风险评估方面，文献［211］采用因子分析和模糊神经网络方法，对我国的城市公共安全进行了评估；文献［212］基于“弓弦箭”模型，构建包括能力和脆弱性指标的公共安全发展水平评价指标体系，采用组合评价法综合评价了我国省市的公共安全发展水平。在公共安全的防范对策研究方面，文献［213］从人口流迁与社会融合视角进行分析，提出相应的政策建议；文献［214］在分析大数据时代城市公共安全风险特征、类型的基础上，提出以前馈导控为主，反馈响应为辅的城市公共安全风险治理创新模式。

2）监测预测预警技术。在视频监控方面，智能化是一个越来越明朗的发展方向，智能视频监控技术就是使计算机智能地分析从摄像头中获取的图像序列，实现对特定目标和行为的识别、自动预警和报警[215-216]。而目前正快速发展的人工智能算法的其中一个研究重点就是对视频图像的处理，以期达到用人工智能代替人来对视频内容进行深入理解和研判，及时发现视频中出现的异常情况的目的[217]。智能视频监控融入了计算机视觉、人工智能、模式识别等诸多前沿技术。目前已经开始应用的智能监控技术主要包括人脸检测与识别、车牌检测与识别、车型识别、行人车辆跟踪、徘徊检测、入侵检测、绊线检测、人流量统计、车流量统计等[218]。

在风险预警方面，科学对事件预警机制，建立风险预警模型，构建出事件预警指标体是准确预测风险变化的关键。文献［219］提出依托大数据，将技术与管理相结合，在数据、经验与知识的共享和制度、环境的共建中推进群体性事件预警的智能决策，在多元协同的社会综合治理中实现群体性事件的精准预警、科学防范。文献［220］提出借助物联网、云计算、大数据等资源，对城市公共安全具有全面透彻的感知、系统整体的掌控和迅捷精确的响应，使公共安全治理主体能够信息共享、互联互通，形成一体化的预警防控体系。

3）应急处置与救援技术。我国的应急管理工作起步较晚，特别是在“非典”之前，应急管理工作难成体系。也正是以抗击“非典”为契机，2004 年清华大学等单位率先开展了关于应急管理指挥系统建设的研究。通过借鉴国外在应急系统上的研究成果并受其启发，国内在应急系统方面的理论研究发展迅速。

文献［221］将应急指挥系统作为提高城市韧性的一部分，提出需要兼顾公共安全的物联网、大数据深度的计算和分析、风险评估与预测预警、决策分析服务和防护处置救援。文献［222］对应急管理指挥系统建立提出了一个较为完整的思路，并重点阐述了应急管理指挥系统建立过程中关键功能的实现，分析了基于“集中模式”和“分散模式”的城市突发事件应急指挥模式在应急管理指挥系统上的应用。文献［223］将“顿悟”概念引入了应急决策支持系统建设中，从理论和建设两个方面考虑了决策者顿悟过程中存在的非理性因素，给出了基于顿悟理论的应急决策支持系统的设计结构和机制。文献［224］对于在突发情况下，决策者如何在短时间内制定出路径方案，使救援车辆在尽可能短的时间内到达突发地点，提出了单目标、两阶段等问题的模型和求解算法。文献［225］研究了事故应急指挥系统（ICS），阐述了它在处置复杂度高的事件过程中的优越性，并提出了事故应急指挥模型，叙述了突发事件的指挥和行动等各机构之间的相互关联。

4）综合保障技术。目前我国的公共安全领域技术正向着网络化、智能化、数字化的方向发展[226]，其主要体现在两个方面：第一部分是实时监控部分，包含对网络信息、人员、事件的监控，对网络信息的监控可通过“大数据”“云计算”技术来实现，对人员、事件的监控前端为带有识别技术的专用摄像头，摄像头采集信息上传云平台进行数据分析整合，通过识别技术针对可能或已经发生的事件进行定级告警。实时监控还可通过关键字符或其他信息进行信息的定向监控，如监控到事件发生会自动报警，通过搭载摄像头的无人机和地面监控系统还可实现对人员或事件的定向监控。第二部分实施部分包含防范和执行，防范可联动所有的公共设施，根据需求和公共设施的具体特性达到防范的效果；执行主要通过与智能交通、智能城市服务系统的联动，进行事件处理和应急救援[227]。

在应急救援装备方面，我国各年度专项指南中均设置综合应急装备技术项目，重点支持航空救援、道路抢通、应急通信、救援防护、应急物流、水上应急、生命搜救、无人应急、社会化应急等领域的技术及装备研究[228]。

（3）重大自然灾害与突发事件需要构建军地联动应急指挥控制体系

为了支持军队与地方的联合应急指挥，建立科学的理论指导，形成军民融合应急处置体系，当前军地协同的应急指挥控制的研究重点是，在应对重大突发事件时协同军地联动应急力量，优化应急资源的利用。文献［229］在剖析自然灾害、事故灾难与社会安全事件等典型案例存在问题的基础上，建立了 3 类突发事件的故障模型，重点研究了军地联合应急指挥成熟度等级，并针对军地联动应急指挥体系建设问题提出了相应对策建议。文献［230］选择我国境内发生的自然灾害、事故灾难和社会安全事件中典型重大突发事件进行案例分析，从应急指挥预案编制、体制机制建设、指挥手段运用和指挥训练等方面总结梳理若干深层次问题，并以信息时代指挥控制方法 3 个维度模型为理论指导，分别构建若干案例故障模型，从而为提升军地联动应急指挥效能提供理论与方法指导。文献［231］针对当前应急指挥体系构建时缺乏方法指导的问题，提出了一种基于能力需求的应急指挥架构方法，以当前应急指挥时所迫切需要的关键能力为基础，基于这些能力开发构建相关业务，部属配置人员组织机构，采用多视图的方法，能力、业务、人员、技术等角度综合展现应急指挥体系，为应急指挥体系开发提供一种方法指导。

（4）信息技术的应用正在推动消防指挥控制能力的提升

随着我国城市化建设进程的不断深入，越来越多的高层建筑、地下空间、商业综合体等投入建设及使用，使得燃烧物的种类及性质愈发复杂，加上人员密集、通道复杂、交通拥堵等因素，进一步增加了消防救援的难度，同时也给消防指挥工作带来了挑战[232]。

信息化在消防指挥中具有十分重要的地位和突出的作用，包括统一的指挥调度、灵敏的数网化监控、强大的数据支撑、互联共享的数据平台、强有力的数据整合、联勤联动的一键式指挥，将接警、指挥、调度、处置、反馈等各个环节进行有序地衔接[233]。特别是以现代通信、网络、大数据和云计算技术为基础的智能化新生产力工具，并将其纳入消防灭火和灾害救援的指挥、调度体系，对进一步提升全社会抵御火灾风险、处置灾害事故的能力有着极大的推动作用[234]。

当前，全国消防救援队伍的指挥调度，主要运用了移动卫星通信系统、350M 无线对讲系统、基于警用 PDT 技术的指挥系统、4G 通信网络系统等技术。缺点主要体现在通信距离短、网络频点少、信号覆盖差、抗干扰能力弱；不同通信协议和技术标准的各种设备之间无法通用；各级消防救援指挥中心要逐步整合实现灭火救援指挥实战化展示、地理信息图文集成、可视化指挥调度、大数据分析决策等功能，这就需要更加稳定的传输信号和更大的传输速度，也对消防通信装备的功能性有更高的要求。因此，基于 5G 通信技术的消防应急通信保障和指挥调度体系势在必行，5G 技术在消防信息化建设中的应用和普及，对于应对处置各类灾害事故时分秒必争的消防救援队伍来说至关重要[235]。

物联网技术作为一项新兴的现代科学技术，具有智能化程度高、拓展性良好、资源共享能力强等优点，适用于消防部门的远程监控、智能管理和信息资源共享等工作。在灭火救援过程中应用物联网技术能够实现智能化感知识别、动态定位跟踪和精确控制管理，从而可以有效地解决现场处置过程中存在的各种难题，提高灭火救援能力。物联网技术的应用，可以实现对灾害现场中人员、车辆、装备和环境等大数据信息的实时监控，为指挥员实施全方位、多角度、精细化、信息化和可视化的灭火救援指挥决策提供支持[236]。

随着经济快速发展，城市的规模不断扩大，我国正在积极打造智慧型城市，并由此掀起了智慧消防的建设热潮。智慧消防的构建主要是与智慧城市建设需求相对应，利用物联网、移动“互联网 +”、传感器技术、智能处理等最新技术，配合全球定位系统、通信技术和计算机智能平台等，从而实现城市消防的智能化。智慧消防主要从火灾预警的自动化、防火救援指挥的智能化、消防管理精细化和训练系统化几个方面进行构建。通过智慧城市先进的通信技术手段，整合城市系统运行的关键信息，构建智慧消防的物联网，达到对城市的重点区域实施监控的目的，保障城市的安全[237]。

在消防的调度指挥模式方面，传统分层多级的指挥特点，不可避免地带来多头指挥的弊端。在大型火场中存在组织指挥混乱、效率低的问题仍未得到有效解决。“指挥扁平化”

就是对现行消防救援指挥体系进行简化、改革，由传统的纵向多层次、横向多部门的树状结构，向扁平化结构转变，通过精简指挥流程，构建“精干高效、运转灵活、反应快速”的灭火救援指挥体系。扁平化指挥注重统一指挥和直接指挥，是实现消防指挥系统快速反应和高效指挥的一种动态指挥体系[238-239]。

2.4.6 交通指挥与控制系统

（1）空中交通指挥与控制系统

2018 年民航局提出要全面加大强安全、强效率、强智慧、强协同的“四强空管”建设，为新时代空管高质量发展提出了新命题、开启了新征程。民航空管局发布了《四强空管行动方案》，提出“智慧空管”是空管行业发展的时代特征，是空管创新发展的驱动力，是空管安全发展的技术支撑。通过大数据、互联网、物联网、云计算、人工智能等技术与空管现有技术的深度融合，逐步实现空管从数字化到智能化的聚合与提升，再从智能化向智慧化的扩展与丰富[240]。

聚焦空管领域的国内产业，一方面，以中国电子科技集团公司第二十八研究所、南京航空航天大学和中国民航大学等传统空管领域的企业和高校，依托多年军民航空管系统研发经验，在原有优势产品和技术（如自动化系统、语音通信系统等）的基础之上，开始考虑提升其智能化水平，将人工智能技术与空管业务相结合。另一方面，百度、阿里巴巴等在人工智能发展已具备一定的技术和产业基础的企业，与民航业的合作近年来也一直在紧锣密鼓地推进。但总体来说，我国在人工智能技术与航空运输融合的研究相对于国外和其他领域起步较晚，尚未形成整体力量。

1）智能感知起步较晚，目前还未能形成可以应用于机场的远程塔台系统，但是近几年也呈现了蓬勃的发展态势，技术进步较快。国内中国电子科技集团公司第二十八研究所、中国民航局第二研究所及一些民营企业都已开展基于视频的监控技术在远程塔台系统应用的研究，但是和国外相比，中国民用航空局空中交通管理局已将“远程塔台技术研究与示范验证”项目列入 2018 年空管科技项目，旨在促进远程塔台技术在国内的研究和推广。

2）大数据应用开始开展相关研究和验证，但数据缺少统一管理，数据质量与准确性不高，数据采集处理的自动化程度较低，数据应用与分析能力相对薄弱。中国民用航空局空中交通管理局、7 大地区空管局、8 家主要航空公司和 20 余个千万级机场已经部署空中态势监控和流量管理系统，建设航班运行数据信息共享平台，为空管系统大数据应用提供了丰富的数据基础。民航运控中心已着手开展大数据研究和运行数据中心建设工作，已明确民航运行数据共享范围为 10 大类 228 项。中国电子科技集团公司第二十八研究所、南京航空航天大学、中国民航大学等均对大数据在民航的应用开展了研究工作，在大数据架构、基础技术、态势应用分析、并行计算等方面取得了一些进展。

3）管制智能辅助紧跟国际步伐，开展了大量的研究工作，但离实际应用尚有一定差距。中国电子科技集团公司第二十八研究所结合长期从事管制系统研制经验，结合人工智能技术，已经开展了基于管制话音的冲突检测、飞行员口令复述一致性判断、基于卫星云图标注模型的智能化辨识与辅助决策等智能化技术的攻关，研制了管制智能助手；中国民航大学借助虚拟现实和大数据技术研制管制员眼动追踪系统，通过收集与识别管制员的眼睛注视点、眼跳、眨眼、瞳孔大小等数据，对管制员人为差错及工作负荷进行分析评估[241-242]；川大智胜公司借助空管大数据与深度学习框架研制基于语音识别的空管安全实时监视和事后分析系统。

4）国内科研院所与高校在智能流量管理方面的研究尚处于起步阶段。南京航空航天大学与中国电子科技集团公司第二十八研究所开展了基于机器学习的流量态势预测等前期关键技术研究[243]。文献［244］利用随机森林模型，重点分析了航班环网络中的延误传播问题，并量化了延误传播的波及范围。文献［245］基于航班环网络运用贝叶斯网络模型分析了连续航班间的延误传播机理。文献［246］基于贝叶斯网络模型分析了航班延误在航班串中的演化机理，并证明了贝叶斯网络模型应用于延误传播问题的有效性。

（2）地面交通指挥与控制系统

在新的形势下，2016年公安部“南昌会议”中提出的立足于预测、预警、预防，注重联动融合、开放共治、科技创新、资源整合的要求，公安部2018年关于“情指勤督”新型警务模式以及“放管服”工作改革要求，对交通指挥平台提出了需具备综合服务能力的要求，以实现交通安全风险从被动应对处置向主动预防的转变，交管部门工作职能从行政管理向主动服务的转变。采用新方法新技术，逐步打造大数据、大平台、大整合、大共享的信息化建设应用格局，全面提升道路交通管理服务经济、服务发展、服务民生的能力。

1）新技术在城市交通管理的尝试。2018年，百度、阿里巴巴、腾讯、滴滴和华为纷纷加大智能交通市场资源投入，他们以整个城市为目标，以缓解城市交通拥堵为切入点，以城市大脑、智慧城市作为概念包装，以公交、支付、交通信号、交通管控等专业方向为落脚点，进入智能交通市场，带来了AI技术、大数据技术、超强的算力和极具影响力的营销方式[247]。这种全新的尝试引领各交通行业企业都对交通大脑类产品展开了研究。

2）视频识别技术的应用趋于成熟。面向视频的交通状态判别技术、自适应场景视频交通流监测技术、车辆精细化信息获取技术等技术都已成熟，形成了体系化、层次化的交通信息产品体系，并成为了道路交通指挥与控制工作的基础。视频识别技术可实现对道路交通状态的自动判别、交通流的检测、车辆特征识别、交通事件、排队长度识别等诸多应用，开展研判分析工作[248]。

3）车路协同产品涌现。工信部在浙江、上海、京津冀、重庆、长春、武汉等地，与当地政府签署了发展基于宽带移动互联网的智慧交通与智能网联汽车发展示范的合作协议。在无锡，2017年开展了LTE-V车联网项目的公共道路测试，华为、奥迪、中国移动、无锡交警等单位参与，2018年将升级为全球首个LTE-V全覆盖的城市，服务10万辆社会车辆的车联网平台[249]。

4）轨道交通应急调度决策。文献［250］通过分析现有三级应急预案响应体系，研究应急指挥时应急指挥系统各板块的功能，建立大数据下的应急指挥体系，明确应急组织模式，提高了线网应急指挥处置的效率。文献［251］针对交通管理中的轨道交通的运营安全问题，介绍制约轨道交通电力调度应急处置的原因及其对策，有助于建立及时有效的轨道交通电力调度应急处置措施，有效减小安全事故发生的概率或降低事故的危害程度。在铁路应用调度决策中，文献［252］为减少铁路事故可能造成的损失，提高应急资源调度效率，基于累积前景理论，以方案总损失和延误时间作为决策属性，构建应急资源调度方案决策模型，通过模型评价出前景值最大的应急资源调度方案。在高速公路应急救援系统的研究中，文献［253］提出以应急救援结束时间最短和应急救援相关费用最少为目标，充分考虑到高速公路施工区域对路段通行能力的影响，采用数学规划的方法建立了基于施工区通行能力的应急资源调度模型并进行优化求解，从而选择适当的应急出救点进行有效的救援。

（3）水上交通指挥与控制系统

为保障船舶航行安全，提高船舶通航效率以及保护水域环境，支撑水上搜救等各类水上联合行动需要，实现船舶交通管理（VTS）与我国北斗卫星导航系统、现有海事云数据中心以及港口、航运等相关单位信息系统的融合，支撑 VTS 及海事区域联网建设，近几年来国产 VTS 技术研究快速发展，打破三十多年来西方跨国公司垄断，国产 VTS 产品逐渐在我国海事部门开始应用。

国产 VTS 技术研究主要遵循 IALA 和 IMO 有关标准和建议，以我国“智慧海事”建设需求为指导，基于我国海事船舶交通管理现状，在满足标准 VTS 系统功能基础上，还在水上目标智能检测跟踪、多源信息综合处理、二三维一体化交通态势显示、北斗导航定位、综合信息融合与服务、海事大数据分析研究等方面快速突破，切实支撑国产 VTS 系统成为符合我国国情的、满足海事日常管理使用的、与海事信息化发展相适应的水上交通安全监管的关键信息基础设施。相关技术研究进展主要体现在以下几个方面：

1）开放式体系架构和系统综合集成。国产 VTS 系统建立了开放式体系架构，提供一体化网络传输控制、服务化支撑、多样化图形显示以及时统、监控等共性应用支撑能力，构建了一套要素齐全的船舶交通管理数据库，打破各单位间的“信息孤岛”［254–255］。

2）智能雷达跟踪监视。采用自适应杂波处理技术，智能识别不同海况以及不同天气情况，自动调节检测参数，有效抑制海杂波、气象杂波等各种干扰的影响，保证目标稳定检测，实现整个辖区内的全自动高性能智能跟踪监视。

3）大容量并行化数据处理。针对大区域、大容量水上目标数据处理需求，根据计算资源对处理任务进行区域分解，支持大批量船舶目标实时动态处理能力；采用基于屏幕网格的数据动态存储和多尺度显示控制，支持大批量船舶目标的实时显示和操作。

4）二三维一体化交通态势显示。突破传统 VTS 二维交通显示框架，建立二三维一体化交通态势显示架构，实现船舶跟踪、交通告警、助航设施、船舶定线等的二三维一体化显示和联动操作[256]。

5）VTS 系统与 MIS 系统一体化设计。面向 VTS 交通监管与 MIS 交通管理业务，进行 VTS 与 MIS 系统融合设计，实现了 VTS 实时数据与 MIS 动态数据的有机结合和统一，同时实现了信息高度共享、互通和业务功能的联动[257]。

6）基于 AIS/ 北斗的交通安全信息服务。首次构建基于北斗 /AIS（船舶自动识别系统）设备的 VTS 智能信息服务架构，对交通态势评估产生的船舶碰撞、走锚、违章以及恶劣天气等告警事件自动生成航行安全预警短消息；基于规则智能选择服务对象和通信方式，同时建立消息队列的优先级管理和保鲜机制，自动适配北斗发送频度和 AIS 发送时隙，向目标船舶定向分发和广播播发，有效提升 VTS 信息服务与数据分发能力[258]。

3. 国内外研究进展比较

3.1 国外指挥与控制理论研究进展

3.1.1 指挥与控制基础理论

未来战场形态多样，涉及城市作战、多地区作战、多领域作战、多军兵种作战、联合作战、多国作战等，并将以前所未有的速度展开。美国作为世界军事强国，为了保持其战略优势，近几年，先后提出了多域作战、算法战、马赛克战争等作战概念。

（1）多域作战及其指挥控制

2016 年 11 月 11 日，“多域战”概念被正式写入美陆军新版作战条令，明确指出，“作为联合部队的一部分，美军通过开展‘多域战’，获取、掌控或剥夺敌方力量控制权”。按照美军的设想，“多域战”将打破军种、领域之间的界限，各军种在陆、海、空、天、电及网络等领域拓展能力，实现同步跨域火力和全域机动，夺取物理域、信息域、认知域以及时间方面的优势。“多域战”的核心要求是，美军具有富有灵活性和弹性的力量编成，能够将作战力量从传统的陆地和空中，拓展到海洋、太空、网络空间、电磁频谱等其他作战域，获取并维持相应作战域优势，控制关键作战域，支援并确保联合部队行动自由，从物理打击和认知两个方面挫败高端对手。不难看出，“多域战”理论的特点不仅在于作战域的拓展，更在于推动力量要素从“联合”走向“融合”[259]。

2018 年 12 月 6 日，美国陆军发布了《美陆军多域作战 2028》，即多域作战概念 1.5 版[260]。该手册进一步完善了之前发布的多域战概念，将“多域战（MDB）”改为“多域作战（MDO）”，提出了一系列解决方案，专注于挫败敌人的多层对峙能力。下一步，美国陆军未来司令部将实施这一概念，并且还将开发多域作战概念 2.0 版。

美国空军认为，在未来冲突中成功的关键在于多域指挥控制系统（MDC2），无缝、同步地融合空、天和赛博空间作战，其中实现融合是关键。美空军提出未来的指挥与控制模式：从全球的传感器、平台及武器网络收集数据，迅速融合形成可支持行动的情报，在所有空军部门、各军种和情报部门之间实现共享。在正确的时间提供正确的信息，指挥官可以跟踪友军和敌军，运用最适合的武器来打击任何域的目标，并接收近实时的反馈信息。多域指挥与控制还将利用电子和赛博战方面的先进能力以及可以在几分钟内打击全球任意目标的定向能和超音速武器，开发攻防兼备的战术、技术和程序。

美国空军计划开发的多域指挥控制系统，通过创建一个全球网络，可以协调包括所有4个军种和美国盟友的作战行动，目前 MDC2 的建设以空军牵头的联合空中作战中心为基础。该中心有各军兵种的联络处，汇聚陆军、海军、海军陆战队和盟国友军，为将来共同协调奠定了基础。美国空军认为，未来空战的指挥控制过程大部分是自动完成的，因为速度意味着生命，解决方案可能是指挥官在决策环路之外，监视作战的发展情况，当指挥控制系统达到关键节点时，指挥官会得到指挥控制系统的提示，输入关键性指令；或者当指挥官发现危机或机遇时，进行人工干预。它彻底摒弃传统的人在回路中参与具体决策、影响系统速度的方式。目前，空军正处于发展多域指挥控制系统的早期阶段，为了帮助空军实现上述目标，洛马公司举行了一次演习，通过演习结果确立 MDC2 企业级的能力。

近年来，国际指挥控制学术界也积极开展多域指挥控制理论的研究。第 23 届 ICCRTS 会议将主题定为“多域指挥控制”，旨在解决多域指挥控制所面临的挑战：各不相同的任务伙伴；涉及物理域、虚拟域和社会域；充满竞争的网络空间；自主系统的运用。在本次会议中，文献［261］提出融合指挥和控制这两个职能会削弱它们自身的重要性，指挥应与控制分离，以实现对两者的基本理解，使指挥和控制更加强大，该文对将指挥与控制分离的可行性进行了探讨。文献［262］通过建模仿真对多域作战指挥控制问题进行分析，并介绍一种可能解决该问题的框架及相关实验。文献［263］认为设计适合的 MDC2 方法需要深入地理解物理域、虚拟域和社会域之间的差异以及参与多域作战的不同实体之间的差异，该文提出了一个概念框架，采用这个框架可以确定开展多域指挥控制的合适方法。

（2）算法战

2017 年 4 月 26 日，美国防部正式提出了“算法战”概念，设想是利用人工智能、算法代替人类判读员进行无人机视频数据处理、获取战场空间分析认知，解决目前数据信息多、可用情报少的问题。同时，美军认为，在电子战、网络战、导弹防御中也可以利用人工智能或算法，快速识别电子攻击源、抵御网络黑客攻击、减少导弹防御中人类判断的失误，提高作战效率。为此，美国国防部成立了“算法战跨职能小组”（AWCFT），以推动人工智能、大数据及机器学习等关键技术的研究。

2017 年 11 月，成立半年的“算法战跨职能小组”已经开发出 4 套智能算法。这些算法主要用于国防情报领域，以便将海量数据及时转化成行动情报，从而更好地支持军事决策。未来，该小组还将把触角伸向其他国防情报任务领域，并将进一步加强与情报任务领域相关的人工智能、自动化、机器学习、深度学习以及计算机视觉算法的研究。

（3）“马赛克战”

“马赛克战”寻求通过快速组合的低成本传感器、多域指挥与控制节点以及相互协作的有人、无人系统，对敌形成新的不对称优势。此外，有人—无人编队、无人蜂群等作战概念的发展也对指挥控制提出了挑战。

（4）国内外对比分析结论

除反介入/区域拒止、灰色地带作战等少数几个作战理念/理论外，我军自主原创的指挥控制基础理论较少，主要还是处于对美军相关理论的跟踪研究阶段。

3.1.2 指挥与控制过程模型

自从 Boyd（1976）提出 OODA 环模型，衍生出多种指挥控制过程模型，包括 Wohl（1981）的 SHOR 模型[264]、MAYK 和 RUBIN（1988）的 PDCA 模型[265]、Klein（1999）的 RPDM 决策模型[266]、Endsley（2000）的态势感知模型[267]。Grant 和 Kooter（2005）从战争形态变化的角度重新审视了指挥控制的指挥决策模型，提出了 OODA 模型重构的需求[268]。近年来，基于大数据、人工智能等新兴技术，指挥与控制过程模型不断设计升级优化，以适应敏捷指挥控制、任务式指挥、物联网的需要。

（1）在指挥与控制过程模型基础理论方面

文献［269］将决策环中的典型信息流（如原始信息流、不确定性建模流、组合流和决策流）与 OODA 环的观察、判断、决策和行为节点相对应，以适应设计、决策、运行过程的不确定性。文献［270］提出了一种 OODA 环结构的决策支持系统。同时，人工智能技术将越来越多地应用于 OODA 作战过程，从而缩短 OODA 环的决策环节[271-274]。据美国《今日航空》2018 年 9 月 27 日报道，IBM 公司认为人工智能可以帮助加快 OODA 环，IBM 副总裁 J. Gallina 指出人工智能的作用是强化判断和决策环节。

（2）在指挥与控制过程模型应用方面

文献［273］描述了指挥与控制系统中的网络启用能力（Network Enabled Capability，NEC），讨论了 OODA 环作为在指挥控制系统中优化 NEC 的一种手段。文献［275］研究了基于物联网的智能服务，以解决涉及物联网 OODA 环的城市问题，包括在涉及互联网规模数据的情况下有效地支持这种 OODA 环。文献［276］针对卫星通信网络的特点，提出了一种典型的多层卫星通信网络结构，运用 OODA 理论，分析了卫星通信网络支持下的作战过程，并对作战任务指令传递、目标信息传递和作战效能评估进行形式化，适应其复杂性、不确定性和动态演化。文献［277］利用 OODA 环模型对高级持续威胁（Advanced Persistent Threat，APT）进攻进行检测。

（3）国内外对比分析结论

国外近年来侧重解决 OODA 环中的不确定性问题与智能化问题。但 OODA 环用于描述指挥与控制过程还有多方面的缺陷，包括各个环节的内容与边界定义模糊、行动环节的态势感知不够聚焦、缺少任务筹划环节等，对于目前比较强调体系作战的我军来说不够实用。

国内近年来在指挥控制过程理论模型研究方面取得开创性进展，阳东升及其研究团队针对我军侧重强调作战体系指挥对抗活动的特点，创造性提出了“筹划、准备、执行、评估”4个环节的PREA环，更加适应我军军事体系指挥活动在不同域的属性变化，采用的方法、研究成果更贴近、更适用我军实际作战体系指挥对抗活动过程的描述，为指挥与控制过程理论模型发展起到重要的引领作用。

3.1.3 指挥与控制体系结构

（1）指挥与控制的组织结构

国外在指挥与控制组织设计的原理与方法研究方面，所提出的组织描述方法包括：有色Petri网（乔治梅森大学C3I研究中心Monguillet）、元矩阵（卡耐基梅隆大学社会决策科学系）、网络描述（卡耐基梅隆大学复杂工程系统协会）和组织元（康涅狄格大学电子计算机工程系、加拿大多伦多大学知识管理实验室）等。这些描述方法的重点体现在：一是强调过程，即静态结构视图通过运作过程来比较组织效能，这一方向具有代表性的是Monguillet变结构理论，这一理论通过建立组织的有色Petri网模型得到很好的验证；二是强调静态的完整描述，试图找到组织的核心元素，通过这些核心元素建立整体视图，以此来建立组织测度标准，这一方向具有代表性是Kathleen的元矩阵思想。这一思想在C2、C3I的拓扑结构描述中得到了应用。

计算组织理论认为组织应自适应提高性能或者效率，“最成功的组织趋向于高灵活性”，以及最好的组织设计高度依赖于应用和环境。由于在使命的执行过程中，环境不断发生变化，组织为了能够很好地匹配使命环境必须进行适当的调整。从目前的研究来看，计算组织理论只依赖静态视图不足以完整地描述C2组织，需要扩展原有模型来描述C2组织的这种适应性变化。

（2）指挥与控制结构度量方法

Alberts和Hayes认为，敏捷的C2组织是信息时代军事力量的新的组织方式，这种方式通过共享感知信息和动态知识来增强作战部队的战斗力。这一新型的组织模式具有两个方面的特征：一是互操作性；二是敏捷性。

美国自20世纪90年代中期以来，在海军研究办公室和联合作战分析协会的支持下，康涅狄格大学以Levchuk为首的研究团队联合Aptima公司、海军研究生院、卡耐基梅隆大学和乔治梅森大学等研究单位，开始研究复杂使命环境下的组织适应性设计问题，系统工程技术是美军进行战场空间兵力组织适应性设计的主要方法。

（3）指挥与控制体系结构开发方法

2012年，美军对DODAF 2.0进行少量修订后发布DODAF 2.03版。为了实现DODAF和英国国防部架构框架（MODAF）的统一建模，对象管理组织（OMG）于2013年8月发布UPDM（Unified Profile for DoDAF and MODAF）2.1版。为了实现不同军用架构框架之间的互操作，近年来由美国、英国和加拿大等国倡导的建立统一国防架构框架（UDAF）的工作正在开展中，其目标是成为国际标准化组织（ISO）和对象管理组织的标准。

多国联合作战要求将多个系统集成在一起，北约在系统集成中面临系统之间难以实现互操作，运行速度慢，集成成本高以及变化的灵活性差等问题。为解决这些问题，提高欧洲盟军司令部与大西洋盟军司令部之间以及北约各成员国之间 C3 系统的互操作，北约开始规范其架构设计方法，并制定北约架构框架（NAF）。针对 NAF 2.0 版表现的规范性不强、缺少元模型、组件复用率低等问题，北约 C3 委员会第二附属委员会责成互操作计划与政策工作组设立了北约架构框架修订联合机构。该机构在各国成功案例的基础上，开发北约架构框架 3.0 版（NAF 3.0），并将架构框架的范围扩展到 C3 系统以外的所有领域。

（4）国内外对比分析结论

对比分析国内外研究现状和发展趋势可知，目前国内虽然对指挥与控制体系结构基本概念和方法技术研究有一定进展，但与发达国家相比，还存在一些不足，具体体现为：

1）对指挥与控制组织敏捷性的因素和度量研究不足。根据任务动态构建指挥与控制组织，要求具备适应性、韧性、灵活性等特征，这些特征统称为敏捷性。影响指挥与控制组织敏捷性的因素是多方面的，除了任务变化因素，还包括指挥编组、系统资源状态变化等，它们都会触发指挥与控制组织的敏捷重构。然而目前国内对这部分内容的研究才刚起步，还未见具有实践指导意义的突破性成果。

2）缺乏对指挥与控制组织结构优化设计问题的研究。指挥与控制组织结构优化设计，指的是在任务驱动下，如何对指挥控制组织与指挥控制活动间的支撑关系、系统资源如何部署分配等问题提供优化的解决方案。目前国外已通过 FCS、CASCADE 等项目进行了一系列的研究，取得了较多成果，但国内的研究还只是停留在概念框架、组织结构设计、指挥与控制节点以及作战平台的结构优化上，没有深入考虑与指挥控制系统相关的数据、软件、服务等如何安排、分工及调配的问题，对各类系统资源如何稳健均衡发挥作用及系统资源如何灵活适时部署等的问题也考虑不足。

3）关于体系结构集成与优化方法的研究尚很薄弱。联合作战需要集成各军兵种、各业务域、各层级的体系结构，这就需要在体系结构集成与优化方法上取得突破，国内近年来相关研究工作较少。

3.1.4 指挥与控制效能评估

针对指挥控制系统的效能评估问题，国外研究机构重点关注于定量评估问题和有效性评估问题，提出了一些新方法。

（1）CRM 矩阵、复杂网络理论、Langford 九步法在定量评估和有效性评估中逐步受到重视

面对指挥控制领域效能评估中的定量评估问题，文献［278］提出了基于危机应对管理（Crisis Response Management，CRM）矩阵的指挥控制评估框架和分析方法。为了解决 C4ISR 系统结构的定量分析和有效性评估问题，文献［279］提出一种基于复杂网络定义 C4ISR 系

统结构的模型和评估网络效能的方法。随着 C4ISR 系统集成度越来越高，系统有效性的评估越来越受到重视，Langford 九步法[280]提供了一个可重复的过程，使用综合框架成功开发有意义的指挥控制有效性评估指标，以评估在战场中使用部署的指挥与控制系统的有效性。

（2）基于系统动力学模型、Petri 网分析、相似性分析等方法在 C4ISR 系统综合评估中得到不断发展

ADC 和指数法等方法无法衡量系统与战斗结果之间的相关性。文献［281］基于系统动力学模型，设计了 C4ISR 系统的原因效果图、系统图以及变量之间的关系，可定量分析 C4ISR 系统的运行效果和情况影响，为 C4ISR 系统效能评估研究提供了参考。

互操作性是 C2 信息管理系统的基本要求，然而系统中数据的语法和语义差异、更新率、延迟要求、消息格式、安全要求、验证要求、网络协议甚至认证过程，都对互操作性提出了挑战，对互操作性的测量评估也成为难点。文献［282］提出使用 Petri 网进行 C2 信息管理系统互操作性测量评估的方法，以定义 C2 系统的互操作性的不同操作级别，用于确定两个或多个组件 / 系统之间的互操作性。

在军事对抗系统的背景下对指挥控制效能的评价是困难的，指挥控制系统不是独立运行的，它依赖于军事系统中的其他系统。传统的指挥与控制系统有效性计算方法往往基于指挥与控制系统本身，不能反映指挥与控制系统的实际有效性。可建立模拟军事系统的网络模型，然后采用相似性来衡量通信系统与指挥控制系统之间的影响，利用数学分析框架来描述指挥控制系统和通信系统中的指挥控制流程。文献［283］提出指挥与控制算子算法，并运用该算子方法对武器系统仿真试验台模拟的指挥控制系统实际有效性进行评估，结果表明通过相似性分析这种方式对指挥控制系统效能的定量计算结果和武器系统仿真现象的定性分析是合理的。

（3）国内外对比分析结论

国内近年来在指挥控制效能评估方面发展也较快，在定量分析和有效性评估方面，采用的方法、研究成果已接近或达到发达国家的水平，同时结合我军实际，体系作战效能评估指标体系的构建和基于体系贡献率的效能评估方法得到了长足的发展，为指挥与控制效能评估发展起到重要的支撑作用。

3.2 国外指挥与控制技术研究进展

3.2.1 共性支撑

（1）美国将大数据视为“未来的新石油”，作为战略性技术大力推动其发展，在知识图谱构建领域具有战略优势

Yago[284]整合了维基百科与 WordNet 的大规模本体，拥有 10 种语言约 459 万个实体、2400 万个事实；Babelnet[285]则采用将 WordNet 与维基百科集成的方法，构建了一个目前最大规模的多语言词典知识库，包含 271 种语言 1 400 万同义词组、36.4 万词语关系和 3.8

亿链接关系。从 DARPA 近五年发布的项目中分析，其针对大数据分析、知识抽取、多源信息关联等知识图谱的重要支撑技术部署了大量项目，涉及的核心技术包含了针对音频信息的采集、识别、检索等技术；针对图像、视频信息的场景识别、目标识别、可视推理等技术；针对文本信息的多语言翻译、信息抽取等技术；针对大数据深度挖掘和关联的因果关系分析、知识推理等技术。

通过如图 21 所示的 DEFT[286-288]、RATS[289]、Big Mechanism[290-291]、Insight[292]、DL[293]等项目，用于大规模知识网络构建的关键使能技术已经部分突破，具备对于文本、图像、视频、音频等信息的深度机器理解能力，具备从大数据中发现信息间隐含关联的能力。针对不同的应用方向、不同的信息系统各自构建以三元组为核心的知识图谱，支撑了语义搜索、关联推理等部分应用。

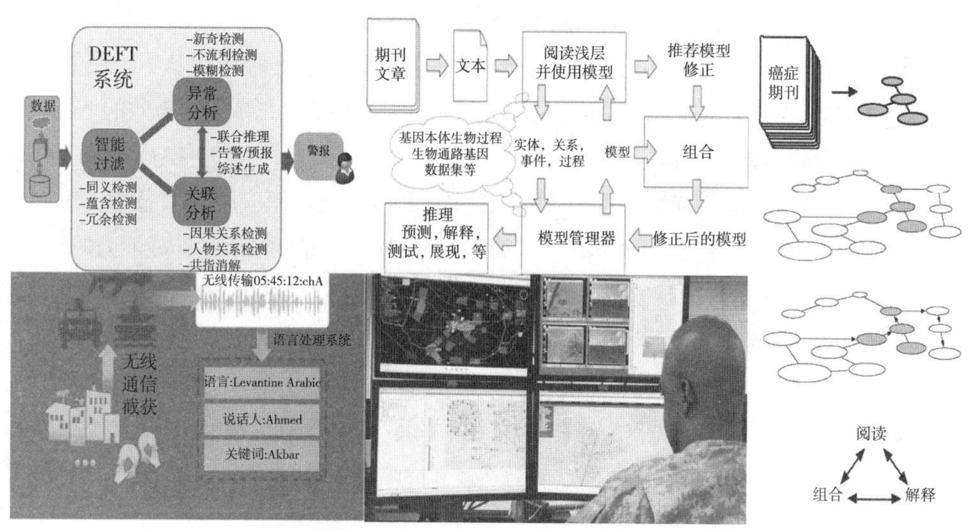

图 21　DARPA 人工智能项目一览

（2）美军大力发展智能博弈技术，并试图将其用于作战推演，以及发展智能指挥控制相关的基础性研究中

早期美军 DARPA 的“深绿”计划就是研究如何将博弈对抗推演用于战场态势演化的实时预测[294-299]。2016 年，美空军研发“Alpha AI”[300]，将智能博弈技术用于空战对抗推演，在与人类高级飞行员的对抗中，获得了 100% 的胜利，其 AI 在格斗中快速协调战术计划的速度比人快了 250 倍。2016 年，DARPA 发布了一条征询启事[301]，希望引进“文明”“星际争霸”等视频游戏的技术解决方案，改进传统作战推演（Wargames）系统。2018 年 5 月，Siri 创造者之一斯坦福研究所（SRI International）加入 DARPA，计划用“星级争霸”游戏训练 AI，成功后尝试迁移到现实中执行类似任务。2018 年 6 月的一份报道提到，美海军陆战队正在研制“雅典娜”，为人工智能用于军事决策提供测试平台。该报道指出，目前美军缺乏构建人工智能学习程序所需要的大量数据，其作战训练数据库中已

有的数据并不支持机器学习和其他人工智能算法。使用商业游戏可提供必要的环境，以获取测试用于军事决策的人工智能应用程序的大量数据。

分析认为，“星际争霸”之类的游戏，相比棋类博弈更贴近真实战争。玩家不但要在微观层面熟练操控兵力行动，还要在宏观层面具备战略眼光，这些本质特性与作战指挥是一样的。如果游戏 AI 能成功用在作战推演中，将会带来很大进步。美军的一系列行动表明，智能博弈对抗环境可作为孕育智能指挥控制的土壤和环境，对发展智能指挥控制而言意义重大。

（3）美军积极探索面向指挥决策支持的动态数据驱动仿真技术，尝试研制态势预测与方案评估一体化的作战决策支持系统

美军依托“深绿计划”稳步推进平行仿真技术发展，实现仿真系统与实装系统的无缝嵌入[302-304]。2018 年美国空军研究实验室提出动态数据驱动应用系统思想（平行仿真）[305-306]，开发动态态势评估和预测框架，以协助指挥官对未来态势进行预测，评估计划的有效性。

近十多年来，美国防部在建模与仿真领域的最终目标是构建统一的基于云使能的“真实—虚拟—仿真”集成架构[307]，可以快速集成模型和开展仿真，形成一个有效的 LVC 环境，可以用来飞行训练、战术协同、制订作战计划和评估作战情况等。当前，LVC 技术已经取得了一定程度的发展，2018 年应用于美国红旗军演中；2019 年美空军应用 LVC 技术，建立一种可扩展、高保真、通用化的联合仿真环境（JSE），应用于对新型武装装备作战能力的测试。

（4）美军大力发展更加智能的人机交互技术，尤其是在人机融合、虚拟 / 增强现实、脑机交互、智能可穿戴等方面开展了深入的研究，部分技术通过了用户试验

在人机融合和脑机接口方面，2018 年 9 月，美国 DARPA 成功完成了利用侵入式脑机接口技术控制三架无人机的试验。另外，DARPA 同时启动了新一轮的免手术神经技术项目（代号 N3），旨在利用非侵入式的装置具备类似的交互控制能力，但是在外形上看起来更像脑电图扫描帽，操作员完成飞行任务之后就可以轻易取下来[308]。

2019 年 2 月，美国 DARPA 陆续发布“智能神经接口”（INI）项目和“人工智能科学和开放世界新奇学习”（SAIL-ON）项目公告，描述 DARPA 实现“人机融合”的思路，旨在推进第三代人工智能技术的开发，解决机器和人类“思考”方式的基本差异，促进人机融合与团队合作，使人工智能系统成为“解决问题的合作伙伴”，在网络安全、数据和图像视频分析、无人机群操作以及灾难援助等工作中，起到增强人类能力的作用[309]。2019 年 3 月，DARPA 的 ASIST 项目开发了促进有效的人机协作所必需的基本机器社交技能。该项目的初始阶段进行单个人机交互的实验，以了解人工智能个体推断人类的目的以及态势感知，然后利用这些洞察力来预测队友的行动，并提供有用的推荐行动的程度；后期，有多达 10 名成员的团队与人工智能个体形成交互。在这些实验中，ASIST 将测试一段时间内的人工智能个体理解团队认知模型，然后利用这些理解来发展适当的和情境相关的行动能力[310]。

在虚拟 / 增强现实和可穿戴方面，2019 年，美国陆军与微软公司签订总价值 4.8 亿美元合同，旨在采购 10 万套增强现实（AR）眼镜，用来为美军下一步开展沉浸式军事训练

提供支持。与此同时，美国陆军实验室也联合多家创新技术研究所，着力研究沉浸式技术对军事训练和战场作战的应用价值[311]。同时，美国防长特批准了一项 7 500 万美元的专项拨款，用于研发一款新的可穿戴设备，以扩大智能可穿戴技术优势。

图 22 是 2018 年 Gartner 人机交互技术成熟度曲线。图 23 是 2016 年 Gartner 发布的人机交互技术发展趋势优先矩阵。

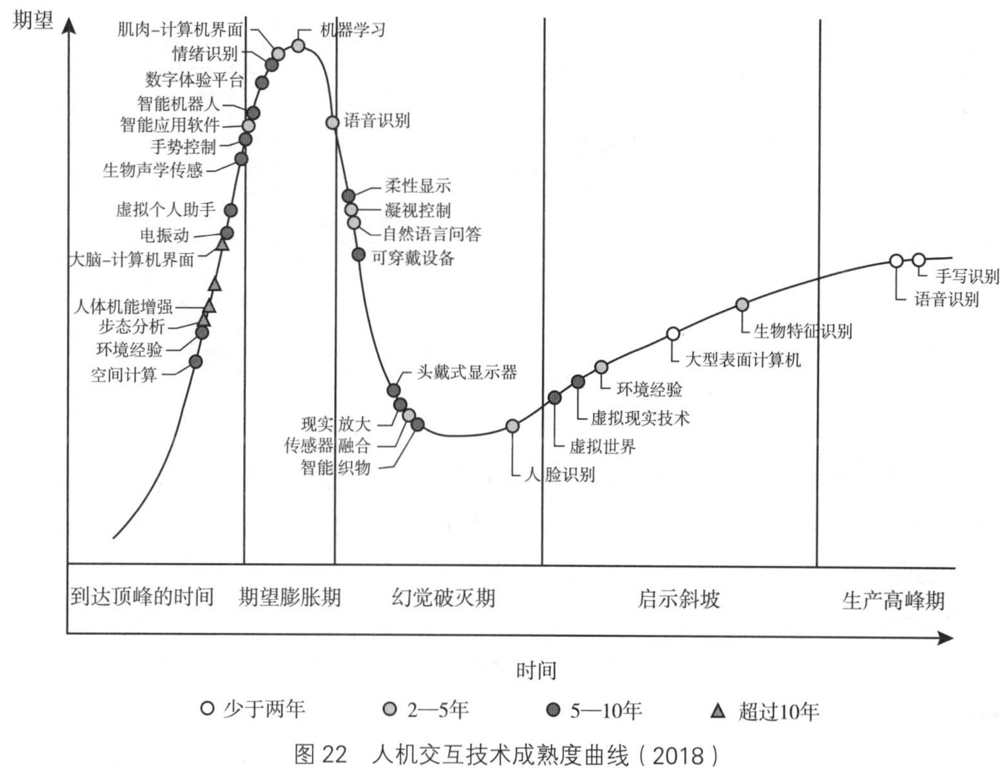

图 22　人机交互技术成熟度曲线（2018）

（5）国内外对比分析结论

在知识图谱构建与应用方面，目前国内外的技术实力基本相当，但在应用方面有一定差距。其中，在技术方面，均已形成多个通用知识图谱、行业知识图谱，并具备金融、电商等领域的知识检索、场景构建、知识推理能力。然而，美国、英国等国在数据建设方面起步较早，其积累的数据资源与我国相比呈现显著优势。与此同时，美国更是在军事领域部署了多个重大项目并取得了重大突破，在军事领域的多媒体数据关联推理等应用方面领先于我国。

在智能博弈方面，美军正在积极探索智能化技术与战争博弈系统的结合，将其视为孕育智能的一片土壤，但仍处于初级研究阶段，相关技术尚未成熟。国内参考借鉴美军的发展路线，但起步较晚，目前对智能博弈方面的研究才刚刚起步。

收益	发展至主流阶段 少于2年	2—5年	5—10年	10年以上
变革性		机器学习 智能应用软件	虚拟个人助手	人体机能增强
高	语音识别	人脸识别 自然语言问答	增强现实技术 生物声学传感 数字体验平台 情绪识别技术 柔性显示技术 智能机器人 可穿戴设备	
适中	手写识别	环境显示技术 生物特征识别 凝视控制技术 肌肉-计算机界面 传感器融合 语音翻译	环境经验 电振动 手势控制设备 头戴式显示器 智能织物 空间计算 虚拟现实技术 虚拟世界	大脑-计算机交互 步态分析 体显示技术
低	大型表面计算机			

图 23　人机交互发展趋势（2016）

在仿真建模方面，美军十分重视建模仿真技术在作战训练、武器装备作战能力测试等方面的应用和发展，并开发了大量的模拟训练系统，国内总体参考借鉴美军的发展路线，但起步较晚，尤其是在智能仿真等方面。

在人机交互方面，美军比较重视智能交互、人机融合以及智能可穿戴设备的技术研究，也出现了较多成熟产品和相关方面的成功试验及应用。国内人机交互技术在虚拟 / 增强现实、多模态自然交互、脑机交互、智能可穿戴和人机融合方面均开展了技术研究，但与国外技术水平存在一定差距，并且国内成熟技术产品较少。尤其在脑机交互以及人机融合智能交互方面，国内尚处于起步阶段，国外已有成功的应用试验，差距较大。

3.2.2　态势感知认知

（1）态势感知方面

美军互操作作战图族（FIOP）对共用作战图（COP）和共用战术图（CTP）态势要素进行详细分类和树型结构研究[312]，主要包括兵力部署类、动态目标类、战场环境类、社会政治经济类、作战类、作战企图类和对抗措施类等，并对不同层次和军兵种中态势要素的内涵和外延进行了界定。但现有研究多为定性描述，缺乏定量分析研究。

针对目标检测、跟踪与识别问题，美国 DARPAR 部署了一系列项目，运用人工智能等新型技术有效提升了目标检测、识别、跟踪与定位的效果。

美国 DARPA 于 2017 年 12 月启动“海基物联网（Ocean of Things）”计划，旨在通过部署成千上万个小型、低成本的浮标，形成分布式传感器网络，基于区域的卷积神经网络成功连接目标检测与深度卷积网络，将目标检测的准确率提升到一个新的层次，在此基础上发展的尺度金字塔池化网络和快速基于区域的神经网络能够大幅提升模型的检测速度；针对半结构化和非结构化数据的融合处理问题，美军积极将人工智能技术应用于视频、图像信息的融合处理。美军 2017 年 4 月成立“算法战跨职能小组”（AWCFT，即 Maven 项目），分析无人机提供的大量视频信息。该项目将计算机视觉和机器学习算法融入智能采集单元，自动识别针对目标的敌对活动，实现分析人员工作的自动化，让他们能够根据数据作出更有效和更及时的决策；针对融合系统性能评估问题，目前尚未形成广义有效的融合模型和算法以及综合评估体系，文献［313–316］提出了最优化子模式指派度量、基于主成分分析的度量准则等，获得了较好的应用效果。针对人机融合技术，以美国为主的发达国家高度重视并部署了一系列的研究项目，如 2018 年 2 月 DARPA 开展的“班组 X”项目旨在研发和集成无人机、无人地面车辆、先进传感器和机器学习等新技术以助单兵获得“超人”战场感知能力。另外，美国空军于 2018 年 1 月启动了“数字企业多源开发助手（MEADE）”项目旨在开发一个虚拟分析助手，可帮助情报或指挥与控制人员完成复杂的情报分析工作，也能辅助军事决策的指挥与控制。美国陆军于 2018 年 10 月启动了“每个接收器都是传感器（ERASE）”项目，将采用新颖的大数据处理和机器学习技术，以利用所有可用的专用和潜在传感器来验证和丰富已知的情报，从而扩展传感器的范围，利用所有可用数据，加快指挥员的决策过程。

（2）态势认知方面

态势知识建模与表示、态势认知机制与群体综合认知取得较大进展，基于人机融合智能的作战态势认知技术成为技术主流。针对信息可能的冲突、数据信息的同步性、语义理解、不确定性的统一表征、信息的质量以及信息源的可靠性等问题，文献［317–319］提出了一个描述信息和信息源质量的本体框架，具有较好的应用前景。2019 年 1 月 DARPA 开展的“以知识为导向的人工智能推理模式（KAIROS）”项目，旨在研发人机协作的新型半自动化人机融合智能系统，用来确定看似无关的事件或数据之间的相关性，增强侦察预警、情报处理和战争理解能力，获得“情报之外的情报，情报背后的情报”。美国海军于 2019 年 2 月启动响应式电子攻击措施（REAM）项目，旨在开发机器学习算法用于 EA-18G 电子战飞机上的信息系统以有效应对敌方雷达频率的快速变化、识别频移模式，并在飞行过程中自动对这些频率进行干扰或欺骗。

（3）国内外对比分析结论

在态势感知方面，美军实现了空地网络化态势探测、感知模式，无人平台可以飞临战区上空，获取单基系统难以获取的信息，同时促进空地作战过程中树状结构的信息流程向扁平网络结构的转化。国内在小目标、隐身目标的识别与跟踪技术，联合战场态势感知体系构建，网络化态势感知信息系统建设等领域取得较大进展。

在态势认知方面，美军启动了许多智能化态势认知项目，重点在于网络中心战条件下的分布式战场态势认知技术，无人平台的自主态势认知以及算法战等领域；国内人工智能军事应用研究成为热点，在人机融合态势认知、战场态势认知体系、网络化作战目标体系推断、威胁估计智能化算法等[320-324]方面均取得了重大进展。

3.2.3 任务规划

近几年，以美军为代表的西方国家在联合任务规划、人工智能等方面开展了研究，并在世界上处于领先的地位。

（1）多兵力、多火力协同规划成为任务规划的主要方向

美军自1999年以来就开始研制联合任务规划系统（JMPS），为三军联合作战提供高效规划决策。近年来，美欧等军事强国开展一系列面向未来联合战争作战理论探索和型号技术发展实践，以“认知、动态与分布”为特点的新作战模式正在酝酿生成。“动态与分布”指使用多样化、廉价的小型武器替代原有大型、昂贵的武器，将原交战过程中核心平台的功能分散到不同的小型武器上，使用单一（或少量）平台搭配若干小型武器的组合即可替代大型平台的大部分功能。该新型作战模式打破了近30年来国防武器装备建设中的“固定搭配”，作战力量以信息和火力集成为核心且分散部署，作战流程更加复杂且高度灵活，战场决策层面实现智能化，使其根据战场实际需求不断调整变化，从而使任务规划具有更强的灵活性和鲁棒性。

2014年4月25日，DARPA公布“拒止环境中协同作战（CODE）”项目，通过发展协同规划算法，提升无人机编队的自主协作能力，使单个操作人员即可控制无人机编队执行任务，并于2018年开展系统验证。2015年9月16日，DARPA公布“小精灵”项目，实现无人机蜂群通过C-130运输机、B-52/B-1轰炸机等平台空中发射，在空中组网和其他有人平台协同执行ISR、电子战、破坏导弹防御系统等任务，预计在2019年末完成整个项目的验证工作。2016年，美国海军研究局联合乔治亚理工大学开展了低成本无人机集群技术项目LOCUST项目，进行了30架小型低成本无人机的连续发射试验，随后这些无人机通过协同规划系统组成“蜂群”共同响应任务。2014年9月，美国国防部战略能力办公室主导了“山鹑（Perdix）”微型无人机协同演示项目，2017年1月，美国采用三架F/A-18战斗机释放出103架Perdix无人机，集群间共享信息进行决策，相互协调行动，展示了先进的群体行为和相互协调能力，如集体决策、编队飞行等，由于这种微型无人机可以躲避防空系统，能用来执行侦察任务。

（2）人工智能相关技术在筹划决策方面初露锋芒

2016年，美国辛辛那提大学开发的“阿尔法”智能空战系统采用了基于遗传模糊算法的智能技术，在多机空战的智能规划与智能控制上取得突破性进展，在模拟空战中用三代机成功击退了有预警机支持的驾驶员操控的四代机，取得人机对抗的绝对优势。2017年，美国成功试射智能化远程反舰导弹LRASM。LRASM采用了智能化控制规划系统，具备在高对抗电子战环境下的作战能力，并在飞行过程中通过智能规划弹道规避敌方雷达探测区

域，智能制定攻击策略进行协同攻击。

2016—2017 年，谷歌公司的 AlphaGo 先后击败围棋世界顶尖高手李世石和柯洁，其表现出的强大威力和进化速度举世震惊。2017 年年底，在 AlphaGo 基础上发展而来的 AlphaGo Zero 以绝对优势超越 AlphaGo，摆脱了对历史对战知识的依赖，刷新了人们对人工智能规划决策的认识。2017 年至今，谷歌与暴雪公司合作，在即时战略游戏星际争霸和 DOTA 上开发智能电脑玩家，以解决战略战术决策与控制问题，目前在战争策略、战术策划、寻路等方面已具有了较好效果，已超越人类专业选手。

同时，国外研究机构重视开发类脑技术，力争做到人机一体、智能主导，实现人机融合的智能化决策。

（3）国内外对比分析结论

虽然国内在任务规划与决策方面取得很大进展，但还存在一些不足，具体体现为：

1）多兵力、多火力协同规划研究大多还处于概念研究阶段。美军的多导弹协同攻击技术和多无人机协同作战已经产生了大量的理论成果，并且进入工程应用和研制阶段，这些成果主要包括协同规划、控制、探测与火力分配。国内关于导弹的协同作战和多无人机协同作战仍处于理论研究的阶段，虽然产生了大量理论成果，但是工程实践和研制生产仍存在较大差距。

2）大规模复杂作战场景中多智能体规划决策需进一步开展攻关。目前基于强化学习 / 深度强化学习等人工智能技术的决策规划仅聚焦在交战规则固定或智能个体数量有限的情况，很难适应参战要素众多，实时态势瞬息万变、蓝方行为未知的实际战场环境，需重点加强基于分层决策架构，融合知识图谱、自博弈、人机混合等人工智能技术的智能规划决策技术研究。

3.2.4 行动控制

（1）武器控制系统架构逐步升级，进一步提高武器平台的先进性、通用性和可重用性

通过近年的各种文献来看，世界军事强国非常重视武器控制系统体系架构的研究。美国海军对武器控制系统的发展提出了 4 个阶段的划分[325]：商用现成基础设施阶段、基于部件的软件阶段、开放式商用模型阶段、通用核心体系结构阶段，研究表明美国海军新一代作战平台武器控制系统已经采用了开放式体系结构，这种体系结构显著提高了舰载系统之间连通性和互操作性。开放式体系结构的核心特征是将软件开发、设计和集成与硬件平台进行分离，通过阶段性的硬件升级和局部软件升级进行系统能力的提升，不再需要计算机和整个底层的升级，可提高武器平台的先进性、通用性和可重用性[326]。

（2）武器控制系统综合化、信息化水平进一步提高，逐步应用于实战武器系统中

国外武器控制系统也在综合化、信息化领域取得较大进步。当今世界最成熟、最先进的两套防空导弹武器综合控制系统，即美国宙斯盾武器系统和俄罗斯 S-400 防空导弹系统的设计分析情况表明，先进武器控制系统的设计趋向于综合化、通用化、模块化和系

列化，美军也提出武器控制系统的发展经历了集中式、分散式、分布式和全分布式 4 个阶段[327]。结合对近年来国外主要空军部队典型航空作战过程的深入分析，通过各种方式获取的环境、态势和目标信息进行快速处理、分析与融合；根据获得的信息对作战态势进行分析判断和预测，能对作战状态和作战结果有一定的预见性的态势评估与预测将是火力控制系统的核心功能[328]。

（3）多平台武器协同的作战模式逐步由理论上升到工程实践中，开始在相关作战系统中推广应用

各军事强国在武器协同控制领域投入了巨大的研究力量。未来美军的新型装备将具有多平台协同的特点，包括水面有人舰艇 / 飞机、无人舰艇 / 无人机以及水下有人 / 无人装备协同、无人机群协同、导弹协同[329]。协同的层级也极为广泛，包括平台内部传感器间协同、武器协同，平台间传感器和武器的协同，平台又包括有人平台间协同、无人平台间协同及有人与无人平台间的协同。舰舰传感器的协同可以部分抵消海平面视距的限制，舰机探测系统的协同可以更大地扩大雷达探测范围，及早发现目标，为武器系统提供更长的反应时间。舰 – 舰、舰 – 机武器系统的协同可以增加防空导弹效能，增强编队抗击多目标的能力，提高编队作战能力。面向未来海战的美军新型装备研发将基于网络中心战理念，强调构建探测 – 火控 – 打击 – 评估的分布式杀伤链，实现陆、海、空、天、网络的跨域协同。近几年，密集性推出多个分布式作战项目群，包括空中、海上平台及相关作战管理技术，其共同目标是保障在未来高对抗环境下的无人 / 有人平台间的自主协同作战能力。

（4）行动控制的技术研究进一步发展，提出了多种优化的适应性设计方法

在行动控制方面，国外资料相对较少，康涅狄格大学的 Levchuk 等人提出了基于三阶段思想的适应性设计方法[330]，实质是将行动控制的设计问题分解为 3 个相对简单的子问题，通过对 3 个子问题的迭代求解得到最终结果。这种设计思想的优点在于降低了复杂问题的求解难度，但缺点也同样明显，由于分解得到的 3 个子问题之间存在耦合性，分开求解将会造成最终得到的结果在一定程度上偏离最佳结果。美军十分重视作战评估，并为此专门制定了相关的作战条令[173]。通过对美军采用的“基于效果的评估（EBA）”方法的研究发现，作战评估方面的发展趋势主要体现在从作战行动意图、战场态势反馈、任务影响与分析等多重视角建立基于体系化认知的作战效果评估模型，从指挥与控制系统指挥模式、结构构造方法、组织运作机制、作战指挥演进等方面进行作战评估研究，形成对作战效果的综合评估能力。

（5）国内外对比分析结论

在武器控制体系架构设计方面，外军已经基于开放式体系架构工程应用阶段，我国处于体系架构理论研究及原型系统实现阶段。

在智能化、信息化方面，针对未来作战环境要求，国内外都在武器系统各组成部分开展了相关研究，提升平台自动化、数字化水平。

在武器协同与武器协同数据链领域，美军发展了多种武器协同数据链，用于支撑不同平台、不同战术任务的使用需求。F-35战斗机与其他飞机、水面舰艇和地面武器协作，已完成了攻击任务测试，这标志着在某种程度上趋于成熟[173]。我国在地面固定、低速移动平台协同组网技术研究取得了较大突破。针对无人机、巡航导弹等中低速飞行器的协同制导技术也开展了大量研究，但对于高速高动态作战平台协同还处于关键技术攻关和体系技术架构研究阶段。

国内外对于行动控制研究都处于理论研究阶段。国外文献提出了行动控制与行动规划的概念、功能和内容，未提供行动控制方法的具体计算模型和可量化操作分析手段，国内研究主要集中在单层（低层）武器系统行动控制问题，还没有过渡到从体系角度来全面分析。国内外虽然已经提出多种行动控制的适应性设计方法，但是这些方法仍然存在以下不足：①这些设计方法最终构建的是优化的等级型行动控制组织结构，与信息化条件下组织模式扁平化的发展趋势不符；②在对分解得到的子问题进行建模求解时，考虑的情形往往相对简单，设计的求解算法在性能上也还有待提高。

3.2.5 指挥控制保障

（1）信息基础设施

2018年，美国启动“联合企业国防基础设施”和“国防企业办公解决方案”大型云采办项目，总投资178亿美元，为期10年，分别面向作战与办公业务，采购商业云基础设施即服务、平台即服务、软件即服务解决方案，旨在提升作战能力和办公效率。同年5月，美国防部启动105个国防机构的“军事云”1.0向2.0迁移工作，以进一步提高数据资源整合共享效率。同时，国防信息系统局宣布升级国防信息系统网，将网络传输速率从10吉比特/秒提升至100吉比特/秒，并增强网络可靠性和抗毁性，预计2019年完成。

随着信息设备日益小型化和算力快速提升，美军正在通过数据中心建设，形成云服务中心及舰载、车载、背包等战役战术“快速部署数据中心”，确保前线部队快速访问网络中所有数据，支撑边缘智能化决策，提升自主性，信息基础设施正在向“边缘计算+智能介入+韧性防护”演进。

1）边缘计算：信息基础设施正在向边缘延伸，利用边缘计算技术提升信息系统的末端数据分析和业务支撑服务能力。随着美国政府大力发展无人机等新兴技术，来自边缘的数据量越来越庞大，因此需要对这些数据进行实时计算以提升末端数据分析能力。2018年3月，美国防部云执行指导小组（CESG）提出了联合企业国防基础设施（JEDI）的设想：基于微型服务器，形成战役战术“快速部署数据中心”，确保前线部队快速访问网络中所有数据。在边缘计算中，可以将数据传输到附近的薄云（薄云是由一组计算机组成的小型数据中心，可安装在悍马车上的机柜或小箱子中，具有云计算的多租户和弹性等特征）上，以减少端到端的等待时间，还可减轻带宽的压力并具有更高的安全性。

2）智能介入：信息基础设施以人工智能为中枢、以大数据为依托，为情报中心、指挥所、武器平台等提供智能服务，实现云端智能一体化。DARPA 于 2016 年 6 月提出“分散计算”项目计划，旨在整合边缘智能计算资源，构造边缘智能计算平台，将数据中心的智能计算能力转移到边缘，提供任务感知的资源管理能力，同时开发面向任务的基于边缘网络的智能化协议体系，使应用和网络性能实现数量级提升。2017 年，美海军开始使用人工智能技术升级综合海上网络和企业服务（CANES），增强其在航母、两栖攻击舰、驱逐舰及潜艇等平台的应用。2019 年年初，美国陆军研究实验室（ARL）和 Technica 公司提出共同开发“智慧雾（SmartFog）”。智慧雾由小型的低功耗嵌入式智能设备构成，包含人工智能工具及服务，可在战场上融合各种来源的数据并在不连接云的情况下进行智能学习离线处理。作为分散在战术环境上的异构设备与云之间的中间层，智慧雾能够使士兵随时就近获取计算能力和存储空间，从而让士兵在断网区域无法访问远程云时，应用人工智能能力，提供辅助决策支持。

3）韧性防护：信息基础设施一整套基于智能的安全解决方案正用于各类指挥与控制系统，提供相应的数据安全保障，控制数据的访问和分发。美国防信息系统局（DISA）自 2015 年起推进联合区域安全栈（JRSS）计划，旨在构建统一的安全体系结构和优化的网络，降低网络防御的复杂度，改进全网互操作性和服务质量，加强网络监管，提供非授权业务识别与拦截、入侵活动隔离、保障移动服务等能力，在不断演化的赛博威胁对抗中占得先机。2018 年 2 月，美国国防部、陆军、空军对联合区域安全堆栈开展测试与评估。据美国防信息系统局统计，目前已有 14 个非密联合区域安全堆栈投入运行，但各军种均未完成向 JRSS 的转型，原计划于 2017 年实现转型的国防部网络改到 2019 年年底实现。另外，随着自愈型基础设施的能力不断加强，可以对人工智能进行训练以使其预测和预防各种可能的赛博攻击，这类似于自动驾驶的车辆每次遇到新物体和环境时学会如何改进导航性能。凭借准确的数据和自愈能力，美国军方的统一平台可以提供快速、敏捷和精确的威胁检测和消解，从而打破与自主攻击者之间的均势状态并保持赛博空间的优势。

（2）数据保障

自 2013 年以来，联合信息环境（Joint Information Environment，JIE）如图 24 所示，受到美军的高度重视，确保在任何地方任何时间都能进行精准的数据保障。

近年来，美军在数据保障方面的重点放在了应用领域，先后启动了多尺度异常检测（Anomaly Detection at Multiple Scales）、网络内部威胁（Cyber-Insider Threat）、洞察力（Insight）、机器阅读（Machine Reading）、“心灵之眼”（Mind's Eye）、面向任务的弹性云（Mission- oriented Resilient Clouds）、加密数据的编程运算（Computation on Programming Encrypted Data）、影像检索与分析（Video and Image Retrieval and Analysis Tool）、X- 数据（XDATA）、数据到决策（Data to Decisions）等多个大数据项目，为实现数据到决策的快速实施奠定了基础。

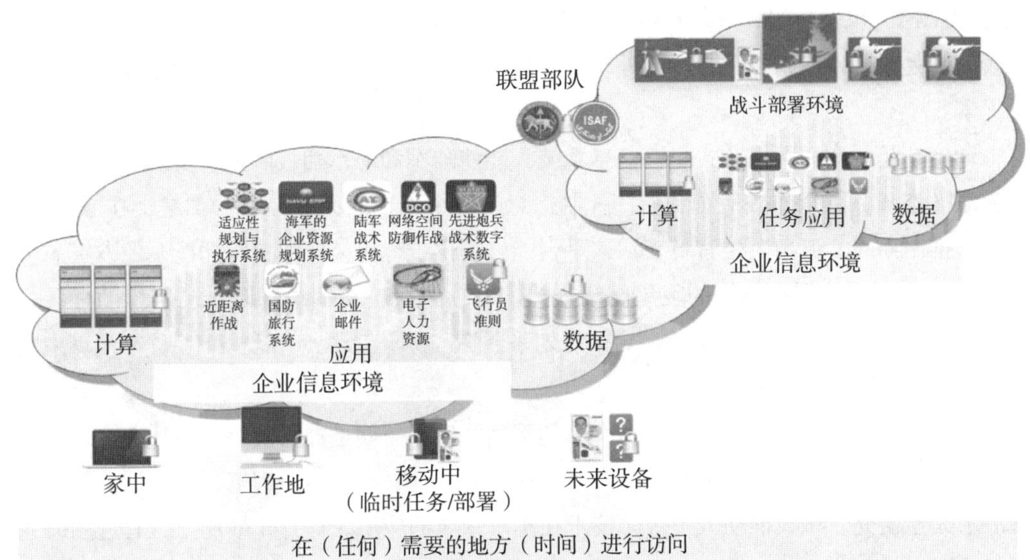

图 24　美军联合信息共享环境

（3）国内外对比分析结论

在顶层架构设计方面，国外军队已经面向强对抗环境，开展开放式体系架构设计、开发、集成和试验验证，支撑体系具有快速更新和适应新技术的能力，我国正在研发“云—端”服务体系架构，开放式体系架构还处于理论研究阶段。

在设施互联方面，国内外都在研发抗干扰、难探测的高可靠网络通信设施，软件无线电、认知无线电、定向链路通信等技术装备能力处于同一水平。

在信息服务方面，国内外都开展了大量的智能化信息服务研究，通过整合认知计算、人工智能等技术，使用户能够更快的从原始信息中获取更精确、更有价值的知识。

在安全保障方面，国内外都在寻求将人类免疫系统的机制移植到信息基础设施环境中的手段和方法，旨在保障信息基础设施在受到敌方攻击时能有效运转。

在数据保障方面，我军在数据保障方面经过近 40 年的发展，也取得了长足的进步，在数据的采集获取、整编处理、集成融合等方面都做了大量工作。下一步重点是面向任务，开展数据的深度分析挖掘等应用项目的研制。

3.3　国外指挥与控制应用研究进展

3.3.1　联合作战指挥与控制系统

典型的战略指挥与控制系统包括美军的国家军事指挥中心（NMCC）和俄罗斯联邦国家防御指挥中心等。典型的战区 / 战役、战术指挥与控制系统包括美军的联合全球指挥控制系统（GCCS-J）和易部署联合指挥控制系统（DJC2），指挥控制、作战管理与通信系统（C2BMC）和联合作战指挥平台（JBC-P）等。其中，大部分系统已趋于稳定，近几年比较新的是联合作战指挥平台。此外，美军也在围绕智能化方向，开展新型指挥信息系统的探索。

JBC-P 是一个联网任务式指挥信息系统，能使陆军和海军陆战队近乎实时友好地分享敌人战场态势，感知作战地图和指挥控制信息。美军正在加速 JBC-P 的部署，在 2019 财年预算推出期间，五角大楼官员表示该平台能够提供被称为“蓝军追踪功能”的友军态势信息，以及加密数据和更快的卫星网络连接，此项升级旨在解决部队中已实行的任务式指挥问题，实现关键的战场能力。陆军计划采购 26 355 套系统，相比 2016 财年预算中的 16 552 套大规模增加。

现代战场环境的高度复杂性、动态性和不确定性，需要指挥官能够适应环境变化、快速应对战场不确定性、加快决策速度。美军在图像识别、自然语言理解、认知计算等方面开展了大量研究，积极推动人工智能技术在军事领域的应用，提升作战能力，其近期研究项目主要有：

（1）虚拟指挥官参谋（CVS）

美国陆军通信电子研究、开发与工程中心下设的指挥、力量和集成局（CP & I）于 2016 年启动了指挥官虚拟参谋项目。该项目的目的是采用工作流和自动化技术帮助营级指挥官和参谋监控作战行动、同步人员处理、支持实时行动评估，在复杂环境中为决策制定提供可用的信息。

（2）数字企业多源开发助手（MEADE）

随着所收集的情报数据的复杂程度、速度、种类和数量的增加，多源情报分析的效率也需要相应地提高。2018 年 1 月，美空军发布“数字企业多源开发助手”项目的公告，寻求研发一种交互式问题解答系统，作为虚拟助手帮助分析人员处理海量的复杂情报数据，更好地从对手相关的信息中发现和解读存在的模式。

（3）“指南针”（COMPASS）

2018 年 3 月，DARPA 战略技术办公室（STO）发布了一项名为“指南针”的项目，旨在帮助作战人员通过衡量对手对各种刺激手段的反应来弄清对手的意图。目前采用的 OODA 环不适合于“灰色地带”作战，因为这种环境中的信息通常不够丰富，无法得出结论，且对手经常故意植入某些信息来掩盖真实目的。该项目试图从两个角度来解决问题：首先试图确定对手的行动和意图，然后再确定对手如何执行这些计划，如地点、时机、具体执行人等。但在确定这些之前必须分析数据，了解数据的不同含义，为对手的行动路径建立模型，这就是博弈论的切入点，然后在重复的博弈论过程中使用人工智能技术，在分析对手真实意图的基础上试图确定最有效的行动选项。

（4）国内外对比分析结论

当前国内外在联合作战指挥控制系统软件技术方面差距不大，重难点都在于跨域融合。但是从系统整体水平和组织运用来看，我国在联合任务规划系统、分布式协同的联合战术指挥与控制系统等方面还有明显差距。

3.3.2 网络作战指挥与控制系统

2018 年 6 月 8 日，美国参联会发布了新版网络空间作战条令 JP3-12。相比上一版条令，新条令在形式上有了很大的改变，整个条令定为非密（该作战条令附录 A 为秘密，独立发布）。在内容上，对上一版作了大幅修订与补充，增加了对赛博司令部作为功能战斗司令部和赛博空间作战核心活动的描述，以及对赛博任务部队和赛博空间系统指挥控制与规划等多方面内容的讨论。条令关注赛博空间内或通过赛博空间实施的军事行动，诠释了联合参谋部、战斗司令部、美国赛博司令部、各军种赛博空间司令部以及战斗支援部门之间的关系和各自的职责，为赛博空间部队和赛博空间能力的运用建立了条令架构。新条令的发布将指导并推动美军赛博空间作战的应用，对赛博空间作战具有里程碑意义，对于研究赛博空间、赛博空间作战具有重大参考价值。

3.3.3 无人作战指挥与控制系统

（1）美国、俄罗斯等国都在争相发展无人作战指挥控制理论和相关系统

美国以 DAPAR、雷声公司等为核心力量，面向自主智能的无人集群作战，进行了大量相关领域的项目预研和装备研发。在拥有全球数量最多无人作战平台的同时，通过 Gremlins 项目，在反介入 / 区域拒止环境中，通过大量低级无人机使得对手防空饱和，实现集群效应。通过 OFFSET 项目，面向蜂群自主性和人与蜂群编队，以蜂群自主协同进行城市环境作战。通过 Perdix 项目，实现无须为每架无人机制订飞行计划，而只需设定一个边界即可自主完成任务的效果。通过 CODE 项目，面向拒止环境，使操作员更多地处于战略层面或监督层面，无人机协同感知、适应并响应预期之外的威胁和新目标。通过“X 班”项目，基于各类现有的无人装备，构建有人、无人协同的新概念陆军班组。俄罗斯借助叙利亚战局，对多型无人作战平台和反无人集群装备的指挥控制能力进行验证和改进。如 2015 年俄军利用“仙女座 –D”自动化指挥系统建立无人作战集群，先于有人作战力量行动，实施侦察与打击。2018 年，俄军利用“铠甲”系列防空指挥与控制系统，摧毁了来自武装分子的无人集群袭击。这些实战场景，为俄军无人作战指挥与控制平台发展积累了大量经验。老牌欧洲资本主义强国，也通过各大武器展览展现了一批较为成熟的无人作战指挥控制系统。例如，波兰 WB 集团的“蜂群”（SWARM）机动型察打一体化系统。通过集成多架“飞眼”（FlyEye）微型无人机和若干“战友”（Warmate）微型巡航导弹，通过便携式平板即可实现基于多无人平台作战的指挥控制。简言之，以美军、俄军为代表的世界军事强国，已经通过结合自身优势和特点，不断加速相关技术的发展和应用，开展无人作战指挥控制研究已刻不容缓。

（2）国内外对比分析结论

为加快推进无人作战指挥控制的技术发展和实战运用，国内相关单位已经取得了一

定进展，但总体落后于国外。具体来讲，一是点对点式指挥控制的无人平台发展迅速，具备软定义和作战云接入能力的单无人平台指挥与控制系统发展不足。尽管以“利剑”“彩虹”和“59 坦克”“歼 6”的无人化改装等为代表的各型装备已逐步覆盖陆、海、空、天诸域，但其指挥控制方式仍以方舱式和专业操作手为主，不具备自主性和一对多、多对多的指挥控制能力。二是逐步开始面向多无人平台协同指挥控制的演示和验证，但尚未见成熟系统。近年来，各级单位通过举办“跨越险阻”“无形截击”“无人争锋”“畅联智胜”等比赛，对空空、空地协同过程中侦察、搜索、打击、救援等场景下的指挥控制进行了大量演示验证，取得了一定成效，但这些场景都呈现出数量少、问题单一等特点，且参与验证并成功进行场景验证的单位较少。三是面向无人集群指挥控制的军民用系统有所发展，但距离智能化和真正的集群能力仍有较大差距。自 2017 年 9 月中国电子科技集团成功完成 119 架无人机集群飞行试验开始，在全国各大城市相继进行无人机灯光秀表演，尤其是亿航公司在西安以 1 374 架无人机编队的规模创造了新的吉尼斯纪录。然而，这些场景下，对无人集群的指挥控制主要以预编译的程序和路径为主，而对于未知环境不具备适应能力，稍有一点扰动即可导致集群整体受到影响。四是无人作战指挥控制自主性、智能性不足。当前，国内针对开放环境、区域拒制等恶劣场景下的无人作战指挥控制方面的研究相对较少，在无人平台指挥控制系统层面，缺少类似于“安卓”“Linux”一类标准化系统的无人平台指挥控制系统，更进一步制约了无人作战指挥控制的发展。

3.3.4 太空作战指挥与控制系统

针对太空攻防武器的作战特点，外军在太空作战武器指挥控制方面，开展了相应研究和系统建设。

（1）为充分整合太空作战武器系统，明确提出建立太空军

2017 年 12 月，美国《国家安全战略》提出，美国必须维持在太空自由行动的领导地位，任何干扰或攻击美国太空资产并对其利益造成威胁的行为将遭报复[331]。2018 年 1 月，美国《国防战略》要求优先发展弹性、重建和作战能力，以确保美军太空能力。2018 年 3 月，美国《国家太空战略》提出，实施转变太空体系架构、增强威慑和作战能力选择、提升太空行动效能基础能力、创造有利国内和国际环境等举措，全力维持其太空领导力和太空自由行动[332]。2018 年 12 月，特朗普指示国防部组建太空司令部[333-334]。这一系列的举动标志着美国对未来太空作战及其指挥控制系统将投入更大的资源支持。美军新成立的太空司令部承担此前战略司令部负责的太空作战相关事务。太空司令部位于太空作战指挥链顶层，统管美军三军的航天力量，负责计划和实施太空作战，对美军所有太空部队拥有作战指挥权。太空司令部通过负责太空事务的联合职能部队司令部指挥官，对下属和配属的部队实施作战指挥控制。目前，美国陆海空三军内设航天司令部，对其军种航天力量行使指挥权[335]。

俄罗斯则在 2015 年将空军和空天防御部队合并，成立武装力量新军种——空天部队，

职责包括航空和反导预警系统管理、宇宙空间监测、航天器发射及控制等，防止俄罗斯受到来自天空和太空的打击。

（2）建立太空态势感知中心，推动态势感知体系构建

美国目前主要依靠国家太空防御中心、联合太空作战中心、太空监视中心来实现空间态势感知以及探测信息融合，可满足不同应用需求，如图 25 所示[339]。国家太空防御中心通过进行多次军事演习，优化太空作战指挥控制流程，推动新型指挥与控制体系构建，提高对抗条件下的太空作战能力[336]。联合太空作战中心通过收集各军民等信息，实现战区级别的信息融合和使用，提高多兵种协同作战能力。太空监视中心着眼于态势感知技术和新型探测装备的研发，提高空间探测感知能力[337]。

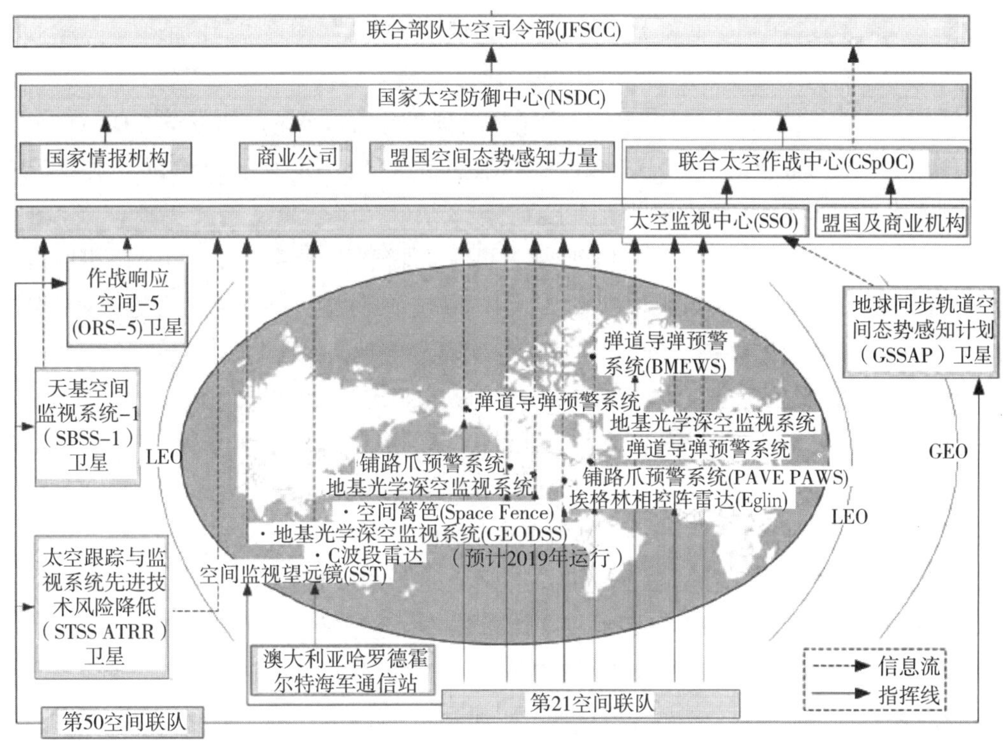

图 25　美国空间态势感知信息融合数据流向

为提高太空态势感知系统能力，美军持续加强对探测系统升级改造，提升对太空资源的光学成像分辨率以及特性描述分析能力。地基监视系统方面，通过对现有地基监视系统改造、新型远距离目标监视系统研制建设、优化全球侦察探测组网布站。天基监视系统方面，提升卫星轨道控制能力，实现对敌方太空资源的抵近绕飞侦察，同时合理规划太空侦察资源，逐步缩小覆盖盲区；提高侦察监视范围、搜索识别精度和快速感知能力，确保对太空目标跟踪的实时性和准确性，提升美军对敌方太空态势的侦察、感知、跟踪能力[338]。

同时，大力发展全球高速宽带接入服务，保证空间态势感知信息数据的快速传输，如SpaceX最早于2015年提出的低轨互联网星座项目。SpaceX分别向FCC提交了Ka频段、V频段非静止轨道卫星系统，共包括4 425颗和7 518颗卫星。该星座按轨道面分批次完成部署，采取高效的离轨处置措施，系统设计突出大容量、高速率，星间链路确保高适应性[331]。

俄罗斯主要天基平台包括承担导弹战略预警、态势感知和导航指引任务的侦察/导航卫星，并初步形成体系化组网、一体化运用的在轨运转模式。其中“资源-P”“角色”等13颗军用侦察卫星常态在轨运行，对中东、美国等重点地域实施侦察。同时推动相关侦察平台的入轨和部署工作，主要包括代号为“树冠”的太空目标无线电光学识别系统、“窗口”太空光电监视系统、“搜寻者”电子侦察系统和“瞄准器”光电综合系统。其中，“树冠”和“窗口”已具备在轨工作能力，能对120—40 000千米轨道内空间目标进行识别查证，探测精度优于10厘米。2018年5月，俄罗斯航天集团推出新的俄罗斯全球卫星互联网项目，基本方案是发射288颗卫星并组成卫星群，其轨道高度为870千米。

英国、法国等欧洲国家都拥有各自分立的空间目标监视系统，如法国的GRAVES雷达、德国的跟踪和成像雷达系统（TIRA）、英国的“大气和无线电基础设施”，但缺乏整体规划尚未联网运行，在空间覆盖范围上存在较大缺口。日本2017年12月修订《宇宙基本计划路线图》，旨在持续强化“情报收集卫星”成像侦察卫星系统和X频段军事通信卫星系统能力，逐步推进4星体制“准天顶”卫星导航系统提供初始服务，并进一步研发7星体制系统，最终构建太空态势感知体系，在2033年实现初步运行。

（3）更新太空作战任务系统，实现太空感知融合和作战任务规划评估

美军现有的许多太空指挥控制系统工具和软件只适合用于太空目标数量不多、威胁类型与数量较少、对抗程度不高等相对简单的场景[340]。因此，美军正积极实现对商业探测数据的快速融合、处理能力，建立完备的军民空间侦察探测体系，用以提高美军态势感知能力，缩短太空作战预警反应时间，从而为美军空间态势感知能力带来革命性变化。

同时，针对现代太空作战环境的复杂性和对抗性，为进一步提高太空作战性能，自2010年开始更新联合太空作战任务系统JMS项目，JMS是网络中心化的体系架构，对太空资源侦察数据进行综合分析、深度挖掘，实现太空飞行目标的探测融合、跟踪识别，执行太空威胁等级评估，并将战场态势实时可视化，支持太空作战任务规划、战场动态自主决策等功能，以期具备动态条件下太空部队指挥控制能力[341]，如图26所示[340]。

JMS项目分3个增量推进：2013年完成增量1任务，实现老旧设施更新[342]。2013—2019年完成增量2任务，主要功能为实现太空目标的记录管理维护，支持常规目标的探测识别。预计到2021年完成增量3任务，实现太空资源威胁判定，支持太空作战任务的规划、执行与评估。整个项目将使美军态势感知能力大幅度提升，形成一套开放式编程处理构架，解决海量太空资源的分析处理能力，为太空作战提供有利指挥控制环境[343]。

关键性能参数（KPP）
第一类：用户定义的运行界面
・显示交互、用户自定义、决策和/或态势感知质量、可控的、作战环境的分层信息。
第二类：提供权威的高精度空间物体位置信息数据源
・执行空间物体的高精度轨道/轨道参数。
第三类：预测和报告轨道会合
・确定和报告发射前至在轨寿命结束期间的用户特定系统的轨道会合情况。
第四类：运行的有效性
第五类：网络就绪
・网络就绪关键参数包括：体系架构、数据标准、技术标准、界面以及支持能力。

组织和方向
通过JMS需求和计划委员会进行监督
・联合主席、航天联合功能构成司令部指挥官和PEO/C2&CS。
・高级委员会PEO/Space和空军航天司令部人员。
・成员：战略司令部、航天司令部、空间联合功能构成司令部、陆军空间与导弹防御中心、空军空间与导弹系统中心、海军网络战司令部、国家航空航天局、国家侦察办公室、国家地理空间情报局、情报委员会、空军14航空队、24航空队等机构的代表。

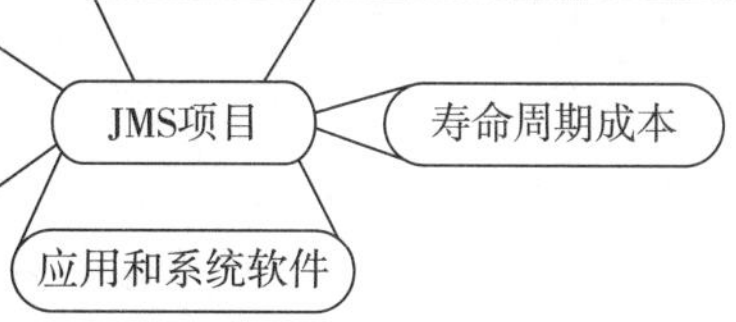

图 26　联合太空作战中心任务系统 JMS 的信息处理单元

（4）应用人工智能技术，提高复杂场景下太空作战任务规划与评估决策能力

2016 年 DARPA 启动"标记"（Hallmark）项目（见图 27），用来为美军提供应用人工智能及大数据等技术的创新性高的太空作战指挥控制系统工具，通过搭建人工智能训练环境，提高智能认知和决策能力，实现复杂场景下的美军太空作战任务规划与评估决策，提高太空作战指挥与控制系统能力。

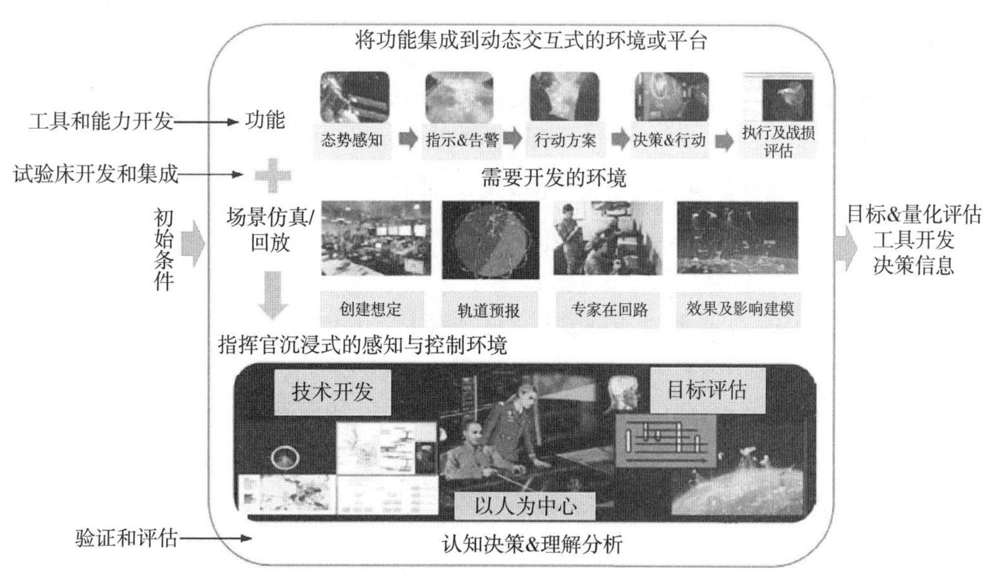

图 27　Hallmark 项目的组成

“标记”项目主要完成3个阶段的建设工作，包括试验床系统、太空指挥控制工具、验证与评估。试验床系统阶段主要用于提供一套软件开发体系架构，具备足够的可扩展性，便于后续模型的集成，试验床系统目的是构建可视化虚拟战场环境，为指挥官提供太空态势构建能力，便于辅助完成威胁评估和指挥决策。太空指挥控制工具阶段主要提供指挥与控制工具包的开发和设计，包括太空态势的表现 / 处理和融合、指示 / 告警功能、行动方案生成 / 选择 / 定制及评估、交互信息可视化、一体化认知及高级决策模型。验证与评估阶段则是在项目开发过程中由独立评估组，开展试验评估，设计真实作战想定驱动战场态势推演，借以评估项目对太空作战指挥控制决策能力的辅助作用[340]。

（5）国内外对比分析结论

综上所述，尽管我国的太空作战指挥与控制系统正在飞速发展，但同国外相比还有差距：①太空作战力量分散，无法充分整合太空作战力量，各兵种间尚未形成快速有效的太空联合作战机制；②太空战场态势感知能力弱，无法实时监控全球空间态势，一方面因为地基监视系统和天基监视系统无法有效实时覆盖全球范围，探测能力急需提高，另一方面是尽管建立了北斗卫星导航系统，但要实现全球快速宽带接入能力还有较大困难；③太空作战任务系统更新慢，无法满足快速战场态势变化下的太空感知融合和作战任务规划评估，尚不足以实现智能认知和决策能力。

3.3.5 公共安全指挥与控制系统

（1）公共安全指挥控制系统日趋完善

突发事件应急指挥系统（ICS）是美国实施应急指挥的一套政策工具，是联邦及各州应急管理机制的核心组成部分，现已成为美国应急管理中广泛采用的标准现场指挥体系。2003年成立的美国国土安全部与2006年组建的联邦应急管理署是美国应急管理的主要机构。

ICS起源于针对应急管理中协调问题的持续探索，其概念形成于1968年亚利桑那州凤凰城消防部门高层会议上。1972年，ICS受到美国国会资助逐步推广至美国各界，作为一种多部门间协调系统被美国海岸警卫队、职业健康与安全委员会、环境保护署接纳采用。随后，ICS在一系列突发事件的有效应对中扮演了重要角色，如1984年的洛杉矶奥运会和1995年的俄克拉荷马穆拉联邦大楼爆炸案等。2003年，布什政府建立了国家突发事件管理系统（NIMS），要求在所有突发事件应对中使用ICS。当年，最初源于加州的标准化应急管理系统（SEMS）在全国推广，并通过国土安全5号总统指令（HSPD5）要求从联邦到地方掌握使用NIMS，通过财政拨款的形式鼓励应用NIMS来管理突发事件。

2017年10月17日，美国联邦政府发布了第三版的《全国突发事件管理系统》（National Incident Management System，NIMS），这标志着美国第三代全国突发事件管理系统的诞生。

ICS不仅在美国历经了40多年的实践检验，在其他地区与组织中也同样发挥了重要作用，如英国、加拿大以及联合国等。另外，还有一些国家仿照美国的ICS，开发应用了符合本国国情的突发事件应急指挥系统，如新西兰的 CIMS、澳大利亚的 AISIMS、巴西的 CBMERJ 等。

日本作为世界领先的国家，其在自然灾害预警系统建设方面无疑走在了国际前列。2006 年，日本政府发布了《日本自然灾害预警系统与国际合作行动》报告，对日本自然灾害预警系统的建设以及参与国际合作的状况作了全面披露。作为一个地震多发国家，一旦地震在本土或者周边海域发生，日本气象厅会向少数机构提供地震预警（地震速报），信息由当地电视台和手机运营商通过网络向影响区域内的公众进行传播。公众的手机会在同一时间以一种特定的极大的声音进行报警，这种手机报警模式由政府统一规范，用户无法选择关闭。虽然时间差短暂，但也可以减少或避免地震灾难可能带来的生命财产损失。如果引发海啸，在地震发生后大约 3 分钟内，发布海啸警报，同时将信息传递给灾害管理组织，通过防灾信息网络与卫星系统，将海啸警报及时传递给民众和海上船只。而基于防洪警报，市政的防洪管理部门以及其他参与防洪的组织，会采取必要的灾害响应措施，开展备灾行动。

欧盟范围内大多数国家已经建立起完善的预警发布系统，并且在欧盟内部遵从统一的业务规范。为了提高欧盟预警系统的有效性，多个国家共同研究建立起预警网站，使各个国家预警在欧盟内部更好地共享、共用。

（2）公共安全指挥控制技术在理论分析和建模评估方面越发成熟

1）风险评估与预防技术。国外在风险评估方面很早就开始了理论层面的研究，文献［344］指出城市安全风险涉及 3 种灾害类型：自然灾害、人为技术事故和恐怖破坏；从突发事件角度看，可将城市安全问题划分为城市自然灾害、事故灾难、公共卫生事件和社会公共安全事件 4 类；文献［345］为哥伦比亚首都波哥大提出了灾难风险管理规划的原则、概念模型及其结构框架；文献［346］通过分析洛杉矶地区的公共安全现状，认为物资及物资分布、城市特征以及种族构成是地区公共安全的重要决定因素。在评价指标体系构建方面，目前主要采用的专家分析法，并在逐渐向量化分析和大数据分析方法转变，如文献［347］提出了层次分析法，利用运筹学理论对公共安全各个风险指标进行权重计算，并取得了很好的效果；文献［348］提出基于大数据对城市运输安全风险领域的应用进行研究。

2）监测预测预警技术。在监测数据的采集和共享方面，美国运用遥感卫星、无人机航拍、气象雷达、地面传感器、物联网等现代信息技术手段对洪水、飓风、地震等灾害进行实时监测，并将监测数据传输到计算机基站的同时上传到万维网上，及时对公众开放。这样做既可以方便群众及时掌握灾险情，也为相关科研人员开展灾害研究提供基础数据。在数据分析与预测模型的研究方面，美国利用其强大的数学、力学理论基础和先进的计算机技术，大力研发数值分析与计算机模拟预测模型，如径流及洪水追踪模型、河流－河口－海洋联接模型、流域水质水量模型等。这些模型可以通过运用实施监测数据，结合实际不同的场景进行灾害现状分析与模拟预测，灾害过后，技术人员会对比模拟预测的结果与实际发生的灾情，不断地优化和校准模型，使模型的预测模拟更贴近实际。在预警预报信息的发布方面，预警预报信息制作完成后，美国会及时将其发送给第一响应者，如警察、消防部门、救援队和应急管理人员，让他们警告居民，以防止生命和财产损失，居民也可以通过电子邮件订阅接收监测和预警信息[349]。

3）应急处置与救援技术。在突发性事故应急响应处置系统开发与应用方面，美国学者进行了大量的研究[350]，并开发出了一些较为完善的应对突发性重大事故应急响应处置系统，具体包括突发事故应急决策系统、突发事件应急数据库等[351]，对决策人员与救援人员的行动、选取合适应急预案与措施、危害评估都有很大帮助[352]。文献［353］提出了在地质多发灾害山区的应急管理上可以运用无人机遥感（UAVRS）技术将采集到的数据结合 GIS 空间分析以辅助决策。文献［354］提出将非结构化信息管理系统（UIMS）应用于应急管理，概念关系模型（CRM）和突发事件的动态知识流模型（DKFM）用于组织和表示应急知识，该模型可使决策者对有关紧急的、必要概念之间的相关度有更好的了解。文献［355］介绍了针对应急管理的支持团队工作的协作感知、决策系统，提出基于角色的多视角设计，以帮助团队成员分析地理空间信息、共享和整合关键信息，并监控各个活动，采用坐标地图和活动可视化来辅助决策。文献［356］将风险分析和应急决策模型化，对突发事件风险分析软件（RAW）进行了研究。文献［357］建立了应急指挥可视化平台，致力于将移动终端采集到的图像向指挥中心传输，以辅助应急处置和决策。

4）综合保障技术。各国公共安全部门为了执法，加强了对公民活动的监督，如美国、俄罗斯、土耳其等国在增加对大数据收集和情报收集的投资，借此实现大量人员的内部安全[358]。如美国 NIST 在 2015 年发布了基于位置服务的路线图，2016 年发布了公共安全分析研发路线图。NIST 的公共安全分析研发路线图评估了软件、网络和设备技术，这些技术可以加强未来 20 年的公共安全响应、通信和运营，而在路线图中数据分析被定义为将数据转化为洞察力，以作出更好的决策。再如美国 Felony Lane Gang 专案中数据分析起到了关键的作用，而执法机构认识到这一点后，为更进一步发挥数据分析提供决策支持的功能，已经开始吸引更多技术人员参与到公共安全的数据分析当中，如 2017 年美国统计协会针对大学学生，在亚特兰大这样的城市收集关于“911 中心”呼叫类型的数据和响应细节，开展了 2017 年警察数据挑战赛；美国警察基金会组织了“公开仇恨犯罪数据挑战赛”。

（3）国内外对比分析结论

美国、日本、澳大利亚和加拿大等国都已经建立起一套有针对性的公共安全应急管理体系，形成了特色鲜明的应急机制与具体做法。我国的公共安全应急管理体系的建设起步相对较晚，需要参考海外比较成熟、完善的应急管理体系，尤其是针对综合性灾害的应急管理体系来说更是如此。

国外的风险评估和预防技术研究起步较早，从理论层面和模型建立方面都比较先进。目前主流的风险评估模型都来自于国外学者的研究，国内学者的研究多集中于结合当地具体情况对模型进行本地化改进，以适应我国的社会公共安全环境。

目前我国在环境灾害监测预警预报方面取了很大进展，初步建成了灾害监测预警预报体系。但精细化预报以及预警预报信息发布能力等与美国、日本相比还存在一定差距，学习借鉴国外先进经验，可推进我国监测预警预报体系建设。

国外应急管理指挥系统的研究大多基于本国的实际情况，适用于西方国家应急管理工作的实际情况。其应急管理系统的组成、关键技术在应急管理系统上的应用等方面于我国应急管理指挥系统建设有一定的借鉴意义。相对而言，国内在应急管理指挥系统设计中，各组织之间缺少高效的联系和沟通，资源不能得到很好的集中处理和利用，无法使应急力量在应对突发事件时发挥出最大的功效[359-360]。

此外，由于西方国家的公共安全起步早于我国，在公共安全装备、公共安全数据分析方面的应用领先于我国。

3.3.6 交通指挥与控制系统

（1）空中交通指挥与控制系统

欧美国家正在研制下一代空管系统，在美国 FAA 推进的 NextGen 以及欧控推进的 SESAR 等项目中，法国泰雷兹、美国霍尼韦尔、比利时 AirTOpsoft 公司等国际空管厂商等都已经逐步开展了对人工智能、信息服务、云平台、大数据等技术的应用研究，针对不同的空管业务，研发人员使用了专家系统、深度神经网络、语音识别、计算机视觉等人工智能技术，提升空管系统的智能化、优化决策能力。

1）智能感知方面，应用红外摄像机与图像增强技术，无人值守远程塔台已得到初步应用。瑞典萨博空中交通管理公司等利用高清数字摄像机、气象传感器、麦克风以及其他相关设备，研制了远程塔台空中交通管理系统，可以操作远程机场所有的传感器、灯光、告警和其他塔台设备进行远程管制指挥，利用红外摄像机与图像增强系统，实现低能见度条件下和夜间辅助运行。在 2015 年，经过 10 年的严格测试之后，萨博的首个远程塔台系统宣布在瑞典的 Örnsköldsvik 机场投入使用；2017 年将新增两个机场使用这一系统。德国航空航天中心（DLR）的 Schmidt · M 小组在布伦瑞克机场针对远程塔台系统进行了试验。

2）大数据应用方面，从信息层面开展数据治理和信息集成，已开展全球的示范验证。美国 FAA 已经研制了基于大数据的国家飞行数据中心和广域航空信息管理系统，为国防部、国土安全局、空管局、机场、飞行员提供空域、监视、气象、飞行等各类数据服务，并基于大数据技术分析境内航班的起飞、到达和延误数据。欧洲在“SESAR”计划中，欧盟大多数国家采用 HDFS 分布式数据库系统作为主导的空管大数据系统来处理数以万计的空管系统大数据，并实现欧盟国家内数据的共享和分析服务。

学术界针对空管大数据分析也进行了相关研究，包括开发了空管大数据存储和分析工具——ATLAS，提出了基于大数据技术的一体化门到门管理概念，基于机器学习的不确定天气预测[361]，ADS-B 数据的挖掘分析，基于 Granger 因果分析的空中交通运行效能评估[362]，基于深度学习的航班延误预测等[363]。

3）管制智能辅助方面，应用语音识别技术，大大降低管制员的工作压力，减少“错、忘、漏”等带来的安全隐患。法国泰雷兹先进技术实验室正在研究未来空管工作站——Shape 控制台，用来提升管制员的工作效率。该系统利用语音识别引擎将口头指令转变为动作，通过追踪管制员眼睛注视点和识别分析管制员语音内容，实现管制人员与自动化系统、飞机之间的智能化交互；同时利用深度学习技术识别与预测终端区复杂环境，协助解决空中拥堵问题。霍尼韦尔的前沿技术团队正着手于研究管制语音识别工具，并通过融合机器学习技术来降低错误率，还能对给出的指令进行视觉确认，保障起降安全。利用基于深度学习的 LSTM-RNN 模型校验陆空通话的一致性。

4）智能流量管理方面，国外学者在飞行流量的智能化管理方面已开展了部分研究，并取得了一定的研究成果。美国已经建成了较为成熟的 ETMS 空中流量管理系统，欧洲建成了 CFMU 中央流量空中交通系统，将多种智能化的技术相互结合，初步形成了较为先进的管理体系。英国伦敦的希思罗机场建立战略机场容量管理平台，可以通过仿真来评估各种因素对运行的影响以及分析历史数据得到更好的运行经验[364-366]。

（2）地面交通指挥与控制系统

1）信号控制。美国、日本、欧洲都依据各自的目标，分段开发了相应的交通控制集成系统软件。美国的 RHODES 等就是在美国先进的交通管理系统 ATMS 的框架指导下，以提高交通服务水平为目标，集成了交通信号控制、出行者信息、交通需求、事件管理、排放检测等出行交通管理服务等的集成控制系统。RHODES 系统依托自适应交通信号控制系统，扩展到与公交的结合，实现公交信号优先和公交信息发布。日本的集成控制系统以 UTMS 为代表，其目标是实现交通信息采集智能化、信号控制智能化、交通信息提供智能化，并能够与交通流诱导系统 VICS 互相联动。同样，这种集成系统在欧洲发展得也很快，欧洲的 TABASCO 系统，将实时采集的交通数据，自适应交通控制系统，公路匝道调节，动态信息显示整合起来，主要是用于高峰期间平衡路网交通负荷。

2）智能交通系统。2004 年，美国国会通过《公平交通法案》，该法案规定进行智能交通系统研究、开发与运行试验，推进智能基础设施、车辆和控制技术的集成[367]。《美国交通部 ITS 战略规划 2015—2019》中，美国交通部制定了两个战略重点，实现汽车互联技术和推进汽车自动化，并制定了 5 个战略主题，打造更安全、更高效、更环保、更先进的 ITS 体系。日本正在大力发展自动驾驶技术和车联网技术，打算在 2020 年前借助这些技术建立世界领先的智能交通系统。2016 年年底欧洲通过“欧洲合作式智能交通系统战略”，计划于 2019 年在欧盟国家道路上大规模配置合作式智能交通系统，实现汽车与汽车之间、汽车与道路设施之间的智能化沟通[367]。

（3）水上交通指挥与控制系统

国外 VTS 研究主要在固态 VTS 雷达和 VTS 通信方面取得进展。

VTS 固态雷达方面，国外技术研究成熟度高，产品开始推广应用。相比传统磁控管雷达，VTS 固态雷达由于使用了固态功率放大器，无须更换磁控管，降低了定期维护的要求；此外，提高了穿透不利气候条件的能力，便于小目标检测；同时，具有比磁控管雷达更干净的频谱分布，降低了所有分配频带之外的辐射。

VTS 通信方面，国外 VTS 当局正在无线站点和内部通信中利用 IP 技术，采用 VoIP 解决方案。该解决方案可以更有效地使用网络基础设施，使系统设计更加灵活和优化。需要注意的是，由于 VoIP 技术（特别是用在 VTS 无线电通信）对 IP 网络中的延迟非常敏感，延迟过大将会造成 VHF 通信质量显著下降。

（4）国内外对比分析结论

整体上，在交通指挥与控制系统方面，国外发展起步较早，已形成世界领先的交通指挥与控制系统成熟产品，且各方面技术都较为领先。相比之下，国内发展起步较晚，但紧跟国际步伐，开展了大量研究工作，虽离实际应用尚有一定差距，但在智能交通指挥与控制方面，近几年也呈现了蓬勃的发展态势，技术进步较快。

4. 发展趋势及展望

4.1 学科未来 5 年的战略需求与整体发展趋势

面向新时代国家、国防和军队发展战略，适应科学技术发展趋势，指挥与控制学科在未来 5 年将更加注重体系制胜、自主原创的战略导向，更加注重全域协同、敏捷韧性的作战形态，更加注重复杂动态、认知博弈的科学机理，更加注重人机智能、网云边端的技术路径。指挥的发展主题是智能决策，突出作战体系分析与战争设计、敏捷自适应、临机决策、人机混合智能、群体智能、不确定性决策、不完备信息博弈、认知对抗等。控制的发展主题是在线协同，突出 5G+ 控制、IoT+ 控制、分布式自主协同、无人自主协同、有人无人协同、边缘 AI 等。

4.1.1 面向全域作战和“三化”融合，自主创新研究新概念新理论

（1）面向全域作战

在战略层面上，冲突双方都有足够的自由去选择跨域的组合方式，甚至是在同一域中也充满了多元组合。先进的作战模式不只是在于确保作战速度更快、作战范围更广、作战效能更具致命性，更重要的挑战是实现非对称、差异化的行动。随着攻击和防御能力在多域的同时拓展，单一域优势可能限制作战平台和战术行动的选择，要使部队能够根据战场变化重新夺取主动权，就需要实时衡量相对优势，缓解固有弱势，协同部队在作战环境中

形成临时优势效能。此外，作战的意图也不再只是争夺领土，更在于扰乱对方指挥员、误判态势、误导决策以及在战场外影响民众的观念和认知。认知维度的行动不仅可能，而且通常具有首要且决定性的作用。

在战术层面上，当前任务式指挥能够提升部队的主动性和适应能力，应对作战的不确定性。但是将来战场的动态性、非连续性改变了传统以任务为导向的指挥控制模式，指挥员的最初意图可能不具有持续性，通信联络的受扰、非对称的多域进攻等都会迫使指挥员不断调整和更改作战决心，在这种情况下，条件刺激响应式指挥模式可能更为适用。

（2）面向“三化”融合

新的战争形貌下，一方面新型作战力量及相应作战样式快速崛起，另一方面，传统作战力量智能化改造不断深入，机械化、信息化、智能化三化融合发展将催生新的指挥与控制理论。

人工智能、云计算、大数据、物联网、区块链、5G 等新一代信息技术基础设施，正在形成新的战争操作系统。指挥控制形态将实现战斗力的微粒化解构与智能化重组，实现从网络赋能到知识赋能、从连通共享到感知认知、从中心到边缘、从刚性固态到柔性液态、从流程到协同的转型。组织规模的小微化、组织结构的云端化、组织运行的液态化、组织边界的开放化、人机协同的常态化，将使能够突破力量边界的、多域大协作的协同网络，越来越成为主流的组织形态，“拟态”组织、“蜂群”组织等将越来越多地出现在战场上。

此外，数据量的爆炸式增长意味着物理世界的数字孪生不断完善，孪生技术在物理世界和数字世界之间建立准实时联系，实现物理世界与数字世界互联、互通、互操作。未来，物理战场的数字镜像将从分时到实时、从宏观到微观，形成一个完整的数字孪生。

4.1.2 围绕指挥控制大脑，重点解决战争计算、知识驱动、认知计算等瓶颈问题

“智能化与自动化的主要区别是在不确定性很大情况下基于各种信息做决策的能力、自我学习的能力、对意外情况和不断变化情况的自适应能力”。军事博弈具有多元、动态、不确定、状态高维、信息不完全、稀疏样本、弱规则、非零和等本质特征，并不完全适应于当前人工智能的主流技术机理，必须要真正解决以下问题，才有可能研制出可用的智能指挥控制系统，形成指挥控制大脑：一是提供知识，开发各问题域知识的结构化、形式化、体系化方法；二是模拟推理，研究基于多模态信息的各种人脑推论模式及其形式化体系化，并能在计算机中有效运行；三是人机交互，保证智能系统与人类专家之间的自然准确交流；四是不断进化，不断对指挥控制大脑进行训练和更新，不断积累技能和自学习演进。

（1）战争计算

一是围绕分析作战体系的短板软肋以及基于此的战争设计，研究战役布势、战局优劣等定性概念的量化计算，研究复杂作战体系的建模及其涌现行为和蝴蝶效应，研究如何将

不确定性量化（UQ）等理论方法用于筹划推演中随机情况的计算。二是围绕利用数据 + 算法 + 算力的决策机制解决不确定性的指挥控制问题。通过博弈对抗推演辅助指挥员预测态势变化、评估优选方案、学习战法战术，研究博弈场景灵活订制、博弈对抗规则建模、大样本对抗实验分析、智能算法验证评价等问题，开展多样化、智能化的博弈对抗推演。

（2）知识驱动

未来军事信息系统应着眼信息中心战向知识中心战的发展趋势，发展更为灵活的“以知识为中心”的指挥信息系统，以满足其对未来战场态势的知识化的感知与共享，对指挥机构的智能化辅助决策支持，以及对作战力量多元化知识服务的需求。同时，敏捷性优势也不仅需要网络支撑，更需要基于知识的个体认知与群体认知趋同下的高度自同步行动。研究作战筹划中的知识体系构建、知识自动抽取、知识融合与自演化以及知识问答与推理技术，研究知识图谱和规则系统平台，研究作战常识、力量编制、标准、战法规则、条令条例、决策模型、经验等的获取、表示和运用，研究以人为中心的知识运用以解决认知的不一致性和不确定性问题，重点放在针对决策相关问题的理解认知上，重点呈现时空因果关系。

（3）认知计算

研究态势认知域的基础问题，借鉴不确定性系统的相关学科成果，研究人类认知不确定性下的态势感知理解与预测，从态势理解、预测、评估和生成各环节揭示态势认知机理，实现对战场敌我双方以及环境要素之间复杂关系的深层次认知，提升指挥员对战场态势认知的速度和深度。与认知科学、生命科学、生物科技等学科交叉融合，研究基于规则、经验、概率、直觉、情感、顿悟的定性定量综合决策模型，将人类记忆联想机理、多模态序列记忆与预测机理等用于指挥决策；面向临机决策，研究基于注意力机制的快速搜索比对提炼和优化剪枝规划预测，研究基于经验性思维图式的自动反应和行动。

4.1.3 基于网络信息体系，加强云指挥控制能力研究

（1）强化边缘指挥控制能力

面向 5G+ 指挥控制和实时决策需求，研究边缘 AI。在车载机载舰载终端、手持终端、可穿戴设备等边缘装备上部署 AI 芯片、运行 AI 算法，使边缘节点可以更快速地对情况作出响应。此外，借鉴区块链技术探索去中心化互联和合约化协同。

（2）分布化自动化的系统构建

探索基于机器学习、开放架构、模式识别等技术的异质系统融合，实现不同系统间的自动连接、在线共享和互相学习，可在同一平台融合传感、共享交流和行动。研究支持全域作战的软件定义指挥控制系统构建机理，根据任务和作战环境快速形成任务能力。实时感知作战任务需求、系统运行状态和战场环境变化，软件定义系统架构、功能、流程，实现知识驱动下的全域资源池化管理、资源协同运作与应变演化和作战体系能力动态自适应生成。

4.2 各领域发展趋势

4.2.1 指挥与控制理论

（1）新作战概念

网络信息体系是未来联合作战的基石，是信息化建设的抓手，我军新作战概念研究，首先是深化研究、深刻理解网络信息体系的概念内涵，其次研究网络信息体系运作机理、集成评估方法，在此基础上，开展基于网络信息体系联合作战、全域作战研究，特别是新提出的全域作战的研究，重点从作战域与功能域两个维度研究。从作战域维度，研究全域作战的作战空间的发展与演变；从功能域维度，研究全域作战的功能域的覆盖面的全面性和广泛性。针对我国的首支多域作战部队已正式组建的情况，需要以美军的多域战为重点，开展持续跟踪分析与研究，在我军的体系破击战、非对称作战、超限战、人民战争等作战概念的基础上，针对强敌的疼点和短板，发扬类似“集中力量办大事”的指挥控制优势，抵消强敌的技术优势。同时，密切关注美国国防部的算法战、DARPA 的马赛克战争的发展情况。

（2）指挥与控制基础理论

以缩短 OODA 环的时间、提升指挥决策效率为重点，研究智能化指挥与控制理论方法，深化“任务式指挥”“启发式控制”“体系作战超网络模型”“知识为中心的系统运行演化机理”“跨域知识理解和复杂系统关系组织”等理论方法，研究无人自主作战控制技术，探索无人集群作战协同控制的理论方法，研究基于不确定不完全信息博弈的指挥脑，推动指挥控制过程从点智能（AI+ 指挥控制）向体系智能（指挥控制 +AI）发展，同时跟踪美军多域战指挥控制（MDC2）的发展情况，研究面向全域作战的指挥控制的新机理新方法。

（3）指挥与控制过程模型

1）动态性和敏捷性日益成为指挥与控制过程模型的核心特征，能够灵活应对战场环境及作战任务的动态不确定性成为指挥控制过程模型优化设计必须面临的现实问题[368]。

2）未来的战争将是体系的作战，从作战平台过渡到作战体系后，指挥对抗的机理及其指挥活动在物理域、信息域和认知域发生了显著的属性变化。对比作战平台的指挥活动，在体系层面，“决策”不再是个体的思维活动，信息不再透明和孤立。指挥活动过程的差异导致对抗机理的变化，OODA 环以往都是单环，需在多域作战中赋予“多域多环”新的内涵。

3）人工智能技术将越来越多的应用于指挥控制闭环作战过程[369-370]。人工智能的进步和应用会大大提高感知和决策的质量和速度，使得指挥控制的每一个环节都会加速，从而使“齿轮”转速提高而产生敏捷性优势[371]。此外，随着无人作战力量的加入，无人和有人系统的有机融合也会大大提升作战效能。

（4）指挥与控制效能评估

虽然作战指挥存在诸多不确定性因素，但是可以通过一些可以量化、比较、计算、分析的因素对其进行效能评估[372]。效能评估技术仍将是指挥控制系统研究的重要方向。

1）动态模拟复杂体系进化整体模型的平行仿真方法为效能评估技术的发展提供了重要支撑。战争复杂体系仿真和效能评估要适应体系的进化过程，就必须建立起能够动态模拟复杂体系进化的整体模型，通过不间断地实验得到相应的结果。文献［373］、王飞跃等提出的平行系统方法，建立起平行的体系仿真环境支撑指挥控制效能评估，是一个重要的发展方向。

2）建立基于大数据的指挥控制效能评估系统将是提升可靠效果评估能力的重要方向。在数学仿真和演习作战中采集联合作战数据，对采集到的文字、语音、视频、图形、图像等形式的数据进行分析，通过深度挖掘等先进数据科学技术，找出影响联合作战的主要因素和相关因素，建立基于大数据的联合作战效能评估指标体系及评估机制，建立效能评估指标网，评估各作战力量的体系贡献度[372]。构建作战效能评估模型，并通过历史大数据对模型不断进行验证和修改，提高评估模型的准确性，最终利用大数据提升效能评估水平。在作战指挥效能评估中，运用大数据化的收集体系，实现与作战指挥信息系统的有机融合，为作战效能评估提供实时、全面的数据支撑，有效增强效能评估系统的稳定性和可靠性。

4.2.2 指挥与控制技术

（1）共性支撑

1）知识图谱将向知识网络发展。知识的来源将从结构化、半结构化的信息转变为多模态、多语言非结构化信息源，在知识的表示、知识的类型、知识的维度等方面趋向复杂化。随着知识抽取和知识融合技术的成熟，知识图谱将具备自动发现知识、吸收知识进行动态演进的能力，不再局限于实体关系属性知识，逐步兼容规则、条令、模型等经验方法型知识，形成知识网络。通过对人脑思维原理的分析和模拟，人工智能逐步呈现可解释性、自主学习能力，推动知识网络向可解释的大规模时空 / 上下文推理、知识持续自主学习的方向发展，支撑依赖于知识网络的交互式问答、对抗推演系统，形成解答假设型和预测型问题的能力。

2）发展智能博弈技术，为指挥控制智能化提供算法训练和测试环境，以及对抗推演平台。打造智能博弈对抗环境，为支撑态势预测、方案评估、战法研究、指挥训练和业务功能提供对抗推演平台，对指挥控制 AI 算法提供对抗训练和测试验证环境。可采用螺旋式发展策略。首先，从简单规则驱动的自主对抗入手，通过学习训练逐渐优化对抗策略，螺旋式提升智能博弈水平。其次，从简单游戏场景入手，逐步增加模拟的因素提高对抗复杂度，螺旋式提升智能博弈的真实性。最后，从战术级小规模对抗入手，螺旋式提高层级规模。最终实现高水平、实用化、战役级的智能指挥控制。

3）系统建模向智能仿真方向发展。随着云计算、大数据、人工智能技术的快速发展，推动了系统建模技术逐步向智能化、博弈对抗方向发展进程，催生出新的发展方向，主要涵盖博弈对抗规则建模技术、智能决策行为建模、系统仿真试验智能化设计等。其发展策略是紧密跟踪国外系统建模仿真前沿技术发展现状与趋势，尤其是智能化与云计算技术在系统仿真领域中运用与发展。同时，结合目前我军战区联指以及陆、海、空、火等军兵种指挥控制系统的应用需求和痛点问题，加强系统仿真建模方法、模型、关键技术与原型系统等成果在实际系统中推演应用。

4）人机交互向以人为中心，自然、高效方面发展。通过对交互数据的大量处理形成"交互素材"数据库，搭建智能交互云平台，在此平台下用户和计算机通过各种设备实现自然的交互行为。就总体趋势而言，随着物联网的不断更新升级以及人工智能的发展，人机交互方式会不断朝着以用户为中心、个性化的生物识别和全方位感知 3 个方面发展。

（2）态势感知认知

1）人工智能技术将大力推动战场态势感知的自主化和智能化。战场态势自主感知是指以多维空间的侦察、感知等智能化技术手段为基础，基于深度学习、人机渐进学习和认知推理自主获取敌、我、友兵力部署、武器装备和战场环境等情报信息，从而实现对战场局域及全域态势的详尽掌控，对敌方动向的快速感知、精准探测和高效识别，大幅提升适应化、自主化、智能化态势感知能力。

2）人机融合式增强型智能将推动战场态势认知的主动化。利用智能辅助决策系统将人类擅长的感知、推理、归纳、学习，与机器擅长的搜索、计算、存储、优化，进行优势互补、双向闭环互动，根据新的战场态势变化和快节奏的态势演变，做出准确的态势理解与判断，识别对手意图或判断事件背后的本质，获取态势认知优势。

（3）任务规划

1）多军种联合任务规划将成为重点发展方向。将多元的战役力量、多个作战阶段、多种作战式样和战法与指挥、作战、探测、通信等要素模型融入一体化的联合作战环境中，将多作战单元、多方位作战资源以及信息与知识模型相互共享，使联合情报处理、联合作战决策、联合任务规划、联合作战评估相互关联，提高作战效能。

2）多兵力、多火力协同作战可以极大增强整体作战效能。对多兵力、多火力协同编队与攻击进行战前或实时的筹划决策，将是战术任务规划重要的研究方向。如针对多机多任务在复杂动态战场环境的动态分配优化问题，保证在战场态势复杂的情况下能够发挥整体编队或攻击的最优效能；针对可以获取环境数据和武器装备性能数据等的飞行器，提升快速获取数据和识别危险避障的能力，为指挥人员提供更加准确详细的战场数据；针对战场环境中潜在的威胁，为减小暴露自身的可能性，设计优化算法对多飞行器进行协同航路规划等。

3）行动规划向各武器系统通用性和云控制系统发展。以控制为核心，以云、网相关技术为手段，以网络化控制、信息物理系统、复杂大系统理论为依托，通过云控制系统实现高度自主和高度智能的控制。云作战指挥控制运用云控制与协同相关思想与理论，可将分散的作战实体及作战资源通过网络连接到云服务器，并发挥云服务器的强大的计算能力，将决策的处理与计算作为服务提供给作战平台，达到实时快速筹划决策的效果。

4）人机一体、智能主导、云脑作战是未来人机筹划决策的大趋势。从武器平台、指挥控制体系、作战终端等多方位、全领域进行升级、换代、重塑，以形成人机一体、智能主导、云脑作战的军事新体系。人机混合智能将是任务规划系统智能化的重要趋势，这是超越人工智能的下一代智能科学体系。要做到人机混合智能化，未来需要突破的技术是构建更加智能的“类脑”“仿人”“聚智”的筹划决策系统，并且解码大脑活动信号获取思维信息，实现人脑与外界直接交流，读懂脑，打通大脑与机器之间的联结，实现人工智能与人类大脑之间的智能交互。

（4）行动控制

行动控制主要包括对武器平台的控制和对作战行动的控制，武器控制的发展趋势主要体现在以下方面。

1）武器控制系统体系结构向着模块化开放式发展。武器控制系统体系结构将从集中式、分布式、向模块化开放式架构发展，武器控制系统的技术体制将趋向于通用化、模块化和系列化。武器控制系统将逐渐采用以数据为中心的发布 / 订阅网络模式，使得系统中的数据能按需分配，避免冗余传输，同时能够形成松耦合、开放式的体系结构，使系统能够动态调整扩展。

2）武器控制系统作战功能逐渐呈多样化趋势。主要突出超视距、多目标攻击、控制发射后不管能力。超视距多目标攻击武器控制系统和发射后不管导弹配合，能同时跟踪、识别多个目标并分别测定每个目标的参数，完成威胁判断、攻击目标的优先权确定及各种战术数据处理，进行战术决策。

3）武器控制系统信息化、智能化的技术特征日益凸显。武器控制系统将采用高速大容量信息处理设备、高速光纤总线、电传控制技术，使武器控制系统信息化达到更高水平，采用更加先进的综合控制 / 显示系统，提高人机工效和综合作战效能；将大量采用射频综合技术和综合电子技术，实现功能的高度综合；将引入人工智能，如此能够通过人工智能自动地分析态势，进行目标捕获、威胁排序，然后，自动合理地调配火力单元进行作战，提升整个作战过程的全自主程度与系统反应速度。

4）网络化协同化已成为武器控制系统能力提升的核心要素。武器控制系统将实现从典型传感器到典型武器平台的无缝信息连接，以武器协同控制数据链为基础，通过武器控制协同链把各平台连接起来，形成分布式作战平台，实现跨平台武器控制和多平台信息共享，以提高各军兵种和主要武器平台的快速反应能力，满足诸兵种联合作战、协同作战的要求。

5）作战行动控制的发展趋势及展望：①计算机生成及人工智能技术将大量应用于行动控制。大力加强计算机生成行动控制技术的研究，由此减少主观判断错误和不必要的损失。从现有的情况来看，应用计算机生成行动控制技术后，的确取得了较好的成绩，但是细化研究发现，人工智能技术是行动控制的重点，需要在智能行动控制等方面开展工作。②行动控制的研究将更加强调静态优化与动态优化的协调。传统的行动控制的静态优化问题与动态优化问题之间缺乏沟通途径，换言之，无法从离散时间点对应的静态问题过渡到连续时间点对应的动态问题。行动控制的动态优化问题正在逐步以静态优化问题研究成果为基础继续深化，在统一的研究框架下，形成行动控制问题研究的合力。③补齐作战行动效果评估短板。作战行动效果评估是 OODA 形成闭环的重要一环，同时也是目前指挥控制领域技术研究的一大短板，导致难以有效地评估当前行动的效果同预期目标间的差距，后续行动计划的制订难以开展。因此，需加大研究投入，提出实用化的作战效果评估理论和方法。

（5）指挥控制保障

未来战场作战强调高机动、轻量化、小规模，多域分队快速前出行动将成为重要作战形式，基于云计算、大数据和虚拟化等技术实现各类软硬件资源无缝共享和服务化应用的云平台正在构建，以信息主导为特征的信息基础设施正在向以知识驱动为特征的智能化信息基础设施演进，云边智能融合、资源按需服务、敏捷自主适变、体系韧性防护成为未来发展方向。

1）云边智能融合。信息基础设施集中式平台架构将向云边一体的分布式平台架构演进，构建由众多轻量化、小型化节点组成的云边协同计算平台，实现云边智能融合，满足多任务需求，可按需灵活装配，提高战场生存和快速机动能力。

2）资源按需服务。信息基础设施将稳步推进云计算技术，提供网络、计算 / 存储、信息 / 知识、传感器 / 武器等作战资源的虚拟化管控、按需自主获取和智能推送服务，提升战术前沿资源利用的质量和效率。

3）敏捷自主适变。信息基础设施预先固定配置资源运用模式将向以任务为核心的资源动态智能调度模式演进，在任务变化、环境变化、体系自身状态变化的认知基础上，驱动业务系统敏捷自主适变，以合理利用有限资源完成业务计算。

4）体系韧性防护。信息基础设施安全防护将向体系整体防护发展，即利用全局感知网络、智能异常分析和响应策略生成与优化控制等功能，提升了信息系统在受到外部攻击或者发生内部扰动情况下的毁伤自检测、能力自恢复等韧性能力，维护系统正常运行。

4.2.3 指挥与控制应用

（1）联合作战指挥与控制系统

1）战略指挥与控制系统。面向总体安全观，适应混合战争和全域战争，基于军事、政治、经济、外交、社会等战略目标和动向情报，形成全球战争征候预警、周边安全态势评估、重点国家军政动态、各方力量布势等综合态势，评估国家整体军事安全程度和风险预警，筹划控制跨区大规模联合作战、军事力量与非军事力量联合行动、战略意义的战术行动、抢险救灾、反恐维稳、海外维和、危机应对等。

2）战区 / 战役指挥与控制系统。发展重点是提升作战筹划能力，也就是指挥控制大脑的脑力。具体体现在以下 4 个方面：一是“融”，重点关注多类型行动和多要素的跨域融合协同与跨域联合筹划；二是“捷”，既灵又快，重点关注“筹划环”与“态势环”实时平行联动、流程优化柔性、既可全环高速旋转又可半环随时迭代、临机决策等；三是“精”，用丰富可信的定量规划模型和工具进行细粒度的精细规划，实现深算、精算、细算，重点关注战法规则的代码化、敌我双方模型的实战性、复杂作战体系的建模与有效计算、布势等定性概念的量化与可视化分析、带有随机性对抗性变量的规划等；四是“智”，未来 5 年主要是 AI 赋能而非 AI 替代，重点关注作战规则战法等知识的获取与运用、不确定不完备条件下的态势分析与决策、小样本弱监督条件下的智能体作战模型训练、局部性小规模行动方案的可解释性生成、人机混合智能交互等。

3）战术指挥与控制系统。突出动中指挥控制、精准指挥控制、敏捷指挥控制、分布指挥控制和韧性指挥控制，以即时协同为中心，体现“所有要素始终在线、实时交互态势共知、自动反应迅速决策、分布对等自主协作、随意组合动态进出”的设计理念，在野战机动环境下，依托分布式基础平台和网络化广泛联接，提供随意组合、随时共享、随需协同、随机抗毁的能力，实现战术单元的互联互知、共享交流、协同作业，实现基于任务意图和实时态势的指挥控制。

（2）无人作战指挥与控制系统

从发展趋势来看，在智能化战争时代，人与装备将高度一体化，智能无人装备的大量应用，将给攻防作战样式，以及作战力量的运用方式、运用流程、方法、规则、策略等带来革命性的变化。人工智能技术向军事领域的广泛渗透，将逐步物化或赋能武器装备，部队“机器换人”加速，人机比例持续下降，编程模式将向模块化编组、积木化组合和任务式联合方向发展，必将加速指挥控制的进一步革新。

1）面向自主化、智能化、集群化的无人作战指挥控制。随着智能科技的不断发展，军事智能必然物化为无人作战平台，在多域作战、智能作战愿景下，自主化、智能化、集群化将成为无人作战指挥控制发展的重要主流。

2）面向人机共融、人机一体的无人作战指挥控制。随着无人化战争的发展和演化，尽管厮杀双方的主体变了，但战争意志的发起者依然是人，实现人机共融、人机一体，构建脑机互联的指挥方式、部署有人 / 无人协同的作战班组，将会是实现战争意志、达到战争目的的必然要求。

3）面向复杂恶劣环境的无人作战指挥控制。无人作战指挥控制科技发展与应用同时面临环境高复杂性、博弈强对抗性、响应高实时性、信息不完整性、边界不确定性等特殊性和挑战性，面向包括区域拒止在内的各类复杂恶劣环境构建的无人作战指挥控制系统不可或缺。

（3）太空作战指挥与控制系统

1）构建弹性指挥控制体系，提高太空指挥控制系统的抗毁能力。针对太空资源防御困难的特点，需要构建弹性太空作战体系。在同一太空指挥控制体系下，保证各军兵种指挥控制、任务规划系统及侦察、打击、评估装备的互通互联，实现太空资源的统一规划能力，形成开放式架构，使得不同系统间能够灵活互联，实现系统的扩展性，能够面向不同军兵种提供优质的太空作战感知能力，并打造空天地一体化的太空作战指挥控制体系。同时，积极提高空间资源快速补充能力，能够实现大量微小卫星的快速发射，通过与现有太空资源整合，提高太空指挥控制系统的太空资源的抗毁性。

2）融合商业空间力量，拓展太空态势感知能力。在未来的太空作战中，需要对商业卫星获取的侦察、监视、情报资料进行快速、实时地融合分析。同时，商业卫星也可搭载军用载荷，打造军民融合的太空态势系统，实现商业太空资源的军事化，极大地扩展空间态势探测数据来源。此外，传统的太空侦察监视系统以目标监视为主，未来需要从单纯的太空监视发展为太空作战战场态势的构建、认知和推演，针对实战需求，提高对全球的探测搜索覆盖范围，缩短太空作战预警时间，提高空间态势构建的快速性，为太空作战指挥控制系统提供有力的态势展示和辅助决策功能。

3）应用人工智能、大数据等先进技术，实现空间作战指挥控制系统的更新换代。面对日益密集的太空资源，太空感知体系构建后，将生成海量的太空侦察探测数据，需要应用大数据等先进技术，提供太空目标探测融合识别能力，解决海量太空资源探测数据的存储管理和精确分析，完成对太空目标的态势构建和威胁评估。同时，需要应用人工智能技术，优化空间作战指挥流程，解决复杂、动态太空作战条件下不完备信息的指挥控制决策，实现空间作战指挥控制系统的更新换代。

（4）公共安全指挥与控制系统。面向未来公共安全复杂巨系统“风险 – 预测 – 处置 – 保障”高度联动和智慧、韧性管理的重大发展需求，公共安全指挥控制领域正呈现全方位立体化的趋势，实现跨领域、跨层级、跨时间、跨地域全方位的公共安全保障。公共安全技术的研究从开始的综合性、广泛性的项目研究方向逐步转向特殊性、针对性的研究方向，系统平台也趋向于支持一体化、集成化的技术和方案。同时近年来随着信息技术的不断发展，公共安全领域逐步与云计算、互联网、大数据、物联网、人工智能等前沿信息技术的融合，不断推动公共安全技术和装备的智能化水平。目前公共安全指挥控制领域的发展包括以下 5 个重点方向。

1）全周期和全链条式的风险评估与预防。发展多灾种多尺度多物理场综合化和系统化风险评估技术、多灾害耦合致灾过程模拟和情景构建技术、潜在未知风险的评估技术，实现风险评估的定量化、标准化、系统化。

2）多灾种和多领域协同监测预测预警。发展综合考虑大气、海洋、生物、固体地球相互作用、综合考虑多种灾害交互作用的公共安全模拟预测技术，多行业多领域协同的系统化监测预警技术，实现监测的综合化、预测的智能化、预警的精准化以及监测预测预警的一体化。

3）跨区域、跨层级、跨部门深度融合应急处置与救援。发展多功能、一体化的应急现场处置与救援关键技术、快速疏散和避难技术、多维信息实时传输技术、舆情深度分析技术、虚拟仿真技术、人员自动搜救技术、人体损伤评估技术、人－机－物深度融合在线应急感知技术、应急机器人技术等。促进协调有序性，增强恶劣灾害条件下的救援能力，实现应急处置与救援的高能化与高效化。

4）标准化的公共安全应急技术装备体系。针对突发事件应对中人员救护和现场处置薄弱的问题，围绕公共安全应急的关键装备和应急需求，开展基础科学问题、共性关键技术、技术标准化和产业化等研究，研发出一批标准化、体系化、成套化、智能化的应急装备，全面提升应急保障能力。

5）公共安全综合保障一体化平台。面向公共安全的业务持续管理和跨行业深度融合需求，研发和构建公共安全综合保障一体化平台，实现风险评估与预防、监测预测预警、应急处置与救援的高度综合保障，实现与交通安全、危险化学品管控、舆情监管、防恐反恐、电力安全、水利安全等领域的深度融合，提高公共安全的综合保障能力。

（5）交通指挥与控制系统

1）空中交通指挥与控制系统。随着空管新理念、新技术、新应用的不断出现，使数字化、协同化、智能化成为空管发展的必然趋势，通过数字化管制服务、军民航协同运行、利益相关方协同决策等手段的综合利用，提升空中交通运行效能，满足未来民航发展需求。主要表现在：①数字化。基于物联网和云平台的感知、融合处理和共享，实现态势统一感知。②协同化。以提升航空运输“门到门”运行能力为目标，构建基于全系统信息管理的飞行和流量协同运行环境，采用分布式飞行对象管理等数据管理技术，在统一态势感知的基础上，实现空管部门、航空公司、机场之间协同决策。③智能化。以提升航空器意图、交通流态势等认知决策支持能力为目标，构建基于知识分析与推荐能力的空管系统，基于海量信息分析、挖掘和学习，优化空中交通运行管理，达到系统具备“辅助人”的能力。

2）地面交通指挥与控制系统。①加快信息化建设。建立交通基础设施综合信息数据库，形成多维监测能力，实现交通流、路况拥堵等信息的实时监测，提高交通态势的感知能力。②聚焦多元数据采集。交管行业迫切需要打破跨领域的“信息孤岛”，跨系统、跨部门汇聚各类信息，深度挖掘数据价值，全面融合各方面数据为交管所用。③推进新技术应用。结合 AI、云计算、大数据等新技术，对数据进行研判分析，发展交通大脑类产品，为交通指挥、信号控制提供支撑。

3）水上交通指挥与控制系统。为逐步构建自主可控、安全智慧的国家水上交通安全监管信息体系，并为全面建立“人便其行、货畅其流、物尽其用、管理高效”的现代综合交通运输体系奠定坚实的基础，VTS 系统发展以提升海事网格化动态监管能力、中远海船舶交通管理能力、突发事件应急处置能力以及面向航运产业链和社会公众的水上交通综合信息服务能力为目标，针对港口、内河、海上航道 3 种主要水域类型和区域联网发展的需求，持续加强以国产 VTS 为代表的自主核心技术成果和以人工智能、大数据、物联网为代表的现代信息技术，在海事交通管理与水上安全综合监管指挥领域的综合应用。

5. 发展的对策与建议

5.1 做深做实指挥控制智能化的基础研究

当前发展指挥控制智能化面临着三大瓶颈问题：缺样本数据、缺知识储备、缺验证手段。要解决上述瓶颈问题，做深做实指挥控制智能化技术研究，要从 3 个方面努力。

5.1.1 积累大规模、高质量的样本数据，建立数据的自动化标注和受控共享机制

建议从 3 方面同步开展数据采集和积累工作。首先，加强日常值班和实兵演练数据的采集备份。采集数据内容的全面性和详细程度还有待提升，数据的存储备份机制还有待完善。其次，加强兵棋推演数据的采集。结合军事院校的教学训练，以及全国和地方性的各种兵棋推演赛事，有主题、有针对性地采集教官、学员、参赛选手的推演数据。最后，探索通过自主博弈对抗实验产生数据的新方法。借鉴 AlphaGo Zero 的思路，打造高仿真度的博弈实验环境，综合人工规则和机器学习实现机器对机器的自主博弈对抗，全天候地开展自动化的博弈实验，快速产生海量样本数据。然后再通过学习不断优化规则，提升对抗的智能水平。

另外，建立机制的目的是将原始数据变为高可用性的公共财富。首先，研究指挥控制数据自动化标注技术，让数据可为机器学习所用。包括数据的清洗、抽取和标注等方面，其中在标注方面还有很多问题值得研究。例如，针对战争的延迟回报特性（决策的效果往往不会立即显现），如何设计评价标准？如何将指挥人员在推演过程中互相交流的信息、心理活动、阶段性筹划产品等采集下来作为标注？在保证专业性的前提下，如何引入众包机制？等等。其次，建立密级数据的受控共享机制，让数据可为更多人所用。指挥控制数据的密级特征，让共享利用、众包形式的标注变得十分困难，要从技术和机制层面共同下工夫。在技术层面，可以研究指挥控制数据的脱密、降密技术，滤除敏感信息的同时保留有用信息。在机制层面，需要建立数据共享渠道，按知悉范围建立精细化的数据访问权限体系；提供保密的训练环境，算法可以拿进来训练，数据只能留存在保密环境中；建立数据的评价机制，根据使用记录、用户评价推荐优质数据集，并给予一定的奖励。

5.1.2 开展指挥控制领域专业知识提炼与建模

美军在 20 世纪末至 21 世纪初的时候曾经开展过大规模知识工程研究，到现在有很多技术研究还是基于知识推理的。同时，美军也提炼了大量的作战指挥规则，形成了丰富的条令条规，这些为其发展智能化提供了高起点。从技术发展角度看，早期的运筹学、专家

系统技术虽然有其缺陷，但现在的深度学习技术也不能解决所有问题。指挥控制是一个庞大的科学问题，需要尝试多条技术路径，多种方法相互结合。因此，建议大力推进指挥控制领域专业知识提炼与建模工作。首先，由军事专家将其宝贵的经验提炼出来。其次，由技术人员提供方便的、人性化的手段，将军事专家提炼的规则知识表达成机器能够理解的形式。最后，从管理层面，制定相应的激励政策，大力支持军事专家和技术人员对经验知识进行提炼和建模。

5.1.3 建立指挥控制 AI 算法的验证评价体系

如前所述，传统的实践检验方法用于智能化技术比较困难，因此需要创新。首先，创新验证技术手段。一种可行的方案是构造逼真的仿真试验环境，用于机理验证，等技术成熟后再到真实环境中去检验。例如，前面提到的博弈实验环境，既可以造数据，也可以用于试验验证。AI 算法孰优孰劣，演习比试一下就知道。相同的兵力、对手和环境下，算法定胜负。其次，创新评价指标体系。一是从验证的角度，如何评价 AI 算法的置信度，例如对敌方实体间的关系、意图、能力、行动趋势等要素判断得对不对、准不准，放到真实作战环境下，这个算法能不能用，会不会得出不靠谱的结果。二是从选拔的角度，如何评价算法性能的优越性，例如策略的运用、方案的设计、行动的控制好不好、有多好等，如何给出量化的评价结果。

5.2 大力发展分布式智能武器控制技术

指挥与控制学科在顶层系统设计、指挥控制理论及基础设施建设上有大量研究成果，学科建设取得重大成绩。武器控制，特别是协同控制，由于其学科领域属于指挥控制与武器平台的交叉领域，长期以来一直忽略了其建设发展的重要性。

随着作战平台的发展，武器控制从发射控制已经延伸到武器管理，至少具备武器任务规划、武器火控解算和发射控制能力，以及发射后目标定位和捕控能力。指挥控制的最后效果就是要实现高效精确的火力指挥及武器控制。而未来作战，主宰战争胜负的，也不再是单个武器平台，应包括战场各作战单元的网络化连接、多源多平台信息融合、多平台协同探测和高精度定位、实时高速信息分发、协同作战指挥控制、武器协同分配及协同综合控制，使分布在不同作战平台上的传感器、指挥系统和武器系统协同一致地迅速做出反应，实现信息共享、作战力量一体化、作战行动一体化、探测打击和评估一体化，从而达到作战效能最大化。

鉴于武器控制所起的重要作用，建议指挥与控制学科系统地规划武器控制领域的学科发展建设。

5.3 体系化培养指挥与控制学科高端人才

指挥与控制学科的使命任务之一，就是要培养一大批能够在各级战略规划、联合指挥调度和关键要害岗位作出突出贡献的顶层设计、关键技术和作战指挥高端人才。这些人才必须要具有强烈的使命意识和奉献精神，要具备全局组织领导、前沿技术预判、知识融合创新能力和重大工程实践经验，未来将主导和驾驭我国的指挥与控制理论、技术与系统的发展，将成为能打胜仗和公共安全保障的大脑与脊梁。因此必须要解决好以下 5 个方面的人才培养问题。

一是如何解决“硬度”问题，树立精英人才的坚定情怀。高端人才工作在关键要害岗位，直接参与军队作战和应急处置的重大任务指挥与保障中，事关重大。需要按照“立德树人”的总要求，培养其更强烈的担当意识、坚定意志和奉献精神。

二是如何解决“高度”问题，体现战略人才的层次定位。高端人才从事的大多是全局性的、战略性的指挥管理和规划统筹工作。不能只善于解决具体的细节问题，还需要具有很强的战略站位、国际视野、系统思想、体系理念和管理决策能力。

三是如何解决“深度”问题，培养一流水平的学术功底。高端人才的学术水平，直接关系到我国指挥与控制系统发展建设的水平高低。需要始终跟踪并准确把握相关学科方向的发展动态、国际前沿、热点难点问题、主流技术、战术技术指标等，能够利用相关学科的先进理论方法，科学前瞻地看待和处理现实问题。

四是如何解决“广度”问题，具备学科交叉的跨域思维。联合作战指挥控制和公共安全指挥控制，都先天具有跨军种、跨业务部门、跨时空、跨国家跨语种跨文化、跨学科、跨模态的特点。高端人才不能只局限于从本学科、本军种、本岗位出发思考问题，要能够构想跨域的解决方案。

五是如何解决“力度”问题，打造指技融合的实践能力。高端人才既不能只是单纯的指挥员和管理者，也不能只是某个学科方向的技术专家，不能只会写论文写报告、纸上谈兵坐而论道，要掌握先进的工程技术并能够有效地解决复杂实际问题。

针对上述 5 个方面的问题，需要通过文化激励来塑造内圣外王的文化精神、通过平台托举来培育顶天立地的人才特质、通过交叉熔炼来构建多元融合的培养路径、通过实战赋能来锤炼科技制胜的实战能力。着眼于国家和军队重大战略安全，以“聚焦实战需要、支撑顶层设计、服务管理转型、引领体系创新”为人才培养战略定位，塑造“国家情怀 + 国家平台 + 国家任务”的人才价值观体系，构建面向复合知识、复合能力、复合思维的多学科交叉课程体系，打造系统性、综合性、实装级的“指技合一”育人环境，建立适应大系统协同创新特点的多通道人才培养模式，有效将军警文化优势、一流学科优势和国家平台优势转化成人才培养优势。

5.4 面向未来，加强指挥与控制学科条件建设

5.4.1 建设未来指挥所研究示范环境

开展场景驱动、模式创新的未来指挥所研究，推动我军指挥控制系统向信息化、服务

化、智能化转型。搭建能体现未来指挥所特征和理念的研究示范环境，构建一个实际的场景化场所、真实动态的数据环境和软硬件研究环境，面向未来作战指挥需求与场景，重在凸显全息时空、智慧态势、平行筹控、混合多域能力，研究揭示并展示如何利用云计算、大数据、人工智能等技术提高战场态势的认知能力、筹划计划能力、协同能力和战场管理能力，如何实现网络中心、敏捷重构、按需服务、智能演化的未来指挥控制系统，用数据驱动决策，用服务化解决敏捷指挥控制，面向未来指挥所场景实现感知智能和认知智能，推动知识驱动下的指挥控制问题求解，赋能情报综合、态势分析、作战筹划和行动控制 4 个环节，并能承载、吸纳、集成和不断迭代最新研究成果，结合想定甚至实际任务开展演示验证。

5.4.2 建设智能战争体系对抗博弈推演与能力孵化平台

针对装备体系化、体系智能化、智能实战化一条主线，围绕智能化战争赋予装备新的使命，基于人工智能技术，构建具有自学习、自成长、自进化特征的分布式智能体系对抗博弈与能力孵化平台。基于能力孵化平台，对联合作战红蓝各要素进行系统级 / 功能级 / 信号级等各层级建模，通过数学虚拟、实装半实物红蓝仿真对抗推演和自博弈，可孵化与未来智能化战争相匹配的新作战概念与作战理论、智能技术群、新型战术战法与作战样式、作战实验等成果，各类算法也可在平台中以体系的形式得到各层级验证，为未来智能化战争奠定军事智能应用研究基础。

5.4.3 建立联合与竞争并存的生态

在军民融合的发展趋势下，联合是主旋律，但竞争也无处不在。首先，指挥控制智能化难度大，只有集中力量才能办成大事。建议组建“军方 + 工业部门 +AI 企业 + 高校”的联盟，其中，军方负责需求牵引，组织推进重大专项研究；工业部门依靠强大的研发力量，担纲整个研发环节。AI 企业提供常态化的技术支持，将民口成果转化军用。一流高校提供理论方法创新，保持技术前沿，开放交流促进步。其次，只有建立竞争的生态，才能保持旺盛的发展势头。可以围绕智能指挥与控制技术难题设立赛事，借助外脑，发挥群智攻关。可以每年组织各种竞赛、开源 AI 接口、开放数据集，形成良好的 AI 发展生态环境。通过竞赛发现新的技术突破点、挖掘优秀人才团队、扩大影响力。

参考文献

[1] 习近平. 决胜全面建成小康社会，夺取新时代中国特色社会主义伟大胜利——在中国共产党第十九次全国代表大会上的报告［N］. 新华每日电讯，2017-10-28.

[2] 中央军委政治工作部. 习近平论强军兴军［M］. 北京：解放军出版社，2017.

[3] 罗爱民，刘俊先，曹江，等. 网络信息体系概念与制胜机理研究［J］. 指挥与控制学报，2016，2（4）：272-276.

[4] 张谦一. 探索全域作战能力生成路径［N］. 解放军报，2018-09-25.

[5] Air University Lemay Center for Doctrine Development and Education. Doolittle series 18：multi-domain operations

［M］. Alabama: Air University Press, 2017.
［6］胡晓峰，贺筱媛，饶德虎，等. 基于复杂网络的体系作战指挥与协同机理分析方法研究［J］. 指挥与控制学报，2015，1（1）：5–13.
［7］吴正午，付建川，任华，等. 体系作战下的多域指挥与控制探讨［J］. 指挥与控制学报，2016，2（4）：292–295.
［8］戴浩. 无人机系统的指挥控制［J］. 指挥与控制学报，2016，1（2）：5–8.
［9］孙浩，李联邦，李鹏. 战区主战体制下联合投送任务式指挥研究［J］. 军事交通学院学报，2018，11（20）：9–16.
［10］潘清. 联合作战指挥控制系统信息基础设施发展研究［J］. 中国指挥与控制学会通讯，2017，2（5）：8–13.
［11］周广霞. 美军联合信息环境建设情况分析及启示［J］. 指挥与控制学报，2016，2（4）：354–360.
［12］杨任农，沈堤，戴江斌. 对联合作战空战场管控问题的思考［J］. 指挥信息系统与技术，2019，10（1）：1–6.
［13］周海瑞，刘小毅. 美军联合火力机制及其指挥控制系统［J］. 指挥信息系统与技术，2018，9（1）：8–17.
［14］戴浩. 对联合战术信息服务的思考［J］. 中国指挥与控制学会通讯，2017，2（6）：2–5.
［15］李云茹. 联合战术信息系统及其技术发展［J］. 指挥信息系统与技术，2017，8（1）：9–14.
［16］金欣. 指挥控制智能化问题分解研究［J］. 指挥与控制学报，2018，1（4）：64–68.
［17］丁峰，易侃，毛晓彬，等. 第 5 代指挥信息系统发展思考［J］. 指挥信息系统与技术，2018，9（5）：17–24.
［18］蓝羽石. 新一代指挥信息系统发展中的若干基础性问题研究［C］// 中国电子学会. 电子系统工程分会第八届学术年会论文集. 北京：兵器工业出版社，2011.
［19］BOYD JR. Destruction and creation［EB/OL］.（1976–09–03）［2018–10–14］. http://www.goalsys.com/books/documents/destruction and creation.pdf.
［20］ROUSSEAU R. The M–OODA：a model incorporating control functions and teamwork in the OODA Loop［C］// 9th International Command and Control Research and Technology Symposium，2004.
［21］KEUS HE. A framework for analysis of decision processes in teams［C］// 7th International Command and control Research and Technology Symposium，2002.
［22］BRETON R，ROUSSEAU R. The C–OODA：a cognitive version of the OODA loop to represent C2 activities［C］// 10th International Command and Control Research and Technology Symposium，Washington，2005.
［23］MORAY N. Mental models in theory and practice［M］. Cambridge，MA：The MIT Press，2000：223–258.
［24］LEEDOM C. Process and procedure：the tactical decision–making process and decision point tactics［M］. Fort Leavenworth，KS：Army Command and General Staff College，2000.
［25］WOHL JG. Force management mecision requirements for air force tactical Command & Control［J］. IEEE Transactions in Systems，Man and Cybernetics，1981，11（9）：618–639.
［26］BRYANT DJ. Modernizing our cognitive model［C］// 9th International Command and Control Research and Technology Symposium，2004.
［27］赵国宏. 作战任务规划若干问题再认识［J］. 指挥与控制学报，2017，3（4）：265–272.
［28］唐乾超，刘高峰. 基于兰彻斯特方程的信息战模型改进研究［J］. 指挥与控制学报，2017，3（3）：201–207.
［29］原方，何一，张玮，等. 基于数据库与智能决策相结合的 OODA 模型优化研究［C］// 中国指挥与控制学会. 第四届中国指挥控制大会论文集. 北京：电子工业出版社，2016：152–155.
［30］连文珑. 基于 OODA 的网络对抗试验方法研究［D］. 哈尔滨：哈尔滨工业大学，2017.
［31］金丛镇. 基于 MMF–OODA 的海军装备体系贡献度评估方法研究［D］. 南京：南京理工大学，2017.
［32］梁魏，黄炎焱，王建宇，等. 基于 OODA 环的登陆作战系统建模［C］// 中国指挥与控制学会. 第四届中

国指挥控制大会论文集. 北京：电子工业出版社，2016：235-241.
[33] 张桂林，杨进佩，刁联旺. 对海上目标群的电磁频谱拒止指挥控制研究［C］// 中国指挥与控制学会. 第四届中国指挥控制大会论文集. 北京：电子工业出版社，2016：612-616.
[34] 朱丰，胡晓峰，吴琳，等. 从态势认知走向态势智能认知［J］. 系统仿真学报，2018，30（3）：761-771.
[35] 阳东升，姜军，王飞跃. 从平台到体系：指挥对抗活动机理的演变及其 PREA 环对策［J］. 指挥与控制学报，2018，4（4）：263-271.
[36] 肖卫东. 联合作战指挥控制系统技术［M］. 长沙：国防科技大学出版社，2015.
[37] 周方，易侃，张兆晨. 知识型指挥控制系统初探［C］// 中国指挥与控制学会. 第六届中国指挥控制大会. 北京：电子工业出版社，2018.
[38] 张兆晨，王俊，周光霞. 面向知识活动的指挥信息系统体系结构框架［J］. 现代防御技术，2019，47（1）：45-53.
[39] 刘成刚，王永刚，刚建勋，等. 联合作战指挥控制体系网络建模与分析［J］. 指挥控制与仿真，2018，40（2）：8-21.
[40] 张维明，杨国利，朱承，等. 网络信息体系建模、博弈与演化研究［J］. 指挥与控制学报，2016，2（4）：265-271.
[41] 王刚，沈迪，李建华，等. 体系作战信息流转超网络结构优化［J］. 系统工程与电子技术，38（7）：1563-1571.
[42] 黄金才，刘忠. 智慧型指挥控制组织［J］. 中国指挥与控制学会通讯，2017，2（4）：24-27.
[43] 修保新，张维明，牟亮. 敏捷指挥控制组织结构设计方法［M］. 北京：国防工业出版社，2016.
[44] 刘正，张新强，王鸿飞，等. 基于 DODAF 的可执行模型改进方法［J］. 指挥与控制学报，2016，2（2）：121-128.
[45] 舒振，刘俊先，罗爱民，等. 军事信息系统体系结构设计方法及其应用分析［J］. 科技导报，2018，36（20）：48-56.
[46] 刘俊先，罗雪山，罗爱民，等. C4ISR 体系结构验证评估［J］. 指挥与控制学报，2016，2（2）：129-133.
[47] 苏兵，张超，张彬，等. 大数据时代指挥与控制系统能力分析［C］// 中国指挥与控制学会. 第五届中国指挥控制大会论文集. 北京：电子工业出版社，2017.
[48] 陆梦驰. 基于 SD 的指挥信息系统作战效能评估模型［J］. 火力与指挥控制，2018，43（1）：128-131.
[49] 哈军贤，王劲松. 基于 SD 结构模型的网络空间作战指挥效能评估［J］. 装甲兵工程学院学报，2017，31（2）：15-20.
[50] 吕游，李正军，付晓. ANP 在依托 C4ISR 的指挥控制效能评估中的应用研究［J］. 指挥控制与仿真. 2016，38（3）：79-82.
[51] 丁剑飞，司光亚，杨镜宇，等. 关于体系作战效能评估指标体系构建方法的研究分析［J］. 指挥与控制学报，2016，2（3）：239-242.
[52] 路云飞，李琳琳，张壮，等. 新一代指挥控制系统信息化能力分析与评估［J］. 计算机科学，2018，45（S2）：548-552.
[53] 李小波，林木，束哲，等. 体系贡献率能效综合评估方法［J］. 系统仿真学报，2018，30（12）：4520-4535.
[54] 李琳琳，路云飞，张壮，等. 基于云模型的指挥控制系统效能评估［J］. 系统工程与电子技术，2018，40（4）：815-822.
[55] 钱丰，陶德进. 战役级陆军指挥信息系统指挥控制效能评估［J］. 舰船电子工程，2018，38（9）：16-20.

[56] 赵彬，黄志坚，朱启明，等. 基于 AHP-FCE 法的指挥控制能力系统效能评估 [J]. 火力与指挥控制，2018，43（5）：104-107.

[57] 李张元，赵忠文. 基于 OLS-RBF 神经网络的指挥信息系统效能评估 [J]. 指挥控制与仿真，2018，40（4）：66-69.

[58] 肖振，王顺，彭晓源. C4KISR 作战效能评估系统研究与实现 [J]. 计算机仿真，2017，34（10）：396-400.

[59] XU B，XU Y，LIANG J，et al. CN-DBpedia：a never-ending Chinese knowledge extraction system [C] // International Conference on Industrial，Engineering and Other Applications of Applied Intelligent Systems. Springer. Cham，2017：428-438.

[60] XU B，LIANG J，XIE C，et al. CN-DBpedia2：an extraction and verification framework for enriching Chinese encyclopedia knowledge base [J]. Data Intelligence，2019（6）：244-261.

[61] 翠娟，刘炜，陈涛，等. 家谱关联数据服务平台的开发实践 [J]. 中国图书馆学报，2016，42（3）：27-38.

[62] KAWASAKIA, OGATA Y. The road to BIBFRAME: the evolution of the idea of bibliographic transition into a post-MARC future [J]. Cataloging & Classification Quarterly, 2013，51（4）：873-890.

[63] 蒋锴，钱夔，郑玄. 基于知识图谱的军事信息搜索技术架构 [J]. 指挥信息系统与技术，2016，7（1）：47-52.

[64] 车金立，唐立伟，邓士杰，等. 基于百科知识的军事装备知识图谱构建与应用 [J]. 兵器装备工程学报，2019，40（1）：148-153.

[65] 胡晓峰，荣明. 作战决策辅助向何处去——“深绿”计划的启示与思考 [J]. 指挥与控制学报，2016，2（1）：22-25.

[66] 陶九阳，吴琳，胡晓峰. AlphaGo 技术原理分析及人工智能军事应用展望 [J]. 指挥与控制学报，2016，2（2）：114-120.

[67] 金欣. “深绿”及 AlphaGo 对指挥与控制智能化的启示 [J]. 指挥与控制学报，2016，2（3）：202-207.

[68] 黄长强，唐上钦. 从“阿法狗”到“阿法鹰”——论无人作战飞机智能自主空战技术 [J]. 指挥与控制学报，2016，2（3）：261-264.

[69] 胡晓峰，郭圣明，贺筱媛. 指挥信息系统的智能化挑战——“深绿”计划及 AlphaGo 带来的启示与思考 [J]. 指挥信息系统与技术，2016，7（3）：1-7.

[70] 金欣. 发展智能指挥控制与打造博弈试验平台 [J]. 指挥信息系统与技术，2018，9（5）：37-42.

[71] 刘静，张昭，张阳，等. 支持强化学习多智能体的网电博弈仿真平台 [J]. 指挥与控制学报，2019，5（1）：55-62.

[72] 王中伟，裘杭萍，王智学，等. 基于攻防博弈的多波次导弹发射路径规划 [J]. 指挥与控制学报，2019，5（1）：63-68.

[73] 韩玉龙，严建钢，陈榕，等. 改进博弈论的舰载无人机编队协同对海突击目标分配 [J]. 火力与指挥控制，2016，41（7）：65-70.

[74] 牛侃，张恒巍，王晋东，等. 军事云环境下基于动态博弈的资源调度方法 [J]. 火力与指挥控制，2017，42（7）：16-20.

[75] 何旭，景小宁，冯超. 基于蒙特卡洛树搜索方法的空战机动决策 [J]. 火力与指挥控制，2018，43（3）：34-39.

[76] 李聪，王勇，周欢，等. 多无人作战飞机编队空战智能决策方法 [J]. 火力与指挥控制，2018，43（7）：26-31.

[77] 陈侠，李光耀，赵谅. 多无人机协同打击任务的攻防博弈策略研究 [J]. 火力与指挥控制，2018，43（11）：17-23.

[78] 叶圣涛，方洋旺，朱圣怡．基于智能突现的无人机群自主编队控制研究［J］．火力与指挥控制，2018，43（12）：165-169.
[79] 孟光磊，罗元强，梁宵，等．基于动态贝叶斯网络的空战决策方法［J］．指挥控制与仿真，2017，39（3）：49-54.
[80] 张晓海，操新文．基于深度学习的军事智能决策支持系统［J］．指挥控制与仿真，2018，40（2）：1-7.
[81] 王宏，李建华．无人机集群作战指挥决策博弈分析［J］．军事运筹与系统工程，2017，31（2）：11-16.
[82] 欧微，李卫军，廖鹰．基于深度学习的兵棋实体决策效果智能评估模型［J］．军事运筹与系统工程，2018，32（4）：31-36.
[83] 许莺，刘义亭．知识驱动的无人机集群自主规划技术刍析［C］// 中国指挥与控制学会．第五届中国指挥控制大会论文集．北京：电子工业出版社，2017：179.
[84] 宋瑞，杨雪榕，潘升东．智能集群关键技术及军事应用研究［C］// 中国指挥与控制学会．第五届中国指挥控制大会论文集．北京：电子工业出版社，2017.
[85] 李江，李兵，程远林，等．面向无人作战体系的智能化指控技术研究［C］// 中国指挥与控制学会．第六届中国指挥控制大会论文集．北京：电子工业出版社，2018.
[86] 冯进，朱江，沈寿林．一种基于分层智能混合决策的多 Agent 框架［J］．火力与指挥控制，2017，42（1）：36-39.
[87] 吴娜，刁联旺．基于机器学习的博弈对抗模型优化框架软件系统设计［C］// 中国指挥与控制学会．第六届中国指挥控制大会论文集．北京：电子工业出版社，2018.
[88] 王壮，李辉，李晓辉，等．基于深度强化学习的作战智能体研究［C］// 中国指挥与控制学会．第六届中国指挥控制大会论文集．北京：电子工业出版社，2018.
[89] 李伯虎，柴旭东，张霖，等．智慧云制造：工业云的智造模式和手段［J］．中国工业评论，2016（23）：58-61.
[90] 董倩，朱一凡，杨峰，等．空中作战决策行为树建模与仿真［J］．指挥控制与仿真，2019，41（1）：12-19.
[91] 徐世均，刘耿，李杏．编队作战指挥中作战决策建模技术［J］．指挥与控制学报，2017，3（4）：327-331.
[92] 方君，闫文君，邓向阳．基于 Q- 学习和行为树的 CGF 空战行为决策［J］．计算机与现代化，2017（5）：37-41.
[93] 毛少杰，周芳．面向指挥决策支持的平行仿真系统研究［J］．指挥与控制学报，2016，2（4）：315-322.
[94] 周芳，楚威，丁冉．情报驱动的平行仿真实体动态生成方法［J］．系统工程与电子技术，2018，40（5）：1160-1167.
[95] 胡晓峰，郭圣明，贺筱媛．指挥信息系统的智能化挑战——深绿计划及 AlphaGo 带来的启示与思考［J］．指挥信息系统与技术，2016，7（3）：1-7.
[96] 潇冷．未来人机交互，将更多地从情感层面出发［EB/OL］．天极网企业频道．（2018-04-03）［2018-06-30］．http://enterprise.yesky.com/224/596288224．shtml.
[97] 百度大脑．智能对话定制与服务平台 UNIT［EB/OL］．［2019-01-13］. https://ai.baidu.com/unit/home.
[98] Glacier BYR．突破人机交互壁垒，直击百度 NLP 最新技术进展［C］// 百度技术沙龙，2017.
[99] 孙茜茜．清华 AI 研究院里程碑事件：成立“智能人机交互研究中心”，发布四大开放平台［EB/OL］．（2019-05-22）［2019-05-25］. https://new.qq.com/omn/20190522/20190522A0AOOV.html?pc.
[100] admin. 祝贺团队师生研究论文被 ASIS&T 2018 年会录用［EB/OL］．（2018-06-23）［2019-05-20］. http://hci.whu.edu.cn/?p=1274.
[101] 中科院软件所四项成果被人机交互顶级会议 CHI2019 长文接收［EB/OL］.（2018-12-17）［2019-02-04］. www.is.cas.cn.

［102］何友，熊伟. 海上信息感知与融合研究进展及展望［J］. 火力与指挥控制，2018，43（6）：1-10.

［103］曹江，高岚岚，吕明辉，等. 对战场态势相关概念的再认识［C］// 中国指挥与控制学会. 第四届中国指挥控制大会. 北京：电子工业出版社，2016.

［104］朱丰，胡晓峰，吴琳. 从态势认知走向态势智能认知［J］. 系统仿真学报，2018，30（3）：761-770.

［105］李婷婷，刁联旺，王晓璇. 智能态势认知面临的挑战及对策［J］. 指挥信息系统与技术，2018，9（5）：31-36.

［106］刘俊，薛安克，彭冬亮，等. 海面舰船目标识别研究综述［J］. 信息融合学报，2018，5（4）：361-366.

［107］王聪，王海鹏，熊伟. 基于序贯航迹拟合的稳态编队精细跟踪算法［J］. 信息融合学报，2017，4（1）：21-28.

［108］李正周，曹雷，邵万兴. 基于空时混沌分析的海面小弱目标检测［J］. 光学精密工程，2018，26（1）：193-199.

［109］孟金芳，付喜. 一种空中动目标定位跟踪及航速航向估计方法［J］. 中国电子科学研究院学报，2018，13（1）：62-66.

［110］吕梅柏，赵小锋，刘广哲. 空中大机动目标跟踪算法研究［J］. 现代防御技术，2018，46（2）：45-50.

［111］李凡，熊家军，李冰洋，等. 临近空间高超声速跳跃式滑翔目标跟踪模型［J］. 电子学报，2018，46（9）：2212-2221.

［112］姜蘅育，金立左，李久贤. 多线索融合红外弱小目标检测［J］. 信息融合学报，2018，5（1）：66-72.

［113］郑浩，董明利，潘志康. 基于图像分类与多算法协作的目标跟踪算法［J］. 计算机工程与应用，2018，54（4）：185-191.

［114］赵东，周慧鑫，秦翰林，等. 基于引导滤波和核相关滤波的红外弱小目标跟踪［J］. 光学学报，2018，38（2）：1-8.

［115］商哲然，谭贤四，曲智国，等. 高超声速目标雷达检测方法综述［J］. 现代雷达，2017（1）：8-15.

［116］徐浩，邢清华，王伟. 基于 DST-IFS 的空中目标敌我属性综合识别［J］. 系统工程与电子技术，2017，39（8）：1757-1764.

［117］涂世杰，陈航，冯刚. 证据理论与模糊函数相结合的弹道目标识别［J］. 计算机工程与应用，2017，53（6）：169-173.

［118］詹武平，郑永煌，王金霞. 基于深度神经网络模型的雷达目标识别［J］. 现代雷达，2018（1）：16-19.

［119］马红丽，邹士宝. 人机融合是人工智能的发展方向［J］. 中国信息界，2017（12）：43-45.

［120］李平，杨政银. 人机融合智能：人工智能 3.0［J］. 清华管理评论，2018（7）：73-82.

［121］刘伟，库兴国，王飞. 关于人机融合智能中深度态势感知问题的思考［J］. 山东科技大学学报（社会科学版），2017，19（6）：10-17.

［122］廖鹰，易卓，胡晓峰，等. 基于三维卷积神经网络的战场聚集行为预测［J］. 系统仿真学报，2018，30（3）：801-808.

［123］易卓，廖鹰，胡晓峰，等. 基于深度时空循环神经网络的协同作战行动识别［J］. 系统仿真学报，2018，30（3）：793-800.

［124］王琦文. 战场态势推理关键技术研究及应用［D］. 西安：西安电子科技大学，2018.

［125］廖鹰，易卓，胡晓峰. 基于深度学习的初级战场态势理解研究［J］. 指挥与控制学报，2017，3（1）：67-71.

［126］朱丰，胡晓峰，吴琳，等. 基于深度学习的战场态势高级理解模拟方法［J］. 火力与指挥控制，2018，43（8）：27-32.

［127］董浩洋，张东戈，万贻平，等. 战场态势热力图构建方法研究［J］. 指挥控制与仿真，2017（5）：1-8.

［128］李婷婷，刁联旺，王晓璇. 智能态势认知面临的挑战及对策［J］. 指挥信息系统与技术，2018，9（5）：

35–40.
[129] 朱丰，胡晓峰，吴琳，等. 从态势认知走向态势智能认知［J］. 系统仿真学报，2018（3）：761–771.
[130] 于新源，许波，姜再明. 军事辅助决策模型及其求解技术研究进展［J］. 战术导弹技术，2016（5）：1–9.
[131] 周来，靳晓伟，郑益凯. 基于深度强化学习的作战辅助决策研究［J］. 空天防御，2018，1（1）：31–35.
[132] 杨雪生，何明，黄谦. 作战筹划的运筹分析框架与模型设计［J］. 军事运筹与系统工程，2018，32（2）：12–15.
[133] 王芳，林涛，张克，等. 多阶段高斯伪谱法在编队最优控制中的应用［J］. 宇航学报，2015，36（11）：1262–1269.
[134] 韩博文，姚佩阳，孙昱. 基于多目标 MSQPSO 算法的 UAVS 协同任务分配［J］. 电子学报，2017，45（8）：1856–1863.
[135] 刘鹏，戴锋，闫坤. 基于复杂网络的“云作战”体系模型及仿真［J］. 指挥控制与仿真，2016，38（6）：6–11.
[136] 吴志林，王涛，张济众，等. 基于航测数据的防空雷达部署研究［J］. 雷达科学与技术，2018，16（1）：43–48.
[137] 陈少飞. 无人机集群系统侦察监视任务规划方法［D］. 长沙：国防科学技术大学，2016.
[138] 李随科，向建华，王海军，等. 基于模糊遗传的联合作战目标组合选择方法［J］. 系统仿真学报，2017，29（10）：2254–2267.
[139] 李聪，王勇，周欢，等. 多无人作战飞机编队空战智能决策方法［J］. 火力与指挥控制，2018，43（7）：26–31.
[140] 刘杨，孙涛. 导弹通用武控系统的开放式体系结构［J］. 飞航导弹，2008（1）：37–40.
[141] 张欧亚，佟明安，马瑞萍，等. 面向 Agent 的巡航导弹武器控制系统体系结构设计［J］. 火力与指挥控制，2007，32（8）：34–36.
[142] 钟咏兵，冯金富，谢奇峰. 自主式智能无人攻击机武器控制系统研究［J］. 飞航导弹，2007（2）：38–41.
[143] 姚传明. 任务式多平台协同控制系统架构［J］. 指挥信息系统与技术，2018，9（5）：80–85.
[144] 马洪湖，李铭，姜立新. 通用武器控制技术在飞机综合航电系统设计中的实现［C］// 第七届中国航空学会青年科技论坛文集，2016.
[145] 高燕，马可. 舰载综合射频系统关键技术分析［J］. 信息技术，2017（5）：89–91.
[146] 石长安，刘一民，王希勤，等. 基于帕累托最优的雷达 – 通信共享孔径研究［J］. 电子与信息学报，2016，38（9）：2351–2357.
[147] 张兵，韩玮，张文译. 机载武器控制系统的发展研究［J］. 军民两用技术产品，2016（24）：200.
[148] 孙海文，谢晓方，王生玉，等. 防空导弹武器综合控制系统综述［J］. 飞航导弹，2018（7）：85–89.
[149] 董国. 弹炮结合防空武器系统数据融合处理技术研究［D］. 西安：西安电子科技大学，2017.
[150] 孙海文，谢晓方，孙涛，等. 基于知识的舰空武器智能综合控制系统设计［J］. 指挥控制与仿真，2019（3）：97–101.
[151] 徐胜利，陈意芬，范晋祥，等. 多弹协同技术在防空导弹发展中的应用探讨［J］. 电光与控制，2017，24（2）：55–59.
[152] 商巍，赵涛，环夏，等. 导弹武器系统协同作战研究［J］. 战术导弹技术，2018（2）：31–35.
[153] 孙海文，谢晓方，王生玉，等. 防空导弹武器综合控制系统综述［J］. 飞航导弹，2018（7）：85–89.
[154] 张聪. 反舰弹道导弹一体化协同制导与控制［J］. 宇航学报，2018，39（10）：1116–1126.
[155] 徐胜利，陈意芬，范晋祥，等. 多弹协同技术在防空导弹发展中的应用探讨［J］. 电光与控制，2017，

24（2）：55-59.
［156］樊县林，孙健．发展的数据链与协同作战能力［J］．指挥信息系统与技术，2017，8（6）：5-11.
［157］罗强一．数据链系统设计与运用中的重点问题［J］．指挥信息系统与技术，2017，8（6）：1-4.
［158］刘子源，范惠林．数据链传输技术在空地导弹武器上的应用［J］．飞航导弹，2017（7）：42-55.
［159］李喆，顾鑫．美军导弹武器数据链及其在体系作战中的应用［J］．飞航导弹，2016（10）：61-66.
［160］张林．弹载数据链技术应用及其发展趋势［J］．无线互联科技，2018（17）：149-150.
［161］李大鹏，施广慧．基于数据链组织运用下导弹作战效能评估［J］．指挥控制与仿真，2019，41（5）：60-64.
［162］李小全，孙汉卿．基于效果作战炮兵行动指挥控制建模分析［C］// 中国指挥与控制学会．2013 第一届中国指挥控制大会论文集．北京：国防工业出版社，2013.
［163］陈行军，齐欢．联合编队作战行动方案建模［J］．火力与指挥控制，2012，37（3）：90-93.
［164］李小全，詹海洋，陈守栋．面向时敏目标的炮兵行动指挥控制建模仿真［J］．火力与指挥控制，2014，39（3）：40-43.
［165］董帅君．行动规划中的任务排序和目标分配研究［D］．西安：西安电子科技大学，2012.
［166］乔欣，解旭红．跨区实兵演习陆军部队作战行动管控［J］．国防科技，2017，38（3）：116-120.
［167］温存霆．基于 GIS 的兵力投送行军调度指挥控制系统研究［D］．重庆：重庆大学，2011.
［168］张钟山．确定炮兵部队最佳集结地域的群体决策法［J］．中国科技纵横．2015（22）：188.
［169］薄宁，李相民，代进进，等．基于 MDP 的有 / 无人机编队对地攻击行动方案规划［J］．电光与控制，2019，26（2）：16-22.
［170］杨天．信息化条件下摩托化步兵作战行动研究［J］．科学与信息化．2019（8）：3.
［171］彭小宏，阳东升，刘忠，等．基于效果的联合作战行动规划研究［J］．火力与指挥控制，2007，32（5）：12-15.
［172］殷阶，王本胜，朱旭．信息作战行动序列规划随机博弈模型及求解方法［J］．指挥信息系统与技术，2016，7（2）：7-12.
［173］知远战略与防务研究所．美军联合作战条令 JDN1-15《作战评估》（Operation Assessment）［R/OL］．（2016-01-01）［2019-03-16］．http://www.knowfar.org.cn/html/book/201601/15/141.htm.
［174］刘经天，田建宇，孙雅薇，等．一种基于网络协作度的作战效果评估方法［J］．火力与指挥控制，2018，43（6）：158-161.
［175］马威，李梅．基于关键指标的模糊综合评判法在作战效果评估中的应用［J］．舰船电子工程，2018，38（4）：12-15.
［176］夏斌，蔡啸，崔博，等．基于行动效果和任务执行程度的电子对抗行动有效性评估方法［J］．通信对抗，2017，36（4）：45-50.
［177］张家亮，张猛．陆上防御行动效果评估［J］．指挥控制与仿真，2017，39（1）：52-56.
［178］冉小辉，朱卫纲，邢强．电子对抗干扰效果评估技术现状［J］．兵器装备工程学报，2018，39（8）：117-121.
［179］曾涛．计算机网络攻击效果评估技术研究［J］．信息系统工程，2016（3）：26.
［180］蔺婧娜，刘彩艳．计算机网络攻击效果评估技术分析［J］．网络安全技术与应用，2017（9）：20-23.
［181］韩星晔，李昀，王小梅，等．基于云计算的信息系统基础设施研究［C］// 2010 年亚太青年通信与技术学术会议，2010.
［182］尹浩．军民融合建设国家空间信息网络［EB/OL］．（2017-06-30）［2018-02-01］．http://www.rmlt．com.cn/2017/0630/481131.shtml?bsh_bid=1747969733.
［183］王伟海，姜峰．推进海洋领域军民融合深度发展［J］．中国国情国力，2018（10）：26-28.
［184］胡晓峰，郭圣明，贺筱媛．指挥信息系统的智能化挑战——“深绿”计划及 AlphaGo 带来的启示与思考［J］.

指挥信息系统与技术，2016，7（3）：1–7.
［185］费爱国. 韧性指挥与控制系统设计相关问题探讨［J］. 指挥信息系统与技术，2017，8（2）：1–4.
［186］刘东红. 指挥控制系统智能化发展研究［EB/OL］.（2017–07–21）［2017–07–25］. https://mp.weixin.qq.com/s/YWSyaf3CuT0vPxRXb–cPaQ.
［187］丁峰，易侃，毛晓彬，等. 第5代指挥信息系统发展思考［J］. 指挥信息系统与技术，2018，9（5）：17–24.
［188］周方，易侃，张兆晨. 知识型指挥控制系统初探［C］// 中国指挥与控制学会. 第六届中国指挥控制大会论文集. 北京：电子工业出版社，2018：315–318.
［189］毛晓彬，端木竹筠. 敏捷指挥控制系统概念模型研究［C］// 中国指挥与控制学会. 第六届中国指挥控制大会论文集. 北京：电子工业出版社，2018：813–817.
［190］亚历山大·科特. 网络空间安全防御与态势感知［M］. 黄晟，安天研究院，译. 北京：机械工业出版社，2019.
［191］司光亚，王艳正. 网络空间作战建模仿真［M］. 北京：科学出版社，2019.
［192］张景斌，刘炯，孙鹏椿. 赛博空间战指挥控制分析与研究［C］// 中国指挥与控制学会. 第一届中国指挥控制大会论文集. 北京：电子工业出版社，2013.
［193］苏金涛. 无人水下反潜作战平台指挥控制研究［J］. 指挥控制与仿真，2014，36（2）：22–25.
［194］石章松，左丹. 无人作战平台智能指挥控制系统结构［J］. 指挥信息系统与技术，2012，3（4）：12–15.
［195］邓鹏，李伟，王新华. 水下无人平台“蜂群”作战体系研究［J］. 兵器装备工程学报，2018，39（8）：8–10.
［196］何华. 基于认知的无人作战体系多层指挥控制架构［C］// 中国指挥与控制学会. 第五届中国指挥控制大会论文集. 北京：电子工业出版社，2017.
［197］CASSARÀ P，COLUCCI M，GOTTA A. Command and control of UAV swarms via satellite［C］// International Conference on Wireless and Satellite Systems. Berlin：Springer，2018：86–95.
［198］吴雪松，杨新民. 无人机集群C2智能系统初探［J］. 中国电子科学研究院学报，2018，13（5）：515–519.
［199］沈晓帆，张展赫，周晓卫. 基于Petri网建模方法建立无人机系统放飞指挥流程及用语模型［J］. 现代信息科技，2019，3（8）：18–20.
［200］李相民，薄宁，代进进，等. 有/无人机编队协同作战指挥控制关键技术综述［J］. 飞航导弹，2017（9）：29–35.
［201］赵孟娟，王言伟，陈永红，等. 有人/无人机编队协同作战样式浅析［C］// 全球智能工业创新大会暨全球创新技术成果转移大会（GIIC2018）——2018智能无人系统大会，2018.
［202］顾海燕，徐弛. 有人/无人机组队协同作战技术［J］. 指挥信息系统与技术，2017，8（6）：33–41.
［203］钟赟，张杰勇，邓长来. 有人/无人机协同作战问题［J］. 指挥信息系统与技术，2017，8（4）：19–25.
［204］沈震，刘雅婷，董西松，等. 平行机群：概念、框架与应用［J］. 指挥与控制学报，2018，4（3）：201–212.
［205］宋海伟，田达，李文魁，等. 智能无人集群电子战系统技术发展与研究［J］. 航天电子对抗，2018，34（2）：11–13.
［206］叶圣涛，方洋旺，朱圣怡. 基于智能突现的无人机群自主编队控制研究［J］. 火力与指挥控制，2018，43（12）：165–169.
［207］韦巍，于洋，何茂强，等. 我国警务指挥调度技术的创新与发展［J］. 移动通信，2019，43（3）：28–34.
［208］刘健. 迎接数字智能时代，推动一体化指挥调度技术发展［J］. 中国公共安全，2019（4）：132–134.
［209］刘奕，倪顺江，翁文国，等. 公共安全体系发展与安全保障型社会［J］. 中国工程科学，2017，19（1）：118–123.

［210］殷杰，尹占娥，许世远，等．灾害风险理论与风险管理方法研究［J］．灾害学，2009，24（2）：7-11.
［211］刘承水．城市公共安全评价分析与研究［J］．中央财经大学学报，2010（2）：55-59.
［212］孙华丽，周冰雁，薛耀锋．基于“弓弦箭”模型的公共安全风险测度组合评价［J］．中国安全科学学报，2013，23（7）：133-138.
［213］郭秀云．风险社会理论与城市公共安全——基于人口流迁与社会融合视角的分析［J］．城市问题，2008（11）：6-11.
［214］曹策俊，李从东，王玉，等．大数据时代城市公共安全风险演化与治理机制［J］．中国安全科学学报，2017（7）：151-156.
［215］陈悦婷．安防视频的监控现状和趋势［J］．科技创新与应用，2013（4）：50.
［216］吴宝洲．几类目标异常行为的视频监控研究［D］．杭州：浙江大学，2015.
［217］张祥凯，张云，张欢，等．视频大数据综述［J］．集成技术，2016，5（2）：41-56.
［218］刘璐．智能视频监控中的行人车辆检测算法研究［D］．杭州：浙江理工大学，2015.
［219］温志强，郝雅立．大数据环境下群体性事件的智能预警［J］．上海行政学院学报，2018，19（2）：80-87.
［220］郑楠．面向智慧城市的廊坊市公共安全预警防控模式研究［J］．科技经济导刊，2018，26（14）：7-8.
［221］范维澄．构建智慧韧性城市的思考与建议［J］．中国建设信息化，2015（21）：20-21.
［222］池宏，祁明亮，计雷．城市突发公共事件应急管理体系研究［J］．中国安防产品信息，2005（4）：42-45.
［223］佘廉，陈俊霖，王俞轲，等．顿悟理论在应急决策支持系统中的应用［J］．公共安全与应急管理，2016，18（6）：67-70.
［224］何健敏，林春林，尤海燕．应急系统多出救点的选择问题［J］．系统工程理论与实践，2004，21（11）：89-93.
［225］刘铁民．重大事故应急指挥系统（ICS）框架与功能［J］．中国安全生产科学技术，2007，2（11）：89-93.
［226］黄杨森，王义保．网络化、智能化、数字化：公共安全管理科技供给创新［J］．宁夏社会科学，2019（1）：114-121.
［227］杨玲，范川川．我国公共安全领域科技发展现状及趋势研究［J］．创新科技，2018，18（10）：42-44.
［228］科技部社会发展科技司．关于国家重点研发计划“公共安全风险防控与应急技术装备”重点专项 2019 年度项目申报指南（公开部分）征求意见的通知［EB/OL］．（2018-10-18）［2018-12-05］．http://www.most.gov.cn/tztg/201810/t20181018_142234.htm.
［229］闫红伟，何明，牛彦杰，等．军地联动应急指挥成熟度等级及策略研究［J］．指挥控制与仿真，2018，40（6）：12-15.
［230］赵广超，舒伟勇，张永亮，等．军地联动应急指挥问题分析与故障模型［J］．指挥控制与仿真，2018，40（6）：33-38.
［231］何红悦，牛彦杰，吴春晓，等．基于能力需求的应急指挥架构方法［J］．指挥控制与仿真，2018，40（6）：25-27.
［232］许鑫．如何加强新形势下的消防调度指挥工作［J］．中国管理信息化，2018，21（4）：172-173.
［233］李寿文．消防信息化在指挥中心的作用地位［J］．中国商界，2019（1）：100-103.
［234］杨太卫．信息化技术在消防调度指挥中的应用［J］．武警学院学报，2018，34（2）：41-43.
［235］赵雨昕，孙鹏举．浅谈 5G 技术在消防救援队伍信息化建设中的应用［J］．数字通信世界，2019（4）：37.
［236］张志华，朱红伟．基于物联网的灭火救援决策支持系统［J］．武警学院学报，2018，34（2）：38-40.
［237］戢国芳，冯伟彪．城市智慧消防构建的几点思考［J］．消防技术与产品信息，2018，31（6）：49-51.
［238］刘展华．灭火救援扁平化指挥模式探讨［J］．消防技术与产品信息，2018，31（7）：30-32.

[239] 徐宝勇. 灭火救援指挥扁平化模式探讨 [J]. 消防技术与产品信息，2018，31 (4)：34-36.

[240] 车进军. 推进“四强空管”建设 助力民航高质量发展——基于航迹运行的空管系统未来发展与思考 [N]. 消中国民航报，2018-12-13.

[241] 刘文辉. 基于眼动分析的塔台管制情境意识测量指标研究 [D]. 天津：中国民航大学，2017.

[242] 马正平，崔德光. 空中交通战略和战术级流量管理模型 [J]. 清华大学学报 (自然科学版)，2003，43 (7)：903-907.

[243] CHEN J，MENG L. Chained predictions of flight delay using machine learning [C] //AIAA SciTech Forum，2019.

[244] 丁建立，赵键涛，曹卫东，等. 基于动态贝叶斯网的航班延误传递分析 [J]. 计算机工程与设计，2015，36 (12)：3311-3316.

[245] 吴薇薇，孟亭婷，张皓瑜. 基于机场延误预测的航班计划优化研究 [J]. 交通运输系统工程与信息，2016，16 (6)：189-195.

[246] 赛文交通网. 2019 年中国城市智能交通市场研究报告 [R]. 2019：15.

[247] 李熙莹. 基于视频智能分析的交通信息获取关键技术及其应用 [J]. 中国科技成果，2016 (4)：51.

[248] ITS114 智慧交通. 车路协同 (V2X) 技术对交通信号设备会产生什么影响? [J/OL]. (2018-07-24) [2018-11-01]. https://www.sohu.com/a/243192857_649849.

[249] 王耀成. 大数据下城市轨道交通应急指挥体系研究 [J]. 现代工业经济和信息化，2018，8 (17)：61-62.

[250] 何芝桦. 提升轨道交通电力调度应急处置 [J]. 建筑工程技术与设计，2018 (25)：2516.

[251] 袁嘉杉，朱昌锋，武永贵. 铁路事故应急资源调度决策研究 [J]. 中国安全科学学报，2018，28 (12)：158-164.

[252] 王薇，武毅，赵阳，等. 施工环境下高速公路应急资源调度方法研究 [J]. 重庆交通大学学报 (自然科学版)，2019，38 (2)：102-108.

[253] 张由余，王君，李志国，等. 引航家国产智慧船舶交通管理系统 [J]. 中国海事，2017 (2)：35-36.

[254] 张由余，王君，白正，等. 引航家国产智慧船舶交通管理系统——系统架构与集成 [J]. 中国海事，2017 (4)：34-36.

[255] 王君，韩晓宁，隋远，等. 引航家国产智慧船舶交通管理系统——二三维一体化船舶交通显示 [J]. 中国海事，2017 (6)：34-35.

[256] 崔越，钟原，周一航. 引航家国产智慧船舶交通管理系统——MIS 与 VTS 的一体化操作 [J]. 中国海事，2017 (11)：39-40.

[257] 王森林，梁光业. 引航家国产智慧船舶交通管理系统——智能化交通监视与告警 [J]. 中国海事，2017 (5)：31-32.

[258] Multi-Domain battle: combined arms for the 21st century [R]. Washington DC: U.S. Army，2017.

[259] The U.S. Army. The U.S. Army in multi-domain operations 2028 [M]. Version 1.5，[S.I.：s.n.]，2018.

[260] TESKE K D，MILLER M，GUERIN P. Decoupling command from control-making the term C2 stronger [C] // 23rd International Command and Control Research and Technology Symposium (ICCRTS)，2018.

[261] BROOK A，GALVIN K. A framework for advanced decision support in multi-domain and coalition operations [C] // 23rd International Command and Control Research and Technology Symposium (ICCRTS)，2018.

[262] ALBERTS DS. Agile，multi-domain C2 with imperfect partners [C] // 23rd International Command and Control Research and Technology Symposium (ICCRTS)，2018.

[263] WOHL JG. Force management mecision requirements for air force tactical command & control [J]. IEEE Transactions in Systems，Man and Cybernetics，1981，11 (9)：618-639.

[264] MAYK I，RUBIN I. Paradigms for understanding C3，anyone? [M] // Washington DC，USA：AFCEA

International Press, 1988: 48-61.

[265] KLEIN G. Sources of power: how people make decisions [M]. Cambridge, Mass, USA: MIT Press, 1999.

[266] ENDSLEY MR. Theoretical underpinnings of situation awareness: a critical review [M]. New Jersey London, LEA, Situation awareness analysis and measurement, 2000: 3-28.

[267] GRANT T, KOOTER B. Comparing OODA & other models as operational view C2 architecture [C] // 10th International Command and Control Research and Technology Symposium, 2005.

[268] VILLIERS JP, JOUSSELME AL, WAAL A, et al. Uncertainty evaluation of data and information fusion within the context of the decision loop [C] // 19th International Conference on Information Fusion (FUSION), 2016: 766-773.

[269] LEUNG H. An integrated decision support system based on the human OODA loop [C] // IEEE 17th International Conference on Cognitive Informatics & Cognitive Computing (ICCI*CC), 2018.

[270] REVAY M, LISKA M. OODA loop in command and control systems [C] // IEEE Communication and Information Technologies, 2017: 1-4.

[271] ALBERTS DS. The agility advantage: a survival guide for complex enterprises and endeavors [M]. Washington, DC: Information Age Transformation Series, CCRP Publications, 2011.

[272] Révay M, Líška M, OODA loop in command & control systems [C] // Communication and Information Technologies (KIT), 2017. DOI: 10.23919/KIT.2017.8109463.

[273] PARK CY, LASKEY KB. Human-aided multi-entity bayesian networks learning from relational data [EB/OL], (2018-06-06) [2018-12-03]. https://arxiv.org/abs/1806.02421.

[274] YAVARI A, JAYARAMAN PP, GEORGAKOPOULOS D. Contextualised service delivery in the internet of things: parking recommender for smart cities [C] // 3rd World Forum on Internet of Things (WF-IoT), 2016: 454-459.

[275] ZHU L, FANG SL. Formal modeling of combat under satellite communication network support based on pi-calculus [C] // First IEEE International Conference on Computer Communication and the Internet (ICCCI), 2016: 56-60.

[276] BODSTROM T, HAMALAINEN T. A novel method for detecting APT attacks by using OODA loop and black swan theory [C] // 7th International Conference on Computational Social Networks, 2018, 498-509.

[277] BAROUTSI N. A practitioners guide for C2 evaluations: quantitative measurements of performance and effectiveness [C]// International Conference on Information Systems and Computer Aided Education, 2018.

[278] HE Z, WANG L, LIU W, et al. Model and effectiveness analysis for C4ISR System Structure based on complex network [C] // 10th International Conference on Intelligent Human-Machine Systems and Cybernetics, 2018.

[279] WILLIAM G. Evaluating the measure of effectiveness of using a deployed command and control system on land battlefield [D]. Monterey, California: Naval Postgraduate School, 2015.

[280] GANG J, GUO X. A methods of operational effectiveness for C4ISR system based on system dynamics analysis [C] // International Conference on Information Systems and Computer Aided Education, 2018.

[281] RUSSELL M, SURI N, LENZI R, et al. Measuring and evaluating interoperability for complex C2 information management system-of-systems [C] // International Command and Control Research and Technology Symposium, 2016.

[282] LI BQ, SI GY, XIA TF, et al. Apply inter-similarity to evaluate C2 System effectiveness [C] // 35th Chinese Control Conference, 2016.

[283] SUCHANEK FM, KASNECI G, WEIKUM G. Yago: a core of semantic knowledge [C] // Proceedings of the 16th International Conference on World Wide Web. New York: ACM, 2007: 697-706.

[284] NAVIGLI R, PONZETTO SP. BabelNet: the automatic construction, evaluation and application of a wide-coverage multilingual semantic network [J]. Artificial Intelligence, 2012, 193 (Complete): 217-250.

[285] Boyan Onyshkevych. DARPA human language technology programs. 2016.10.28.

[286] KELLER J. DARPA launches DEFT program to pull actionable intelligence out of ambiguously worded text [EB/OL]. (2012-05-27) [2018-12-08]. www.militaryaerospace.com.

[287] DARPA prepares artificial intelligence system for understanding language [EB/OL]. (2014-05-05) [2018-12-08]. www.dataconomy.com.

[288] Robust automatic transcription of speech (RATS) [EB/OL]. (2015-05-27) [2018-12-09]. www.darpa.mil.

[289] COHEN PR. DARPA's big mechanism program [J]. Physical Biology, 2015 (12): 1-8.

[290] A data science big mechanism for DARPA [EB/OL]. (2014-05-17) [2018-12-12]. www.semanticcommunity.info.

[291] DARPA Insight program targets next-generation ISR capabilities [EB/OL]. (2013-09-06) [2018-12-10]. www.defensesystems.com.

[292] The DARPA deep learning program's broad evaluation plan [EB/OL]. (2014-06-23) [2018-12-20]. www.ntl.navy.mil.

[293] SURDU JR, KITTKA K. Deep green: commander's tool for COA's concept [C] // Computing, Communications and Control Technologies, 2008.

[294] SURDU JR, KITTKA K. The deep green concept [C] // Spring Simulation Multiconference, Military Modeling and Simulation Symposium (MMS), 2008: 4-12.

[295] SURDU JR. Deep Green Broad Agency Announcement No. 07-56. Defense Advanced Research Projects Agency (DARPA), Information Processing Technology Office (IPTO) [EB/OL]. (2007-07-16) [2018-12-03]. http://www.darpa.mil/ipto/solicitations.

[296] KENYON HS. Deep green helps warriors plan ahead [EB/OL]. (2007-11-30) [2018-12-01]. http://www.afcea. org/content/?q=node/1418.

[297] MASON SJ, HILL RR, MÖNCH L, et al. A multi threaded and resolution approach to simulated futures evaluation [C] // Winter Simulation Conference, 2008: 1289-1295.

[298] SURDU JR, HAINES GD, POOCH UW. OpSim: a purpose-built distributed simulation for the mission operational environment [C] // International Conference on Web-Based Modeling and Simulation, 1999: 69-74.

[299] ERNEST N, CARROLL D, SCHUMACHER C, et al. Genetic fuzzy based artificial intelligence for unmanned combat aerial vehicle control in simulated air combat missions [J]. Journal of Defense Management, 2016, 6: 1-7.

[300] DARPA. Innovative concepts for multi-resolution interactive wargames [R]. Request for Information (RFI) DARPA-SN-17-41, 2017.

[301] SURDU JR, KITTKAK. The deep green concept [C] // Spring Simulation Multiconference, Military Modeling and Simulation, 2008.

[302] DDDAS Workshop Report. NSF sponsored workshop on DDDAS-Dynamic data driven applications systems [EB/OL]. (2006-01-19) [2018-12-02]. http:// www. cise. nsf. Gov /dddas.

[303] GILMOUR, HANNA, KOZIARZ, et al. High-performance computing for command and control real-time decision support [R]. AFRL Tech Horizons, 2005.

[304] GILMOUR DA, MCKEEVER W E. High performance computing (HPC) for real-time course of action (COA) analysis [R]. In-House Final Technical Report, 2008.

[305] HANNA J, REAPER J, COX T, et al. The future of C2 course of action simulation analysis [C] // 10th International Command and Control Research and Technology Symposium, 2017, 2 (1): 12-20.

[306] 何晓骁. 美军真实—虚拟—构造空战训练网络构成与发展规划 [EB/OL]. (2019-04-24) [2019-03-16]. https://mp.ofweek.com/security/a945673623946.

[307] 李鑫. DARPA 脑机接口技术，控制三架无人机 [EB/OL]. (2018-09-25) [2019-03-16]. http://nb. zol. com.cn/698/6987633.html.

[308] 郝继英. DARPA 研发第三代人工智能 聚焦提高战场"智慧"[EB/OL].(2019-03-13)[2019-03-14]. https://chuansongme.com/n/2851348753525.

[309] 宋文文. DARPA 研究利用人工智能产生更有效的人机协作[EB/OL].(2019-03-27)[2019-03-28]. https://www.sohu.com/a/304159274_313834.

[310] 张瑷敏，张玉民. 沉浸式技术：让未来战场扑面而[N]. 解放军报，2019-04-07.

[311] 何佳洲，孙亮. 美军"作战信息中心"的概念、内涵及启示[J]. 指挥控制与仿真，2016（3）：1-10.

[312] BEARD M，VO BT，VO BN. Performance evaluation for large-scale multi-target tracking algorithms [C] // 21st International Conference on Information Fusion，2018.

[313] RAHMATHULLAH AS，GARCÍA-FERNÁNDEZ ÁF，SVENSSON L. Generalized optimal sub-pattern assignment metric [C] // 20th International Conference on Information Fusion，2017.

[314] BEARD M，VO BT，VO BN，A solution for large-scale multi-object tracking [EB/OL].(2018-04-18)[2018-12-02]. http://arxiv.org/abs/1804.06622.

[315] BEARD M，VO BT，VO BN. OSPA（2）：Using the OSPA metric to evaluate multi-target tracking performance [C] // International Conference on Control，Automation and Information Sciences(ICCAIS)，2017.

[316] VILLIERS JP，PAVLIN G，COSTA P，et al. Subjects under evaluation with the URREF ontology [C] // 20th International Conference on Information Fusion(FUSION)，2017.

[317] CAMOSSI E，JOUSSELME A. Information and source quality ontology in support to maritime situational awareness [C] // 21st International Conference on Information Fusion(FUSION)，2018.

[318] CATANO V，GAUGER J. Information fusion：intelligence centers and intelligence analysis [M]. Berlin：Springer International Publishing，2017.

[319] 廖鹰，易卓，胡晓峰，等. 基于三维卷积神经网络的战场聚集行为预测[J]. 系统仿真学报，2018，30（3）：801-808.

[320] 易卓，廖鹰，胡晓峰，等. 基于深度时空循环神经网络的协同作战行动识别[J]. 系统仿真学报，2018，30（3）：793-800.

[321] 李婷婷，刁联旺. 态势认知内涵与要素体系研究[C]// 中国指挥与控制学会. 第七届中国指挥控制大会. 北京：电子工业出版社，2019.

[322] 朱丰，胡晓峰，贺筱媛. 一种基于 CNN 的样本不足战场包围态势认知方法[J]. 系统仿真学报，2017，29（10）：2291-2300.

[323] 强立，杨凡德，施令. 空间态势认知产品生成及关键技术研究[J]. 指挥控制与仿真，2018，40（3）：5-9.

[324] 王达，左艳军，郭俊. 美国海军新一代水面舰艇作战系统体系架构[J]. 指挥控制与仿真，2018，40（1）：132-140.

[325] 李明. 美海军开放式体系架构计算环境发展综述及启示[J]. 计算机与数字工程，2012，40（12）：56-59.

[326] 孙海文，谢晓方，王生玉，等. 防空导弹武器综合控制系统综述[J]. 飞航导弹，2018（7）：85-89.

[327] 寇英信，李战武，陈哨东，等. 火控系统在航空作战中的作用——作战飞机之"魂"[J]. 电光与控制，2013，20（12）：1-5.

[328] 林晶，薛慧. 面向未来海战的美军新型装备研究[J]. 飞航导弹，2017（5）：62-66.

[329] LEVCHUK G M，LEVCHUK Y N，LUO J. Normative design of organizations-part1：mission planning [J]. IEEE Transactions on Systems, Man and Cybernetics, 2002，32（3）：346-359.

[330] 雨丝. F-35B 与宙斯盾武器系统首次完成实弹拦截测试[J]. 太空探索，2016（11）：54.

[331] 李会超. 美国太空军来了，太空战究竟怎么打[J]. 军事文摘，2018（17）：32-34.

[332] 刘党辉. 美军有限太空战的意图及对策[J]. 国防科技，2016（4）：52-57.

[333] 丰松江. 美国备战太空的新动向 [J]. 世界知识，2019 (4)：52-54.

[334] 魏庆. 美军改革：成立太空指挥中枢及空间作战部队 [J]. 军事文摘，2016 (21)：50-53.

[335] 魏晨曦. 从“施里弗”系列演习看未来太空作战的发展 [J]. 国际太空，2016 (6)：29-36.

[336] 洪兴勇，李文瑾. 太空态势感知体系结构及发展趋势研究 [J]. 电子世界，2017 (11)：23-24.

[337] 杜小平，李智，王阳. 美国太空态势感知能力建设研究 [J]. 装备学院学报，2017，28 (3)：67-74.

[338] 刘海印，桐慧. 美军空间态势感知装备发展重要动向及影响 [J]. 国际太空，2015 (7)：47-51.

[339] 郝雅楠，陈杰，关晓红. 美军空间态势感知信息融合思路与途径研究 [J]. 战术导弹技术，2019 (2)：91-98.

[340] 李智，汤亚锋，李颖. 美军太空指挥控制系统“标记”的建设情况及启示 [J]. 指挥与控制学报，2018，4 (2)：95-100.

[341] 汤亚锋，李纪莲. 美军联合太空作战中心任务系统发展综述及启示 [C] // 第二届中国空天安全会议论文集，2017.

[342] 贺婷，梁波. 美军太空安全与应急响应发展研究 [J]. 指挥控制与仿真，2016，38 (3)：140-144.

[343] MORTON M，ROBERTS T. Joint Space Operations Center (JSpOC) Mission System (JMS) [EB/OL]. (2011-03-10) [2019-03-10]. https://amostech.com/TechnicalPapers/2011/SSA/MORTON.pdf.

[344] CALDERÓN G，MACÍAS JM，SERRAT C，et al. At risk. natural hazards，people"s vulnerability and disasters [J]. Economic Geography，1996，72 (4)：4.

[345] RAMIREZ F，GHESQUIERE F，POSADA CC. A framework for disaster risk management planning in large cities：the case of the district of bogot á [J]. Urban Planning International，2009 (3).

[346] SHAPIRO MJ. Managing urban security：city walls and urban metis [J]. Security Dialogue，2009，40 (4-5)：443-461.

[347] OLIVEIRA PR，FELIX CDS，CARVALHO VCD，et al. Outpatient parenteral antimicrobial therapy for orthopedic infections—a successful public healthcare experience in Brazil [J]. The Brazilian Journal of Infectious Diseases，2016，20 (3)：272-275.

[348] WALKER G，STRATHIE A. Big data and ergonomics methods：a new paradigm for tackling strategic transport safety risks [J]. Applied Ergonomics，2016，53：298-311.

[349] LIU Y，SUN M，XU T. Comparison and enlightenment of USA and Japan' s emergency management mechanism[J]. International Journal of Financial Research，2013，4 (2)：144-147.

[350] 文越. 国外灾害监测预警预报经验及启示 [J]. 中国减灾，2018 (15)：22-25.

[351] ZOU Y. Development，experience and enlightement of foreign emergency management [J]. Journal of Catastrophology，2008：96-101.

[352] REBECCA K，ANTHONY M，JOSEPH B. Emergency public health [M]. Emergency Care and the Public's health，2014：127-138.

[353] ZHENG CG，YUAN DX，YANG QY，et al. UAVRS technique applied to emergency response management of geological hazard at mountainous area [J/OL]. Applied Mechanics & Materials，2012 [2019-05-08]. https://doi.org/10. 4028/www. scientific. net/AMM. 239-240，516.

[354] LEE WB，WANG Y，WANG WM，et al. An unstructured information management system (UIMS) for emergency management [J]. Expert Systems with Applications，2012，39 (17)：12743-12758.

[355] WU A，CONVERTINO G，GANOE C，et al. Supporting collaborative sense-making in emergency management through geo-visualization [J]. International Journal of Human-Computer Studies，2013，71 (71)：4-23.

[356] OROSZ MD. Risk analyst workbench design and architecture [D]. Los Angeles：University of Southern California，2005.

[357] MORIN M，JENVALD J，THORSTENSSON M. Computer-supported visualization of rescue operations [J].

Safety Science，2000，35（6）：3–27.
[358] 庄海燕. 国外公共安全数据分析状况及其对我国的启示 [J]. 网络安全技术与应用，2018（8）：62–63.
[359] 闻千. 网络化运营条件下城市轨道交通应急指挥管理评价方法研究 [D]. 成都：西南交通大学，2013.
[360] Atlas Systems 官网 [EB/OL]. [2018–12–11]. https://www.atlassystems.com/.
[361] 门晓磊，焦瑞莉，王鼎，等. 基于机器学习的华北气温多模式集合预报的订正方法 [J]. 气候与环境研究，2019，24（1）：116–124.
[362] 夏正洪，王俊峰，潘卫军. 空中交通管制系统效能评估研究 [J]. 计算机工程，2011，37（15）：265–267.
[363] Kim YJ，Choi S，Briceno S，et al. A deep learning approach to flight delay prediction [C] // IEEE/AIAA Digital Avionics Systems Conference（DASC），2016.
[364] Thalesgroup 官网 [EB/OL]. [2018–12–11]. https://www.thalesgroup.com/.
[365] Honeywell 官网 [EB/OL]. [2018–12–11]. https://aerospace.honeywell.com.
[366] 品觉. 大数据运用在机场容量管理的实例 [EB/OL].（2016–11–12）[2019–05–10]. http://www.199it.com/archives/535976.html.
[367] 观研天下. 2018 年中国智能交通行业分析报告——行业运营态势与发展趋势预测 [EB/OL].（2018–09–17）[2019–05–03]. http://tuozi. chinabaogao. com/jiaotong/091IB4552018. html.
[368] 毛晓彬，端木竹筠. 敏捷指挥控制系统概念模型研究 [C] // 中国指挥与控制学会. 第六届中国指挥控制大会. 北京：电子工业出版社，2018.
[369] 陶九阳，吴琳，胡晓峰. AlphaGo 技术原理分析及人工智能军事应用展望 [J]. 指挥与控制学报，2016，2（2）：114–120.
[370] REVAY M，LISKA M. OODA loop in command and control systems [C] // IEEE Communication and Information Technologies，2017：1–4.
[371] ALBERTS D S. The agility advantage：a survival guide for complex enterprises and endeavors [M]. Washington，DC：Information Age Transformation Series，CCRP Publications，2011.
[372] 苏兵，张超，张彬，等. 大数据时代指挥与控制系统能力分析 [C] // 中国指挥与控制学会. 第五届中国指挥控制大会论文集. 北京：电子工业出版社，2017.

撰稿人：张维明　肖卫东　陈洪辉　毛少杰　黄四牛　邓　苏
罗雪山　刘　琰　金　欣　朱　承　余　跃　闫晶晶
任　华　刁联旺　张力涛

专题报告

信息融合技术

1. 引言

信息化战争是在陆、海、空、天、水下、电磁、网络等全维空间中展开的一体化战争，雷达、红外、声呐、电子侦察等是获取战场信息的主要传感器。在现代战争形态下，信息系统是体系作战能力的最重要支撑，而信息融合是信息系统建设的核心关键技术之一，是联合战场情报体系、联合作战指挥控制等系统的重要环节和核心内容，是夺取战场信息优势的基石与先导。在信息化战争中，信息融合对获取信息优势，并进而转化为决策优势和行动优势，具有重要作用。

2. 我国发展现状

2.1 信息融合理论

2.1.1 基本定义

信息融合起源于军事需求，是随信息源类型扩展、信息类别增加（不仅是传感器数据）、应用领域扩大和对应用支持程度加深，从数据库融合演变而来。信息融合军事概念可以定义为战场态势感知诸环节（信息获取、信息传输、时空配准、目标估计、态势/威胁估计和态势展现）中多源信息的处理过程，其目的是获取及时、准确、连续、完整和一致的战场态势，以支持战场预警、作战决策、指挥控制和火力打击等作战活动。典型的信息融合模型是美国联合国防部实验室联合理事会提出的 JDL 信息融合 5 级顶层模型[1]（如图 1 所示）。

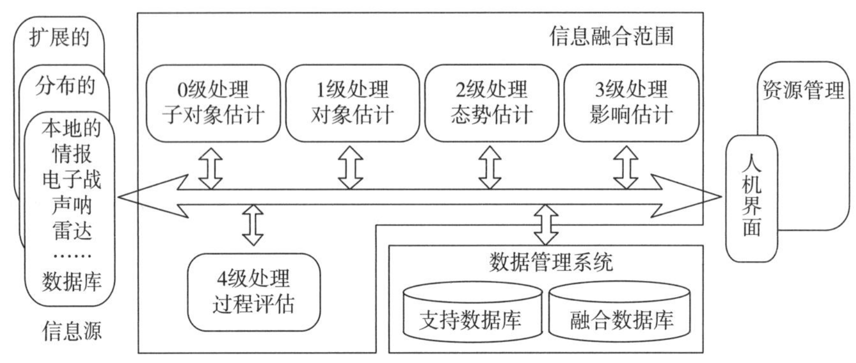

图 1　JDL 信息融合 5 级顶层模型

2.1.2　证据理论

近年来，围绕证据冲突消解、组合规则以及证据可信度度量等理论问题开展了一系列研究，取得了较大进展。文献［2］为了研究证据距离的选取对冲突证据组合的影响，采用不同的证据距离度量方式得到证据相似度，依据证据相似度求得证据可靠度，再用证据可靠度对证据进行加权求和得到平均证据，最终对平均证据进行证据组合，得到适合加权证据组合中权重生成的距离度量方式。文献［3］针对现有的相似性 / 相异性测度在量化证据冲突时存在的不足，定义了一种幂 Pignistic 概率距离的相异性测度，建立相似性矩阵并求得各证据的可信度，再用加权平均法修正证据，最后利用 Dempster 规则进行证据组合。文献［4］针对 Dempster 组合规则在高冲突证据融合的情况下常常会得到违背直觉的结果，分析了冲突因子和 Jousselme 距离存在的不足，通过证据之间的冲突程度确定修正证据的权重因子，最后利用 Dempster 组合规则进行融合。文献［5］基于一次指数平滑法对时域证据进行失真判别，并结合基于可信度衰减的证据实时可靠性评估方法，得到相邻时刻证据的实时可靠度；然后基于改进冲突度与不确定度得到相邻时刻证据的相对可靠度；最后基于证据折扣准则和 Dempster 组合规则进行证据合成，实现时域证据的序贯组合。文献［6］针对时域冲突信息处理问题，首先提出一种基于直觉模糊多属性决策的证据可靠性评估方法；然后对时域信息序列中相邻时间节点的证据可靠性进行评估；最后结合由时域证据可靠度衰减模型得到的实时可靠性因子得到时域证据的复合可靠性因子，再基于证据折扣运算和 Dempster 证据组合规则组合时域证据。文献［7］针对焦元数目多采用证据组合性融合方法运算量过大问题，首先利用不同的群体决策方法对证据体进行预处理，以达到消除证据冲突的目的，然后采用选择性融合方法代替传统的组合性融合方法，选取证据可信度、证据信息散度和证据冲突度量三个评价指标并基于排序融合实现多个准则的综合利用，最终从多个待组合证据中选取一组最优的证据作为最终的融合结果。

2.1.3　随机集理论

文献［8］根据实际应用背景，将其随机变量 Markov 链推广提升到随机集上，提出一种广义的即集值 Markov 链，该定义随机变量 Markov 链的基本性质，如状态转移概率矩阵性质、状态空间上的概率分布等。该文研究了集值 Markov 链的相关性质，引入随机集落影理论，并分析不同时刻下随机集落影之间的联系，提出转移落影、落影分布等概念，给出并证明了一些十分有用的结论。文献［9］针对现有随机集理论模型不确定性量化研究中缺乏对模型变量相关性考虑的不足，提出了一种改进时基于随机集理论的不确定性量化方法。该方法根据模型变量间的相关系数信息，通过 Nataf 变换产生相关随机样本，进而获取多维空间内焦元的联合基本概率分配，由此所得到的不确定性量化结果能够在模型变量间存在相关性的情况下给出准确覆盖系统真实响应分布的概率包络，研究结果将有助于信息处理模型不确定性量化统一随机框架下融合处理方法的进一步实用化。

2.1.4 模糊集与粗糙集理论

现实世界中存在的不确定性问题往往带有多重不确定性，如既有模糊性又有粗糙性。对此，需将多种理论进行有效融合才能对其进行描述和处理。文献［10］针对决策粗糙集模型的代价函数不包含模糊概念，不能够细腻地描述包含模糊信息的决策的不足，首先将模型中精确值的代价函数拓展为直觉模糊数，构建直觉模糊数决策粗糙集模型。然后，通过分析基于直觉模糊数下、上理想的决策预期代价函数，形成保守、激进、可变的决策策略和相应的决策规则，并分析其相关数学性质。文献［11］针对犹豫模糊语言关系处理问题，提出双论域上的犹豫模糊语言多粒度粗糙集。在该粗糙集中，定义了双论域上的乐观和悲观犹豫模糊语言多粒度粗糙集，并讨论了其相关性质。该模型不仅可以处理定性环境下的语言信息，而且可以结合不同专家的意见给出最终决策结果。文献［12］通过综合考虑集合中元素的隶属度、非隶属度和犹豫度，定义了直觉模糊信息系统的加权得分函数和得分函数和直觉模糊信息下的优势关系，运用“逻辑且”的方式将变精度粗糙集和程度粗糙集结合起来定义了“逻辑且”粗糙集模型，并研究了其相关性质，为序信息系统的知识表示提供了新的理论基础。文献［13］提出了一种广义直觉模糊粗糙集模型。首先给出了直觉模糊集在一个特殊格上的等价定义，研究了直觉模糊近似空间的两个基本要素（直觉模糊逻辑算子和直觉模糊关系）的一些重要性质，建立等价关系下的直觉模糊粗糙集模型能够处理更加一般的数据。文献［14］利用多粒度粗糙集的上、下近似构造性地给出了多粒度模糊粗糙集的上、下近似定义，结合截集思想给出了多粒度模糊粗糙集的上、下近似的表示及性质，推导出相应的信任函数与似然函数表示。

2.2 信息融合中的关键技术

2.2.1 目标检测、定位与跟踪

近年来，国内在目标检测、定位与跟踪方面有大量的文献发表，涉及模式识别、图像处理、分析与理解、计算机视觉、计算机图形学、人工智能，人机交互等。在军事领域的研究主要涉及舰船目标检测、低慢小目标、水下目标检测、机动目标检测、无人机被动

目标定位等，主要技术手段有卷积神经网络、回归模型、混合高斯模型、时空域多特征检测、卡尔曼滤波等。文献［15］从海上物理环境复杂、目标多样、感知任务日益复杂等视角分析了融合系统面临的挑战，指出对海雷达海杂波抑制及目标检测技术、多目标多传感器系统误差探测数据关联技术需深入研究；文献［16］分析了海洋目标信息感知与融合中的海洋环境和海洋目标特点，提出了天基海洋目标信息感知与融合在平台网络、时空融合和信息融合等方面的技术突破途径和未来发展方向；文献［17］分析了复杂目标跟踪系统中存在的非线性、多模式、深耦合、网络化、高维数和未知扰动输入等问题，指出现阶段目标跟踪系统中联合优化的必要性，着重讨论了变分贝叶斯辨识、估计和优化的统一框架以及联合一体优化方法。文献［18］针对特定杂波背景下的最优或次优检测器结构难以适应过渡杂波环境的问题，提出了基于变参数广义结构的距离扩展目标检测器 α-GMF，并通过调整参数 α 使检测器适应杂波特性，给出了确定检测器最佳参数的经验公式。文献［19］针对高分辨一维距离像特征提取难的问题，通过共享卷积核的权值，使用多尺度的卷积核提取不同精细度的特征，构造中心损失函数来提高特征的分辨能力，提出了具有良好鲁棒性和泛化性的基于深度多尺度一维卷积神经网络的雷达舰船目标识别方法。文献［20］针对编队成员个数不变、拓扑结构变化缓慢、整体运动态势较为稳健的稳态编队精细化跟踪问题，提出了一种基于序贯航迹拟合的跟踪算法，并通过仿真数据验证了该算法相比于传统概率最近邻域算法和概率数据互联算法具有较高的可靠性与精度。文献［21］针对分类器子窗口冗余问题，提出了用局部专家交并集和局部专家向量空间模型中余弦定理的方法估计包含目标的子窗口，用局部专家非极大值抑制的方法从大量包含目标的子窗口中滤除重复包含同一目标的子窗口，可以大幅减少分类器所需处理的图像子窗口数目，提高目标检测的效率和准确率，适用于对目标检测有实时性要求的应用，例如时敏目标检测、无人机的感知与规避等。文献［22］针对广度优先方法训练随机森林分类器会导致欠拟合的问题，提出了基于深度优先方法递归训练随机森林分类器算法，实现了从机载视觉传感器获取的图像中检测近距离目标，提高了随机森林分类的泛化能力和目标检测的准确性。文献［23］考虑了分布式传感器网中量测一步随机延迟下具有相关乘性和加性噪声的非线性系统的分布式状态估计问题，将量测随机延迟建模为广义且更加符合实际的一阶马尔科夫跳变过程，提出了分布式高斯信息滤波来实现估计精度与计算时间的折中，在分布式处理网中，基于非线性量测方程的统计线性回归，结合一致性算法，给出了一种分布式信息滤波形式，有效实现了分布式融合。文献［24］提出了一种基于滤波的高轨卫星星载平台定位跟踪方法，能够对空中动目标进行定位跟踪，同时估计出目标的航速航向信息。文献［25］针对空中大机动目标的运动特征点建立了导弹制导模型及导引头测量模型，结合交互式多模型及容积卡尔曼滤波算法在导弹末制导阶段对目标进行跟踪的方法。文献［26］针对临近空间高超声速跳跃式滑翔目标跟踪问题，提出了一种新型衰减振荡跟踪模型，构建了跟踪状态方程并分析了模型适应性。

随着计算机技术的迅猛发展，目标检测跟踪已在人脸识别、行人跟踪、车牌识别、无人驾驶、视频监控等领域获得广泛应用。在军事领域中相关技术也已在多雷达协同探测、多无人机无源定位等方面开展应用研究。

2.2.2 图像融合与识别

图像融合是指将多分辨率或多介质图像数据通过空间配准和图像信息互补产生新的图像的综合分析技术。近年来图像融合识别技术发展迅速。文献［27–28］对红外与可见光图像融合的主流方法：基于多尺度变化的融合方法、基于神经网络部、基于子空间变换和混合方法，并通过融合图像性能评价指标对各种融合方法进行了比较，展望了多源图像配准、融合策略选取和算法运行效率等几个研究方向的未来工作。文献［29］针对无人机遥感图像重叠区域不规则的特点，提出了将原有算法的渐入渐出式权值分配方式替换为权值自动匹配的改进策略。改进后的加权平均算法能有效地消除拼接线现象，实现平滑过渡，同时减小了传统加权平均法对重叠区域大小与形状的依赖，提高加权平均融合算法的应用范围。文献［30］针对复杂场景下的红外弱小目标检测问题，在空域滤波算法和小目标运动特性分析方法上进行改进，在对空红外弱小目标数据集的验证中表明，该方法能达到实施性的要求，有很好的背景杂波抑制能力。文献［31］针对目标变化和背景环境的变化，提出了一种基于图像分类的多算法协作的运动目标跟踪算法，该算法先对图像序列预处理分类，然后选择适合该对应图像变化特点的算法对目标进行跟踪，提升目标跟踪算法的鲁棒性。文献［32］针对红外复杂天空背景中红外弱小目标跟踪的偏移问题，提出了一种基于引导滤波和核相关滤波的跟踪算法，采用 6 组红外弱小目标图像序列得到的实验结果均优于经典跟踪算法实验结果。

图像融合已经在多个领域得到了应用，比如计算机视觉、遥感、医学、遥感测绘以及气象预报等，相关技术在军事目标识别、跟踪等方面也开展了技术验证。

2.2.3 态势感知与认知

态势感知是信息融合的高级阶段［1–2］，随着技术发展和运用逐渐成熟，态势认知一词被越来越多的应用，然而在学术界态势感知与态势认知的概念内涵理解尚未统一。文献［33］认为战场态势认知是将多源信息通过获取、融合、综合、研判、共享和展示等活动，揭示出物质、文化、政治、经济、环境和军事等因素对作战行动的影响，从而得出对战场态势的整体认知，是指挥员赖以决策、筹划、规划和实施行动控制的基础。文献［34］认为态势感知即对现场特定时间状态的获取（态）；而态势认知是指在一定时间周期内，对当前状态的评估及未来趋势的预估（势），分析事态未来走向的多种可能性，并有针对性地作出相应的决策。文献［35］认为态势认知是从态势觉察中对数据信息的初步融合起，到态势理解、预测、决策中对各种对策假设进行比较分析从而给出优势策略的过程，再到态势认知过程的优化，还要实现对态势的再认知，从而不算提升认知深度、认知质量等的整个过程。尽管对态势感知与态势认知的概念范畴在学术界尚未达成一致的理解，但在相关领域的技术研究正在火热开展。文献［36］中指出，深度态势感知是“对态势感知的感知，是一种人机智慧，既包括了人的智慧，也融合了机器的智能”。既涉及事物的属性（能指、感觉）又关联它们之间的关系（所指、知觉），既能够理解事物原本之意，也能够明白弦外之音。文献［37］针对智能态势认知整体需求，分析了态势认知在要图标绘、要素计算、局势研判和演化预测 5 个方面的智能挑战，并在态势理解框架、态势认知智能框架、态势认知可视化、指挥员意图机器理解与学习以及变化和异常监测等领域提出相应技术措施。文献［38］针对战场聚集行为的预测问题，提出了将行为识别和时间序列分析相结合，在构建三维神经网络识别聚集行为的基础上，设计可变结构 LSTM 网络对聚集行为进行时序分析，预测聚集行为发生的时间、地点等关键信息，辅助指挥人员准确预报预警战场中即将发生的重要作战行动。文献［39］针对联合作战中协同作战行动识别问题，提出基于深度时空卷积神经网络的协同作战行动识别方法，构建可扩展的战场协同作战行为识别模型，设计了建议窗口生成机制、局部战场协同作战行动识别的层次循环神经网络，以减轻战场协同作战行动识别面临的特征空间大、模型参数多、训练速度慢的问题。文献［40］针对现有轨迹异常检测主要检测目标的位置异常，没有充分利用目标的属性、类型、位置、速度和航向等多维特征，构造了多维度局部异常因子计算方法，实现了基于多维航迹数据的异常行为检测。文献［41］针对海军要地空袭规模预测问题，分析了海军要地内目标特性，结合现代空袭作战的特点，分别建立了空袭飞机、电子战飞机和空袭巡航导弹的出动规模估算模型，对空袭规模的定量分析进行了很好的尝试。

战场态势认知具有战场信息不完备、作战空间不确定、战法战术多变等特点，要深层次理解当前战场局势，预测未来战场走势，更是极大的挑战，可以预见随着智能技术的迅猛发展，核心态势认知问题将得到突破。

2.2.4 融合算法性能评估

近年来，针对不同领域融合算法性能评估需求，在图像融合质量评估、多雷达航迹质量融合评估、雷达毁伤评估模型构建、综合性能评估指标体系构建等方面取得了一定进展[1-2]。文献［42］建立了分布式无人机航迹融合性能评估模型，分析了目标航迹质量评估分级标准，并给出了综合评估无人机航迹质量的计算公式。文献［43］分析了现有一致性信息融合方法 7 个方面的不足，指出多传感器分层分级关联判定，综合考虑信息源质量影响和融合策略选择等方面仍有较大的研究前景。文献［44］总结与分析了信息质量评估描述模型、信息融合系统性能评估指标体系，提出了基于云理论和模糊理论的评估方法。文献［45］从防空指控系统作战应用角度建立多传感器空情融合评估指标体系，构建满意度指标评价方法，并以自适应雷达权重精度法作为融合精度评估基准，为设计实战与性能评估相结合的雷达部署和航迹规划提供了重要参考依据。

3. 国内外发展比较

3.1 信息融合理论研究

3.1.1 证据理论

证据理论作为一种灵活的不确定性表示框架仍是十分活跃的研究领域，文献［46］提出了一种在信念函数理论框架内处理二维复合假设的新方法。基于有向非循环图框架实现焦元的拓扑排序，并给出了一种基于多边形的二维复合假设的一般表示方法和裁剪操作，利用二维搜索空间粒度算法的可扩展性达成 BBA（Basic Probability Assignment, BBA）的组合和决策的高效性。文献［47］证明了总信念定理（Total Believe Theorem，TBT），它是总概率定理的直接推广，并由 TBT 推导出广义贝叶斯定理，并据此验证了 Fagin–Halpern 在 90 年代提出的信念条件公式的构造合理性。文献［48］提出了一种度量每条证据来源对最终信念的相对贡献大小的新方法，基于对证据贡献源之间的差异性、融合过程的中间结果和所做决策的分析跟踪证据来源，使得信念函数的计算具有透明度，从而增强人们使用信念函数理论开发智能决策支持系统的信心。文献［49］针对基于众多专家或任何其他外部来源收集的意见获得一个共同决定（可以理解为一致的知识状态）所产生的有关这种决定可靠性的评价问题，提出并讨论了几种可用的研究方法来评价上述共同决定的质量，有利于提升基于专家意见做决策的可信赖性。文献［50］提出了一种灵活计算概率证据可能性函数的方法——有序加权平均（Ordered Weighted Averaging，OWA）聚合方法，该方法在似然函数计算中引入了证据的可靠性以软化所有此类证据的强似然约束要求，使用乐观或悲观的态度特征确定 OWA 的权重。文献［51］针对具有离散信念结构冲突证据组合推理存在违反直觉推理的问题，提出了一种离散证据的规范化方法，从而为客观确定离散证据的权重提供了一种有效手段。文献［52］研究了有限问题域上的 D–S 信念结构，讨论了变量位于子集上的概率不确定性和不精确性的区间构造方法，推广了蕴涵概念，建立了变量的信念推断模型。

国内研究主要针对冲突证据下的合成公式提出许多改进算法，而国外研究更关注于如何获得更加可信、可靠的似然函数及其不同的表示形式。如何将证据理论与其他不同的不确定性表示理论综合利用是国内外都十分感兴趣的研究方向。

3.1.2 随机集理论

近年来，随机有限集理论在多目标跟踪领域仍然受到了国外研究人员的广泛关注。文献［53–54］引入了卡尔曼增益因子对预测后的粒子进行筛选，基于无迹卡尔曼滤波器，提出了一种高度非线性条件下的辅助粒子实现算法。文献［55］通过重构多假设跟踪，提出的近似多假设多伯努利滤波器可直接形成航迹，在提高性能的同时有效地降低了计算量。文献［56–57］采用 K 最短路径及排列分配等方法对分量进行裁剪、合并处理，并将预测与更新步进行合并以减少剪裁处理次数，采用 Gibbs 采样进行裁剪处理以避免复杂的排序过程，并提出了一种在保证估计性能的前提下极大降低计算量的（Generalized Labeled Multi-Bernoulli，GLMB）快速实现算法。文献［58］在分布式融合框架下，提出了一种在融合中心对各传感器的量测信息按时间排序进行序贯更新的融合方法。文献［59］提出了一种贪婪的分区机制，在不降低跟踪精度的条件下有效地避免了组合爆炸问题，其计算量仅随传感器数量呈线性增长，具有良好的应用前景。文献［60］基于 Ms-GLMB 滤波器提出了一种改进算法，以牺牲部分性能为代价，降低了计算量。文献［61］采用量测分组技术对其进行了改进，提高了计算效率及空间邻近目标的跟踪精度。文献［62］将扩展目标建模为 Gamma-Gauss-Inverse Wishart distribution，并结合 GLMB 滤波器，提高了粒子滤波器的跟踪精度。

基于随机有限集的多目标跟踪算法是国内外目标跟踪算法研究的重要方向之一，国内研究主要集中在不同应用领域中该模型框架的应用，而国外研究主要集中于该框架的近似简化处理，以实现工程化应用。但由于在该框架下滤波器计算复杂度过高，环境要求过于理想化，所需先验参数较多等原因，目标的联合检测、定位、跟踪和识别的工程实现仍将面临巨大的挑战。

3.1.3 模糊集与粗糙集理论

文献［63］引入了广义正交对模糊集（Ortho Pair Fuzzy Set）的概念，讨论了这些广义正交对模糊集的基本性质及其这些集合在知识表示中的使用。在这类正交对模糊集上建立了 Zadeh 引入的近似推理系统，称为正交对近似推理（Ortho Pair Approximate Reasoning，OPAR），讨论了 OPAR 的基本运算并建立了一种基于蕴涵概念的 OPAR 推理机制。文献［64］考虑了决策者在发表意见时的犹豫性，以及不重叠评估之间的差异性，从而有效地测量群体中存在的两极分化现象，并用精确性和争议性来定义专家在小组决策过程中先前评估期间的行为特性，为有效度量群体间没有共识但可能存在不同程度分歧的差异性提供了一种有效的度量方法。文献［65］研究了基于犹豫模糊语言集的群体决策问题。判断不确定性由两个嵌套的犹豫模糊集合描述：较小的集合（称为必要集合）收集根据严格评估确定的成员价值，而较大的集合（称为可能集合）包含社会可接受的成员价值。设计了相应地适合个人和团队决策的程序。文献［66］提出了一种新的语言术语集，即自由双层次语言术语集及其相应的自由双层次犹豫模糊语言元素，以更准确地描述决策者使用的语言表达的复杂性、速度和精确的方法。此外，该文还引入了一个自由双层次犹豫模糊语言元素之间的顺序和距离，提出了一种基于 TOPSIS 方法的自由双层次犹豫模糊语言信息排序方法。

模糊集与粗糙集理论作为语言不确定性表示的主要形式仍是近年来十分活跃的研究领域。国内研究主要合成算子和直觉模糊集的运算性质等方向，而国外研究更关注于群体决策问题如何运用模糊集与粗糙集理论进行合成运算，以获得更加可靠的一致性意见。

3.2 信息融合关键技术研究

3.2.1 目标检测、定位与跟踪

目标检测、定位与跟踪一直是信息融合领域的重要研究方向，国内外研究重点关注于红外、高超声速、隐身目标、图像目标等领域，采用的技术主要有扩展卡尔曼滤波、粒子滤波以及结合深度学习、神经网络等先进技术的目标跟踪算法。在目标检测方面，文献［67-69］改进 RCNN，提出尺度金字塔池化网络（Spatial Pyramid Pooling Net，SPPnet）和快速基于区域的神经网络（Fast Region Based Convolutional Neural Network，Fast-CNN）。该方法不需要将所有的候选窗口送入网络，只需将图像送入深度网络一次，再将所有的候选窗口在网络的某层上进行映射，大幅提升模型的检测速度。文献［70］基于区域的全卷积网络（Region Based Fully Convolutional Network，RFCN）进一步改进，分析发现感兴趣区域（Region of Interest，ROI）池化后的网络层不再具有平移不变性，并且 ROI 池化后层数的多少会直接影响检测效率。因此，RFCN 设计位置敏感的 ROI 池化层，直接对此池化之后的结果进行判别，大幅提升检测效率。在目标跟踪领域，文献［71-72］提出利用集合论和统计融合方法对扩展目标的运动状态和形状进行估计的数学方法，并为了解决基于集合论的量测源模型所存在的计算复杂性问题，提出了量测源的随机超曲面模型以简化计算复杂度，通过非线性滤波方法（如 EKF，UKF，PF 等）对扩展目标的运动状态及形状参数进行估计。文献［73-74］将适用于点目标的多假设跟踪方法与扩展目标跟踪方法相结合，从而实现对多扩展目标的跟踪，此类算法在实现过程中可能存在的问题是，当目标个数或量测数目较多时，其计算复杂度会随之急剧增加。因此需要对其进行相应的改进，研究出一些近似的快速方法将算法计算复杂度控制在能够接受的范围内。文献［75］将 PHD（Probabilistic Hypothesis Density）、CPHD（Cardinalized PHD）、SMC-PHD（Sequential Monte Carlo PHD）、GM-PHD（Gaussian Mixture PHD）等先进滤波器应用到扩展目标的跟踪上。

基于随机有限集统计理论建立的粒子滤波器算法在理论上能够避开数据关联问题，但由于必须考虑每一时刻量测集的所有划分的可能性，因此其计算量较大，实时性较差，在扩展目标、量测或杂波数目较多时很难满足在线跟踪的需求。

3.2.2 图像融合与识别

图像融合技术主要是通过数学建模，将来自不同传感器的多幅画面进行合成，从而来满足某一固定画面的需求。近年来，图像融合技术已取得重大进展，在很多领域得到了广泛应用。文献［76-77］针对 SAR 卫星系统用于全天候监视石油泄漏问题，提出了一个融合不同工作模式的 SAR 图像的高斯过程框架，并为变换不同图像信息提出了新的协方差函数、核函数等以建模图像的先验信息，具有较好的检测效果。文献［78-80］针对图像处理中的彩色图像分割问题，提出了一种基于二维直方图的图像分割方法，该方法不仅考虑到目标像素信息，而且也包含了像素的近邻信息。该方法基于计算得到的门限值进行图

像分割，但通常采用的硬判决方法使得在门限值附近的像素点面临标记的困境。为此提出了一种新的彩色图像二元分割融合方法，使用证据理论进行推理以融合处理图像分割在像素点处于门限值附近时的判决难题。文献［81］对 40 多种图像融合算法性能如何进行比较和综合评估问题，提出了使用非参数统计测试来验证像素级融合算法的性能，通过创建一个最先进的图像融合技术比较测试环境以促进图像融合的发展。

图像融合是近年来的一个研究热点，国内研究主要集中在基于深度学习的图像融合技术，包括卷积神经网络（CNN）、卷积稀疏表示（CSR）和堆积自编码（SAES）等。国外研究领域涉及遥感、医学诊断、监视、摄影等领域，融合方法主要有逻辑滤波法、主成分分析法以及针对彩色图像的亮度、色调、饱和度多维度融合方法，结合人工智能技术的神经网络图像融合方法等。

3.2.3　态势感知与认知

战场态势感知与认知研究是近年来的一个研究热点与难点，文献［82–83］提出了一个描述信息和信息源质量的本体框架，讨论了海战场态势感知中信息可解释性问题，重点是信息源、数据库信息和信息片三者之间的联系及相应的质量概念。在此基础讨论了不确定性统一建模和融合算法设计问题。文献［84–85］针对海战场环境中海面舰船的航迹预测问题，提出了采用假设检验方法推断真实航迹与期望航迹间距的数学模型。运用一阶和二阶 Wasserstein 距离给出了间距的统计分布，从而为迄今为止所收集到的航迹信息进行未来航行轨迹预测，因而为判断这些航迹未来的集结点奠定了基础，同时能够给出相应的时间预测结论，具有较好的应用前景。文献［86］对知识融合的模式进行了研究，提出了两种知识模式即知识工作者和知识库，并依此提出了知识融合的 3 种模式：融合知识库中存储的知识模式、融合知识工作者的知识模式和融合知识工作者的知识与知识库中积累的知识的模式，并进一步对不同模式下支持知识融合的方法进行了探讨。

态势感知与认知是近年来信息融合研究的重要发展方向，国内研究主要集中在态势感知的内涵与外延的研究、态势感知的模型框架等，定性研究相对较多；国外研究除了在模型框架以外，还包括运用统计回归分析、统计模式识别等定量方法实现对战场态势的深度认知。基于人机融合智能技术的战场态势认知技术是国内外研究共同关注的研究方向。

3.2.4　融合算法性能评估

多源信息融合系统的性能、功能可以定量估计，才能确定其有效性。但通常情况下，融合系统所汇集和处理的信息种类繁多，信息源之间关系复杂，从而给客观公正地测试与评估融合系统带来了很大困难。因此，目前尚未形成有效的融合模型和算法以及综合评估体系，而广泛采用的定性分析的方法，主观性较强，所以需要探索一种科学的定量评估方法来准确判断融合系统的有效性。文献［87–91］指出应用最优化子模式指派度量（Optimal Subpattern Assignment，OSPA）方法不能完整地评价目标跟踪性能的不足，因为该方法没有考虑到诸如航迹标签切换和航迹段等现象的影响。提出了一种 OSPA 距离，以度量这些因素的影响，同时保留最优化子模式指派度量方法的性质，该方法具有度量大批量（1千批次）目标跟踪性能的优势。文献［92–94］指出不同的估计量拥有不同的最优化准则，根据集中考虑的应用情形，大多数已有的度量估计量性能的指标都是估计误差项的某种意义上的平均值。通常根据其“大”或“小”的结果来评价估计量的优劣，这种类型的度量准则在某种意义上讲都不是估计误差的充分统计量，而仅仅是有限个数样本的计算结果。因此通过导出估计量统计意义上的概率密度函数，并根据密度函数来定义某种期望意义上的水平将具有更充分地依据以度量估计量的优劣。该文提出一种推广的期望水平度量准则——基于主成分分析的度量准则，其评价要优于现有的度量准则。文献［95–97］指出，不确定性的表示和推理方法对于信息融合方法的解决方案开发的选择具有重大意义。它们不仅影响到融合的效果、解决方案的质量，同时对于开发费用也有很大的影响。需要从操作和理论两个方面进行综合考虑。该文提出一种基于不确定性表示和推理评价工具的融合算法评价手段，对于融合技术的应用过程，设计方案的选择以及融合解决方案的复杂性考虑等方面综合评价，具有较好的应用效果。文献［98］提出了一种使用非参数统计分析方法来比较图像融合算法，并对不同场景下的测试评估策略进行了分析，通过对近年发表的图像融合算法的评估实验证明了采用统计比较建立图像融合研究基线的必要性。

融合算法性能评估近年来引起一定的关注，国内研究在雷达目标跟踪算法、图像融合算法、态势估计等领域都进行了大量的研究，取得了一定的成果；国外研究集中在信息融合系统、图像融合算法等领域，采用的评估方法主要是基于评估指标的统计分析。

4. 我国发展趋势及展望

当今军事信息技术的高速发展，使得“信息”已成为夺取战争主动权的关键要素之一，信息感知与融合技术则是夺取战场信息优势的基石与先导。当前战场信息感知与融合技术的研究，进入了一个理论与实践不断相结合、现实与未来相联系，从而实现螺旋式科学推进的发展阶段。

4.1 发展趋势

随着我国联合作战指挥控制对各种信息收集和处理能力的需求急剧增加，多元信息感知与融合研究进入了一个“需求十分旺盛，挑战不断涌现”的黄金时期，只有建立新的理念，在理论上有所突破，技术上有所发展，手段上有所创新，才能推动多元联合信息感知与融合系统的健康有序发展。

信息融合技术发展呈现的趋势将是：

4.1.1 基础理论方面

建立完善的信息融合基础理论是该学科发展的重要前提。目前信息融合尚未形成基本的理论框架。要进一步完善比较经典的、成熟的信息融合理论和算法。信息融合的处理对象即信息源具有以下特征：时间跨度大，覆盖面广，形式、类型多种多样，信源数据精度不一样，对目标的描述存在不同程度的模糊性，随时间变化，随事件而变，而且各种新的信息源会不断出现，也会出现很多新环境、新情况，现有的信息融合理论和信息融合算法必然不能满足需要，有必要研究针对新环境、新形势、新情况的新理论、新方法。现代大容量信息处理中运用人工智能和专家系统越来越多，这就需要强大的数据库和知识库作为储备在信息融合系统内部的信息，并在信息融合过程中参与融合。要使数据库和知识库更加完备，不仅要使数据库和知识库在信息量上更加充实，而且要合理地对其进行组织，其目的是使得在信息融合过程中能够对数据库和知识库高速检索。而数据库和知识库的完备表现在信息容量和组织机制两个方面。

4.1.2 融合算法性能评估方面

形成一套成熟的、完善的信息融合系统性能评估标准，要研究信息融合系统评估方法和信息融合算法性能评估标准，发挥信息融合系统的强大功能，还必须努力克服和解决其他诸多实际问题。传感器的探测机制和性能对信息融合的结果有直接影响，这是信息融合的源头，传感器测量的不精确性、不完整性、模糊性、冲突和干扰会引起信息融合中的关联二义性，传感器功能应该向并行结构方向发展。对信息融合应用的具体方法选取研究还处于初级阶段，需要研究系统的工程化设计方法，在具体的设计过程中需要结合当前的传感器、数据处理、人工智能、信息收集等多方面的技术，并且在计算过程中需要健全的硬件和软件作为前提条件。

4.1.3 在目标检测、定位与跟踪领域中，扩展目标跟踪未来发展方向

（1）扩展目标量测源模型

由于扩展目标的量测源分布与目标状态、形状、姿态、特性以及传感器—目标相对位置都有关系，因此我们很难获得实际的量测源分布函数。在合理假设和分析现有量测源模型的基础上，需要建立易于实现、鲁棒性较好且适用性良好的量测源模型。

（2）扩展目标与量测之间的数据关联

由于扩展目标可以产生多个量测，因此点目标的数据关联方法无法直接用于解决扩展目标与量测之间的数据关联问题。虽然我们可以通过划分量测集的方式实现量测簇与扩展目标之间的关联方法，并从粒子滤波角度研究扩展目标的数据关联问题，但提出计算量更小、更简单适用的数据关联方法对扩展目标跟踪理论在工程中的应用仍会起到至关重要的作用。

（3）基于多传感器的扩展目标跟踪算法

由于单传感器在分辨率、采样周期、监控范围等方面的局限以及扩展目标状态演化模型的不精确，使得当前我们只能对扩展目标运动特性和形状信息进行粗略估计。解决该困境的思路在于利用多个传感器对扩展目标进行观测，并结合信息融合技术来提高观测系统

的分辨能力和估计精度，同时进一步挖掘扩展目标的其他重要特征。

（4）在当前大数据和传感器十分丰富的背景下，将多扩展目标滤波器与机器学习方法相结合值得进一步研究

如将概率多假设跟踪器（Probabilistic Multi-hypothesis Tracker，PMHT）与机器学习中的 EM 算法相结合，从扩展目标中估计出速度、方向和转向速度，机器学习中的高斯过程算法用于自动学习扩展目标的形状，当前众多的机器学习方法能够为扩展目标跟踪的发展提供丰富的研究课题。

（5）当前研究的扩展目标主要是二维扩展，如果能够发展出扩展目标的三维扩展模型，则将能够更加准确和真实地描述目标，从而获得更多的扩展目标信息

4.1.4 态势感知方面

目前对战场态势感知的研究中，仍有许多问题有待进一步深化研究，智能化战场态势感知是重点发展方向，主要包括：

（1）战场态势理解的智能化标绘

联合战场态势感知信息的智能化标绘作业，即系统要能够根据作战地图上显示的密密麻麻的目标信息，自动地理解敌我双方兵力分布情况、执行的作战行动、敌我双方目标/作战单元的相互关系（如相互攻击、保障和指挥关系）等，在作战地图上能够自动标绘出指示敌我双方各种作战部署的标号和指示突击、展开、攻击等作战任务的分界线和行动方向，让指挥员对当前情况一目了然，从而大幅提高态势理解的效率。

（2）参战各方作战力量分布格局的智能计算

在理解战场情况基础上，综合各个群组兵力的装备性能、指挥训练水平、所在环境限制和支援保障条件等因素，粗略估算出各自势力范围、强弱分布，如空战中哪里是敌方的禁飞区域、我方的优势区域、双方争夺的热点区域或双方均能出入的自由区域等，便于指挥员对整体战场形势优劣快速形成判断。

（3）联合作战重心的智能分析

在计算参战各方的作战力量的对抗格局的基础上，结合敌对双方作战意图和动机，进一步分析出联合作战的重心所在。如对于进攻方而言对方的防御体系要害，或对于防守方而言对方最有可能攻击的保卫目标等，从而为指挥员规划调整兵力的投入提供支持。

（4）交战形势及机遇的智能判断

交战形势不能简单按照兵力强弱或攻守关系判断，因为敌对双方的作战原则和作战目的不同，应对敌对双方的兵力消长和时空变换进行智能推断，掌握作战形势优劣的动态变化，紧紧抓住作战机遇充分发挥作战效能，提升我方达成作战目的可能性。

（5）作战态势变化趋势演化的智能预测

在作战过程中，指挥员较难决策的往往是未来的行动方向，因而对战争未来的发展趋势难以把握。应借助强大的计算机仿真环境和智能计算能力，模拟联合作战的战场态势未

来演化的各种可能性，并在此基础上积累数据和经验以及计算与推理模型，基于实时掌握的最新战场态势数据，就能实现联合战场作战态势的演化趋势的科学预测，从而引导联合作战指挥员提前作出相应的调整，在 OODA 决策环中步步抢占先机。

4.1.5 融合系统体系结构方面

现有信息融合往往采用独立、分阶段、逐级处理的线性结构，各级相互依存，难以胜任动态内聚式融合的联合作战体系，智能化多级非线性体系结构是重要的发展方向，其优点主要表现在：

（1）跨层级的信息融合与交互达成融合的高效性

智能化融合结构将能降低各层级融合之间的相互依存性，支持跨层级融合和各种信息的动态交互，实现信息耗散最小而效能最高。

（2）功能模块的松耦合性与独立性达成融合的灵活性

智能化融合结构在具体设计实现时，可通过系统分离技术，把数据和数据传输基础设施、操作系统和网络服务、应用软件分离，使各种融合功能较为独立，实现功能模块间的松耦合与独立升级。

（3）对等计算服务达成融合技术与融合结果的一致性

智能化融合结构将提供对等计算服务，使每个信息用户使用相同的处理技术，包括相同计算方法和模型算法，从而保证不同用户之间态势一致性。同时，只要为每个用户提供相同的数据输入和相同的模型算法，最终每个用户都将生成相同的图像、估计以及决策结论。

4.2 未来展望

近年来，随着传感器、互联网、无线通信等技术的发展，信息融合的研究不仅仅与国防相关，研究人员更多地关注于日常应用，如公共安全、野生动物保护、无人驾驶汽车、机器人控制、金融行情分析、社会经济发展预测等实际问题。但领域的扩展必然带来更多不确定性。由此，信息融合领域一些基础性难点问题解决，也显得尤为迫切，比如：非线性滤波、扩展目标跟踪、基于上下文的信息融合等。展望未来，信息融合技术必将在以下方面取得突破：

4.2.1 分布式信息感知与融合

随着互联网技术的不断发展，分布式网络作为一种新型的网络结构，在军事信息系统中变得越来越重要，网络环境的变化为信息感知与融合未来发展带来了巨大挑战：一是节点输入信息的相关性未知以及多类差异特征；二是不确定网络环境下信息感知单元的动态协同组织；三是共用信息节点信息的多次重复使用引起的误差增长；四是信息传输的不确定性。

4.2.2 信息感知与融合的一体化

以融合为核心，推动感知系统由“传统单元性能”向“系统效果”转变，从而具有

“灵活感知、全维融合”的能力。

4.2.3 信息融合向认知域发展

向认知域发展是信息融合从低级向高级的自然扩展过程，是指融合过程中融入人对事物的观测、判断、推理信息和知识，以实现对客观事物更为全面、完整和深入认识。关于这方面的许多问题研究还刚刚起步，例如：基于知识的信息融合理论与方法；人类观测和推断的软信息融合方法；人的意图和行为预测模型；软数据与硬信息融合方法等。

4.2.4 基于上下文的信息融合

在地面目标跟踪、海上监视和基于位置的服务（Location Based Services，LBS）等应用中，目标的行为和数据源的特征以环境（如：地形类型和天气条件）作为先决条件，甚至决定他们的逻辑过程及其与其他实体交互的方式。因此，上下文被认为是改善跟踪性能的关键组成部分。一种方法是将上下文知识表示为静态或动态变量，从而与非线性扩展卡尔曼滤波或粒子滤波集成。上下文信息是描述实体行为的决定性要素；外部和内在上下文差异之于描述实体行为的重要性分析等。

4.2.5 人在回路的交互态势感知技术

人在回路的态势推理技术和人在回路的作战资源分配技术的突破将有望破解复杂的联合战场态势感知难题，重申人必须作为态势感知算法的一个十分宝贵的资源，特别是在算法真正需要帮助以便于其能把精力集中于推理空间中真实显著的部分时使用。

4.2.6 一些新兴的研究领域

近年来，随着网络化、智能化技术的迅速发展，也拓展了信息融合技术的应用领域。如身体传感器网络已成为医疗保健、健身、智能城市和物联网应用领域的革命性技术，因此，来自多个潜在异构传感器源的信息融合正成为一项基本而非琐碎的任务，直接影响应用程序的性能，涉及情结识别和身体健康等领域的人体传感器网络中的多传感器融合技术十分具有挑战性。此外，社会网络群体决策共识模型的理论反馈机制成为研究热点，主要包括信任关系与语言信息的建模和最小调整成本反馈机制两个部分，为此需要定义分布式语言信任函数、期望度、不确定度和排序方法等新概念，需要计算用户的重要度和用户的共识度，并在达成共识之后，还需要构建分布式语言信任函数的排序算法等，然后激活一种新的反馈机制，为不一致的用户推荐建议等。

参考文献

[1] 赵宗贵，李君灵．信息融合发展沿革与技术动态［J］．指挥信息系统与技术．2017，8（1）：1-8.

[2] 陈云翔，罗承昆，王攀．考虑可靠性的时域证据组合方法［J］．控制与决策，2018，33（3）：463-471.

[3] 朱京伟，王晓丹，宋亚飞．基于幂 Pignistic 概率距离的加权证据组合方法［J］．通信学报，2018，39（1）：

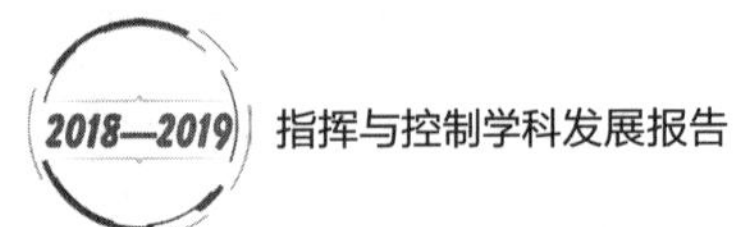

117-126.

[4] 周永庆，韩德强，杨艺．证据距离的选取对冲突证据组合影响的影响［J］．西安交通大学学报，2018，52（6）：1-8.

[5] 吴迪．基于群体决策和选择性融合的证据组合方法［J］．小型微型计算机系统，2016，37（9）：2046-2050.

[6] 李军伟，刘先省．基于向量冲突表示方法的证据组合规则［J］．计算机科学，2016，43（12）：58-63.

[7] 宋亚飞，王晓丹，雷蕾．基于直觉模糊集的时域证据组合方法研究［J］．自动化学报，2016，42（9）：1322-1338.

[8] 刘海涛，郭嗣琮．集值 Markov 链及其随机集落影性质［J］．数学的实践与认识，2016，46（20）：265-273.

[9] 赵亮，杨战平．基于随机集理论的相关变量模型不确定性量化［J］．系统仿真学报，2017，29（6）：1277-1283.

[10] 陈玉金，李续武．直觉模糊数决策粗糙集［J］．计算机科学，2018，45（2）：254-250.

[11] 张超，李德玉，翟岩慧．双论域上的犹豫模糊语言多粒度粗糙集及其应用［J］．控制与决策，2017，32（1）：105-110.

[12] 胡猛，李蒙蒙，徐伟华．直觉模糊序信息系统下变精度与程度的“逻辑且”粗糙集［J］．计算机科学，2017，44（5）：206-211.

[13] 路艳丽，雷英杰，周炜．一种广义直觉模糊粗糙集模型［J］计算机科学，2017，44（7）：232-236.

[14] 胡谦，米据生．多粒度模糊粗糙集的表示与相应的信任结构［J］．计算机工程与应用，2017，53（19）：51-54.

[15] 何友，熊伟，刘俊，等．海上信息感知与融合研究进展及展望［J］．火力与指挥控制，2018，43（6）：1-10.

[16] 何友，姚力波．天基海洋目标信息感知与融合技术研究［J］．武汉大学学报（信息科学版），2017，12（11）：1530-1536.

[17] 潘泉，胡玉梅，兰华，等．信息融合理论研究进展：基于变分贝叶斯的联合优化［J］．自动化学报，2019，45（7）：1207-1223.

[18] 王智，简涛，何友．基于变参数广义结构的距离扩展目标检测方法［J］．宇航学报，2018，39（3）：332-339.

[19] 郭晨，简涛，何友．基于深度多尺度一维卷积神经网络的雷达舰船目标识别［J］．电子与信息学报，2019，41（6）：1302-1309.

[20] 王聪，王海鹏，熊伟．基于序贯航迹拟合的稳态编队精细跟踪算法［J］．信息融合学报，2017，4（1）：21-28.

[21] 马娟娟，潘泉，张夷斋．联合局部专家估计目标子窗口［J］．控制与决策，2016，31（5）：805-810.

[22] 马娟娟，潘泉，梁彦．基于深度优先随机森林分类器的目标检测［J］．中国惯性技术学报，2018，26（4）：518-523.

[23] 杨衍波，潘泉，梁彦．量测随机延迟下带相关乘性噪声的非线性系统分布式估计［J］．控制理论与应用，2016，33（11）：1431-1440.

[24] 孟金芳，付喜．一种空中动目标定位跟踪及航速航向估计方法［J］．中国电子科学研究院学报，2018，13（1）：62-66.

[25] 吕梅柏，赵小锋，刘广哲．空中大机动目标跟踪算法研究［J］．现代防御技术，2018，46（2）：45-50.

[26] 李凡，熊家军，李冰洋，等．临近空间高超声速跳跃式滑翔目标跟踪模型［J］．电子学报，2018，46（9）：2212-2221.

[27] 刘智嘉，贾鹏，夏寅辉．基于红外与可见光图像融合技术发展与性能评价［J］．激光与红外，2019，49（5）：633-641.

[28] 漆昇翔，刘强，徐国靖．面向机载应用的多传感器图像融合技术综述［J］．航空电子技术，2016，47（4）：

5–11.

[29] 任伟建，王楠，王子维，等. 无人机遥感图像融合方法研究［J］. 吉林大学学报（信息科学版），2018，36（2）：142–149.

[30] 姜蔺育，金立左，李久贤. 多线索融合红外弱小目标检测［J］. 信息融合学报，2018，5（1）：66–72.

[31] 郑浩，董明利，潘志康. 基于图像分类与多算法协作的目标跟踪算法［J］. 计算机工程与应用，2018，54（4）：185–191.

[32] 赵东，周慧鑫，秦翰林，等. 基于引导滤波和核相关滤波的红外弱小目标跟踪［J］. 光学学报，2018，38（2）：1–8.

[33] 曹江，高岚岚，吕明辉. 对战场态势相关概念的再认识［C］// 中国指挥与控制学会第四届中国指挥控制大会. 北京：电子工业出版社，2016：398–401.

[34] 吴伟，李亚东，夏耘. 智能指挥平台之新理念·新方法·新技术［C］// 中国指挥与控制学会第五届中国指挥控制大会. 北京：电子工业出版社，2017：36–40.

[35] 朱丰，胡晓峰，吴琳. 从态势认知走向态势智能认知［J］. 系统仿真学报，2018，30（3）：761–771.

[36] 刘伟，厍兴国，王飞. 关于人机融合智能中深度态势感知问题的思考［J］. 山东科技大学学报（社会科学版），2017，19（6）：10–17.

[37] 李婷婷，刁联旺，王晓璇. 智能态势认知面临的挑战及对策［J］. 指挥信息系统与技术，2018，9（5）：31–36.

[38] 廖鹰，易卓，胡晓峰. 基于三维卷积神经网络的战场聚集行为预测［J］. 系统仿真学报，2018，30（3）：801–808.

[39] 易卓，廖鹰，胡晓峰. 基于深度时空循环神经网络的协同作战行动识别［J］. 系统仿真学报，2018，30（3）：793–800.

[40] 潘新龙，王海鹏，何友，等. 基于多维航迹特征的异常行为检测方法［J］. 航空学报，2016，38（4）：1–9.

[41] 马新星，滕克难，侯学隆. 海军要地空袭规模预测模型［J］. 指挥与控制学报，2018，4（1）：59–63.

[42] 毛亿，张哲铭，刘蓉. 无人机航迹质量分级体系与评估方法［J］. 指挥信息系统与技术，2018，9（4）：53–57.

[43] 熊朝华，刁联旺，张永伟. 多传感器探测云下分布式一致性信息融合及其发展［J］. 指挥信息系统与技术，2018，9（2）：8–18.

[44] 张辰璐. 信息融合系统性能评估方法及分布式融合系统仿真研究［D］. 杭州电子科技大学，硕士学位论文，2016：6–32.

[45] 吴晓朝，李冬，张星. 防空空情融合性能评估方法研究［J］. 系统仿真学报，2017，29（10）：2415–2422.

[46] DEZERT J，HAN D，YIN H. A new Belief Function based approach for multi-criteria decision-making support［C］// International Conference on Information Fusion，2016：782–789.

[47] ZHOU DY，PAN Q，CHHIPI-SHRESTHA G，LI XY. A new weighting factor in combining belief function［J］. Plos One，2017，12（5）：1–20.

[48] DONG YL，LI XD，DEZERT J. A hierarchical flexible coarsening method to combine BBAs in probabilities［C］// 20th International Conference on Information Fusion Xi'an，China，2017：98–106.

[49] KOZIERKIEWICZ-HETMANSKA A. The analysis of expert opinions' consensus quality［J］. Information Fusion，2017（34）：80–86.

[50] YAGER RR，ELMORE P，PETRY F. Soft likelihood functions in combining evidence［J］. Information Fusion，2017（36）：185–190.

[51] CHEN SQ，WANG YM. Evidential reasoning with discrete belief structures［J］. Information Fusion，2017（38）：91–104.

[52] YAGER RR. Entailment for measure based belief structures [J]. Information Fusion, 2019 (47): 111–116.

[53] DANIYAN A, GONG Y, FENG P, et al. Kalman–gain aided particle PHD filter for multi–target tracking [J]. IEEE Trans on Aerospace & Electronic Systems, 2017, 99: 1–13.

[54] DANAEE MR. Unscented auxiliary particle filter implementation of the cardinalized probability hypothesis density filter [J]. Physica D Nonlinear Phenomena, 2017, 239 (17): 1662–1664.

[55] GRANSTROM K, WILLETT P, BAR–SHALOM Y. Approximate multi–hypothesis multi–Bernoulli multi–object filtering made multi–easy [J]. IEEE Trans on Signal Processing, 2016, 64 (7): 1784–1797.

[56] QIU H, HUANG G, GAO J. Centralized multi–sensor multi–target tracking with labeled random finite set [J]. Aerospace Engineering, 2017, 231 (4): 669–676.

[57] VO BN, VO BT, HOANG HG. An efficient implementation of the generalized labeled multi–Bernoulli filter [J]. IEEE Trans on Signal Processing, 2017, 65 (8): 1975–1987.

[58] LI G, YI W, JIANG M, et al. Distributed fusion with PHD filter for multi–target tracking in asynchronous radar system [C] // Radar Conf. Seattle, 2017: 1434–1439.

[59] NANNURU S, BLOUIN S, COATES M, et al. Multi–sensor CPHD filter [J]. IEEE Trans on Aerospace & Electronic Systems, 2016, 52 (4): 1834–1854.

[60] FANTACCI C, PAPI F. Scalable multisensor multitarget tracking using the marginalized delta–GLMB density [J]. IEEE Signal Processing Letters, 2016, 23 (6): 863–867.

[61] GRANSTROM K, ORGUNER U, MAHLER R, et al. Corrections on: "Extended target tracking using a Gaussian–mixture PHD filter" [J]. IEEE Trans on Aerospace & Electronic Systems, 2017, 53 (2): 1055–1058.

[62] BEARD M, REUTER S, GRANSTROM K, et al. Multiple extended target tracking with labeled random finite sets [J]. IEEE Trans on Signal Processing, 2016, 64 (7): 1638–1653.

[63] YAGER RR, ALAJLAN N. Approximate reasoning with generalized ortho pair fuzzy sets [J]. Information Fusion, 2017 (38): 65–73.

[64] MONTSERRAT–ADELL J, AGELL N. Consensus, dissension and precision in group decision making by means of an algebraic extension of hesitant fuzzy linguistic term sets [J]. Information Fusion, 2018 (42): 1–11.

[65] CARLOS JR, GIARLOTTA AA. Necessary and possible hesitant fuzzy sets: a novel model for group decision making [J]. Information Fusion, 2019 (46): 63–76.

[66] MONTSERRAT–ADELL J, XU ZS, GOU XJ. Free double hierarchy hesitant fuzzy linguistic term sets: an application on ranking alternatives in GDM [J]. Information Fusion, 2019 (47): 45–59.

[67] KONG T, SUN FC, YAO AB, et al. RON: Reverse connection with objectness prior networks for object detection [C] // IEEE Conference on Computer Vision and Pattern Recognition Washington. USA: IEEE, 2017: 5244–5252.

[68] NAJIBI, RASTEGARI M, DAV1S LS. G–NN: an iterative grid based object detector [C] // IEEE Conference on Computer Vision and Pattern Recognition. Washington, USA: IEEE, 2016: 2369–2377.

[69] WANG XL, SHRIVATAVA A, GUPTA. A Fast RCNN: hard positive generation via adversary for object detection [C] // IEEE Conference on Computer Vision and Pattern Recognition Washington, USA: IEEE, 2017: 3039–3048.

[70] CHAVLEZ–GARCIA RO, AVCARD O. Multiple sensor fusion and classification for moving object detection and tracking [J]. IEEE Transactions on Intelligent Transportation Systems, 2016, 17 (2): 525–534.

[71] ERYILDIRIM A, GULDOGAN MB. A Bernoulli filter for extended target Koch using random matrices in an UWB sensor network [J]. IEEE Sensors J, 2016, 16 (11): 4362–4373.

[72] DAUM F, HUANG J. New theory and numerical results for Gromov's method for stochastic particle flow filters [C] // 21st International Conference on Information Fusion, 2018: 108–115.

[73] BERNTORP K. Comparison of gain function approximation methods in the feedback particle filter [C] // 21st International Conference on Information Fusion, 2018: 123–130.

[74] LAWRENCE D, STONE SL, ANDERSON. MCMC smoothing for generalized random tour particle filters [C] // 21th International Conference On Information Fusion, 2018: 142–150.

[75] KURZ G, PFAFF F, HANEBECK UD. Nonlinear toroidal filtering based on bivariate wrapped normal distributions [C] // 20th International Conference on Information Fusion, 2017: 1503–1510.

[76] LONGMAN FS, MIHAYLOVA L, LE Y. A gaussian process regression approach for fusion of remote sensing images for oil spill segmentation [C] // 21th International Conference on Information Fusion, 2018: 62–69.

[77] LAWAL AD, RADICE G, CERIOTTI M. Investigating SAR algorithm for spaceborne interferometric oil spill detection [C] // International Journal of Engineering and Technical Research, 2016, 4 (3): 123–127.

[78] LONGMAN FS, MIHAYLOVA L, COCA D. Oil spill segmentation in fused synthetic aperture radar images [C] // 4th International Conference on Control Engineering & Information Technology (CEIT). IEEE, 2016: 1–6.

[79] LIU Y, HAN DQ, ZHANG Z. Color image segmentation based on evidence theory and two-dimensional histogram [C] // 21th International Conference on Information Fusion, 2018: 940–945.

[80] LI X, FANG M, ZHANG J, et al. Learning coupled classifiers with RGB images for RGB-D object recognition [J]. Pattern Recognition, 2016, 61: 433–446.

[81] LIU Z, BLASCH E, BHATNAGAR G. Fusing synergistic information from multi-sensor images: an overview from implementation to performance assessment [J]. Information Fusion, 2018 (42): 127–145.

[82] CAMOSSI E, JOUSSELME AL. Information and source quality ontology in support to maritime situational awareness [C] // 21st International Conference on Information Fusion, 2018: 709–716.

[83] VILLIERS JP, PAVLIN G, COSTA P, JOUSSELME AL. Subjects under evaluation with the URREF ontology [C] // 20th International Conference. on Information Fusion, 2017: 1839–1847.

[84] JOUSSELME AL. Semantic criteria for the assessment of uncertainty handling fusion models [C] // 19th International Conference on Information Fusion, 2016: 488–495.

[85] UNEY M, MILLEFIORI LM, BRACA P. Prediction of rendezvous in maritime situational awareness [C] // 21st International Conference on Information Fusion, 2018: 635–641.

[86] SMIRNOV A, LEVASHOVA T. Knowledge fusion patterns: a survey [J]. Information Fusion, 2019 (52): 31–40.

[87] BEARD M, VO BT, VO BN. Performance evaluation for large-scale multi-target tracking algorithms [C] // 21st International Conference on Information Fusion, 2018: 1587–1593.

[88] RAHMATHULLAH AS, GARCÍA-FERNÁNDEZ ÁF, AND SVENSSON L. Generalized optimal sub-pattern assignment metric [C] // 20th International Conference on Information Fusion, Xian, China, 2017 (6): 182–189.

[89] BEARD M, VO BT, VO BN. OSPA (2): Using the OSPA metric to evaluate multi-target tracking performance [C] // International Conference on Control, Automation and Information Sciences, Chiang Mai, Thailand, 2017: 86–91.

[90] MAO YH, GAO YX. Simplified desirability level metrics for estimation performance evaluation [C] // 21st International Conference on Information Fusion, 2018: 890–895.

[91] YIN HL, LI XR, LAN J. Pairwise comparison based ranking vector approach to estimation performance ranking [C] IEEE Transactions on Systems, Man, and Cybernetics Systems, 2017, 47 (6): 1–12.

[92] MAO YH, GAO YX, GAO Y, CHENG WB. New concentration metrics for performance evaluation of estimation algorithms [C] // 20th International Conference on Information Fusion (Fusion), 2017: 362–368.

[93] LEE J, CHOE Y. Robust PCA based on incoherence with geometrical interpretation [J]. IEEE Transactions on Image Processing, 2018, 27 (4): 1939–1950.

[94] PAVLINK G, JOUSSELMEX AL, VILLIERS JP. Towards the rational development and evaluation of complex fusion systems: a URREF-Driven Approach [C] // 21th International Conference on Information Fusion, 2018.

[95] DE VILLIERS JP, FOCKE RW, PAVLIN G. Evaluation metrics for the practical application of URREF ontology:

an illustration on data criteria [C] // 20th International Conference on Information Fusion，2017：1847-1854.

[96] DE VILLIERS JP，JOUSSELME AL. Uncertainty evaluation of data and information fusion within the context of the decision loop [C] // 19th International Conference on Information Fusion，2016：766-773.

[97] PAVLIN G，CLAESSENS R，DE OUDE P. Evaluation of a canonical model approach to probabilistic data association in tracking with particle filters [C] // 19th International Conference on Information Fusion，2016：464-471.

[98] LIU Z，BLASCH E，JOHN V. Statistical comparison of image fusion algorithms：recommendations [J]. Information Fusion，2017 (36)：251-260.

撰稿人：黄　强　李婷婷　刁联旺

移动指挥网络技术

1. 引言

移动指挥是在网络节点位置不断变更的条件下利用无线通信技术与网络技术辅助实施指挥控制的能力，支撑此能力的通信网络称为移动指挥网络。

移动指挥网络是为特定的行业或群体提供安全可靠指挥服务的专业网络，主要应用场景包括暴恐事件、军事冲突、抗震救灾、防汛抗旱、森林草场火灾扑救、生产事故应急、化学危险品救援、突发公共卫生事件等。例如，在自然灾害或紧急事件发生后，指挥系统可选择进入目标区域进行抵近指挥，也可为规避潜在危险进行机动隐蔽指挥，亦可将指挥权限动态下放至各级单元进行分布式指挥。利用无线通信技术，移动指挥网络节点不受有线通信链路约束，具备可移动属性，如传感器、作战单兵、抢险车辆、舰艇编队、卫星等。得益于通信技术、网络技术与人工智能技术的发展，未来移动指挥网络已经不只是“人指挥人”的网络，而是能够利用赛博空间有机结合各类智慧体的综合网络，实现人机紧密协同的高效透明系统。

移动指挥网络用户主要包括政府各级行政执法部门和大型企业，具备公共安全应急处理、政务指挥调度、企事业指挥调度以及抢险救灾的应用需求。考虑到各类灾害与突发事件下网络基础设施的脆弱性与恢复时效性，指挥系统的网络化、移动化能够极大提升管理部门的应对灵活性与有效性，辅助有关部门整合现场人力物力，完善资源配置，实现对局势的高效感知与灵活控制。另外在军事应用领域，未来战场可能出现的无人集群、马赛克战、自适应杀伤网以及多域战等新的战争形态强烈依赖于高效安全的移动组网，且网络空间本身已成为一个新的战场，移动指挥网络对国家安全的重要性不言而喻。

不同的移动指挥网对网络性能具有差异化需求，主要体现在服务质量、鲁棒性、安全性、网络可扩展性以及与现有应急通信系统的兼容性等方面，军用移动指挥网络更加关注电磁对抗环境下指挥系统的有效性与安全性。差异化的应用需求需要针对性地部署研究工作，这也使移动指挥网具有交叉学科与跨层属性。研究未来移动指挥网络的发展方向对相关技术的进步具有明显的指引作用。

根据近五年文献调研结果，未来移动指挥网络的实现形式可分为五类网系：移动蜂窝网络、卫星网络、集群专网、移动自组织网络以及战术数据链。五类网系并不是孤立的概念，而是可融合实现的。无论实现形式如何，从抽象角度考虑，移动指挥网络的功能是依托现场有线与无线信道进行组网通信，传递有效信息，辅助指挥系统进行决策判断与分发执行、反馈执行效果，最终完成 OODA 环。从微观角度考虑，移动指挥网络技术主要提供信息传输支持：①基于各类无线 / 有线信道收集有效信息与分发指挥与控制决策；②传递网络组网与控制所需的信令信息。从宏观角度考虑，移动指挥网络需支持云服务、微服务等应用层技术，辅助信息融合与判断决策。

本报告首先介绍现阶段国内外移动指挥网络的应用发展，对五年内国内外移动通信网络中与具体设备形态无关的共性技术，如传输、安全、组网 / 控制、服务技术进行总结归纳，并基于此分析未来移动指挥网络技术的发展方向。

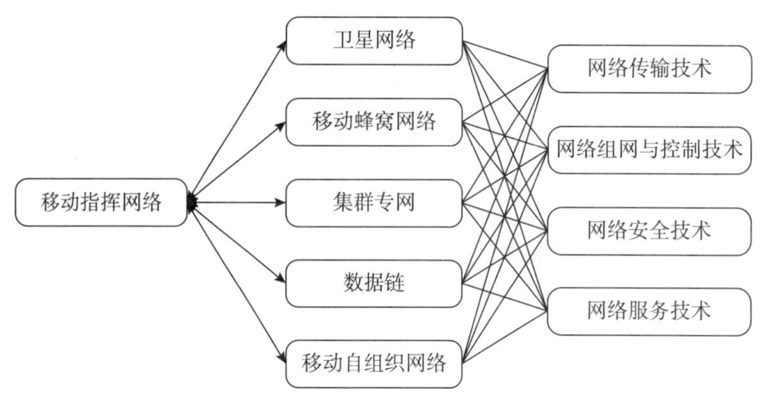

图 1　移动指挥网络主要网系与核心技术

2. 我国发展现状

移动指挥网络涵盖公安、消防、交通、应急和城市管理等部门实施其职能的民用通信网络，以及各军兵种完成各类战略、战役、战术任务指挥控制的军用通信网络。两类指挥网因保障对象不同，采用的技术体制、装备形式、应用模式差别较大。民用指挥网组网模式固定、常态化运行，要求稳定可靠；军用指挥网以机动开设为主，使用的地理环境和电磁环境较复杂，保障对象不仅是人，还有大量不同形态的平台装备。

移动指挥网络的建立目标为：有效支撑各单位在各类突发事件下的指挥调度职能。除了从目标环境收集信息、辅助指挥系统做决策、将决策可靠可信地下发至执行单元外，网络还需要承担拓扑的可预期、不可预期快速变化，防御非合作方的干扰与网络攻击。简单地说，移动指挥网络的基本需求包括：

1）为各类移动 / 固定节点提供稳定的信息流；

2）高效鲁棒的自适应灵活组网；

3）多级别 QoS 的网络服务质量；

4）对抗环境下受保障的网络信息安全；

5）成熟的型谱化装备体系。

2.1 移动指挥网络典型应用部署

在政务与公共安全领域，我国初步建立了具有自主知识产权的专有通信网络。开始探索以 4G/5G 垂直应用为骨干的下一代无线宽带专网。本节主要介绍国内移动指挥网络的应用发展现状。

在我国，移动指挥网络的行业应用主要集中在政务网和企业网两大类。政务网是面向公共安全和政务指挥调度的专网，行业用户包括：警察、安全、武警、政府政务及行政执法等部门。企业网是面向重点行业和大型企业生产管理的专网，行业用户包括：公用事业单位（电力、供水、煤气等）、交通运输部门（航空、港口、铁路、轨道交通、水运等）、大型企业（油田、矿山、冶金、农垦等）。政务和企业的行业需求构成了我国集群专网的生存土壤，而在业务应用上两大行业的需求又可概括为两大类：无线宽带接入需求和多媒体集群调度需求。无线宽带接入包括无线数据采集、无线视频监控、信息服务和移动办公等业务需求，而集群调度包括了多媒体集群指挥调度和应急通信等需求。

集群通信系统是一种用于集团调度指挥通信的移动通信系统，主要应用在专业移动通信领域。集群通信专网可分为如下 3 个层级：一为终端层，指用户所使用的手持终端、车载终端、数传终端等，通过空口接入系统层；二为系统层，包括无线接入基站、核心交换中心及其他对外网关设备，完成终端的空口接入，呼叫信令的处理、路由交换等功能，并通过对外网关设备与外网联通，系统层还应提供应用层接口；三为应用层，基于系统层开放的应用层接口，根据用户应用场景开发，典型的应用层设备有调度台、GIS 等。在系统层和应用层方面，主流专网系统供应商均已采用成熟的商业服务器作为核心交换中心、网管设备及应用层设备的硬件平台。随着虚拟化技术的成熟，将逐渐过渡到企业客户的数据中心或云平台。

早期的集群通信系统为模拟集群通信，存在频谱利用率低、系统容量不足等问题。2000 年 12 月 28 日，我国信息产业部正式发布的《数字集群移动通信系统体制》（SJ/T 11228-2000）行业推荐标准，参照国际标准 TETRA 和美国国家标准 iDEN，确定了两种集群通信体制。后来又加入了我国自主的 GoTa 和 GT800 两种体制。2008 年我国公安部牵头联合国内多家企业和研究单位，参考如 iDEN、TTR 等美国和欧洲的数字集群标准，结合国内大量使用经验，自主研发制定警用数字集群标准 PDT（Police Digital Trunking），PDT 系统工作频段为 350MHz，按 12.5kHz 信道间隔和 10MHz 收发间隔划分载波信道，采用 TDMA（时分多址）技术划分时隙信道，频谱利用率是 MPT1327 标准模拟系统的 4 倍。PDT 标准的制定，使我国公安部门的指挥通信系统完全摆脱了国外通信厂商的技术封锁，建立了完全独立自主的成熟技术方案。由于标准确定、技术成熟，北京、上海等一线城市已经全面普及 PDT 数字集群系统的应用。

现阶段我国公共安全与应急通信的发展趋势为：宽窄融合，公专融合，固移融合，业务使能。随着全国政务、交通、能源和公共安全等行业的快速发展，各行业部门、企业团体对集群多媒体业务、互联网业务、高速数据业务的需求日益扩大，其中又以高清视频监控和海量物联数据传输的需求尤为突出。集群和宽带接入的共网化、宽带化成为市场需求的主流。以大带宽、高速率、全 IP 为突出特点的 LTE 宽带集群则符合市场需求[1]。我国基于 LTE 技术的宽带集群通信（即 B-TrunC）技术是集支持高速宽带数据传输以及语音、数据、视频等多媒体集群调度应用业务于一体的专网无线技术，是无线专网宽带技术的进步发展。与 PDT 标准相比，B-TrunC 不仅支持集群语言对讲功能（如单呼、组呼、全呼、广播呼叫、紧急呼叫、优先级呼叫、调度台核查呼叫），还能实现与 PSTN、蜂窝移动通信网络以及其他数字集群通信系统（如 ETRA 等）的互联呼叫、支持数据业务、支持视频业务（单呼和组呼）、支持多业务融合和指挥调度。

我国下一代专网产品预期将围绕 5G/6G 核心创新与垂直应用实现跨越式发展。我国于 2016 年初正式启动第五代移动通信系统研发试验，目前三大运营商正在大力推进 5G 基础设施的部署工作，预计 2020 年国内一线、二线城市会大面积覆盖 5G 信号。2018 年 6 月 3GPP 冻结 5G Release-15 为第一阶段标准，确立了增强型移动宽带（eMBB）、超可靠低延迟通信（URLLC）、大规模机器类型通信（mMTC）三大场景。

5G 不仅是新一代移动通信技术，更是经济和社会发展基础设施。在可预见的未来，云计算、大数据、人工智能等技术都将与 5G 结合，形成全新的开放融合的智能化网络。据估计，2010—2030 年，移动业务流量将增长数万倍；到 2030 年，移动网络连接的设备总量将超过 1000 亿个。中国信息通信研究院发布的《5G 经济社会影响白皮书》也指出，2030 年 5G 将为中国带来 6.3 万亿的直接经济产出和 800 万个就业机会。

5G 将促进移动指挥新技术的发展和应用。首先，物联网技术将会大放异彩。物联网在移动指挥场景下的应用前景广阔，先进物联网的引入能够提升对网络节点与目标环境的有效状态监测能力，提高全网态势感知能力，辅助实现更好的组网效能与指挥效能。

其次是无人驾驶技术。当前单靠各种传感器融合和深度学习来感知环境仍难以使 Level 5 级别的无人驾驶落地商用。未来车联网研究势必要解决无人驾驶汽车与车联网之间的协调感知与控制问题，以达到信息高速互通、算力的流动分担以及智能的交通疏导，实现全域的自动驾驶和交通自主优化管理。

借助于核心网架构的创新与确定性网络和网络切片技术，5G 还可实现大带宽低时延的超高清直播应用、VR 实时交互等创新业务，并用于实现无人设备远程操控、远程医疗、远程工业控制等。

目前全国范围内智慧城市的发展对基于 5G 的移动指挥网络提出了明确的建设需求。浙江省杭州市拟建立基于 5G 技术的“三域一体立体化指挥防控平台”，深圳市福田区拟建立新型“城市大脑”，构建“一中心、五平台、百系统”的 SMART 新型架构。

2.2 网络传输技术

网络传输是移动指挥网的基础，其使命是确保通过无线和有线信道将信息送达指定位置。根据应用对象、环境、业务等方面的差异，需使用不同的网络传输技术，其中无线传输是移动指挥网络的主用传输方式。无线传输技术按照传输距离可分为视距传输和超视距传输；按照带宽可分为窄带传输和宽带传输；按照对抗程度可分为无干扰环境传输和有干扰环境传输。还有其他不同的分类方法，每一类技术能够针对性地满足特殊的应用需求，因而构造了不同的无线通信网络。然而，不同的传输技术所追求的根本目标是统一的：通过尽量少的代价把尽量多的信息安全可靠地传输到目的地。这一根本目标也成为推动传输技术不断发展的源动力。

无线网络传输技术并不孤立，需要从物理层直至网络层、传输层乃至是系统应用角度选择合适的无线传输技术。近年来，无线网络传输技术发展主要体现在以下几个方面。

2.2.1 公众移动通信网络传输技术

现阶段先进移动通信网络包含第四代移动通信技术（4G）以及正在全国范围内全面铺设中的第五代移动通信技术（5G）网络。

第四代移动通信技术的两大标准是 3GPP 组织制定的 LTE-Advanced 以及 WiMAX-Advanced。LTE-Advanced 在传输层面采用正交频分复用（OFDM）技术，其中下行采用 OFDMA 技术，上行采用 SC-FDMA 技术。OFDM 技术具备超强的抗外环境干扰能力，是多载波调制的一种，通过频分复用实现高速串行数据的并行传输，具有较好的抗多径衰弱的能力，能够支持多用户接入。LTE-Advanced 的接入模式同时支持频分双工（FDD）、时分双工（TDD）和半双工 FDD 模式，目前国内三大运营商的 4G 网络制式都是 TD-LTE 和 FDD-LTE 混合组网，相关技术已经成熟并经受市场检验。

5G 将采用毫米波与 sub-6GHz 频段。在传输技术方面，5G 可采用 512-QAM 或 1024-QAM 等高阶调制 / 解调方案，相较于 4G 使用的 256-QAM 或 64-QAM 频谱效率更高。在接入方面，传统的正交 / 准正交多址接入技术并未考虑 5G 的低成本海量连接与移动宽带接入的应用场景。非正交多址（NOMA）是 5G 无线网络的一个重要技术，与正交多址接入技术相比，NOMA 有效提高频谱资源利用率，其基本思想是在发射端引入功率域的复用，接收端进行多个用户信号的联合检测，采用不同的信道条件来区分用户。国内学者目前对几种有效的非正交多址技术进行了深入研究，如 NOMA[2]、稀疏码分多接入（SCMA）[3]、模分多址接入（PDMA）[4]等，相关技术主要关注并发接入能力、海量接入场景下的译码效率、与 Massive MIMO 的联合优化等领域。在天线方面，Massive MIMO（大规模天线技术）是 5G 提高系统容量和频谱利用率的关键技术，当小区的基站天线数目趋于无穷大时，加性高斯白噪声和瑞利衰落等负面影响全都可以忽略不计，数据传输速率能得到极大提高，传统的 TDD 网络的天线基本是 2 天线、4 天线或 8 天线，而 Massive MIMO 的通道数可达到 64/128/256。国内相关技术研究主要关注 Massive MIMO 波束成形算法[5-7]、信号检测算法[8]、预编码算法[9-10]等领域。其中文献［5］提出了基于能效优化的低复杂度渐进式 RZF 协作波束成型算法，文献［6］提出了基于遗传算法的恒模离散相位约束下混合波束赋形算法，文献［8］针对 Massive MIMO 上行最小均方差检测的高复杂度问题提出了低复杂度的并行共轭梯度软输出检测算法，文献［9］针对 Massive MIMO 下行预编码实现复杂度问题，提出一种基于对称逐步超松弛预处理的共轭梯度低复杂度预编码算法。在信道编码方面，在 5G 的 Release 15 规范中规定，业务信道采用 LDPC 编码，控制信道采用 Polar 编码。当前研发并提供 5G 无线硬件与系统的中国公司主要有华为、中兴、大唐、联发科技等，5G 技术研究机构主要有北京邮电大学、东南大学、西安电子科技大学等高校。

2.2.2 大容量骨干无线传输技术

大容量骨干无线传输技术主要包含毫米波通信、太赫兹通信与激光通信技术，其中毫米波指电磁频率为 26.5—300GHz 的电磁波频段，太赫兹频段为 300—10 000GHz。

传统的毫米波与太赫兹器件一般应用于军事设备。随着高速宽带无线通信、汽车辅助驾驶、安检、医学检测等应用领域的快速发展以及 6G 以下通信频段的资源稀缺性，近年来毫米波与太赫兹在民用领域也得到了广泛的研究和应用，同时激光通信技术也开始在空间通信领域大规模应用。

（1）毫米波通信

随着工艺和材料技术的发展，毫米波器件性能的不断提高、成本的不断降低，有力促进了毫米波在各个领域的应用，但总体上看，毫米波产业链还处于初级阶段，距离成熟商用还有一段距离[11]。在 5G 方面，毫米波通信主要服务于增强移动宽带、超可靠低时延两项应用需求，如家庭宽带接入、园区专网、基站回传等[12]。

我国 5G 建设虽然聚焦 C 波段组网，但一直抓紧 5G 毫米波技术研究。工信部于 2017 年 7 月批复 24.75—27.5GHz 以及 37—42.5GHz 用于毫米波实验频段。目前国内毫米波基带部分与 sub-6G 设备具有相同成熟度，但射频器件尚未成熟，主要挑战在于功放、低噪放、锁相环电路以及高速高精度 AD/DA 等。举例来说，文献［13-14］根据微波光子技术提出了基于光外调制法研究光载毫米波的产生与传输技术，文献［15］研究了毫米波功率合成放大技术，文献［16］研究了毫米波倍频放大模块。电子科技大学、西安电子科技大学、华中科技大学、北京邮电大学、东南大学等院校在相关领域进行了深入研究。

（2）太赫兹通信

太赫兹在浓烟、沙尘等恶劣环境下损耗率低，能穿透墙体，是未来复杂环境下理想的通信技术。我国在 2005 年召开了“香山科技会议”，制订了太赫兹技术的发展规划，目前国内众多研究机构着手太赫兹技术研究，天津大学、电子科技大学、中国工程物理研究院、华中科技大学等多家单位取得了较为突出的研究成果。

太赫兹通信技术的基础是半导体器件。国内对太赫兹通信在器件层面的主要方向有太赫兹直接调制器[17-19]、太赫兹功率放大器[20-22]、太赫兹倍频混频技术[23-24]等领域。国内对可能应用于 B5G/6G 移动通信系统高集成度、小型化太赫兹天线[25-26]也进行了大量研究。其中，文献［17］研究了基于液晶材料和 VO2 薄膜开展可调谐超材料，文献［20］依托国产 InP DHBT 工艺线，对从太赫兹 InP DHBT 工作原理、在片测试技术、模型开发到放大器、倍频器、混频器芯片设计的整个流程进行了系统性的研究；文献［23］围绕固态宽带太赫兹倍频器和混频器设计难题，重点开展了太赫兹平面肖特基二极管精准建模、宽带倍频源及混频探测器链路等方面的技术研究。

在系统集成与应用层面，2016 年，电子科技大学研制出了一种采用直接调制方式的太赫兹通信系统，在 0.34THz 实现了 Gbit/s 的高清视频传输[27]；2017 年，中物院又研制出了 0.14THz 的远距离无线通信系统，实现了 21 千米 5Gbit/s 的数据传输[28]。

（3）激光通信

在激光通信领域，中国在空间段激光星间链路、激光星地链路以及大气层内激光通信三个方面积累了丰厚的研发经验。2016 年 8 月 16 日，中国科学技术大学联合中国科学院研制并发射了世界第一颗量子通信卫星“墨子号”，利用星地激光通信实现量子秘钥分发，星地传输峰值速率达到 5Gbps。国内研究激光通信领域的院校主要有哈尔滨工业大学、长春理工大学、中国科学院、西安电子科技大学等，现阶段热点研究方向包括大气信道自适应补偿接收技术[29]、突发相干光接收技术、深度交织信道编码技术[30]等领域。

2.2.3 低频谱密度传输技术

低频谱密度传输技术主要包含超宽带传输技术（Ultra-Wide Band，UWB）、扩频、跳频等。

（1）超宽带传输技术

超宽带无线通信技术借助超短窄脉冲进行信号发射与接收，其频谱展宽大、超宽带发射功率相当低，功率谱密度低于 –41.3dBm/MHz，在通信领域主要用来应用在近距离高速数据传输，能在 10 米左右的范围内实现数百 Mbit/s 至数 Gbit/s 的数据传输速率，具有抗干扰性能强、传输速率高、带宽极宽、消耗电能小、发送功率小等诸多优势[31]。我国在 UWB 领域有着深入全面的研究，近三年涉及 UWB 的学位论文和期刊文献达到上百篇（来自中国知网），重点涉及 UWB 电波传播[32]、波形设计[33]等基础以及通信、定位等应用方面。针对实际应用中 UWB 通信系统会受到其共存的窄带系统的严重干扰，文献［34］设计了在接收端设计自适应无限脉冲响应陷波器，抑制 UWB 中的窄带干扰；文献［35］提出一种新型数字式加权自相关超宽带接收机，将接收信号的自相关或能量积分区间分割成多个子区间，再把各子区间上的积分输出加权组合，通过优化加权系数来抑制噪声或干扰。

我国超宽带技术研究的主要高校有电子科技大学、西安电子科技大学、哈尔滨工业大学、北京邮电大学等院校。

（2）扩频传输技术

扩频（Spread Spectrum，SS）是将传输信号的频谱打散到较其原始带宽更宽的一种通信技术，有直接序列扩频（简称直序扩频，Direct-sequence spread spectrum，DSSS）、跳频（Frequency-hopping spread spectrum，FHSS）两种方式。DSSS 就是用具有高码率的扩频码序列在发送端去扩展信号频谱，在接收端用相同的扩频码序列去进行解扩，把展宽的扩频信号还原成原始的信息；FHSS 指在无线电传输过程中反复转换频率，通常能将电子对抗（就是未经授权的对无线电通信的中途拦截或人为干扰）影响减少到最小。扩频原本应用在军事和情报系统以及民用应急通信系统，如战术数据链、各类政务或警用专网，主要目的是使得信号不易被干扰和截取。在技术开放后，扩频技术被应用到 CDMA、无线局域网（IEEE 802.11 系列）等领域。扩频技术对于移动指挥网络系统具有重要意义。

扩频通信盲源分离技术可以在没有任何先验信息的情况下，将接收到的多个统计独立的源信号分开，是扩频系统抗干扰的新技术：文献［36］提出了一种改进的基于盲源分离的扩频通信抗干扰算法；文献［37］研究了基于负熵的 FastICA 算法和基于四阶累积量矩阵联合对角化的盲源分离算法。

我国扩频技术研究的主要高校有电子科技大学、西安电子科技大学、哈尔滨工程大学、北京邮电大学、哈尔滨工业大学等。目前超短波跳扩频电台在军队中的装备规模大，应用广泛，是部队完成多样化任务的重要通信装备[38]。

2.2.4 视距传输技术

视距超短波通信技术主要应用于政府部门的集群通信和军队专用通信网，在物理层和链路层广泛借鉴 4G/5G 移动通信的相关技术，使用 OFDM、LDPC 编码、Polar 码等技术和频谱感知、抗干扰等技术提高信息传输能力，如我国基于 LTE 技术的 LTE 宽带集群通信（即 B-TrunC）标准[39]，目前两大通信设备供应商华为和中兴公司都能够提供 LTE 宽带集群产品。

2.2.5 超视距传输技术

（1）卫星通信

自 1958 年卫星通信被提出以来，卫星通信的主要技术路线由传统的同步轨道弯管转发式通信发展为现阶段全面覆盖与整合高、中、低轨通信星座的天地一体化天基信息网络阶段。我国已经发展卫星通信超过40年，发射了多颗不同类型的通信卫星，各类用户地球站广泛应用于政府和多个行业，随着市场需求和技术的发展，我国卫星通信近年来呈现以下态势：

1）传统的C、Ku频段卫星通信非常成熟。随着基于东方红四号平台的大容量通信卫星广泛应用，空间C、Ku频段转发器的数量不断增加，性能达到国外同类通信卫星的水平，如2018年发射的亚太6C卫星配置了32路C频段转发器、20路Ku频段转发器和1路Ka频段转发器，有8个波束覆盖区，支持广播电视及各用户的VSAT（甚小口径卫星天线终端）的业务运行。

目前，广泛使用的Ku频段VSAT系统和设备已完全国产化，并不断推出性能更加优异的系统和设备。如在系统方面，2015中国航天科技集团公司航天恒星科技有限公司发布了新一代国产卫星通信系统Anovo2.0，该系统采用MF-TDMA技术，具备TCP/HTTP加速、QoS保障等功能，可容纳百万数量级终端在线，提供高可靠性信息安全解决方案，标志我国卫星通信技术应用达到世界先进水平，可提供与国家保密部门的接口。卫星终端设备在近年来也发展迅速，在天线方面，国内生产各类动中通天线的企业有数十家，特别是采用相控阵、VICTS（可变倾角连续断面节阵列）等新技术的低剖面动中通天线已有实用产品，技术水平已经达到世界先进水平，广泛用于车载、舰载、机载等多类平台；在终端固态功放方面，功率数十瓦的Ku频段GaN（氮化镓）高效率功率放大器已有成熟产品，性能基本与国外同类产品相当；在基带设备方面，国内各VSAT系统提供商都可为用户提供小型化、高集成的基带设备。

2）基于Ka频段或更高频段的高通量卫星通信成为新的发展热点。随着互联网的广泛普及应用，我国宽带卫星通信也随国外成为近年发展的热点，推出了同步轨道和中低轨道高的通量通信卫星系统，由于Ku频段和轨位资源的枯竭，我国提出的这类系统广泛采用Ka频段或频率更高的Q/V频段。

目前，中国卫星通信集团公司已经推出了同步轨道的中星16宽带卫星通信系统，向各类用户提供基于互联网的应用。另外，我国一些国有和民营公司及大学也提出了若干宽带高通量卫星的星座方案，如清华大学的智慧天网中轨星座、航天科技的鸿雁低轨星座、航天科工的虹云低轨星座、银河航天公司的低轨星座等，这些系统都是在空间部署数十至数百的低轨卫星或若干中轨卫星，实现全球无缝覆盖。各系统普遍借鉴的欧洲电信标准化组织的DVB-S2标准，将为位于全球的用户提供宽带互联网服务。

3）卫星移动通信正在走向普及。2016年8月6日，我国第一颗移动通信卫星“天通一号”卫星发射入轨[40]，我国第一个卫星移动通信系统开通运行。天通一号01星的覆盖范围主要包括我国领土、领海及周边区域，提供全天候、全天时、稳定可靠的移动通信服务，支持语音、短消息和数据业务。天通一号01星主要的优势体现在终端的小型化、手机化，便于携带，能够将指挥系统的信息收集与控制粒度提高到单一人员或小型车辆级别，有效提升指挥控制细粒度。该系统采用 S 频段，空口设计借鉴并采用了 3GPP-R6 的标准，能够为手持用户提供话音、短信服务，业务能力相当于 INMARSAT 的移动通信业务。另外，面向低速数据采集应用的低轨星座也正在我国快速发展，国电高科公司的天启星座、九天微星的数据采集星座等已经有多个卫星发射入轨，为物流、采油等应用提供服务。

4）中继卫星系统加快建设。在中继卫星系统层面，2003 年中国天链一号 01 星在 2008 年成功发射，第二代的天链二号 01 星在 2019 年 3 月发射，其在任务规划、系统管理、业务运行上相比天链一号卫星系统取得显著进步，数据传输速率和多目标服务能力也有较大提升，将对提高中低轨卫星、载人航天器信息回传时效性。

（2）散射通信

散射通信是指利用对流层及电离层中的不均匀性对电磁波产生的散射作用进行的超视距通信，可分为电离层散射通信、对流层散射通信。散射通信的优点是：通信距离远，多跳转接可达数千公里；对流层散射不受核爆炸和太阳耀斑的影响，传输可靠度达 99%—99.9%。其缺点是：电磁波传输损耗大，一般采用大功率发射机，高灵敏度接收机和高增益天线；散射信号有较深的快衰落，其电平还受散射体内温度、湿度和气压等的影响，且有明显的季节和昼夜的变化。

目前我国散射通信技术的主要研究高校有西安电子科技大学、北京邮电大学等，主要研究课题有信道特征分析[41–42]、频谱感知[43]等。其中，文献［41］结合散射体的性质推测信道的损耗特性、多径效应和多普勒效应的成因，尝试对散射信道的特性研究构建理论基础；文献［43］针对对流层散射通信系统频段拥挤、共道干扰问题，研究频谱感知技术的应用。

（3）流星余迹通信

流星余迹通信是一种流星余迹为媒介的通信方式。太空中的各种流星在到达地球并进入大气层中时，其速度可达 10—70km。它们在 80—120km 的高空和地球的大气层剧烈摩擦并燃烧，致使其周围的气体产生电离形成电离余迹。这种从流星轨迹为中心的柱状电离云，对 VHF（甚高频，30—300MHz）无线电波产生反射或散射，从而实现超视距远距离无线通信。我国早在 20 世纪 60 年代即开始研究流星余迹突发通信技术，西安电子科技大学、中电 54 所等单位在全双工流星余迹通信系统方面均有丰富的产品研发经验。现阶段国内流星余迹通信学术研究主要集中在流星余迹通信自适应组网技术与大时延间歇性通信的网络协议技术等领域，文献［44］对流星余迹通信网管系统进行体系结构论证，文献［45］构建流星余迹组网模型，结合适用于时延容忍网络的 ED 算法和 EDLQ 算法提出一种改进的 OED 路由算法。

2.3 网络组网与控制技术

现阶段主流网络组网与控制技术的代表是数据面与控制面分离的软件定义网络技术（Software Defined Network，SDN）以及去中心化的移动自组织网技术，其作用范畴为网络层、传输层、应用层。目前，这两类技术均已得到广泛的工程应用。

2.3.1 软件定义网络技术

SDN 的设计思想是通过将网络设备的控制面与数据面分离，实现基于信息流的灵活控制，为核心网络及应用创新提供良好平台，被认为是网络领域的一场革命，为新型互联网体系结构研究提供了新的实验途径。

SDN 的整体架构由下到上（由南到北）分为数据平面、控制平面和应用平面。其中，数据平面由交换机等网络通用硬件组成，各个网络设备之间通过不同规则形成的 SDN 数据通路连接；控制平面包含了逻辑上为中心的 SDN 控制器，它掌握着全局网络信息，负责各种转发规则的控制；应用平面包含着各种基于 SDN 的网络应用，用户无须关心底层细节就可以编程、部署新应用。

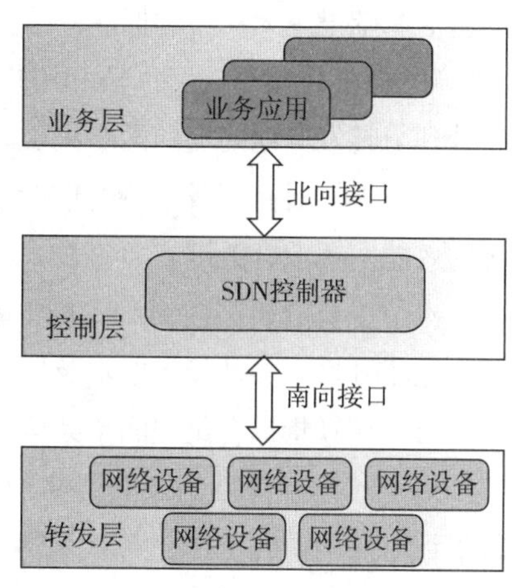

图 2 SDN 网络架构图

SDN 中的接口具有开放性，以控制器为逻辑中心，南向接口负责与数据平面进行通信，北向接口负责与应用平面进行通信，东西向接口负责多控制器之间的通信。最主流的南向接口是 OpenFlow 协议。SDN 提供的开放可编程框架为复杂逻辑下的网络中心化 / 半中心化控制提供了基础。在 SDN 的基础上，网络功能虚拟化（Network Functions Virtualization，NFV）可将网络节点阶层的功能分割成几个功能区块，分别以软件方式实作，不再局限于硬件架构。

北京邮电大学、电子科技大学、东南大学与中国科学技术大学等高等院校对 SDN 网络的实现形式与应用进行了大量研究。在 SDN 技术国内研究领域，集中但不限于以下领域：数据中心网络体系架构[46-47]、调度与负载均衡[48-49]、QOS 与网络切片[50-51]、云计算 / 边缘计算应用[52-53]、网络虚拟化[54]、特殊场景下网络架构与控制策略等领域。SDN 的灵活框架有助于各类基于人工智能技术的智能网络技术，如基于统计信息实现机器自主学习的智能安全策略[55-56]、智能负载均衡策略[57]等。在 SDN 网络技术的工程实现与产品化方面，华为、中兴、H3C、CENTEC、锐捷网络等厂商均推出了 SDN 网络控制器或者网络交换机设备。

2.3.2 移动自组织网络技术

移动指挥网络通常不会过度依赖固定基础设施，由于自然与人为干扰的存在，移动指挥网络各节点间信道状态以及拓扑连通关系存在不稳定性，对网络吞吐量、时延、网络连通性、业务承载能力有较大影响。如何实现弹性网络服务，是移动自组织网络（Mobile Ad hoc Network，MANET）技术的重要研究内容。MANET 指节点具有移动性的自组织网络，可以满足移动指挥网络的弹性需求。

地面移动蜂窝通信网络或者无线局域网都是有中心的星型网络架构，基于预设的专用网络设备铺设。同时，互联网也是中心化的运行方式，客户端通过域名解析来寻找特定的服务器或者数据缓存中心来获取信息和服务，这种中心化的服务提供机制面临着高成本、低效率、信息冗余、信息缺失、信息安全等一系列问题。对于不稳定的网络场景（如战场上部队快速展开和推进，地震或水灾后的营救等）来说，有固定中心的移动网络拓扑所需的星形基础设施无法得到保障。

MANET 终端兼有路由器和用户终端两类身份，运行各种面向本地用户应用程序的同时处理与转发其他终端的网络报文。这种分布式控制和无中心的网络结构能够在部分通信网络遭到破坏后修复或维持通信能力，具有很强的鲁棒性和抗毁性，对特定场景下指挥系统的效能发挥十分关键。

本节主要分析国内 MANET 研究进展，主要包括移动指挥自组织网络架构研究、网络抗毁性能分析、多址接入技术及抗毁路由技术研究等。

（1）移动指挥自组织网络架构研究

由于移动指挥网络并非严格的无中心网络，因此在网络架构设计方面，国内学者进行了针对性的研究工作，文献［58］研究了一般场景下的应急通信系统自组织网络应用方案，文献［59］对警用应急通信自组织网络方案进行了讨论，文献［60］研究了应用于海战场的移动自组织网络架构。

（2）网络抗毁性能分析

作为一种异化的 MANET，移动指挥自组织网络的抗毁容错性能在特殊条件下极大影响指挥网络效能，因而网络的抗毁容错性能分析成为一个独立的研究方向。举例来说，文献［61–62］对 MANET 稳定度模型与抗毁评价指标进行了研究。文献［63］讨论了几类拓扑控制及其抗毁性应用简述。文献［64］尝试讨论网络信道分配策略与网络抗毁能力。

（3）多址接入技术研究

MANET 多址接入技术研究，是提升网络综合能力的着手点。国内学者们在此方向进行了大量的研究，如文献［65–68］等。

（4）抗毁路由技术研究

抗毁路由算法是 MANET 的研究重点，相关文献资料丰富。文献［69］基于对抗环境下机间自组织网络的基本特征，提出了基于业务分类的服务质量综合保障模型和基于动态拓扑约束的服务质量保障路由。文献［70］针对紧急灾情发生的场景下，提出迅速组建能够机动部署的由背负式基站节点和车载基站节点共同组成应急通信网络，从而保障灾区与指挥中心间的即时通信。应急场景下的 MANET 难以保证节点能够实时通信，为了在高效转发数据包的同时尽量减少网络传输中的时延，文献［71］提出了基于稳定值的机会网络路由算法，并在其中引入了稳定因子的概念，将节点的移动规律与其邻居节点进行关联。对网络中的节点根据稳定值进行分类，稳定性越好的节点转发概率越高，更容易受到节点转发消息的青睐。

2.4 网络安全技术

安全问题是移动指挥网络的核心问题。由于可能存在的复杂对抗环境，移动指挥网络的可靠性和安全性直接影响着指挥与控制系统的效率与效益[72]。文献［73］对指挥信息系统信息网络安全控制进行了研究。一个安全的移动无线通信网络具有以下 5 大特征：

1）可用性：在被攻击的情况下系统能够随时提供完善的网络服务；

2）真实性：保证探测到所有恶意节点；

3）数据机密性：一个给定的信息（信令或业务）不被非法的宿点获取；

4）完整性：正常节点间的信息传递不被篡改与删减；

5）不可抵赖性：网络节点可确认接到的信息是否合法，并能够告知其他相关节点。

网络安全对无线通信网络而言是一个宏大的题目。从网络构成角度，无线通信网络安全问题可分为数据安全、控制安全、管理安全、设备安全；从通信本质出发，网络安全技术又可分为信息安全技术与信号安全技术。不同类型的无线网络还各自具有特殊的安全议题。本节主要介绍国内移动自组织网络与卫星网络的安全技术研究。

2.4.1 移动自组织网络安全技术

MANET 具有拓扑动态性、无中心分布性、无固定基础设施等特点，为通信与定位的安全性带来严重问题[74]。由于网络信息可分为信令信息与业务信息两类，因此 MANET 安全技术可以从路由 / 接入（对应信令信息安全）、密钥机制（对应业务信息安全）两个层面进行安全性加固[75]，国内学者在此领域进行了大量的研究。

（1）移动自组织网络路由 / 接入安全

由于 MANET 环境不可信，而网络拓扑频繁变化，故路由协议对网络性能影响较大。IETF 的自组织网络小组已经提供一系列成熟的路由协议如 AODV、DSR、OLSR 等。正是由于此类路由协议接受网络的快速变化，更容易受到各类攻击而性能降额或失效。文献［76］提出一种启发式恶意节点发现与隔离策略，计算接收到的数据包中的目的序列号以及路由表中目的序列号的差异，将该差异与启发式计算得到的差异阈值进行比较来判别节点是否可疑。对可疑节点进行诱饵检测，发现和确认恶意节点，并对恶意节点实施隔离，构建安全、可靠的数据传输路由。文献［75］尝试构建了 MANET 安全评价指标体系，采用模糊理论建立可入侵检测的 MANET 安全综合评价模型。

（2）移动自组织网络密钥安全

文献［77］为 MANET 提出了一种随机密钥构建策略算法，与常用的 ARAN 和 TARF 安全路由协议相比，在恶意节点比例不同的条件下，采用该策略改进的 DSR 路由协议具有更高的报文送达率。由于 MANET 天生的去中心化与分布式特征，适合利用区块链技术实现分布式共识策略和匿名认证算法，为区块链模型下的分布式网络带来良好的可用性[78]。在此方面，国内学者对区块链技术在自组织网络、指挥网络下的密钥管理技术进行了大量研究[79-80]，如何应用区块链技术，提升移动指挥网络安全性能，需要学界与工业界进行深入研究。

2.4.2 卫星网络安全技术

卫星网络类型众多，民用卫星通信系统有同步轨道高通量卫星系统、同步轨道移动通信卫星系统、窄带物联网卫星网络以及超大规模低轨移动互联网星座等。卫星网络可分为空间段、用户段与地面段三部分。空间段指提供网络服务的航天器集合；用户段指代网络所有可能用户（用户分布与构型受系统应用定位约束）；地面段为支撑系统运行的运控站、测控站以及作为网关的关口站等地面设施。

不同类型的卫星网络的安全议题不同。尽管传统网络接入认证技术较为成熟，但卫星网络具有资源受限、通信链路高时延和信道高度开放性等鲜明特征，使得用户面临数据被窃听和篡改的威胁，空间段与地面段也面临被劫持或破坏的风险。故星地链路空口安全问题，如接入认证、密钥体系等是国内卫星网络安全的主要研究方向。空口安全问题的信号安全由卫星网络传输体制保障（见网络传输技术），本节主要介绍相关信息安全措施。

传统的用户接入认证采用网控中心进行集中化处理，存在单点瓶颈，接入时延大。由于网络拓扑时变，星间切换（一般在中低轨网络中）下的安全问题十分突出。文献［81］为防止非法用户接入卫星网络获取网络服务或破坏系统，设计了适用于卫星网络的接入认证和密钥协商机制。为解决公钥密码系统的安全性缺陷，文献［82］提出了一种不使用公钥密码的轻量级认证方案，用户临时身份在每个身份验证过程中独立更新，更新分别由用户和网控中心执行。文献［83］针对卫星网络中的无线链路易被劫持导致身份被追踪、假冒的问题，基于网络接入实体可信身份，设计一种实体匿名认证机制，并给出防篡改的可信身份设计及基于可信身份的密钥设计，并根据卫星网络高传播时延特征提出一种基于非交互式可信验证方法。文献［84］针对低轨卫星网络信道开放、网络拓扑结构动态变化和用户终端海量的特点导致的安全问题、服务质量问题和网络控制中心负载问题，提出了一种基于 Token 的动态接入认证协议，基于卫星轨迹可预测性和时钟高度同步的特点构造预认证向量，实现用户的随遇接入和无缝切换。

切换认证协议是确保移动用户跨多个接入点实现无缝、安全切换的必要机制。近年来，面对卫星网络切换问题，国内学者通过采用不同的技术提出了多种切换认证协议[85-86]。

2.5 网络服务技术

对应移动指挥而言，边缘计算与云计算协同实现的普适计算[87]，可为指挥信息系统提供全域数据的高效存储和实时计算能力。

2.5.1 边缘计算技术

边缘计算是通过把计算、存储、带宽、应用等资源放在网络的边缘侧，减小传输延迟和带宽限制的新兴技术。在指挥系统中，边缘计算能力允许用户在没有网络、无法接入指挥部时，不妨碍边缘设备的“贴地”计算。在5G领域，由于承载网的带宽瓶颈、时延抖动等性能瓶颈的存在，引入边缘计算可将大量业务在网络边缘终结。国内学者在边缘计算的网络资源管理与编排、任务卸载等方面进行了大量研究：文献［88］设计了基于微服务的服务化5G网络资源管理架构和能力开放架构；文献［89］提出了基于定价博弈的卸载决策算法；文献［90］对边缘缓存的节点检索以及缓存内容选择替换策略进行研究。

2.5.2 云计算技术

云计算（cloud computing）是分布式计算的一种，它是分布式计算、效用计算、负载均衡、并行计算、网络存储、热备份冗杂和虚拟化等计算机技术混合演进并跃升的结果[91]。为满足现代化战争对海战场指挥控制系统能力要求，将具有开放式和分布式特点的云计算技术应用于移动指挥控制系统具有重要意义。

我国云计算技术的研究与应用一直在世界前列。在指挥控制应用领域，国内众多学者对移动指挥网络系统的云计算应用进行了探索性研究。文献［92］研究了基于移动云模式的指挥信息系统架构信息流协同机制；文献［93］提出并分析了基于云协同的多域联合指挥控制系统。

3. 国内外发展比较

3.1 移动指挥网络典型应用部署

3.1.1 民用领域

主要发达国家普遍支持应急平台专网通信与指挥系统建设，并视之为重要的公共政策。走在国际前列的是美国、英国、法国、日本，其中美国部署的系统数量占全球总数的50%左右。目前，美国的国际公共安全电子产业已构建起比较完善的推进型的产业链条和产业结构，形成若干个大型跨国企业，具备工程安装、网络监控和运营服务的能力。

早期的应急通信专网的主要发展形式为集群通信系统（Trunking）。集群通信系统经历了从模拟到数字、从早期一对一、同频单工组网、异频单工组网到多信道共享调度的发展历程，系统所具有的全部可用信道可为系统全体用户所共有。通过灵活的信道分配算法，结合蜂窝网络拓扑关系，此类方案可搭建拓扑灵活的网络场景，适合用于各类窄带移动指挥系统，如警务、防火救灾以及低烈度局部战役。

欧美各国为各类集群无线电专网制定了多项协议标准。陆上集群无线电（Terrestrial Trunked Radio，TTR）是基于数字时分多址技术（TDMA）的专用通信系统标准，也是欧洲无线电集群通信的现行标准，亦称泛欧集群无线电（Transfer European Trunked Radio，TETRA）。TTR 技术同时在全球范围内 100 多个国家内得到广泛应用。作为窄带通信标准，TTR 可以实现单一技术平台上的语音通话与分组数字服务。另外，如由欧洲电信标准协会制定的数字移动无线电（Digital Mobile Radio，DMR）标准；美国摩托罗拉公司提出的能够赋予移动通信集群的指挥调度功能的数字集群移动通信系统标准，数字增强网络系统（Integrated Digital Enhanced Network，iDEN）。

在应急指挥专网的建设方面，美国从 20 世纪 90 年代初就推行了应对自然灾害的“国家安全应急准备计划（NSEP）”，建立专有通信网，美国还建立了联邦应急管理信息系统、紧急报警系统、琥珀警报系统以及全灾难报警系统等。“9·11 事件”和卡特里娜飓风等重大突发事件带来的巨大损失为美国的公共安全应急网络提出了巨大的挑战。美国政府发现其应急通信能力与实际的需求尚不匹配。常规的商业网络由于基础设施损毁、电力供应中断、网络拥塞等问题，既无法提供政府所需的应急通信，也无法满足普通用户在紧急情况下爆发式的通信需求。2012 年时任美国总统奥巴马签署《2012 中产阶级减税和创造就业法案》，提出将提供资金建设一个全国性的公共安全宽带网络的计划。美国国会正式成立“第一响应者网络管理局”（First Responder Network Authority），后与运营商 AT&T 合作，开启了 FirstNet 的建设。

FirstNet 是专用于公共安全的全国性无线宽带网络，旨在为全美公共安全机构提供统一的全国性互操作网络，为行政执法、消防救援、急救医疗、应急管理相关单位和人员提供宽带移动通信能力，在紧急情况、大型事件或商业网络拥塞的情况下提供具有绝对优先权的带宽和信息共享服务。

FirstNet 可提供宽带可靠性和可互操作的连接。以消防救援为例，消防员和消防部门需要通过应用程序进行计算机辅助调度、绘制地图、得到伤员报告和危险物品信息，但在紧急事件中商业网络的拥塞会导致重要数据源无法访问。FirstNet 将在此时提供具有绝对优先级的可靠带宽。同时，FirstNet 还能够分享图像和视频，或访问天气和交通数据，以便在事件发生时获得更清晰的操作图像。随着紧急情况的展开，FirstNet 可以快速可靠地连接到其他机构和司法管辖区，以及跟踪人员信息。未来 FirstNet 将提供个人定制服务，应急人员可以使用个人移动设备进行应急通信。

FirstNet 是基于 LTE 标准的宽带网络，包括 FirstNet 分布式核心网络、地面移动系统、移动卫星系统和可部署系统。分布式核心网络将包括演进分组核心（EPC）网络和服务传送平台，以提供各种服务。地面移动系统包括基于地面的通信系统，而移动卫星系统将使用卫星通信链路与分布式核心网络进行通信以进行服务。可部署的系统将是车联网系统和单元，在网络拥塞区域或没有小区覆盖的区域中提供服务。FirstNet宽带数据网络提供专用于公共安全服务的高速网络。与目前公共安全无线系统相比，FirstNet将提供更大的覆盖范围、容量、连接性和灵活性。

FirstNet定义了不同层次的LTE网络：核心网络、传输回程、无线接入网络（RAN）和公共安全设备。公共安全设备可以是智能手机、笔记本电脑、平板电脑或其他任何基于LTE的用户设备。RAN实现无线接入技术，该技术概念上位于公共安全设备之间并提供与核心网的连接。传输回程包括核心网和子网，其中核心网是电信网络的中心部分，它向接入网络上的公共安全设备提供各种服务。

3.1.2 军用领域

2018年，美军空军退役少将蒂莫西扎达利斯指出：由于潜在对手掌握最尖端技术，跨越式地缩短了与美国及其盟友的军事差距，美军需研究如何更好地整合先进技术，让高投入形成强大的合力，美军希望最终建立涵盖美军各兵种、北约盟国之间的多域指挥控制巨系统。

美国陆军《塑造陆军网络：2025—2040》文件中指出，其整套指挥系统需要五大领域的能力：动态传输，计算与边缘传感器，数据到决策的行动，人类认知能力的增强，机器人和自主作战，赛博安全与弹性。以上五大能力无一不与移动指挥网络息息相关。自海湾战争以来，美军指挥信息系统由注重指挥控制过程的自动化向注重获取信息优势的方向转变。为进一步提升各军兵种间互联互通互操作能力与机动性，美于1998年提出建设全球信息栅格（GIG），并将其成功应用于实际任务。由于各组成部分网络结构不同，GIG整体形成了大型异构网络，制约了整体效能的发展。为减少不必要的基础设施重复建设，并增强信息网络安全，美提出用国防部信息网络（DoDIN）取代GIG，其中联合信息环境JIE是DoDIN的建设重点。JIE通过共享的信息基础设施、通用的企业化服务以及统一的安全认证体系，达成指挥控制系统的信息全谱优势，因此成为美国近年信息化建设的主要抓手。

美军GIG是全球范围内最复杂与先进的指挥系统，已大量编配部队并投入使用。GIG提供计算、存储、通信等6类服务，无缝延伸到战场，能够提供战术信息分发管理控制、端到端QOS控制等能力，实现传输网向信息网的转变。GIG由若干子系统组成，其中具有代表性的移动指挥网络为战术级作战人员信息网（WIN-T）、联合战术网络（JTN，原JTRS）以及战术数据链（TADIL）。

WIN-T是美陆军最重要的战术级战场骨干网络，具有自组织、自愈合、自定位的能力，部署遍及军级至连级范围。预期研制时间为2004—2030年，分4个阶段部署。阶段1为依靠Ku波段卫星的“驻停通”营级组网，已于2012年部署完毕；阶段2为初始“动中通”连级组网，初步具有网络自动规划能力；阶段3为战术赛博空间与网络运作，提升超视距卫星通信能力；阶段4为增强的“动中通”能力，提供安全抗干扰宽带的卫星通信，升级地面传输设备并提升全网规模与吞吐量。2018 年美军调整了 WIN-T 第三阶段计划，转向研究软件定义网络技术实现更高的安全性与网络效能。WIN-T 采用开放式分层架构，包括天基组网空间层（WGS、AEHF 等）、空中层、视距组网的地面层三部分，全面提升高机动作战条件下的不间断动中通能力。WIN-T 的技术特点包括：多样化网络接入媒介；多样化接入节点（指挥节点、战术通信节点、单兵便携节点、远程端口、单方舱交换机等）；多样化调制编码加密格式、多样化软件无线电波形（如 HCW、NCW、SRW 等）；自组织自愈能力；抗干扰能力；一体化动中通能力。

JTN 的目标是为美三军提供统一通用的战术无线电系统，针对各军种的烟囱式系统实现互联互通。JTN 系统分为 4 层，不考虑硬件平台，从下至上分别为操作系统、中间件、核心框架与应用软件。顶层应用软件主要完成各波形功能，以波形组件的形式实现。JTN 办公室现阶段主要工作包括开发软件定义无线电波形和网络管理程序，确保战术组网互操作能力。JTN 的技术特点包括：标准化的体系架构、高度互操作能力、强大的通信组网能力和自组织抗干扰能力、小型化低功耗。JTN 成功研制了手持式、背负式、机载式多种软件定义电台，移植美国 14 种传统通信波形，并开发了 WNW、SRW、MUOS、JAN-TE 四种新波形，已在美五大军种及盟军中实现规模化部署，总量超过 40 万部。典型设备包括 MIDS 四通道无线电台、MNVR 无线电台、AMF 双通道无线电台等。

TADIL 是在传感器、指挥控制系统与武器平台间实时传输处理战术态势、指挥控制、战术协同等格式化消息的网络化战术信息系统。经过几十年发展，美军（北约）数据链装备始终按照情报侦察、指挥控制和武器协同三大系列发展，走体系化发展之路，先后发展了四十余种数据链，如 LINK-4、LINK-11、LINK-16、LINK-22、CEC、CDL、TTNT 以及 MADL 等。目前的研究热点主要有：无人作战平台数据链，支持无人平台形成网络化体系并形成有机整体，有效融入有人体系（如 X-47B TTNT 数据链）；指挥系统依托数据链建立 OODA 环，如美海军一体化防空火控系统项目综合运用协同交战数据链与 LINK-16 实现分布式探测—跟踪—火控—打击的系统之系统，形成对海、对空、对陆杀伤链。

总结前文，外军军用移动指挥网络的发展方向主要包含 5 大特点：

1）网络结构由平面型向立体型转变；

2）网络功能由通信管道向信息网络转变；

3）系统使用由“驻停通”向整体移动转变；

4）动中通能力由窄带向宽带持续发展；

5）系统抗干扰抗毁向多手段综合运用发展。

3.2 网络传输技术

3.2.1 公众移动通信网络传输技术

4G、5G 移动通信技术是由 3GPP 联合全球网络运营商、终端制造商以及政府、学术机构等单位经过大量讨论与协商建立的全球统一的标准化技术规范。

2019 年 4 月 3 日，韩国于当地时间（UTC+9）23 时启动 5G 网络服务并成为第一个 5G 国家。美国运营商也高度关注 5G 核心网建设，以引入边缘计算和切片技术，面向商务市场提供业务。此外，瑞士、英国、阿联酋、意大利都于 2019 年 7 月前开通了商用 5G 服务，中国于 2019 年 6 月 6 日开始发放 5G 牌照，位列全球第七位。目前全球范围内具备提供 5G 无线硬件与系统的外国企业有三星、思科、诺基亚、爱立信、瞻博网络等。中国企业从 5G 基站到 5G 终端产品都建立起了自身的优势地位，截至 2019 年年底，华为目前已在全球范围内获得了超过 50 个 5G 合同，基站发货量 15 万部。

各国 5G 频段的分配使用方案根据各国政策与市场状态由政府与运营商共同指定。举例来说，毫米波比较主流的频段是 28GHz 以及 39GHz，各个国家和地区会根据历史情况和频谱资源情况来进行毫米波和 6GHz 以下频谱部署，比如北美可能会先在毫米波频段进行 5G 部署，我国国内会先在 6GHz 以下进行 5G 部署，日韩可能两种频段都会部署，国内三大运营商或将在 2022 年才商用 5G 毫米波频段。中国毫米波部署将晚于欧美的原因是，欧美部分地区的光纤覆盖远不如国内，使用毫米波做回传是经济可行的。我国运营商骨干网资源十分丰富，所以国内运营商在 5G 商用前期就没有特别强烈的意愿用毫米波做回传，而是进一步探索 5G 应用模式。

3.2.2 大容量骨干无线传输技术

（1）毫米波通信

国外极其重视 5G 毫米波通信应用。5G 毫米波通信频段标准将在 2019 年世界无线电通信大会（WRC-19）1.13 议题中讨论确认，会议在 24.25~86GHz 频率范围的若干个候选频段中为 5G 寻找新增频段，并在 ITU-R 第 5 研究组特设了 TG 5/1 工作组专门负责该议题的研究。在网络部署方面，美日韩在毫米波商用和预商用进展较快。美国运营商已在多个城市进行毫米波商用部署，主要聚焦在将 28 GHz/39 GHz 用于 FWA 场景。韩国运营商完成国内 28 GHz 毫米波频谱的分配，日本运营商开始对 28 GHz 毫米波进行外场试验[11]，国内会先在 6GHz 以下进行 5G 部署。

在芯片和终端层面，英特尔（Intel）于 2017 年 11 月发布了 XMM 8060 5G 多模基带芯片，该芯片同时支持 6 GHz 以下频段和 28 GHz 毫米波频段。高通已经能够提供商用的毫米波终端芯片 X50 和 X55，天线模组 QTM525。高通公司目前已具备测试终端 MTP8510-5G，频点为 N257A 或者 N261（28 GHz 频段）。在商用终端方面，OPPO/VIVO/ZTE 预计 2019 年年底将推出 X55 芯片样机终端，商用终端预计 2020 年出现。高频核心器件是毫米波频段通信面临的一个重要挑战，低成本、高可靠性的封装及测试等技术也至关重要。我国在毫米波高性能器件、原型系统验证等方面与全球领先企业仍存在较大差距[12, 94]，需要进一步开展创新性研究与开发工作。

（2）太赫兹通信

在太赫兹技术方面，世界各大国都对太赫兹技术研究进行投入。2004 年，美国首次提出太赫兹技术，并将太赫兹技术列为“改变未来世界的十大技术”之一。之后美国 IBM、Intel 等公司开始对太赫兹技术进行研究。2018 年美国移动世界大会上，美国联邦通信委员会首次在公开场合启动 6G 通信技术研究，基于太赫兹频段的 6G 通信技术，其理论下载速度可达 1TB/s。2019 年 3 月 15 日，美国联邦通信委员会（FCC）一致投票通过开放“太赫兹波”频谱的决定，频率范围为 95 GHz—3THz 的“太赫兹波”频谱将被开放供实验使用。日本也将开发太赫兹技术列为“国家支柱技术十大重点战略目标”之首。日本总务省规划在 2020 年东京奥运会上采用太赫兹通信系统实现 100 Gbit/s 高速无线局域网服务[95]。近年来，我国的政府机构和科研院校高度关注太赫兹研究，已建立起几十个太赫兹研究中心（实验室），如中国科学院太赫兹固态技术重点实验室、中国工程物理研究院太赫兹科学技术研究中心等。在太赫兹领域我国与国外理论研究差距较小。单从 SCI 论文发表的数量上（如中国科学院、电子科技大学、天津大学等单位），我国已经达到世界领先水平，但在集成化与产业化方面与欧美国家还存在较大差距。

（3）激光通信技术

在激光通信技术方面，国外主要将激光通信技术应用于对带宽需求较大且少遮挡的直连通信场景，如海洋环境与星地、星间的通信场景。NASA、ESA 进行了大量空间光通信试验研究。美国正在实施激光通信中继演示验证项目，目的是验证地球同步轨道与地面接收站的高速双向通信。NASA 空间通信与导航局开展合作，开展深空光通信计划以及“2020 探索”计划。欧空局的欧洲数据中继系统（EDRS）拟采用激光通信技术，通过多颗地球静止轨道数据中继卫星为近地轨道航天器与地面控制中心进行实时数据中继，速率达 1.8 Gbit/s，2019 年 8 月 6 日已发射 EDRS C 卫星。日本计划发射的“激光数据中继卫星”将数据中继系统的微波链路替换为激光链路，预设通信速率达 2.5Gbit/s。国外空间激光通信主要研究机构如图 3 所示[96]。

从国外情况看，美国、欧洲、俄罗斯、日本等起步较早，发展至今已有 40 多年。我国空间激光通信研究起步较晚但发展较快。2016 年中科院上海光机所研制的墨子号激光通信设备以及哈尔滨工业大学研制的实践 13 号激光通信设备，分别实现了 5.12Gbps（2000km）以及 4.8Gbps（36000km）的星地激光通信，取得了良好的成果[96]。

3.2.3 低频谱密度传输技术

（1）超宽带技术

以美国军队为例，早在 20 世纪 60 年代，美国国防部门就确立了超宽带通信技术应用于国防军事领域的技术基础。现阶段美国国防部门所研制的超宽带通信系统包含：基于超宽带通信技术的无人飞机与车载雷达；可高速移动的超宽带通信系统自组织网；战场防窃听网络。超宽带通信技术设备的成本较为低廉，美国海军拟将此类设备应用于海外军事基

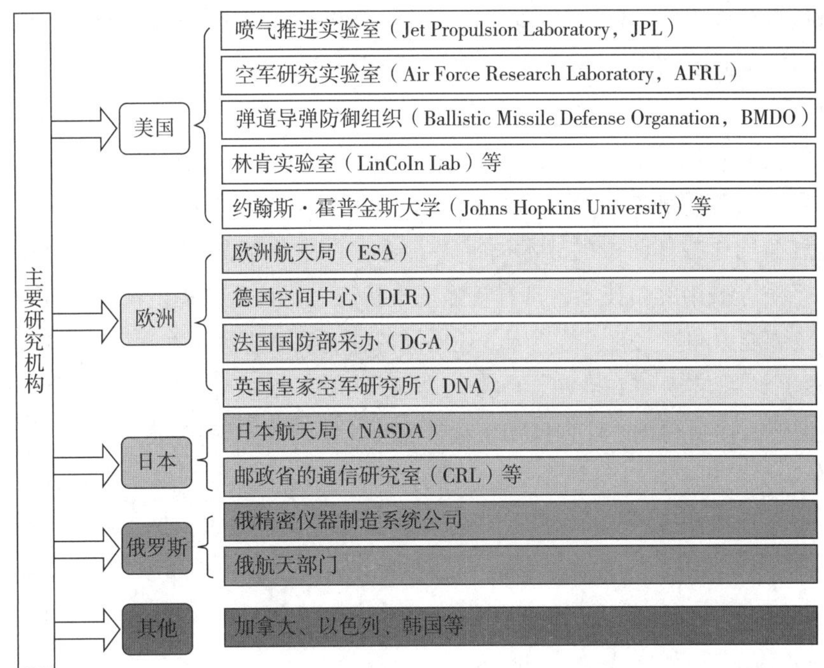

图 3　国外空间激光通信主要研究机构

地。除美国以外，英国、俄罗斯和法国等国家也开始在通信系统及雷达系统等方面对超宽带通信技术进行研究[97]。

在民用领域，美国、韩国、欧洲企业对 UWB 技术发展十分重视。FCC（Federal Communications Commission）把 0MHz—960MHz 和 3.1GHz—10.6GHz 范围的频带划分给民用 UWB 使用。由于北美地区拥有众多主要的超宽带厂商，使该地区占据了全球超宽带市场的最大份额。此外，北美地区超宽带技术的出现和在多个产业的早期应用，如医疗、零售及制造，造就了该地区的市场主导地位。而美国是北美地区超宽带市场增长的主要贡献者。三星也对 UWB 技术产生了浓厚的兴趣。2019 年 8 月 1 日，三星、恩智浦、博世、索尼等公司组建了 FiRa 联盟，旨在利用 UWB 技术推动用户无缝体验，发展 UWB 生态系统，将 UWB 打造为像蓝牙、GPS 一样的“标配”。

全球超宽带厂商主要包括：DecaWave Ltd.（爱尔兰）、5D Robotics，Inc.（美国）、Pulse~Link，Inc.（美国）、Alereon，Inc.（美国）、BeSpoon SAS（法国）、Fractus Antennas S.L.（西班牙）、Johanson Technology，Inc.（美国），以及 Nanotron Technologies GmbH（德国）。与国外厂家相比，我国厂家在系统开发与应用领域走在前列，但在超宽带芯片制造领域与国际先进水平相比尚有距离。

（2）扩频跳频技术

在应用层面，国外机构大量采用扩频跳频技术保障通信信号安全性。最典型的是美国联合战术信息分发系统（Joint Tactical Information Distribution System，JTIDS）以及战术目标瞄准网络技术（TTNT）。

JTIDS 具有通信、导航和识别的综合功能，可供海、陆、空三军使用，具有海洋、空中和陆地作战中的互操作性，是一种大容量、抗干扰的数字式信息分配系统。1991 年海湾战争中，美国海军和空军首次全面使用了 JTIDS。1990—2010 年，JTIDS 联合业务将成为美国和盟国作战部队中的战术视距数字通信的基本方法。JTIDS 是大容量时分多址（TDMA）系统，采用跳频技术，具有较强抗干扰能力。该系统提供机载平台和水面舰船平台的 ECCM 能力和扩大的通信范围，还提供带有机载中继平台的水面舰船之间的视距通信。JTIDS 系统适应于和 Link14、Link4A 以及 Link11 相结合的数字信息通信和保密话通信，其波形由在 960MHz 到 1215MHz 频带内的 6.4us 脉冲系列组成。

TTNT 为美军战机提供与 JTIDS 相兼容的高吞吐量、高传输速率、低传输时延的数据传输支持。关于 TTNT 技术参数披露不多，已知其采用跳频技术，16 个跳频点分布在 3 个频段，分别为 1 755—1 850MHz；1 435—1 518MHz；1 350—1 390MHz，3 个频段分别分布了 7 个、6 个和 3 个跳频点，频点间隔为 13.33MHz。信号采用高斯最小频移键控调制，天线辐射的峰值功率为 151W。

3.2.4 视距传输技术

视距传输技术主要采用超短波通信，它是战术通信网的主用信息传输手段，新一代的单兵电台波形（SRW）和宽带网络波形（WNW）已经嵌入 JTRS 战术电台标准并广泛应用，其中 WNW 波形的最高速率达 5Mb/s，SRW 波形的最高速率达 2Mb/s，并根据应用环境具有抗干扰和低截获、低检测能力，WNW 波形主要包括 OFDM 宽带模式、LPI/LPD 模式、AJ 模式、BEAM 模式，SRW 波形主要包括 Combat Comms，LPI/LPD 模式、电子战模式。

2017 年美陆军采购的 AN/PRC-148C 电台加入了由美国 TrellisWare 公司开的 TSM 宽带网络波形，通过 Barrage Relay 技术能在移动自适应网络中可靠通信，克服了与当前美军使用的 SRW 所存在的问题，每个网络的节点由 SRW 的 30—40 人扩展到 200 人以上，不但克服了相关频谱问题，还保证了话音和数据信道的能力，能够支持定位位置信息、聊天功能和视频流。2019 年美陆军选定 Persisitant System 公司的 MPU5 电台支持综合战术网（ITN）项目，采用的 MANET 技术是一种商用移动自组网解决方案，能够不断快速适应地形和其他困难环境条件的变化，最大限度提高连通性和通信性能。

3.2.5 超视距传输技术

（1）卫星通信

卫星通信是国外先进国家大力发展通信手段，在商业领域高低轨道的窄带移动卫星通信系统和同步轨道高通量卫星通信系统已广泛应用，铱星、全球星及 Orbcomm 低轨卫星通信系统已经发展到第二代，并逐步建成投入运营，目前正在积极开发中低轨宽带卫星通信系统；在军用领域，美军构建的窄带、宽带和受保护的军事卫星通信体系目前发展到第三代，目前正在进一步完善体系结构，并进一步提升卫星通信保障能力。与此同时，欧洲、俄罗斯、加拿大、日本等国也在加紧建立本国的军用卫星通信系统。

中低轨宽带卫星通信星座具有通信延时短、系统容量大、用户终端造价低等优势，国外近几年提出了Oneweb、StarLink、Telesat等多个天基互联星座，通过在空间部署数百至上千卫星实现广域覆盖，允许用户直连卫星接入宽带互联网。中低轨星座主要采用两类传输技术：一是卫星采用透明“弯管”转发方式，通过依赖由地面网络互连的信关站实现用户接入地面互联网，该技术卫星简单、成本低，需要在地面布设大量的信关站，且不具备远洋服务能力；二是设置卫星间链路，卫星对信号进行再生并具有路由能力，用户终端接入后不用直接通过落地地面信关站，根据路由到达最合适的关口站接入地面，系统中的两个用户终端可不通过地面设施直接进行通信，该技术相对复杂，需要部署宽带星间链路，系统造价高，但通信服务覆盖范围大。

近几年美国军用卫星通信发展重点是进一步完善以MUOS、WGS、AEHF为代表的第三代系统：发射新卫星以增强空间网络规模，满足对地覆盖和用户容量的需求；同时，美军也在根据全球政治和军事的变化，完善其军事卫星通信系统体系结构。一是将包括各类商用卫星通信在内的多类卫星通信资源纳入军事卫星通信体系，形成具有较强弹性的保证能力，满足不同对抗等级情况下的应用；二是针对商用通信卫星等不具备对抗能力的卫星资源，通过开发受保护战术波形（PTW），完善地面设施确保军事用户信息传输；三是通过采用高阶调制、编码等新技术的应用，不断改进用户终端信息传输能力。

目前来看，国内在民用与军用卫星通信技术与国外同行相比不存在代差，但在系统部署以及系统运营方面，由于在20世纪90年代未参与通信卫星系统建设浪潮，缺乏相关经验以及技术储备。相关问题会伴随我国未来各型卫星通信网络的建设得到初步解决。

与卫星通信定位相近的平流层通信技术具有低成本、低延时的优势。相关计划有Google公司的平流层Wifi飞艇计划与“Project Loon”高空气球计划等。

（2）散射通信

目前各国散射通信设备研制单位集中在极少数的几家中，如美国的雷锡恩、俄罗斯的莫斯科无线电以及我国的电子科技集团。AN/TRC-170是目前美军装备的唯一野战数字化散射通信系统，由雷西昂公司生产，虽然服役时间已达40年，但也在不断升级。英国马可尼通信系统公司是欧洲最大的散射设备制造商。它生产的军用H7450战术对流层散射设备安装在北大西洋公约组织和国际标准协会的标准车厢内。目前世界各国都将散射通信视为卫星通信的重要补充与备份。

（3）流星余迹通信技术

各国极其重视发展流星余迹突发通信技术，国际电信联盟ITU将“流星余迹突发传播通信”纳入其推荐的标准范围（Recommendation ITU-R PL-843）。西方各国流星余迹通信应用领域集中在信息收集、情报收集、移动通信、大范围通信网等领域，其中大规模的应用系统有北美防空联合司令部通信网，覆盖了 2/3 的美国国土；北约盟军军事行动司令部的 COMET 流余通信系统，各个站点分别位于意大利、英国、挪威、德国、法国。俄罗斯的流星余迹通信系统为栅格组网，以莫斯科为中心，东连新西伯利亚和远东的伯力，北连圣彼得堡，通信范围覆盖两大洲。日本在海上自卫队也配备了流星余迹通信，保障应急指挥系统通信。

3.3 网络组网与控制技术

3.3.1 软件定义网络技术

（1）控制平面

SDN 控制平面是整个网络架构的核心，扮演着至关重要的角色。但随着网络规模的不断扩大，集中控制可能出现的弊端越来越突出，例如集中控制的单点失效问题、可扩展性问题、一致性问题、控制器负载均衡问题等[98]。针对此类问题，国外分别针对单控制器单线程、多线程，多控制器平面（kandoo 等）[99-100]，混合型控制平面（Onix/Flowvisor）[101-102]三个领域进行了大量研究。

（2）数据平面

由于 SDN 逻辑上集中的控制面最终还是需要对物理上分布的数据面进行分组转发控制，若控制平面与传统非 SDN 设备一致采用字段匹配 + 无自主决策能力的模式，易引发诸多全新的安全问题以及性能瓶颈。国外各大学与机构特别关注 SDN 数据平面的相关问题。

数据平面由网络设备组成，如专门用于分组转发的交换机和路由器，这些设备通过标准的 OpenFlow 接口与控制器进行通信，确保了不同设备之间的配置和通信兼容性以及互操作性。OpenFlow 转发设备具有转发表，它由 3 部分组成：规则匹配、依据匹配规则执行的行为、匹配行为统计。但是受 OpenFlow 协议规范约束，用户对网络设备数据平面的操作仍然受到 OpenFlow 协议支持字段的限制。虽然 OpenFlow 已经扩展字段匹配范围，但是用户无法随心所欲的定制适用于特殊场合的私有协议；设备厂商则需要被迫更新硬件设备以不断适应 OpenFlow 新版本的迭代。为此，Nick McKeown，Jennifer Rexford 等人提出了 P4，全称为 Programming Protocol-Independent Packet Processors。P4 是一种对底层设备数据处理行为进行编程的高级语言，用户可以直接使用 P4 语言编写网络应用，之后经编译对底层设备进行配置进而使其完成用户的功能需求。国外学者对 P4 及其应用进行了大量研究[103-105]。

与此相类似的还有华为公司推出的 POF，全称为 Protocol Oblivious Forwarding。POF 最终实现的功能与 P4 类似，也是提高底层设备的可编程性。POF 更偏向于 OpenFlow 的进阶版本，或者说是在 OpenFlow 的基础上进行的升级扩展，但是比 OpenFlow 具备更强的协议灵活定制能力。由于 POF 相对 P4 对数据面硬件方案有要求，对不同设备的兼容性不强，因此遇到发展瓶颈。截至 2019 年年底，华为已经关闭 POF 官方网站。

（3）部署应用

OTT（Over The Top，指绕过运营商通过互联网向用户提供各种应用服务的企业）的数据中心流量快速增长，带来 OTT 网络架构的快速迭代和升级。传统的设备形态和网管工具无法适应流量和业务的快速发展。OTT 纷纷采用自研设备，引入 SDN 来管理全球骨干网。国外在 SDN 部署领域的主要方向是数据中心网络，其中主流 OTT 以 Google、Facebook、AWS、Microsoft、Apple 等为代表进行研发与部署落地。以谷歌为例，谷歌以 SDN 技术为基础建立了全球规模的骨干网 B4，包含云平台 Andromeda（仙女座）/ 数据中心 Jupiter（木星）/Peering Espresso SDN（意式咖啡）/DCI 互联 WAN SDN 共四个组成部分，实现谷歌私有广域网。Google 在 2012 年开始部署全球 SDN 广域网络 B4，截至 2018 年 1 月，B4 站点增加到 33 个。

总体来说，国外建立了 SDN 标准，并在控制面、数据平面及其应用层进行了大量研究开发与工程实现，配合快速发展的网络传输技术（如 5G、地面骨干光纤网铺设），极大促进了互联网的变革与发展。

3.3.2 移动自组织网络技术

在经过 2006—2016 十年的研究热潮之后，自组织网络技术已趋于成熟，在全球范围内的研究热度逐年下降，并逐渐向工程化应用靠拢。现阶段国外的自组织网络研究已经逐步向网络安全（在网络安全技术部分介绍）、跨网系融合、复杂路由算法[107, 109]领域发展。另外，基于智能手段的网络路由、接入、管控机制也逐步发展，典型文献有［106，108］。

MANET 技术已经广泛应用于工程实践。最具代表性的为美军战术数据链系统。战术数据链在以美国为首的西方国家中就具有很高的地位，一直都是各国军事研究的重点。欧美等国已经形成了庞大的战术数据链系统，其中较典型的有 Link4、Link11、Link16、Link22 和 TTNT，在战场上得到了一定的应用，作战效果证实了战术数据链的有效性。在 21 世纪初的战争中，美军战斗机暴露出对于快速机动目标侦查打击能力不足的问题，美军为此启动了战术瞄准网络技术 TTNT 的研究。TTNT 由 DARPA 提出，Rockwell Collins 公司进行研发[110]。TTNT 以 MANET 网络为基础，实现了组网高速性和动态性，可以高效迅速地实现对机动目标的侦查和打击。从目前已经公布的 TTNT 的网络参数得知，TTNT 网络能够容纳 200 个节点，并且可以扩展到 1000 个节点；以 MANET 的方式进行组网，入网的时延小于 5 秒，网络自愈时间小于 10s；采用多址接入协议，网络吞吐量最高可达 10Mbps，在 100 海里内，可以实现“零时延”传输（时延小于等于 2ms）；各种类型的 IP 应用，都可以应用在 TTNT 上，包括文本、语音、视频等[111]。TTNT 战术数据链具有极强的态势感知能力和网络中心站能力，对于美军作战能力的提升起到极大推动作用。

3.4 网络安全技术

3.4.1 移动自组织网络安全技术

国外学者也对移动自组织网的路由/接入安全技术与密钥安全技术进行了大量研究。文献［112］对 MANET 可能受到的各层安全问题进行了综述。文献［113］研究了 MANET 认证安全框架，同时保障移动自组织网内的路由安全与数据安全。文献［114］提出一种检测机，在 MAC 层识别并消除攻击行为，基于包处理和传输延迟的任何虚假活动的识别都被标记为恶意的，并最终从通信网络中消除假节点。

由于 MANET 分布式与开放式特征，各类攻击手段层出不穷，国外学者开始研究基于机器学习的 MANET 安全监测措施。文献［115］提出了一种基于强化学习的信任管理器，该方法通过强化学习和深度学习概念，采用 Ad hoc 按需距离矢量路由协议（AODV）。该系统由强化学习代理构成，学习对可信节点和恶意节点进行检测和预测，并对其进行分类。文献［116］采用深度强学学习优化 MANET 发射机的发送策略以规避敌方恶意干扰。

与自组织网络的去中心化管理思维相一致，区块链技术在指挥网络安全领域发挥的作用主要在于可扩展的去中心化的身份保护、数据完整性保护以及跨网络分布强加密等特点，可有效提升作战指挥网络的安全性抗毁性，增强指挥体系的弹性韧劲。例如，中远程导弹等大型关键武器的指挥信息系统采用区块链技术，通过确保上级命令可达可信，可有效避免误操作、假命令，并保护武器系统关键数据免受黑客篡改和火力摧毁。区块链有望实现信任机制由个人信任、制度信任向机器信任的转变，对于实现与无人化作战相匹配的人—机/机—机新型指挥控制模式具有重要意义。无人集群引入区块链技术，借助其共识机制，可有效杜绝恶意节点冒充或欺骗式网电攻击，保持可靠的互联互通，确保无人集群作战协同的稳定高效。

由特朗普签署的《2018 财年国防授权法案》明确要求美国防部对区块链技术展开全面研究，美国国防部高级研究计划局（DARPA）开展了利用区块链技术解决复杂战场安全通信问题，以及保护军用卫星、核武器等高度机密数据免受黑客攻击的研究；北约举办区块链创新竞赛，研究区块链技术在军事项目中的应用，以提高军事后勤、采购和财务效率，并尝试运用区块链技术开发下一代军事信息系统；俄国防部建立专门研究机构开发区块链技术，以加强网络安全和打击针对关键信息基础设施的网络攻击；以色列军民孵化系统把以色列定位为“区块链创新的热点地区”，等等。

3.4.2 卫星网络安全技术

对通信卫星系统而言，最具成本效益的攻击类型是网络攻击，此观点在国内外均已达到共识。国外卫星通信系统发展早于中国，铱星系统、ORBCOMM、O3b、Globalstar 以及美军多套军用卫星网络处于在轨运营状态，国外学者对卫星网络安全技术中心关于网络认证攻击的研究十分重视。早在 1996 年，Cruickshank 基于公钥密码系统首次提出卫星网络专用双向认证（网络控制中心与用户间）系统[117]。文献［118］提出了一种基于网络效用的低轨卫星网络生存性评估模型。文献［119］研究了移动卫星网络认证方案。认为应避免使用同步的用户—运控中心临时标识，因容易受到去同步攻击。提出一种新型移动卫星网络认证方案，不采用多轮认证机制、不使用同步的临时标识。文献［120］研究了遥感卫星大容量数据实时下行的安全接入机制。

在安全的卫星网络通信方面，国外卫星网络安全技术研究起步早，且大量在轨运营的通信卫星星座给相关研究带来实际的需求输入与应用模式。对我国而言，由于多套自主可控通信卫星系统正处于建设阶段，大量租用国外卫星网络会带来严重安全隐患。对移动指挥需求而言，配置手持/车载终端的卫星移动通信系统十分重要。我国直至 2016 年天通一号 01 星发射前，没有建成自主可控的专用卫星移动通信网络，只能依赖使用国外的卫星网络，通过租用通信链路的方式，解决我国在应急救灾、公共安全等方面的业务需求。在我国境内能够提供移动通信服务的卫星网络主要有海事卫星系统、Thuraya 卫星系统、铱星系统、全球星系统等。目前应急通信保障队大多配备海事卫星相关通信设备，也有部分单位在应急通信时使用 IPStar 相关通信设备[121]。尽管使用国外的卫星网络在一定程度上能够满足我国应急通信需求，但是由于这些卫星系统非自主可控，定价权完全由国外公司掌握，导致使用成本高昂。更重要的是，通信核心技术和协议并非公开，存在信息泄露等重大安全问题。另外，在应急通信中常出现短时间内急需大量通信资源的应用场景，使用国外的卫星通信系统难以根据需求及时地获取资源，无法保证应急工作的通信效率。截至目前，我国尚未建成大规模中、低轨卫星移动卫星通信系统，而同步轨道移动通信系统的建设也刚刚起步，与国际先进水平尚存在较大差距。为保证未来我国利用卫星网络实现广域移动指挥网络的可靠性与有效性，发展自主知识产权的卫星网络星座是当务之急。

量子通信在安全性方面具有无法比拟的优势。在天基量子密钥传输方面，美国、澳大利亚、俄罗斯、加拿大等国家均对量子密钥传输进行了研究与工程探索。加拿大研究人员首次在现实环境中试验了四维量子加密技术，能够在地基网络和卫星之间建立高度安全的数据链路。

3.5 网络服务技术

移动指挥网络是一种高度动态的网络，系统任务经常发生出乎意料的变化，网络连通能力不时出现波动，可出现突发信息流。这些变化决定了未来的移动指挥网络要具备高度弹性和敏捷性，同时也对指挥系统边缘的底层计算和网络基础设施提出了苛刻的运行限制。

3.5.1 边缘计算技术

在边缘计算方面，西方各国均进行了大量部署。美国 DAPRA 于 2016 年提出并于 2017 年 2 月正式实施相关计划，利用边缘计算技术将网络中大量分散的计算平台赋能成云，在提升网络性能的同时增强系统鲁棒性。计划分为 3 个技术域：分散式任务感知的计算算法；可编程节点与协议栈；技术集成。计划于 2021 年上半年完成野外集成演示。

3.5.2 云计算技术

在云计算方面，美军为战术部队提供敏捷弹性信息服务，提出了战术云的概念。战术云的基础设施或固定或移动，不一定在客户附近，但战术环境下最后一公里接入网链路状态不稳定，经常发生连接断开、时断时续的情况，且带宽有限，因而这种环境经常要求在战术最终用户附近提供云服务。按美国国家标准与技术研究院的定义，战术云需提供按需自服务、广泛网络接入、资源池化、快速弹性、服务可计量服务。

美军在指挥系统中大量应用各类云计算技术，实现模式分为 4 类：集中式云、非集中式云、小云（Cloudlet）、微云（Micro-Cloud）。

集中式云指在一个或多个数据中心建立计算资源池，也就是我们日常所见的云计算实现方式。然而，由于可用通信链路的潜在限制，集中式云并不总是可访问的。因此，需要采用规模更小的云。非集中式云与集中式云的技术相同，只是实现规模较小。非集中式云一般会部署在通信链路不稳定的偏远地区，有时需要用运输集装箱（方舱）部署。小云基于与集中式云相同的技术。小云 Cloudlet 有时又称为“云盒”，主要思想是在移动设备附近由一定数量的、以虚拟机方式运行的无状态服务器提供小云服务。微云是指利用多个资源有限的移动设备组网实现云计算的移动性，利用移动设备的资源提供虚拟云能力。在这种模式下，移动设备成为云服务硬件的一部分或全部。虽然微云的基础概念与小云一样，但其可用计算资源要比小云少 3 个量级。

美军当前的非集中式云计划包括：陆军私有云（APC2）、陆军分布式通用地面站（DCGS-A）标准云（DSC）。美军当前小云计划也分为两类，一类聚焦移动云计算，一类聚焦车载自组网。

在商业云领域，海外主流云服务供应商为 IBM、HP、亚马逊 AWS、Google 云平台、微软 Azure 等。为推进技术创新、降低成本，商业云服务已被美军方认定为未来军事云的组成部分。美国防部于 2018 年开始部署安全云计算体系，包括国防企业办公解决方案（DEOS）与联合企业国防基础设施（JEDI），后者主要服务于美军军事行动指挥与作战。JEDI 整体预算金额超过 100 亿美元，为期 10 年。

4. 我国发展趋势与对策

4.1 发展趋势

在可预期的未来，随着各类无线通信网络的快速发展，移动指挥网络的发展大趋势有三：网络内涵的演进、网络智能的发展、网络结构的升级。

4.1.1 从通信网逐渐过渡到信息网

在可预期的未来，移动指挥网络会借鉴快速发展的 SDN 以及网络虚拟化 NFV 技术，实现指挥网络的云化与切片化。全网将为指挥系统与被指挥系统提供池化的弹性存储、计算服务，从传统的数据通信网形态逐渐过渡到信息网形态。

云服务在概念上与指挥系统存在相通之处，指挥系统可被视为是提供指挥服务的云系统。云服务是指统一管理和调度网络连接的计算资源，构成一个计算资源池，用户通过网络以按需、易扩展的方式获得所需资源和服务。云计算厂商及企业 / 政府私有云数据中心通过虚拟化技术将基础设施（CPU、内存、存储、网络带宽等）、平台（操作系统、数据库、Web 容器）以及应用软件（HR 系统、CRM 系统）等以服务的形式提供给用户，用户可以快捷地获得高质量、高可靠的云服务资源。

由于其固有环境的复杂性与挑战性，各国军方首先对移动指挥网络的云化提出了要求。各国借鉴民用 ICT 领域的云计算概念、技术、服务与应用并考虑了战术环境的特殊性，提出了“战术云”概念。对民用需求来说，自然灾害或公共安全突发事件的移动指挥系统同样需要按需、广泛弹性的宽带服务。因此，通信网逐渐向信息网过渡将成为各类场景下移动指挥网络的发展趋势。

4.1.2 网络智能化水平不断提升

从网络层面考虑，由于对各型移动指挥网络的应用要求不断攀升，势必引发网络控制与管理复杂度的急剧膨胀。传统基于有限“规则”实现的网络服务难以有效响应多维度需求。在鲁棒自适应通信传输、SDN 组网控制、弹性拓扑控制、云计算与微服务等领域，可利用机器学习（如深度强化学习）实现系统应对复杂输入的策略，降低人工维护的开销，提升网络总体效能。

从指挥应用考虑，伴随海量有效数据的解读需求与多维度多域指挥的发展方向，以高效能网络组网能力与大数据分析计算能力为基础，未来指挥系统将考虑引入人工智能实现辅助指挥或代理指挥，或完全颠覆现有指挥形态与模式。在可预期的未来，移动指挥网络技术将伴随人工智能指挥应用的发展不断演化与迭代。

4.1.3 网络结构不断升级

移动指挥网络的网络结构将随着网络内涵的演进而不断升级。存在两大结构发展方向，一是网络规模与实现方式的扩展，二是指挥系统构型的多样化。

首先，伴随着移动自组织网络技术、5G、卫星网络技术等各类无线网络的快速发展，未来网络的规模将以几何级数扩大，形成由物联网、远程物联网与机器间通信组成的庞大网络。相互融合的各类型无线网络将为移动指挥系统提供海量现场信息与多种实现形式。

其次，在结构的柔性配置方面，除了在网络拓扑层面自组织组网外，在网络指挥逻辑层面，任务式指挥与计算存储资源池柔性配置也是下阶段发展趋势。无论是美军的分布式指挥网络，还是电力部门等民用部门的应急通信与本地决策，都在引导未来指挥网络向基于柔性边缘计算的任务式指挥方向发展。采用边缘计算可实现分布式的任务型自适应指挥，在遭遇通信限制后自主回避威胁并尝试完成既定任务。另外，由于设备数量的急剧增大，指挥网络数据的爆发式增长将远远超过网络带宽的增速。边缘计算作为一种新的计算模式，使数据在源头附近就能得到及时有效的处理[122]，可减轻指挥系统负担，极大提升系统的扩容能力，并进一步推动网络规模的扩充。

4.2 对策

我国是一个幅员辽阔、地形地貌与气候多样化的国家。中国各省（自治区、直辖市）均不同程度受到自然灾害影响，70% 以上的城市、50% 以上的人口分布在气象、地震、地质、海洋等自然灾害严重的地区。2/3 以上的国土面积受到洪涝灾害威胁。2008 年 11 月 1 日《中华人民共和国突发事件应对法》正式施行，其中第 33 条指出：国家建立健全应急通信保障体系，完善公用通信网，建立有线与无线相结合、基础电信网络与机动通信系统相配套的应急通信系统，确保突发事件应对工作的通信畅通。在遭到突发自然灾害或突发危险事故时，移动指挥系统承担着准时、准确、顺畅地传递首要信息的任务，使指挥决策者能够正确指挥抢险救灾，保护人民群众生命财产安全。

指挥与控制系统也是国防指挥的“神经中枢”，是分散的作战单元的“黏合剂”，是作战效能的“倍增器”，是指挥员“眼、脑、手”的延伸[123]。各国都极其重视指挥与控制系统的研究与开发，为此投入大量人力物力，以期通过性能优越的指挥与控制系统在作战中取得先机，达成作战目的[124]。强大的军队需要高效能的指挥系统，发展具有完全自主知识产权的可靠、安全、智能化的移动指挥网络技术势在必行。

结合军民两方面需求，对标国际先进移动指挥网络发展态势，对现有系统进行进一步改进与完善，使下一代移动指挥系统的建设能够与新方法、新技术、新理论相结合，或需在以下方面进行重点攻关：

（1）建立健全战略移动指挥系统，发展关键技术

为保障国家安全，需要建立健全战略移动指挥系统，为国家首脑、军方高层提供可靠灵活的指挥接口，保障战略指挥系统的决策、命令能够稳妥迅速地传达执行并反馈，从而保证整个指挥系统的联动性、高效性、完整性。因此，对标美国的战略移动指挥系统，需要着重发展高、中、低轨相结合的天地一体化信息网络，结合量子密钥传输等高安全性技术实现高安全性天基网络，提升我国国家战略移动指挥能力。

（2）建立健全全国性公共安全专有移动指挥网络

当发生重大灾害事件时，事发地可形成信息孤岛，同时邻近区域通信量骤升，通常会致使商业网络瘫痪。因此，世界各国一致认为，只有建立专用宽带网络才能满足公共安全机构的需求。为易受灾地区提供常备化、具有可靠卫星接入能力的国家级移动指挥系统，并拟定充足有效的实施预案，可在灾害发生后保障受灾地区的基础通信能力，协助制订救灾方案，减小灾害损失。

（3）研究建立可融合的异构移动指挥网络体系

为了保障移动指挥网络的有效性与灵活性，需要充分利用所有的不同频段的地面网络与天基、临近空间平台形式，实现广域的资源调度，达到“随遇接入”“随遇指挥”。要求网络充分利用软件无线电实现物理层的互通，在协议层面通过可重构技术保障对多种协议框架内的节点进行通信兼容。利用 SDN、网络虚拟化技术与软件无线电技术提升网络的可扩展性与服务灵活性，最终建立跨行业的移动指挥网络协议栈标准。

（4）融合云计算与人工智能技术，研究支撑任务式指挥应用的意图网络

根据未来战争形态与抢险救灾模式的发展趋势，对标西方国家最新发展研究动态，探索基于云计算与人工智能技术的移动意图网络，实现支撑任务式指挥的移动指挥网络体系。

参考文献

[1] 隋宇，程小蓉，陈辉煌．基于 TD-LTE 的宽带集群通信系统研究［J］．重庆邮电大学学报（自然科学版），2016（6）：33-38.

[2] 魏兴光．面向 5G 的 SDRNOMA 无线系统设计与实现［D］．北京：北京邮电大学，2018.

[3] 谭雨夕．基于 SCMA 系统的关键技术研究［D］．北京：北京邮电大学，2018.

[4] 何明泰．PDMA 图样分割多址技术在下一代移动通信中的应用研究［D］．成都：西南交通大学，2017.

[5] 张颖慧，张彪，逯效亭，等．基于能效的渐近式 RZF 协作波束成形算法研究［J］．通信学报，2019，40（10）：169-179.

[6] 庄子荀．MassiveMIMO 系统中自适应混合波束赋形算法的研究［D］．北京：北京邮电大学，2019.

[7] 胡玥．3DMIMO 波束赋形技术的研究［D］．西安：西安科技大学，2019.

[8] 周围，张维，唐俊，等．大规模 MIMO 系统中的并行共轭梯度软输出信号检测算法［J］．南京邮电大学学报（自然科学版），2019，39（5）：1-6.

[9] 白鹤，刘紫燕，张杰，等．基于改进共轭梯度的大规模多输入多输出预编码［J］．计算机应用，2019，39（10）：3007-3012.

[10] 刘斌，任欢，李立欣．基于机器学习的毫米波大规模 MIMO 混合预编码技术［J］．移动通信，2019，43（8）：8-13.

[11] 张忠皓，李福昌，高帅，等．5G 毫米波关键技术研究和发展建议［J］．移动通信，2019，43（9）：18-23.

[12] 张忠皓，李福昌，延凯悦，等．5G 毫米波移动通信系统部署场景分析和建议［J］．邮电设计技术，2019（8）：1-6.

[13] 潘泽威．基于 DPMZM 和 PolM 的光生毫米波方案研究［D］．西安：西安电子科技大学，2017.

[14] 王香．基于前向调制和新型双边带调制的光生毫米波系统研究［D］．西安：西安电子科技大学，2017.

[15] 吴健苇．毫米波发射机前端关键技术研究［D］．成都：电子科技大学，2019.

[16] 单伟．毫米波倍频放大模块研究［D］．成都：电子科技大学，2019.

[17] 金飚兵．太赫兹空间调制器［C］// 中国电子学会．2019 年全国微波毫米波会议论文集（上册），2019：60.

[18] 张波，和挺，钟良，等．基于有机光电材料的太赫兹波调制器件研究进展［J］．中国激光，2019，46（6）：158-168.

[19] 周译玄，黄媛媛，靳延平，等．石墨烯太赫兹波段性质及石墨烯基太赫兹器件［J］．中国激光，2019，

46（6）：138-157.
［20］李骁．太赫兹 InPDHBT 收发芯片关键技术研究［D］．成都：电子科技大学，2018.
［21］韩江安，程序．太赫兹片上集成放大器研究进展［J］．电子技术应用，2019，45（7）：19-22.
［22］靳赛赛．基于 InP 的 220GHz 固态放大电路关键技术研究［D］．成都：电子科技大学，2019.
［23］邓建钦．固态宽带太赫兹倍频源和混频探测器技术研究［D］．西安：西安电子科技大学，2018.
［24］吴成凯．基于肖特基二极管的太赫兹倍频技术研究［D］．成都：电子科技大学，2018.
［25］杨靖，浦实，敖建鹏，等．基于双面多开口谐振环的 THz 微带天线优化设计［J］．自动化与仪表，2019，34（8）：5-9.
［26］施锦文，周卫来，禹旭敏，等．星载大口径太赫兹反射面天线设计与实现［J］．太赫兹科学与电子信息学报，2019，17（3）：373-378.
［27］陈智，张雅鑫，李少谦．发展中国太赫兹高速通信技术与应用的思考［J］．中兴通讯技术，2018，24（3）：43-47.
［28］杨鸿儒，李宏光．太赫兹波通信技术研究进展［J］．应用光学，2018，39（1）：12-21.
［29］赵旺．近地面激光大气传输中的相位涡旋探测与补偿研究［D］．北京：中国科学院大学，2019.
［30］张菲．自由空间光通信中 Spinal 码的编译码优化研究［D］．桂林：桂林电子科技大学，2019.
［31］李杰．全数字小型化超宽带发射机的输出幅度及传输速率优化［D］．西安：西安邮电大学，2018.
［32］许英教．浅谈超宽带通信传输技术［J］．数字通信世界，2018（3）：220.
［33］李佩琳，周青松，张剑云．基于高斯导函数的超宽带脉冲设计［J］．通信技术，2018，51（7）：1511-1515.
［34］史策，陈善学，李方伟．时间反演 UWB 通信系统的窄带干扰抑制［J］．系统工程与电子技术．2019（10）：1-8.
［35］梁中华．一种新型数字式加权自相关超宽带接收机［J］．激光杂志，2018，39（8）：88-92.
［36］赵伟，俞胜男，杨烁，等．采用盲源分离的扩频通信抗干扰算法［J］．西安电子科技大学学报．2019（10）：1-7.
［37］周映伶．基于盲源分离的跳频通信系统抗干扰方法研究［D］．成都：电子科技大学，2019.
［38］孙倩．基于跳扩结合的军用超短波电台抗干扰性能改进研究［D］．南昌：南昌航空大学，2014.
［39］隋宇，程小蓉，陈辉煌．基于 TD-LTE 的宽带集群通信系统研究［J］．重庆邮电大学学报（自然科学版），2016（6）：33-38.
［40］谢瑞强．我国卫星移动通信系统首发星“天通一号”发射成功［J］．中国航天，2016（8）：9.
［41］黄炳宇．对流层散射通信信道建模与验证［D］．北京：北京邮电大学，2019.
［42］张晟．散射通信信道测量与建模研究［D］．北京：北京邮电大学，2018.
［43］孙际哲，陈西宏，胡邓华．认知对流层散射通信中的频谱感知［J］．无线电通信技术，2018，44（5）：49-452.
［44］段良诚．基于 B/S 模式的流星余迹通信网管系统的设计与实现［D］．广州：华南理工大学，2018.
［45］高航，慕晓冬，易昭湘，等．流星余迹通信网络的路由算法［J］．计算机科学，2018，45（7）：84-89.
［46］陈晨．基于 SDN 的 ICN 网络及其缓存策略的设计与实现［D］．北京：中国科学技术大学，2018.
［47］雷殿富．基于 SDN 搭建视频数据中心全局动态负载均衡网络架构［D］．北京：北京邮电大学，2017.
［48］乔平安，任泽乾．基于 SDN 的负载均衡动态流量调整策略［J］．信息技术，2019，43（8）：24-28.
［49］宋文文，王珺，杜晔，等．基于粒子群优化的数据中心负载均衡机制［J］．南京邮电大学学报（自然科学版），2019，39（5）：81-88.
［50］袁其杰．软件定义网络（SDN）中 QoS 路由技术研究［D］．北京：北京邮电大学，2019.
［51］田龙伟．SDN 场景下的网络切片设计与管理研究［D］．广州：华南理工大学，2018.
［52］廉腾飞．基于 SDN 的车联网边缘计算及协作分载机制研究［D］．郑州：河南大学，2019.
［53］赵竑宇．资源受限的移动边缘计算系统中计算卸载问题研究［D］．北京：北京邮电大学，2019.

[54] 薛昊，陈鸣，钱红燕．基于 NFV 的防范 SDN 控制器中 UDP 控制分组冗余的机制［J］．计算机科学，2019，46（10）：135-140.
[55] 宋闯．面向 5G 的光与无线融合接入网智能控制技术研究［D］．北京：北京邮电大学，2019.
[56] 李佳琪．软件定义网络中基于人工智能算法的入侵检测研究［D］．杭州：浙江大学，2019.
[57] 杨冉．利用深度强化学习实现智能网络流量控制［D］．北京：北京邮电大学，2019.
[58] 胡宇峰．无线自组织网络在应急通信中的应用［D］．上海：上海交通大学，2011.
[59] 刘军，许德健．无线自组织网络在公安应急通信中的应用［J］．中国人民公安大学学报（自然科学版），2010，16（1）：55-57.
[60] 蹇成刚，高晓军，顾颖彦．海战场移动自组织网络构建设计［J］．指挥控制与仿真，2010，32（1）：82-84.
[61] 刘文怡，吴彩玲．稳定自组织网络结构中单点突变对网络稳定性影响［J］．火力与指挥控制,2010,35(1)：24-26.
[62] 冯慧芳，李彩虹．基于复杂网络的车载自组织网络抗毁性分析［J］．计算机应用，2016，36（7）：1789-1792.
[63] 王月娇，刘三阳，马钟．无线传感器网络几类拓扑控制及其抗毁性应用简述［J］．工程数学学报，2018，35（2）：137-154.
[64] 潘立彦．基于 AdHoc 网络覆盖模型的信道分配策略及其抗毁性分析［J］．吉林大学学报（理学版），2018，56（5）：165-171.
[65] 刘丹．分层自组网中混合多址接入协议研究［D］．西安：西安电子科技大学，2016.
[66] 司礼晨．基于时分的自组织网络多址接入协议设计及实现［D］．西安：西安电子科技大学，2017.
[67] 张璇．运动场景下无线自组织网络接入技术研究［D］．厦门：厦门大学，2018.
[68] 刘强，袁万刚．基于分簇结构的移动自组织网络接入控制协议关键技术研究［J］．北京交通大学学报，2018，42（2）：54-60.
[69] 黄松华，梁维泰，徐欣．对抗环境下机间自组织网络服务质量保障方法［J］．指挥与控制学报，2018，4（2）：136-141.
[70] 彭帜．应急通信中基站自组织网络路由算法研究［D］．重庆：重庆邮电大学，2017.
[71] 范晓军，刘林峰，李思颖．基于应急场景的自组织网络机会路由算法［J］．计算机技术与发展，2017，27（3）：6-11.
[72] 卢昱，王双，王增光，等．指挥与控制网络安全控制研究［J］．指挥与控制学报，2015，1（1）：25-29.
[73] 金朝，杨文，李英华，等．指挥信息系统信息网络安全控制研究［J］．火力与指挥控制，2014，39（11）：97-100.
[74] 乔震，刘光杰，李季，等．移动自组织网络安全接入技术研究综述［J］．计算机科学，2013，40（12）：1-8.
[75] 黄雁，邓元望，王志强，等．可入侵检测的移动 AdHoc 网络安全综合评价［J］．中南大学学报（自然科学版），2016，47（9）：3031-3039.
[76] 张莉，魏柯，杨浩．一种面向 MANET 的启发式恶意节点发现与隔离策略［J］．计算机工程，2017，43（5）：129-133.
[77] 吴冬，魏艳鸣，吴方芳．面向移动自组织网络的随机密钥构建策略研究［J］．电子技术应用，2017，43（4）：107-111.
[78] 郑皓炜．宽带接入网中基于区块链的可信认证技术研究［D］．北京：北京邮电大学，2019.
[79] 孙岩，雷震，詹国勇．基于区块链的军事数据安全研究［J］．指挥与控制学报，2018，4（3）：17-22.
[80] 吴一轩．移动自组网密钥管理问题研究［D］．成都：电子科技大学，2018.
[81] 孟薇．天地一体化信息网络安全接入认证机制研究［D］．北京：中国科学技术大学，2019.
[82] LIU Y，ZHANG A，LI S，et al．A lightweight authentication scheme based on self-updating strategy for space

information network [J]. International Journal of Satellite Communications and Networking, 2016, 35 (3): 231-248.

[83] 许晋. 天地一体化网络可信身份认证机制研究 [D]. 北京：北京邮电大学，2019.

[84] 朱辉，陈思宇，李凤华，等. 面向低轨卫星网络的用户随遇接入认证协议 [J]. 清华大学学报 (自然科学版)，2019，59 (1)：1-8.

[85] 黎海燕，王利明，徐震，等. LEO 卫星网络中星间切换的安全机制研究 [J]. 智能计算机与应用，2018，8 (2)：7-13.

[86] 洪佳楠，李少华，薛开平，等. 天地一体化网络中基于预认证与群组管理的安全切换方案 [J]. 网络与信息安全学报，2016，2 (7)：33-41.

[87] 张兆晨. 指挥信息系统技术发展趋势分析 [C] // 中国指挥与控制学会. 第六届中国指挥控制大会论文集 (上册). 北京：电子工业出版社，2018：5.

[88] 马璐. 服务化 5G 网络资源管理与编排研究 [D]. 北京：北京邮电大学，2019.

[89] 顾琳. 移动边缘中任务卸载机制及资源调度策略的研究 [D]. 长春：吉林大学，2019.

[90] 赵小琦. MEC 中边缘缓存节点选择系统的设计与实现 [D]. 北京：北京邮电大学，2019.

[91] 许子明，田杨锋. 云计算的发展历史及其应用 [J]. 信息记录材料，2018，19 (8)：66-67.

[92] 纪浩然. 基于移动云模式的指挥信息系统架构研究 [D]. 长沙：国防科学技术大学，2016.

[93] 孙海洋. 基于云协同的多域协同作战指挥控制系统 [C] // 中国航空学会. 2019 年 (第四届) 中国航空科学技术大会论文集，2019：6.

[94] 黄宇红，刘盛纲，杨光，等. 5G 高频系统关键技术及设计 [M]. 北京：人民邮电出版社，2018.

[95] RAPPAPORT T S, MURDOCK J N, GUTIERREZ F. State of the art in 60-ghz integrated circuits and systems for wireless communications [J]. Proceedings of the IEEE, 2011, 99 (8): 1390.

[96] 姜会林，付强，赵义武，等. 空间信息网络与激光通信发展现状及趋势 [J]. 物联网学报，2019，3 (2)：1-8.

[97] 孙荣辉，顾玉全，闫东. 超宽带通信技术及其在军事通信方面的应用探究 [J]. 数字通信世界，2019 (5)：217.

[98] 柳林，周建涛. 软件定义网络控制平面的研究综述 [J]. 计算机科学，2017，44 (2)：75-81.

[99] GRAY N, ZINNER T, GEBERT S, et al. Simulation framework for distributed sdn-controller architectures in OMNeT++ [C] // International Conference on Mobile Networks and Management, 2017: 3-18.

[100] NXUMALO M N, MBA I, ADIGUN M O. Comparative study for control plane scalability approaches in SDN productive networks [C] // International Conference on Engineering and Technology (ICET), 2017: 1-6.

[101] CHEN J, MA Y, KUO H, et al. Software-defined network virtualization platform for enterprise network resource management [C] // IEEE Transactions on Emerging Topics in Computing, 2016, 4 (2): 179-186.

[102] SANY S T, SHASHIDHAR S, GILESH M P, et al. Performance evaluation and assessment of FlowVisor [C] // International Conference on Information Science. IEEE, 2016: 222-227.

[103] BHAT D, ANDERSON J, RUTH P, et al. Application-based QoE support with P4 and OpenFlow [C] // IEEE INFOCOM 2019 IEEE Conference on Computer Communications Workshops (INFOCOM WKSHPS), 2019: 817-823.

[104] BRAUN W, HARTMANN J, MENTH M. Demo: scalable and reliable software-defined multicast with BIER and P4 [C] // IFIP/IEEE Symposium on Integrated Network and Service Management (IM), 2017: 905-906.

[105] OSIŃSKI T, TARASIUK H, RAJEWSKI L, et al. DPPx: a P4-based data plane programmability and exposure framework to enhance NFV services [C] // IEEE Conference on Network Softwarization (NetSoft), 2019: 296-300.

[106] LAQTIB S, YASSINI K, HASNAOUI ML. MANET: a survey on machine learning-based intrusion detection approaches [J]. International Journal of Future Generation Communication and Networking, 2019, 12 (2): 55-70.

[107] OH YJ, LEE KW. Energy-efficient and reliable routing protocol for dynamic-property-based clustering mobile ad

hoc networks [J]. International Journal of Distributed Sensor Networks, 2017, 13 (1): 155014771668360.

[108] BOURENANE M. Energy–efficient scheduling scheme using reinforcement learning in wireless ad hoc networks [C] // Eighth International Conference on Wireless & Optical Communications Networks. IEEE, 2011: 1–5.

[109] BALAJI S, ROBINSON YH. Development of multipath resilience routing technique to improve the fault tolerance in mobile ad–hoc networks [C] // International Conference on Inventive Research in Computing Applications (ICIRCA), 2018: 743–747.

[110] HERDER JC, STEVENS JA. Method and architecture for TTNT symbol rate scaling modes: US, US7839900 [P]. 2010–11–23.

[111] LIU Y, JIN H, YU Q, et al. Research on transmission waveform structure and rate scaled of new generation data link [C] // 4th International Conference on Information Science and Control Engineering (ICISCE). IEEE, 2017: 1686–1689.

[112] KUMAR S, DUTTA K. Securing mobile ad hoc networks: challenges and solutions [J]. International Journal of Handheld Computing Research, 2016, 7 (1): 26–76.

[113] KRISHNAMURTHY H, ASHOKKUMAR PS, SHILPA S. An authenticated security framework protecting routes and data in MANET [C] // IEEE International Conference on Computational Intelligence and Computing Research (ICCIC), 2017: 1–4.

[114] KSHATRIYA N, MALLAWAT K, BISWAS AS. Security in MANET using detection engine [C] // International Conference on Computing, Analytics and Security Trends (CAST), 2016: 128–132.

[115] JINARAJADASA G, RUPASINGHE L, MURRAY I. A reinforcement learning approach to enhance the trust level of MANETs [C] // National Information Technology Conference (NITC), 2018: 1–7.

[116] XU Y, LEI M, LI M, et al. A New anti–jamming strategy based on deep reinforcement learning for MANET [C] // IEEE 89th Vehicular Technology Conference (VTC2019–Spring), Kuala Lumpur, 2019: 1–5.

[117] CRUICKSHANK HS. A security system for satellite networks [C] // International Conference on Satellite Systems for Mobile Communications and Navigation, 1996: 187–190.

[118] NIE Y, FANG Z, GAO S. Survivability analysis of leo satellite networks based on network utility [J]. IEEE Access, 2019, 7: 123182–123194.

[119] IBRAHIM MH, KUMARI S, DAS AK, et al. Jamming resistant non–interactive anonymous and unlinkable authentication scheme for mobile satellite networks [J]. Security and Communication Networks, 2016, 9 (18): 5563–5580.

[120] ABID M, LIU J. A simple, secure and efficient authentication protocol for real–time earth observation through satellite [C] // 15th International Bhurban Conference on Applied Sciences and Technology (IBCAST), 2018: 822–830.

[121] 王谦. 应急通信工作中卫星应用的现状与展望 [J]. 卫星应用, 2014 (1): 35–35.

[122] 李胜广, 李莉, 李刚. 边缘计算在公安物联网中的应用 [J]. 中国安防, 2018, 149 (4): 73–78.

[123] 王永生, 李兵. 俄罗斯新一代舰载指控系统的设计思想 [J]. 火力与指挥控制, 2015, 40 (1): 5–7.

[124] 李文举. 指挥控制系统的发展与展望 [J]. 现代导航, 2018, 9 (6): 462–465.

撰稿人：刘沛龙　李　勇

云控制系统理论与技术

1. 引言

云控制与协同在传统控制中引入云计算、边缘计算、大数据处理技术以及人工智能算法，将各种传感器感知汇聚而成的海量数据即大数据存储在云端，在云端利用人工智能等先进算法实现系统的在线辨识与建模，应用任务的计划、规划、调度、预测、优化、决策和控制等服务，结合多种先进控制方法，实现系统的自主智能控制；在终端应用边缘控制，借助网络交互信息，形成“云网边端”协作机制，提高复杂智能系统控制的实时性和可用性。本报告给出了云控制与协同的相关理论，详细介绍了云控制的应用，描述了云控制与协同的新趋势。随着云计算、边缘计算和人工智能技术的飞速发展，云控制与协同迎来了发展的曙光。

近年来，网络技术快速发展，越来越多的网络技术被应用于控制系统[1-3]。一般而言，通过网络通信信道形成闭环的控制系统称为网络化控制系统，它可以使得被控对象能够通过通信信道被远程监控和调整。网络化控制理论在物联网技术的快速发展中发挥了关键作用。物联网利用网络化控制技术来实现物物互联、互通、互控，进而建立高度交互和实时响应的网络环境。伴随着物联网的发展，系统能够获取到的数据将会越来越多，控制系统必须能够处理这些海量数据。这些数据来自移动设备、视觉传感器、射频识别阅读器和无线网络传感器等传感装置感知到的广泛存在的信息。控制系统中的海量数据将会极大增加系统的通信、存储与计算负担。在这种情况下，传统的网络化控制技术面临着控制系统的复杂化、计算能力和存储空间的约束和传统控制架构自身的限制等一系列挑战。

随着云计算、大数据等新一代信息技术交叉融合发展，控制系统需要更加智能、有更加强大的功能、有更好的信息交互能力。智能决策与闭环控制已成为各国战略的关键要素，如美国国家制造业创新网络、德国工业 4.0、欧盟地平线 2020、中国制造 2025 等。国务院《新一代人工智能发展规划》也指出，新一代控制系统应具有智能计算、优化决策与控制能力。

云控制系统以控制为核心，云计算、物联网技术为手段，网络化控制、信息物理技术、复杂大系统理论为依托，实现高度自主和高度智能的控制。在云控制系统中，控制的实时性因为云计算的引入得到保证，在云端利用深度学习等智能算法，同大数据处理技术、网络化预测控制、数据驱动控制等关键技术相结合，可以使得云控制系统具有相当的智能自主控制能力。云控制是智能控制的关键使能技术。

指挥与控制系统是现代作战、社会管理、应急处置的核心环节和重要支撑。在信息化时代，对情报数据的处理，系统平台的管理，终端人员与设备的有效精准指控是指挥与控制系统决策优势的关键因素。但日益庞杂的场景信息和形势，使指挥与控制系统需要处理越来越多的来自战场或其他信息源的数据。面对如此巨大的信息量，单一计算节点的处理速度无法满足指挥与控制系统的需求，传统体系架构的指挥与控制系统不能满足海量数据处理的要求。而指挥与控制系统整体架构和核心要求与云控制系统高度契合，因此，将云控制系统理论与技术应用到指挥与控制系统中，用以及时、高效处理这些规模庞大、种类庞杂的数据，实现指挥与控制系统"云网边端"协同控制是十分必要的。

2. 我国发展现状

网络化控制理论作为云控制系统的重要基础，在过去 20 年取得大量的重要进展。本节首先给出网络化控制系统的简要概述及其应用，包括基于模型的网络化控制系统、基于数据驱动的网络化控制系统和网络化多智能体系统的协同控制。

基于模型的网络化控制系统研究已经取得了丰富的成果。研究人员提出了很多方法来解决与网络化控制系统相关的问题，已经证明了网络化预测方法能够有效处理网络化控制系统中的诱导时延和数据丢包等问题[4-6]。

但是系统建模过程中将不可避免地引入建模误差。对于复杂的系统，由于过程复杂或者涉及变量多，往往无法建立精确的数学模型甚至无法建模，我们可以利用的是通过传感技术测得的系统状态或者输出，这些数据往往包含有用的信息。研究人员为此提出了数据驱动的网络化控制方法，目前，该方法已成功应用在工业过程控制领域以及复杂系统中[7-8]。

在网络化多智能体系统中有许多值得关注的问题，例如聚合、集群、协调、一致性和编队等。网络中的智能体根据它们之间的信息交换来更新它们的状态。如果每个智能体在相同的状态下运行，就意味着多智能体系统达到一致性。一致性协议相当于相邻状态反馈的分布式控制策略，使系统状态在有限时间内收敛或渐近达到一个平衡点[9-10]。多智能体协同控制已经得到了越来越多的关注，可应用于例如搜索和救援任务、侦查活动和森林火灾探测、监视等[11-12]，具有更实际的意义。

然而，随着系统规模的扩大，广泛存在的感知移动设备、测量工具（遥感观测）、软件日志、音视觉输入设备、射频识别器和无线网络传感器等都将带来越来越多的数据。为了描述这类海量数据，出现了一个新的概念——大数据。然而，网络化控制系统受限于其理论、技术手段和架构的制约，难以直接应用处理这个庞大复杂的对象。云计算、物联网等最新信息技术的引入极大地扩展了网络化控制系统的研究和应用范围，结合计划、调度、决策、规划、控制等形成云控制系统，将为我们提供强大的工具来控制之前难以处理的复杂系统。

云控制系统概念首先由我国提出[13]，并在理论和应用方面都取得了较为丰富的成果。我国于 2017 年 5 月成立中国指挥与控制学会云控制与决策专业委员会。北京理工大学夏元清团队于 2018 年 4 月获批国家重点研发计划“云计算与大数据”重点专项“数据驱动的云数据中心智能管理技术与平台”。该团队基于商业云服务器，成功搭建了首个云控制系统实验平台，解决了局域网与公网之间的通信问题，包括网关协议、数据转发、网络时延等，建立了云控制与协同实验平台技术框架体系，完成了理论成果的实验验证。国内目前关于云控制的研究可分为云控制与协同理论、云控制与协同技术、云控制系统的应用以及其他理论和实践成果。

2.1 云控制系统理论

针对控制系统引入“云”架构后面临的系统结构难以设计、实时控制难以实现、精确模型难以建立、系统安全难以保障等挑战，我国科研人员重点开展了云控制系统架构、云网边端协同控制、数据驱动的云控制等共性关键技术研究，形成了云控制与协同理论体系。

2.1.1 云控制系统基本系统架构

新技术的发展，特别是软硬件的巨大创新，为提高计算性能和实现分布式计算提供了基础。云计算在互联网中的应用就是一个例证。如今，云计算与其说是一种产品，不如说是一种服务方式。一般来说，云计算可以看作是访问互联网上远端计算站点渐趋便捷的衍生物，在互联网协议下，为互联网服务提供了一种新的补充、消费和交付模型，通常包括动态可扩展的虚拟化资源。在实际系统中，云计算系统提供了一个可配置资源的共享池，其中包括计算、软件、数据访问和存储的服务，终端用户无须知道服务提供者的物理位置和具体配置。在这个系统中，电脑和其他设备通过网络提供了一种服务，使用户能够通过网络访问和使用，进行资源共享、软件使用和信息读取等，就如同这些设备安装在本地。云计算系统的处理能力不断提高，可以减少用户终端的处理负担，最终使用户终端简化为一个单纯的输入输出设备，并能够按需购买云计算系统的强大计算能力。

云计算可按服务类型分为以下 3 类：基础架构即服务（Infrastructure as a Service，IaaS）、平台即服务（Platform as a Service，PaaS）、软件即服务（Software as a Service，

SaaS），并扩展出其他服务形式，比如数据即服务（Data as a Service，DaaS）、虚拟数据中心（Virtual Data-Center，VDC）等。如图 1 所示，云计算平台一般建立在传统的数据中心上，基础设施的云化通过 Kubernetes、Hypervisor 等虚拟化工具和 Openstack、Cloudstack 等云操作系统实现，大数据集群一般通过 Hadoop 和 Spark 等工具实现，生产环境一般建立在物理设备上，而非虚拟主机，这就构成了单一数据中心独立完整的云资源管理平台。多个数据中心之间建立了数据中心互联（Data-Center Inter-connection，DCI）网络，并通过软件定义网络（Software Defined Network，SDN）技术进行管理。在多个独立的数据中心形成的云资源“孤岛”群上，建立统一管理平台进行资源整合以及调度，并且提供 IaaS、PaaS 和 SaaS 等云服务。

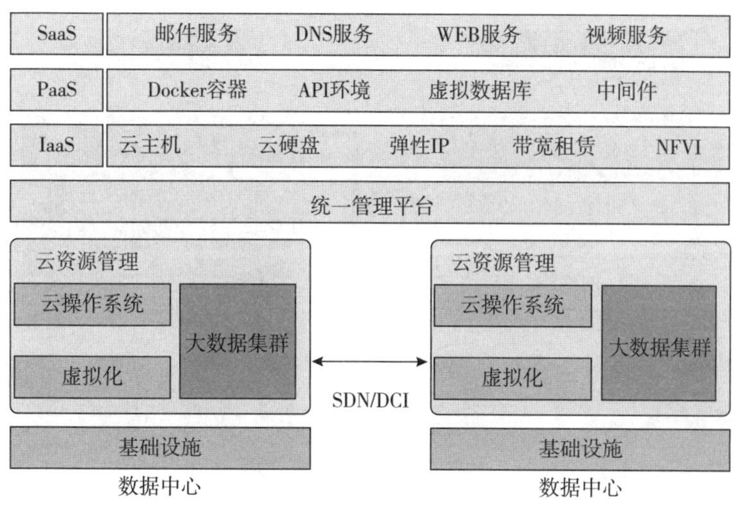

图 1　云计算服务架构

从云计算“IT 资源即服务”的概念出发，云控制实现了“控制服务”（Control as a Service，CaaS）。云控制是以云计算、大数据处理技术以及人工智能算法为手段，以网络化控制、信息物理系统、复杂大系统理论为依托，实现高度自主和高度智能的控制[15-16]。云控制服务在云计算中可以通过 PaaS 的形式为具备控制专业技能的用户提供自主开发控制器的软件环境或软件开发工具包（Software Development Kit，SDK）。同时，云控制服务也可以通过 SaaS 的形式为不具备控制专业技能的用户提供封装良好的、易于使用的控制功能模块，用户只需要拥有一定的基础知识，即可通过简易的操作实现控制。

2.1.2　云网边端协同控制

云服务器可以根据应用的实际需求，通过提供按需和可扩展的存储和计算，为终端提供服务。然而，将数据传输到云并将控制信号返回到执行器会出现延迟，影响终端的控制性能。此外，因为网络带宽受限，终端难以将海量数据发送到云中进行存储和处理。

目前，控制系统结构日益复杂、规模日益扩大，需要采集、存储和管理的数据越来越多，控制系统必须能够处理这些海量数据。将云计算技术融入现有民用、工业控制系统中逐渐成为当前业界的主流认知，由云平台负责系统的数据分析和逻辑控制。但是，传感器和边缘处理技术飞速发展，大量传感器产生了海量原始数据，边缘处理器也产生了海量的中间数据，将这些数据全部上传并交由云平台处理将产生巨大的通信开销，增加云计算平台不必要的计算负担，而且难以满足边缘控制系统实时性和稳定性的要求。所有数据都上传，也就涉及数据的安全性、网络负载和带宽受限的问题。同时，“边缘计算”正在工业领域兴起，其在边缘节点（指靠近设备端并具备计算和通信功能的节点）上部署，旨在帮助工业生产中的设备在数据不上传云端的情况下，也能够具有基本的处理和决策能力，完成部分数据分析和控制逻辑功能（见图 2）。

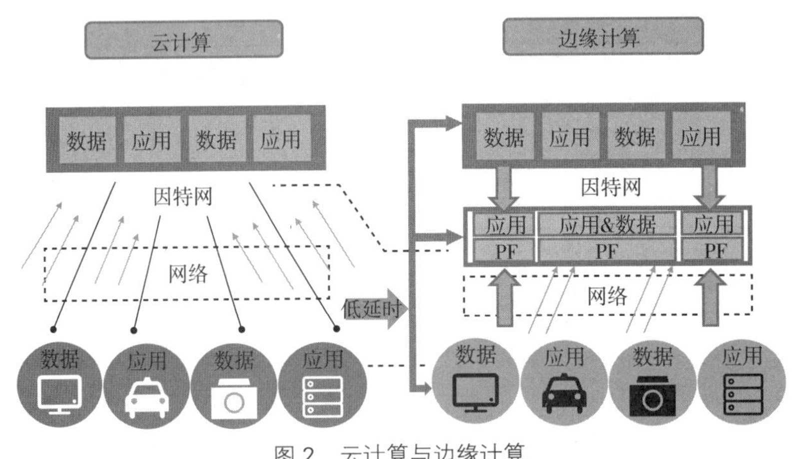

图 2　云计算与边缘计算

云计算与边缘计算区别如下：

1）云计算：数据集中统一，功能强大，因此承担主要的大型计算和数据存储功能。从网络距离上来看，云计算是最远离数据终端的。云计算要求所有数据上传云数据中心，再集中存储和处理，不仅要求足够的网络负载，增加云端不必要的计算负担，同时会在一定程度上影响实时性，也不利于数据的安全性。

2）边缘计算：计算节点处于网络边缘，最为接近数据终端。边缘计算节点指的是网络边缘具备通信和计算能力的网络设备和计算设备，当然也包含终端设备上的计算处理单元，比如单片机、FPGA 等微处理器或微控制器，显然这样的计算节点处理能力有限，一般不承担数据存储功能，只负责一些比较简单、基本的数据处理任务。

针对云控制系统难以保证复杂任务的实时控制难题，研究人员提出在控制系统中引入边缘控制结构，设计了云网边端协同控制策略[14]。在边缘利用离散分布式的计算资源，对终端设备直接进行基础性分析和控制，保证基本实时性功能和设备安全。将边缘筛选、预处理后的关键数据上传至云端，由云端完成上层决策意义的复杂任务或边缘难以处理任务的计算和处理，并将指令结果返回边缘和终端。借助安全、加密、高实时性网络，云端、边缘和终端间的通信，协作完成不同粒度、实时性和服务质量需求的计划、规划、调度、预测、优化、决策和控制等任务。在未来特别是5G时代，通过边缘算力上移、云端算力下沉，实现最优化整体系统的控制质量和经济开销的目的。

基于云网边端协同控制策略，云控制系统形成两个闭环。一是底层终端边缘控制闭环，核心是基于对终端操作数据、生产环境数据的实时感知和边缘洞察计算，实现终端的动态优化调整和精确控制。二是中层决策闭环，核心是基于信息系统数据、制造执行系统数据、控制系统数据的集成与云端大数据分析，实现调度决策的动态优化调整，支持多场景智能生产模式。云网边端协同提高了控制系统实时性和可用性，实现了“控制服务”的功能。

数据融合共享是云网边端协同的重要基础。在传统架构中，各边缘、终端数据是分散、独立的。数据量巨大、数据来源众多，且存在于不同的数据库中。但在实际场景中，却需要多边缘、终端的协同，避免相互产生不良影响，协作完成同一目标。云端融合将原本封闭、独立的边缘、终端信息收集起来，形成一个共享资源池，各边缘场站、终端设备可通过API接口直接调度资源池数据，避免传统架构共享数据的架构隔离，解决长期存在的“信息孤岛”问题。

物联网与信息物理系统一样，集通信、计算和控制于一体，边缘计算和云计算的结合保障了数据的安全性和计算的实时性。云控制用于分析控制复杂的应用系统，但囿于实时性的要求，借鉴边缘计算的概念，边缘控制也成为云控制的补充。基于思想是云平台实现复杂功能且对实时性要求相对较低的功能，而边缘终端部署简单的控制功能，面向较高实时性的任务功能。例如在多无人机编队或协同控制中，边缘终端只需要完成基本的姿态控制即可，如果是具有视觉或其他复杂感知的无人机，还可以对感知数据进行基本的滤波、数据清洗和提取等操作，而云端则可以执行多机编队或者路径规划等上层决策意义的复杂功能算法，还可以进行视觉计算、运动建模等复杂的数据运算与处理。

云网边端协同依层次和内容又可分为多云协同、决策协同、控制协同和资源调度协同等。当前，随着产业规模的扩大，各行业、各地区对算力的需求也不断提高。但云数据中心的建设需遵从经济性的原则，简单扩建大规模云数据中心是不现实的。因此，为应对本地云数据中心资源受限，满足远距离算力共享的需求，提出了多云协同的概念[17]。在不同地区设置中心云和边缘云，其中中心云体量较大，设在计算需求密集地区，边缘云体量较小，分布式配置计算资源。对于计算需求较大的任务，可通过网络通信将需求传递至其他云数据中心，保证各云数据中心的负载均衡，形成多云协同。

决策协同和控制协同主要发生在云端和边缘、设备的交互层面。决策协同面向高层次的计划、规划、调度、决策等指令，针对复杂场景和任务，整合全局需求和信息，将指令发给边缘。边缘更接近数据来源，依据局部具体需求和信息，作出贴合实际需求的决策，交由终端设备执行，同时保证决策的全局最优性和边缘实时性[18]。

控制协同面向基础性应用，设备基本的实时性、稳定性控制由边缘控制器直接完成，但存在计算量较大、需要全局信息等自身不易完成的任务，则需提交云平台，由云平台统一决策、控制[19]。同时，各边缘场站之间也需考虑控制协同，在自身实时、稳定的控制的同时，不能影响其他边缘的控制性能。云网边端协作，实现整体系统的全局优化、局部实时、稳定决策和控制[20]。

资源调度协同是云网边端协同充分利用云平台计算能力的关键，为计算任务最优化分配 CPU、内存、网络等资源[21]。云数据中心资源通过 Kubernetes、Hypervisor 等工具统一集群化管理，伸缩式管理新加入资源，将所有资源抽象为同构性的计算节点，按需为业务应用分配计算资源。当离散或由一定依赖关系组成的工作流任务到来时，通过考虑任务优先级、含截止时间 / 能耗约束、关键路径分析、深度强化学习等算法实现最优调度策略的选取，将任务匹配给资源池中的计算节点，从而降低任务完成时间，提高资源利用率，高效、低成本的完成业务场景中的云端计算任务[22-24]。

2.1.3 数据驱动的云控制

在传统的控制系统框架中，被控对象的数学模型是控制和监控的前提。然而系统建模过程中将不可避免地引入建模误差；同时对于云控制系统，由于过程复杂或者涉及变量多，往往无法建立精确的数学模型甚至无法建模，我们可以利用的只是通过传感技术测得的系统状态或者输出，因此传统的控制方法已经不再适用，人们提出了数据驱动控制。目前，该方法已成功地应用在工业过程控制领域以及复杂系统中。由于在大部分实际应用中，只有数据可以通过网络传输并被控制器和执行器接收，所以数据驱动的方法特别适用于云控制系统。这种不依赖具体模型的控制理论更具有普适性价值。

基于数据驱动的云控制系统典型控制流程图如图 3 所示。在该控制系统中，应用子空间投影方法生成预测控制信号。一般来说，基于数据驱动的网络化控制系统和基于模型的控制系统的区别在于控制器的不同。在基于数据驱动的云控制系统中，传感器通过网络将数据发送到控制器，然后控制器将应用如上描述的数据驱动预测控制算法产生一个预测控制输入序列，将这些控制序列通过网络传输到执行器端的补偿器上。最后，根据预测控制方法，执行器将选择合适的控制输入。由此可知，在基于数据驱动的控制结构中，控制输入可以直接获得，与模型无关。

一方面，云控制系统被控对象的多样导致数据种类的多样，为了估计不同类型的数据，在集合隶属度框架内提出一种具有可追踪性的几乎最优数据驱动滤波器。首先，为了补偿云控制系统中丢包的影响，设计一个输出预测器，根据接收到的输出和系统的输入重构丢失的数据，证明输出预测误差的渐近收敛性，通过参数可以调整收敛速率。然后，利用预测输出和接收到的测量结果构造滤波器，通过截断将所设计的滤波器转换为有限脉冲

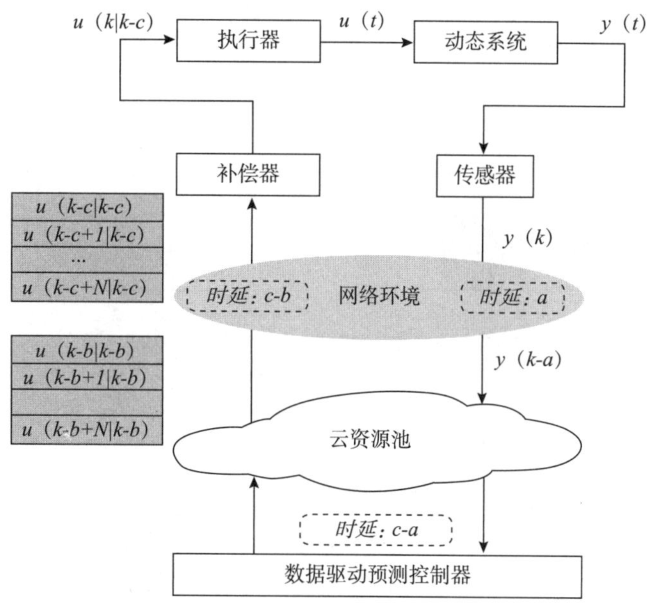

图 3　基于数据驱动的云控制系统

响应的可跟踪滤波器。最后，给出在最坏情况下估计误差的界限[25]。

另一方面，基于模型的控制器因云控制系统中设备模型的不同难以取得较好控制效果，基于子空间方法的数据驱动预测云控制算法应运而生。在每个采样时刻发送信息包的网络特征基础上，由控制预测发生器和时延补偿器构成系统控制器。控制预测发生器使用模型预测控制方法提供控制输入序列以满足系统性能要求。补偿器在每个采样时刻根据系统的时延选择适当的预测控制值。作为驱动和反馈环节，本地系统所传递的输入信号控制，并将数据发送到云端以更新信息[26]。

2.2　云控制系统技术

基于云控制与协同理论，为实现云控制与协同系统架构，并且进行系列实验与实际应用，我国科研人员基于大规模无人机—无人车空地协同控制系统，围绕平台实现技术以及作为保障的安全管控机制与技术，形成了云控制与协同技术架构与体系。

2.2.1　云控制系统平台技术

（1）空地协同云控制平台开发

基于智能云服务技术，以大规模无人机—无人车空地协同控制问题为例，将各控制任务上传至云端，利用先进的容器化弹性云计算技术对各控制计算任务工作流进行调度执行，最小化执行时间，同时考虑云服务安全防护与安全通信问题，设计高性能控制算法，保证多无人机—无人车系统控制的稳定性。该平台关键技术包括：基于智能云数据中心的复杂控制任务工作流调度技术、空地协同调度云控制算法设计以及空地协同云控制平台组网技术。平台框架如图 4 所示。

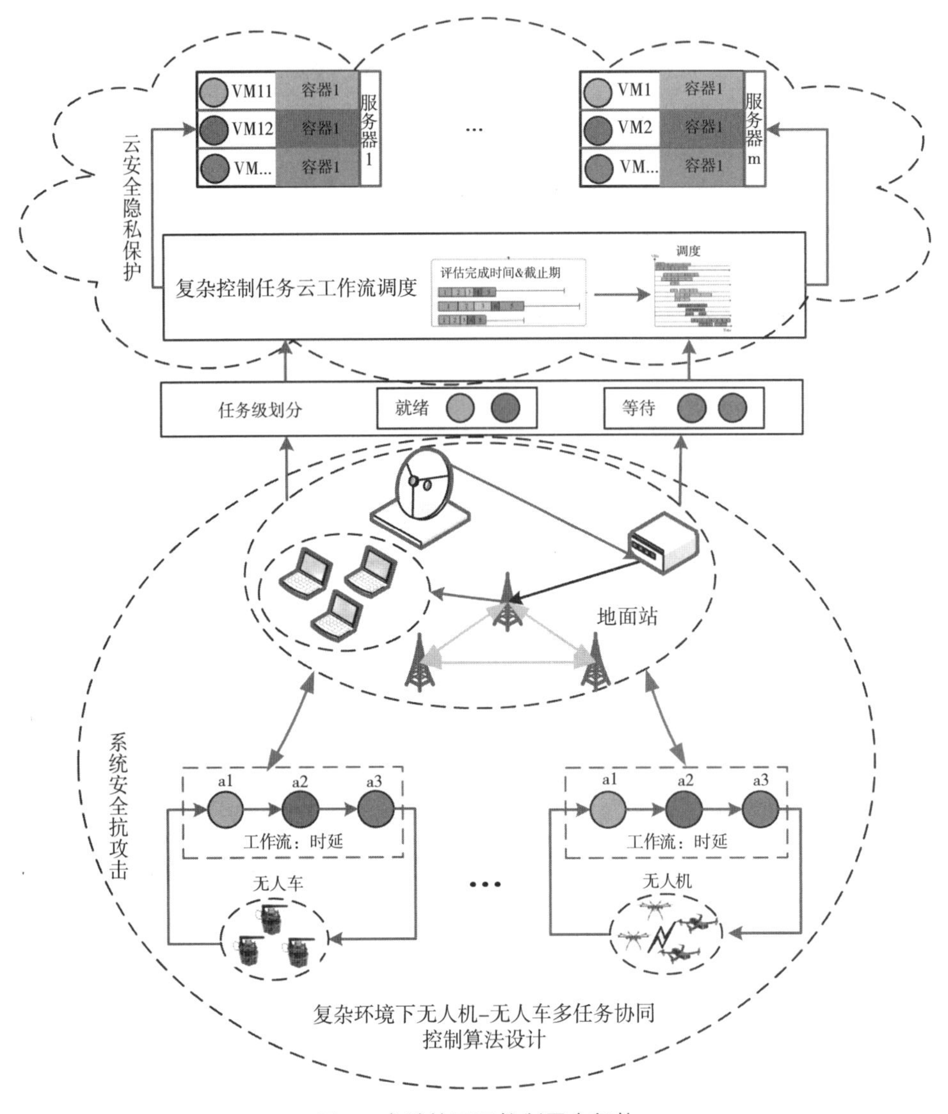

图 4 空地协同云控制平台架构

（2）基于智能云数据中心的复杂控制任务工作流调度技术

首先，对云工作流任务多方面的特征综合分析确定优先级参数，综合考虑云工作流任务价值和用户任务执行紧迫度两种属性，建立云工作流任务权重，提出一种基于动态优先级和任务权重的任务调度策略，使任务集按照最佳顺序调度，确保任务尽可能在最佳调度时间内执行。第二，建立支持云工作流任务优先级和权重的多任务并行云工作流调度架构。针对现有云工作流管理体系架构系统复杂，容纳数据量少，响应时间长，性能差的问题，研究支持用户定制的云工作流架构，设计可定制的云工作流系统整体架构。主要包括建模工具、迁移工具、表单工具、监控平台、云工作流引擎、数据库访问层、缓存层、组织机构建模等。

（3）空地协同调度云控制算法设计

复杂多任务环境下的空地协同调度控制问题包含了空地异构多智能体系统的任务规划问题，以及在任务规划指导下的协同控制问题。复杂多任务下空地协同任务级规划的求解非常复杂，需要对其任务负荷分配和航路规划等方面进行研究。在任务级规划完成后，考虑外界环境因素、测量噪声、摩擦、机械和电气系统中的负载变化等扰动的影响，根据所能测得的传感器实时信息，针对无人机、无人车等空地异构智能体组成的多智能体系统，设计满足避障、避碰、编队、围捕等多任务要求的分布式空地协同抗干扰控制算法，实现任务级规划下的特定目标。

（4）空地协同云控制平台组网技术

空地协同云控制平台组网涉及智能体（无人车、无人机）之间、智能体与云服务器间的通信问题。智能体上的控制系统用 ROS 组织，基于 ROS 话题 – 订阅的数据传输机制完成智能体间的通信；智能体与云服务器之间的连接由 Rosbridge 实现。云服务器上的控制器接收到来自无人机、无人车的传感器数据之后，在云端完成数据融合、控制量计算并通过网络传输协议返回。所设计的云控制器需要对网络的数据丢包、延时有一定的鲁棒性。

同时，位于无人机、无人车上的控制模块构成了边缘控制系统，根据云端控制量实现对无人机、无人车位置和姿态的控制。

2.2.2 云控制系统安全管控机制与技术

相较传统网络化控制系统，云控制系统结构更复杂，规模更庞大，不确定因素也更多。因此，云控制系统存在更多的安全隐患且安全问题造成的损失也更为严重。云计算为云控制系统的实时运行提供了保障，对云服务安全问题的研究是十分重要的[27-28]。如图 5 所示，依据被攻击对象以及安全隐患发生阶段的不同，云控制系统安全问题可被划分为云、网、边、端四个层面来考虑。

在云端面临的主要风险来自云平台，包括云平台自身的可靠性、外部信号对云平台的恶意攻击，以及客户隐私数据对云服务商的透明性问题等。针对这些问题，在云平台层面，智能电厂云控制系统设计安全可信云技术机制，实现云服务合规性验证、云平台安全防护，以及云数据隐私保护等保障功能，保障云端控制决策系统安全、稳定运行[29-30]。在网络传输层面，面临的则是从云到端通信故障以及数据隐私泄露的风险，采用云端和边缘双向智能高效通信加密 SDK 技术保证通信安全[31-32]。

边缘控制系统和终端设备进行实时边缘控制的交互，在边缘、终端双层安全系统的保护下，形成边缘—终端系统安全管控体系。具体而言，边缘安全防护系统采用软硬件相

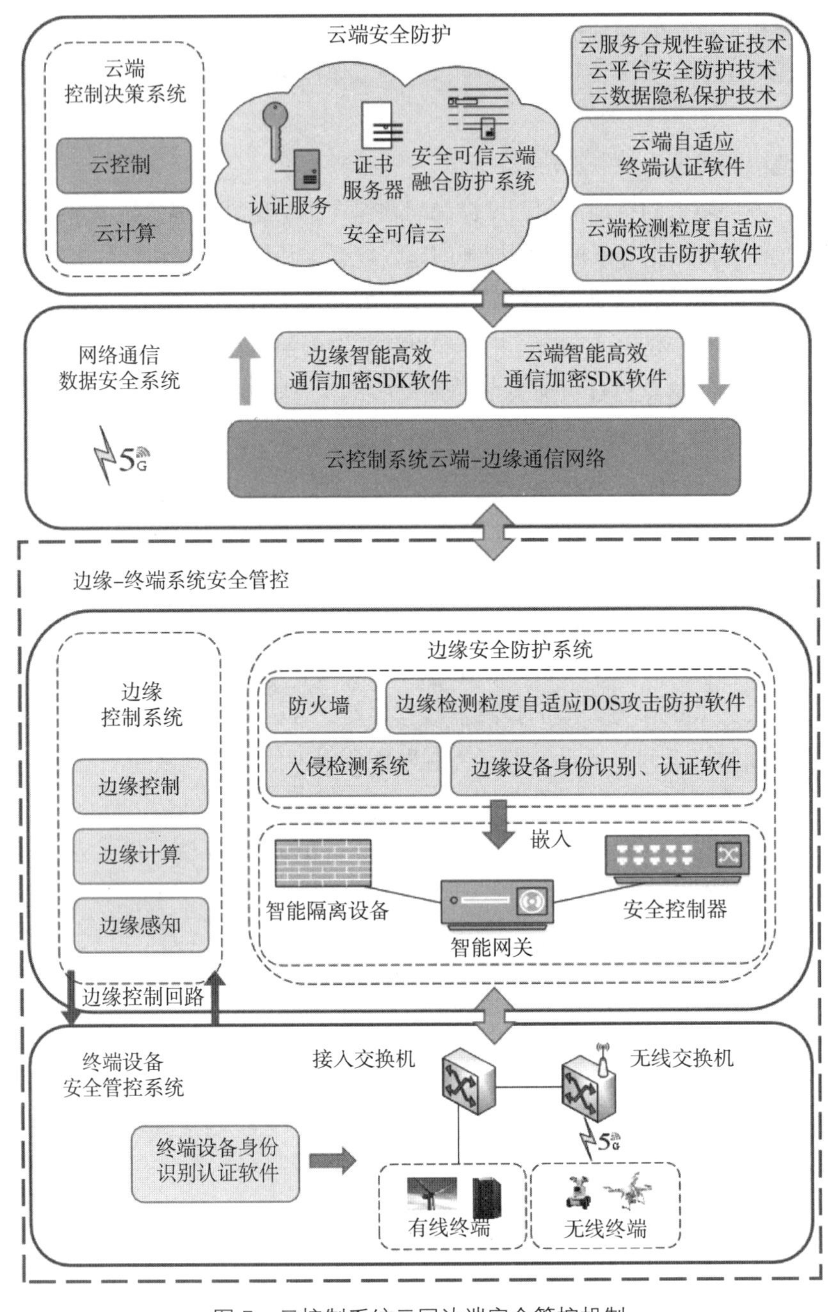

图 5　云控制系统云网边端安全管控机制

结合的方式，在软件方面使用边缘身份认证和自适应攻击防护等算法，在硬件层面则设计智能网关、安全控制器、隔离装置等安全防护设备，同时配套防火墙、入侵检测装置等系统，将以上软件嵌入其中，规避边缘设备管控的安全隐患[33-34]。在终端设备一侧，主要考虑的是操作者或者上层信号的真伪性问题，在这里针对种类不同、智能程度不同、重要性不同的各类底层设备，使用差异化的身份终端认证方法，保障云端调度优化指令、边缘控制命令等准确无误地执行下去。云控制系统通过云网边端四层安全管控机制，提供对电厂各层级软硬件及网络的可信赖支持和保护[34]。

具体而言，云控制系统将数据处理、控制器设计等核心过程外置到云端。在云控制系统中，设备对云端服务持有一定的信任程度，基于云端服务信任度水平，可将云服务器对云服务的定价与本地设备对资源的购买构建合作博弈模型，实现社会效益最大化。此外，终端设备节点可能不仅以借助云端资源提升系统性能为目的，而是恶意占用服务或破坏云端服务。这种恶意节点接入云端，不仅对云端服务器造成损坏，还有可能降低其他接入节点的性能。因此，终端设备接入云端需要设计有效的认证和访问控制机制，防止恶意节点接入云控制系统。云服务器为大量终端提供共享服务，设备节点需将本地监测数据传至云端，数据的隐私保护尤为重要。加密算法包括先进加密标准算法、属性加密算法及差分隐私队列模型等，可用于数据的隐私保护[35]。

针对系统各层存在的信息泄露、数据篡改、通信攻击等安全问题，也提出了相应的防护方法。如设计了抗分布式拒绝服务攻击控制器，通过建立协方差矩阵分布式拒绝服务攻击检测模型，比较观测到的特征协方差矩阵与正常情况下的阈值矩阵检测是否存在攻击，通过切换防护控制策略保障了系统性能[36]。

为了估计欺骗攻击信号以便云控制器处理，针对一类具有常值时延的不确定随机非线性系统的安全滤波问题，建立一种新的多信道攻击模型，用于描述在不安全网络中发生的丢失测量和随机欺骗攻击。根据滤波器估计误差范数的期望提出量化安全度的概念以描述系统的安全水平。利用随机分析技术，通过求解线性矩阵不等式，获取滤波系统满足一定安全水平的条件[37]。

云端受到的网络攻击往往是多方面、综合性的，如高级持续性威胁（Advanced Persistent Threats，APTs）。从资源分配角度，考虑多设备接入云控制系统模型，对云端防御资源分配者和 APTs 攻击者建立 Stackelberg 博弈模型，设计在最坏攻击情况下使设备性能最优的防御资源分配策略[36]。

2.3 云控制系统的典型应用

2.3.1 智能电厂云控制系统

瀑布沟水电站智能电厂云控制系统就是基于云控制架构设计的，图 6 展示了智能电厂云控制系统云网边端的整体协作架构和部分典型终端应用。智能电厂根据网络结构和物理分区，自上而下分为集控层、场站层和现地层，分别对应云控制系统中云端、边缘和终端设备[33]。

现地层部署电厂具体功能和业务，包括升压控制系统、机组监控系统、巡检安防系统和功率预测系统等，通过 WIFI、5G 等廉价、便利的通信方式连接、集成到分属场站上。

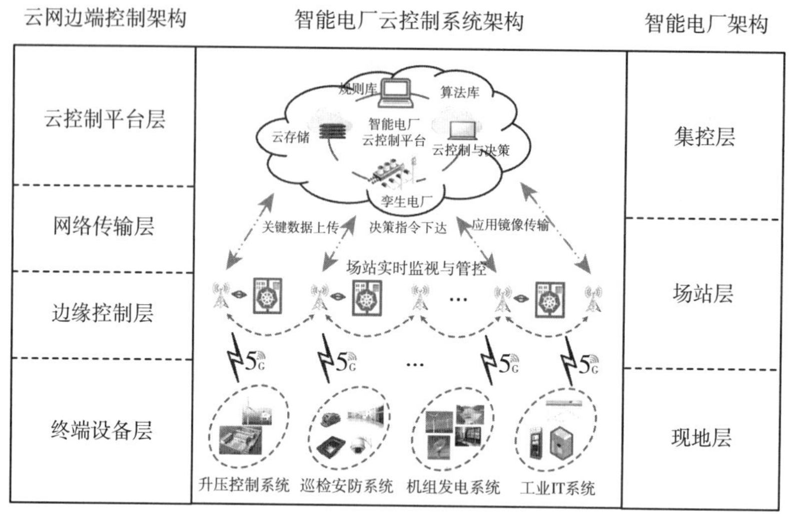

图 6　智能电厂云控制云网边端协作架构

场站层设有边缘控制器，利用边缘计算易于部署、实时性和可靠性高的特点，对该场站终端设备进行监视以及精准、稳定的实时管控[37-38]。场站层获取到终端设备的原始数据后，根据任务类型，对数据进行分类和预处理。例如在风水光绿色能源互补发电滚动优化中，各场站采集到站内所有机组的原始数据后，先挑选出风光输出功率预测所需数据，再在场站对其进行预测，最后将各场站机组输出功率预测结果发往云控制平台。将部分任务放置在边缘，既能充分利用场站的边缘算力，也可避免所有终端数据直接发往云端，导致通信成本和云端计算负担成倍增加。

智能电厂云控制平台部署有云控制与决策、云存储、规则库和算法库以及孪生电厂等模块。云控制与决策，即数据计算和控制决策功能被部署在云端的服务器中，其中涉及的优化、管理、调度和控制等算法被集成为算法库；电厂终端设备在物理空间遵守的规则被封装为规则库；场站层关键业务、运维数据通过网络传到云端，形成云存储。规则库和云存储分别对应模型和数据，通过二者融合和迭代更新，在云控制与决策服务器中调用算法库中的方法，一方面在孪生电厂中模拟运行结果、进行态势演判，另一方面将得到的全局最优优化调度方案、指令发给各场站以至终端设备。场站在上层指令指导与约束下，对终端设备完成边缘控制，经由云网边端四个层面协作互补，形成对整个智能电网系统的统一优化、管理、调度和控制。

智能电厂云控制系统包括智能电厂边缘控制、数字孪生虚拟化、云端任务与资源匹配调度、云网边端安全管控等关键技术。在智能电厂云控制系统建立过程中，计算和数据资源的整合共享处在核心位置，以上技术皆围绕这两点展开。云计算用网络连接大量计算资源，统一调度和管理，形成一个可动态配置的共享资源池，和边缘计算形成协作，为智能电厂终端设备以及管理人员按需提供计算服务。智能电厂信息云由云计算、数据库等技术支持，综合了电厂集控、场站、现地三层业务运维信息采集、处理和应用，利用长期积压的海量历史数据，形成共享资源池，打破物理壁垒，解决电厂“信息孤岛”问题。文献［39］提出电力大数据信息资源库的设计方案，旨在解决电厂数据无序、分散、滞涨等问题。文献［40］设计了大数据场景下智能水电厂的新型架构，将数据中心建设部署在核心位置。文献［41］则分析了电厂生产环境中的实际数据类型、特点，基于云计算、虚拟化技术设计了智能全息电厂信息平台架构。目前，主流电厂各生产环节都实现了成熟的自动化，关键数据基本实现了自动采集、分类和整理。例如四川大渡河流域发电公司已充分接入生产环境各类数据，结构化数据接入速度达到 4Mb/s，非结构化数据达到 100Mb/s，目前已具备智能电厂信息云建立的充分条件。

建立智能电厂信息云之后，智能电厂云控制系统可以承载许多重要应用，绿色能源互补发电即是其中之一[42]。当前，化石能源不断消耗并且破坏生态环境，风能、水能和太阳能等绿色能源得到广泛的重视和开发利用。风、水、光能源具有很好的时空互补性，但纯绿色能源的消纳受偶然因素影响较大（如图 7 所示），目前的研究多聚焦于煤炭、油气等化石能源和一种或多种新能源的互补优化，研究风水光等纯绿色能源的尚不多见[43-44]。

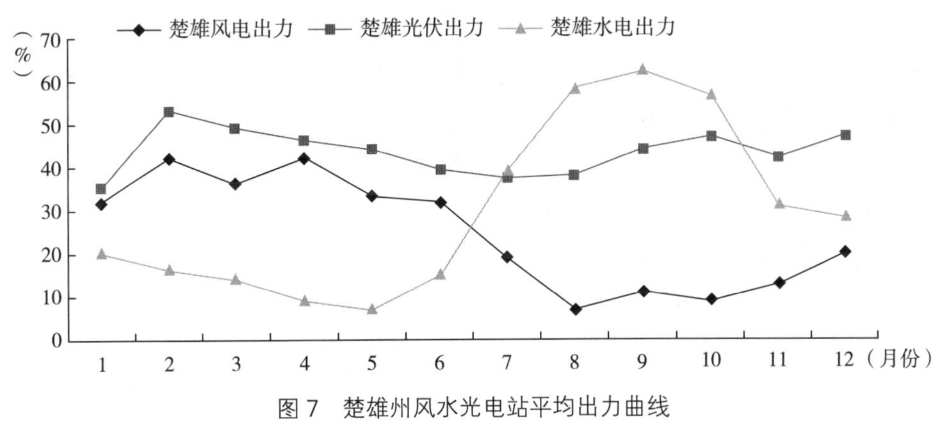

图 7　楚雄州风水光电站平均出力曲线

为解决瀑布沟水电站风水光生产应用系统之间相互独立的不足，提升各种生产数据交互水平，提高对数据的处理、分析、应用能力，利用云控制，将瀑布沟水电站既有的监控系统、工业电视系统、消防监控系统、通风空调系统、主设备在线监测系统、五防系统、电能量管理系统、故障滤波系统、一次设备在线监测系统及智能 On-Call 系统等数据汇集至云端综合数据平台，在满足安全防护要求的基础上，依托云平台实现各系统之间的多系统联动功能，满足培训仿真系统、状态分析系统对瀑布沟水电站生产数据的整合使用，实现对电力生产相关数据的综合利用，为企业经营管理提供必要的决策支撑信息[41]。

2.3.2 军事云控制和协同

军事云控制和协同是对军事网络组织中蕴含的作战资源进行基于云计算的整合、调度与智能化控制与管理，将其组织成一个协调、高效的军事组织的新的作战模式。

网络中每个动态军事组织中蕴含的作战资源和能力被实时整合为易于获取、按需使用的不同服务。云服务中心利用云服务聚类重组技术将服务化的作战资源与能力按照功能特性与分布位置进行合并，聚合成为透明且开放的按需使用的云服务。在任务执行过程中，作战需求被分解为多个子任务，云服务中心根据实际战场的环境与任务需求从云服务中心选取最优的作战组合，实现弹性、动态且资源调用合理的协同作战。

在传统的一体化作战系统中，存在各个作战平台信息处理能力有限以及平台模型复杂的问题，影响了作战指挥的实时决策与控制。军事云控制和协同面向卫星、航空、无人机等多种空天多源大数据，围绕提升空天大数据一体化分析能力和拓展应用的迫切需求，运用云控制与协同相关思想与理论，将分散的作战实体及作战资源通过网络连接到云服务器，并发挥云服务器的强大的计算能力，将决策与控制的处理与计算作为服务提供给作战平台，研究基于空天大数据的智能云指挥控制方法，实现人工智能与空天大数据的结合，为智能化指挥与控制研究提供新方法。

在军事云控制和协同体系中，各个异构作战平台的传感器、处理器、执行器等设备通过网络连接到云端。各个平台在运行过程中感知获得海量数据包括高度复杂、实时变化、不确定性强的战场环境数据，以及我方攻防人员与装备数据。这些数据通过网络被发送到云端综合数据平台进行存储和处理，云端基于资源虚拟化技术将我方战斗力数据构建成作战资源池。具有强大计算能力的云服务器首先结合多种智能信息处理方法，如动力学模型组合关联逻辑技术、战场单元多模态数据融合技术、战场可视化重构技术，实时地对海量战场数据进行关联分析及趋势预测，对动态的战场形势进行快速地综合评价。然后，在对战场形势充分了解的基础上，基于我方战斗力虚拟资源池，根据整体作战目标、异构的多作战平台的特点以及各平台的实时状态，对各方作战平台进行决策评估与指挥控制。决策手段主要基于运筹与推理模型、任务分解与规划、智能机器学习与优化、决策人员的指挥调度等方法。最后，在边缘作战单位精确闭环控制的基础上，云作战与指挥中心将战场整体决策与控制信息通过网络发送给各个作战平台，实现空天一体化作战系统的高效、实时的决策与控制。

文献［45］提出了一种“作战云”的基础体系架构，包括资源层、能力层、平台层、应用层及管理层，综合运用网络通信技术、虚拟化技术、分布式计算技术及负载均衡技术，将分散部署的作战资源进行有机重组而形成的一种弹性、动态的作战资源池。文献［46］构建了包含一个网络、二类服务、三种应用、四种结构和五种模式的作战云系统体系架构，特别提出了“组织即服务”概念。文献［47］结合美国空军作战理念，针对我国空军如何发挥五代机的作用，给出了对我军形成空天“战斗云”的启示。文献［48］在构建空天云作战体系模型的基础上，分析了空天云作战指挥控制流程，提出了空天云作战网络化效能分析方法及其度量指标，从指挥控制流程的角度对比分析了空天独立作战、空天联合作战和空天云作战这三种作战体系的作战能力。文献［49］针对未来防空反导分布式协同作战的需求，通过分析云计算及其在军事方面的应用，提出了防空反导战术云的概念、作战视图及架构、组成。文献［50］以网络空间“云作战”的攻击行动为切入点，利用复杂网络理论，从理论模型、环境模型、结构模型及作战指标模型四个方面对网络空间“云作战”进行了建模仿真研究。文献［51］根据现代作战循环理论，用复杂网络的方法把作战体系的各种作战单元抽象为节点，将节点之间相互关系抽象为节点间的边，制定作战体系模型的构建规则，分别构建传统作战体系模型和“云作战”体系模型，提出作战体系度量指标，并通过仿真分析对比两种作战体系作战能力和抗毁能力。

文献［52］借鉴云计算的基础架构管理方法，在系统架构层面，对提出的“云协同”概念、层级结构、体系架构和技术体系等方面进行了研究，构建了面向服务的新一代军事组织云协同体系架构。文献［53］提出了一种基于接口和事件驱动架构的资源虚拟化方法，一方面对作战资源进行建模，从作战资源的能力出发，抽象出作战资源的接口、事件和数据流；另一方面利用服务适配器将接口和事件以网络服务描述语言的形式进行表达，并提供服务注册和发布的接口。文献［54］分析了多任务多层级协同任务规划的流程，提出了一种基于事件驱动的协同任务规划系统框架，通过对规划事件的定义、捕获和广播机制，实现协同规划问题求解过程的自动流转，从而提高基于战斗云的联合空中作战效率。文献［55］提出了一种云协同网络集群反隐身火控攻击引导技术，设计了其系统结构和功能组成，并归纳总结出该新型火控系统的四项关键技术，即云协同探测、云战术决策、云无源火控和云网络制导。

2.3.3 智能交通云控制系统

图 8 展示了智能交通云控制体系以及相关信息物理融合技术，应用的核心在于为行驶者、交通工具、交通基础设施建立起以身份信息为核心、唯一对应的标识[56]。然后基于数据采集、传感器、网络传输等技术，将获取的动态信息即时发送到智能交通网络综合数据处理云控制平台上，再通过云控制平台对获取的信息数据系统性、智能化处理运算，得到系统预测结果以及调控方案，然后发送到智能交通终端，实现对整个智能交通路网的统一监控、管理、决策和控制服务。通过 WIFI、5G 移动数据等通信方式将车辆与道路的边缘控制（Mobile Edge Control，MEC）服务相连接，同时交通终端也可与云端进行直接通信，使智能交通云控制管理平台实时感知车辆排队、堵塞、事故以及信号灯等交通状况，进行分析、优化、预测、决策与控制，并且使无人车、有人车驾驶员等获得实时路况信息，调整合适的路径选择行为。

智能交通信息物理融合云控制系统包括交通大数据云计算、交通流智能预测、交通流云控制调度等核心技术。云控制的核心思想是将大量用网络连接的计算资源统一管理和

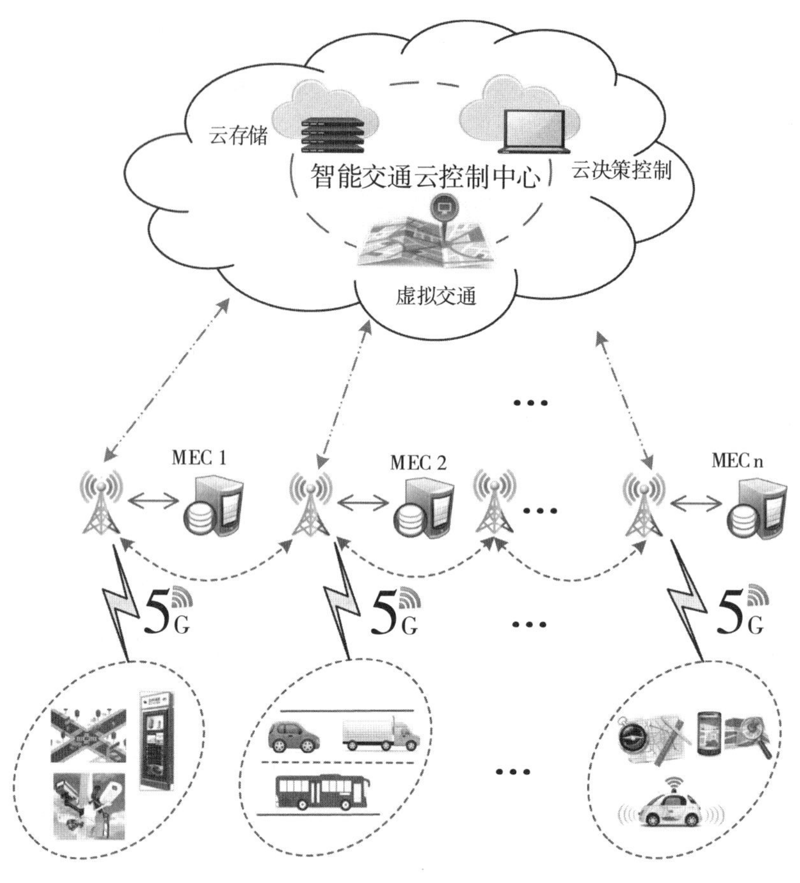

图 8　智能交通云控制系统

调度，构成一个计算资源池向交通路网设备以及终端用户提供按需服务[57]。其中包括智能计算、软件、交通大数据访问和存储的服务，终端用户无须知道服务提供者的物理位置和具体配置就能使用。随着云计算系统的处理能力不断提高，可以减少智能交通控制网络区域系统的处理负担。云控制系统综合了云计算的优势、网络控制系统的先进理论等相关结果，能够为智能交通控制提供最新的技术支持。将交通需求调度与云计算、云控制闭环反馈以及边缘控制设计方法相结合，采用智能交通大数据分析、协调控制、资源调度等技术，能够实现智能交通的云端智能决策、云网边端协同控制以及与人机交互的有机整合。在智能交通云控制方案设计过程中，综合利用边缘控制技术、软件定义交通虚拟化技术、交通大数据分析技术和交通流优化调度技术，建立云端智能计算决策和基于边缘计算的边缘闭环控制相协作的交互机制，来实现智能交通云控制系统的整体建立。

面向智能交通底层设备终端的边缘控制系统，核心是基于交通设备运行数据和对交通环境的实时感知，并利用边缘计算方法设计交通设备具体控制策略，实现底层交通设备本地边缘控制，例如交通灯控制、无人车控制、交通摄像头控制和本地区域用户导航设备控制等。边缘控制在智能交通云控制系统中为云端控制提供局部信息，是控制智能交通终端设备实时运行的关键。云控制系统为多个边缘控制设备提供全局控制策略，统筹整个智能交通网络，二者相互协作才能保证智能交通云控制系统良好运行。

智能交通网络虚拟化技术，可将物理交通网络虚拟成由多个虚拟交通子网络组成的虚拟交通网络。核心思想是应用虚拟化软件对交通网络进行控制管理，通过自动化部署功能简化交通云端计算运维。如图 9 所示，智能交通云控制网络相互耦合的整体架构可被拆分成云控制平台、虚拟化平台、物理应用平台三层架构。该架构中数据计算和决策控制功能部署在云端服务器。利用交通网络虚拟化平台，底层交通应用设施在云端依据实际物理交通规律被抽象成多个逻辑实体。智能交通云管理者看到的是虚拟化平台提供的程序化交通网络。这样云端服务可与物理交通网络解耦，便于云端资源的灵活部署和快速业务供应。随着信息物理融合系统的发展，软件定义技术开始向物理世界延伸，在智能交通云控制系统中的软件定义交通（Software Defined Transportation，SDT）技术，是利用智能软件对智能交通网络拓扑进行定义和映射，把智能交通系统中的各类信息设备、物理基础设施进行虚拟化定义，达到开放共享和互联互通的目的，实现智能交通云端精细化管理。SDT 技术的本质是交通硬件资源虚拟化、管理对象和管理功能可编程化实现。传统交通物理设施抽象为虚拟资源，利用云端部署软件对虚拟交通进行计算和调度决策。该技术可实现交通物理层和云端计算层的合理分离，利用程序软件既可保证虚拟化映射的完整性和准确性，又可满足交通任务多样性的需求。

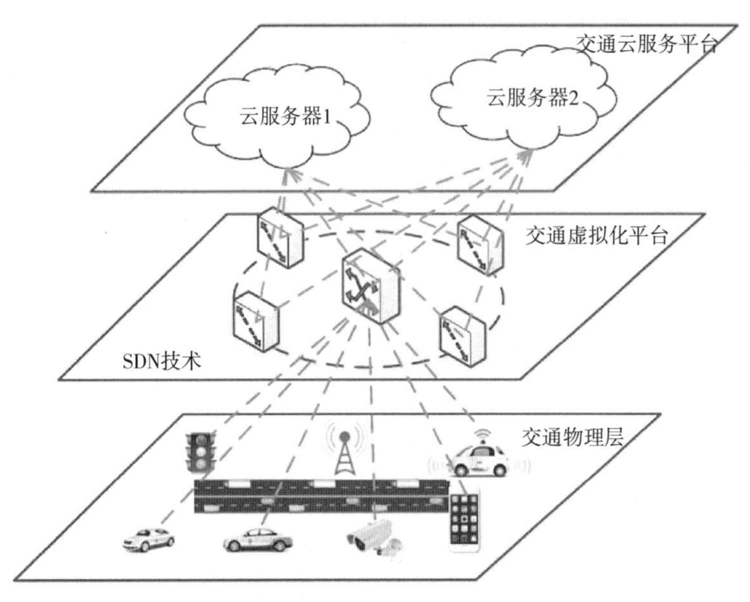

图 9　智能交通云控制网络虚拟化架构

交通流（Traffic Flow）预测是智能交通云控制系统的关键技术，云端交通流预测调度系统是智能交通云控制系统的大脑中枢。通过对智能交通云控制数据中心的数据预测分析，云控制服务平台可对交通的拥堵情况、路面的行驶状态以及车辆的实时行驶速度进行综合控制处理。文献［58］基于社会交通、计算实验和平行执行智能机器系统，提出了基于信息物理社会系统的平行驾驶框架，详细论述了平行测试、平行学习以及平行增强学习等方法在智能网联汽车的感知、决策与规划和控制等关键模块中的应用。通过挖掘采集数据的特征，以提高数据采集、传输、预处理和估算的精度和效率，为智能交通云控制系统提供高质量、完备、实时的交通数据[59]。城市智能交通诱导控制系统的结构复杂，城市交通问题求解的计算量巨大，采用多智能体技术能够将复杂系统问题分解，降低计算复杂性，更易于处理[60]。由于实际路网和交通用户的需求，短时交通流预测的结果更能满足实时性的需要[61]。针对大型路网的大规模交通流数据，主要包括基于深度学习结合支持向量回归（DBN-SVR）和基于反向传播的双端超限学习机算法（BP-BELM）的路网短时交通流云端预测方法。

2.4 其他理论和实践成果

除了上文中论述的成果外，我国在云控制方面还取得了以下进展：

1）智能制造是新一代人工智能的重要应用领域，对于推动我国制造业升级具有重要意义。国内学者首先应用虚拟化技术，在物理制造资源与虚拟资源间建立映射，使用虚拟制造资源动态配置方法实现制造资源云端化处理；然后基于边缘控制和云控制结合的闭环反馈和云网边端协同控制，实现制造计划的精确执行；闭环控制过程中，从工业大数据中学习，以便工况异常智能诊断，并通过改变控制回路设定值，实现自适应、自学习自愈控制，适当的时候，采用预测控制实现自恢复。传统的工业自动化体系逐渐无法满足智能化、信息化的发展需求，云计算技术的发展将有助于实现工业自动化与信息化的深度融合。文献［62］搭建了基于OpenStack的工业云平台，利用Rdo方式部署了多节点的OpenStack云平台，在不打破原有自动化层级结构的基础上，将工业自动化系统中的工程师站、操作员站移植到所部署的OpenStack私有云平台上，摒弃了传统的物理机，并利用VPN技术，实现了将数据跨广域网远程采集到云上的功能，在云主机上对四容水箱进行了HMI监控与实时控制。

2）无人船是一种集智能化、网络化、集成化、机动化、无人化于一体的新型小型水面自主航行交通工具，具有机动灵活、易操控、携带使用方便、易于开展实验、成本低、效率高、对监控环境要求低等特点，已被广泛应用于湖泊和内河水质监测、湿地环境监测、海洋环境监测、水产养殖环境监控、水下环境测量等各种水域环境下民用和军用的诸多领域，具有广泛的应用前景。文献［63］针对当前无人船控制系统主要采用GPRS通信技术，导致只能传输简单控制数据及实时性较差的问题，基于云转发技术设计无人船云控制系统，并采用4G技术作为无人船与地面控制中心之间的通信技术，以实现对无人船航线的控制及无人船工作状态的实时视频监控。

3）武器试验靶场指挥控制与测控引导系统是典型的高实时控制系统，对其处理平台的处理能力、实时性、可靠性和自愈性都提出了高要求。靶场实时控制中心处理平台通常采用双机热备份计算机系统、集群计算机系统和分布式处理计算机系统。这些系统在靶场武器装备试验指挥控制和设备引导中发挥着极其重要的作用，但仍存在许多局限性。双机热备份系统的处理能力受制于单台服务器性能；开关箱和总监控台是影响可靠性的短板；软、硬件继承性和扩展性差、集群计算机系统的可靠性短板是总监控台；对外信息交互的代理服务器、分布式控制系统的缺点是分层多、实时性差、信息的共享性和综合处理能力差、整体系统可靠性不高。虽然云计算目前已被广泛应用，但云计算平台是针对商业用途的，如非实时性的巨量信息处理、复杂任务计算和企业数据服务等，其控制机制与方法不适用于靶场高实时控制系统。因此，靶场迫切需要有一种高实时、高可靠、自愈能力强的处理控制平台。文献[64]在分析武器试验靶场实时控制中应用的双机热备份、集群以及分布式控制计算机系统基础上，构建了云控制平台，提出了节点自动监测和动态任务自动调度方法；依据靶场信息传输处理流程，提出了靶场实时控制系统的层次结构。

文献［65］利用 Petri 网模拟云控制系统的并行处理过程，引入并行处理系统的时钟周期、吞吐率和任务完成时间性能指标，运用极大—加代数方法分析和优化云控制系统并行处理性能。采用子过程细分的优化方式，通过求解一类最优控制问题，设计并行任务分配优化方案，以保证任务完成时间最短，并给出计算最短任务完成时间的有效算法。同时，采用重复设置多套瓶颈段并联的方式提高并行处理能力，并运用 Petri 网实现瓶颈子过程的并联控制。

3. 国内外发展比较

国外基于云计算的控制技术在一些领域得到了初步应用，并取得了部分理论成果，如云控制系统数据降维管理技术[66]，云计算环境下任务分配与工作流调度算法[67-68]，但是缺乏相应的完整理论体系。

在 2010 年 Humanoids 机器人大会上，Google 的机器人科学家兼卡内基梅隆大学机器人研究所的兼职教授 Kehoe 提出了“云机器人”的概念：将信息资料存储在云端的服务器上，并让机器人在必要时通过联网的方式从云端获得这些资料[69]。其应用范围包括自主移动机器人、云医疗机器人、服务机器人、工业机器人等，成功的应用案例有 RoboEarth、KnowRob、RoboBrain 和“可佳”智能服务机器人。

在脑电人机交互方面，Ericson 等提出运用云计算技术 Granules 分析脑电信号来与计算机进行交互。这种交互允许用户进行操作，如文字输入或控制轮椅移动等[70]。脑电信号与计算机的交互实验结果表明，在脑电图数据流分类上，应用云计算技术的方法可以得到更好的分类效果，并能够满足实时性要求。

无人机技术受到人们越来越多的关注，随着无人机的大量涌现，如何确保无人机在空域的安全以及空域本身的安全，类似于陆地上的交通管制，是一个亟待解决的难题。美国国家航空航天局与无人机系统应用开发平台、初创企业 Airware 建立了合作关系，准备用四年的时间开发无人机空中交通管制系统。由于无人机数量巨大，个体之间、个体与环境之间交互复杂，对无人机的控制不仅需要强大的信息存储和处理能力，还需要统筹管理。研究人员将这套管制系统布置在云端，智能无人机通过互联网与云端相连，从而拥有实时通讯、导航和监控能力，无人机可以相互协同规划航线并在飞行中躲避障碍。同时，云控制技术还在目标跟踪、智能制造、智能交通等领域也有一些应用[71-73]。

国外在云控制底层技术方面相对国内具有优势。传统的云服务商一般使用虚拟机技术来进行资源池的资源隔离和管理。随着容器虚拟化技术的产生与飞速发展，以 Docker 为代表的容器技术越来越受人们的重视。相较于传统虚拟机技术，它能够提供一个更加轻量且易用的应用部署解决方案，因为其额外的资源成本更小，启动停止所需时间更短等优势，被认为是云平台上更好的应用部署方案。然而 Docker 自身仅可以提供如隔离运行环境、控制资源大小、创建镜像等最基本的容器功能，因此需要一个编排系统来实现容器的自动化部署、管理与扩缩等功能，将容器的效能达到最大化。

Google 在 2015 年推出 Kubernetes，它是基于 Docker 的容器编排管理系统。Kubernetes 自动化部署的功能可以使开发者轻松上线应用，自动化管理的功能可以让定义好的服务一直按照用户期望的状态运行，自动化扩缩的功能让服务应用的副本数量随用户访问负载的变化而增减成为可行。Kubernetes 云平台的资源调度技术是云计算的核心技术，也是云服务的关键所在。在 Kubernetes 初始版本发布之际，它的资源调度器使用轮询方式给每个可用节点上分配待调度的 Pod。但是这种方式并不适合实际的生产集群，一方面是在集群长时间运行情况下很可能会出现负载极不均衡的情况，另一方面会出现如网络端口、磁盘存储等各种资源的冲突问题，后来社区对 Kubernetes 不断进行优化改进，其资源调度器亦经历了不断完善的过程。

Kubernetes 系统一直与开源社区联系紧密，从 v1.8 版本开始支持自定义调度器，使得学术界和工业界强烈关注它的最新发展情况。这其中，不仅外国学者做了大量工作，中国学者也作了不少贡献。文献［74］设计了应用对资源有不同敏感度的负载均衡模块，解决了应用对资源有不同实际需求情况下的调度问题，以减少碎片化的资源。文献［75］优化了 Ceph 集群数据副本存储策略，针对资源调度问题建立了一个优化模型，并基于此给出了两个算法，分别用于容器的部署和在线迁移。文献［76］实现了一直自动化的智能弹性负载均衡方法，该方法通过分析资源池模块与预测机制，解决弹性自身过程中的滞后性问题。文献［77］使用性能与资源需求的相似特征，利用 K-means 聚类方法将任务分成几类调度。文献［78］提出蚁群算法应用于容器调度。文献［79］提出一种基于

Kubernetes 的自适应应用调度器。快速发展的 Kubernetes 对计算资源利用效率、数据处理能力和资源集中化整合能力有显著的提升，是云计算的核心技术，也是云控制系统实现与落地的关键所在。

4. 我国发展趋势及展望

尽管云控制系统具有很多优势，但在当前，云控制系统的发展还处在起始阶段，面临着许多挑战，同时也是未来可信的发展方向。主要表现在以下几个方面：

4.1 云控制系统信息传输与处理

云控制系统与一般网络化控制系统的不同之处在于云控制系统将其控制部分有选择地整合进而采用云计算处理。系统中存在着海量数据，如何有效地获取、传输、存储和处理这些数据；如何在大延迟（主要包括服务时间以及对象与云控制器之间的通信延迟）下保证控制质量和闭环系统的稳定性；如何保证控制性能，如实时性、鲁棒性等；采用何种原则对本地控制部分进行分拆；与云端进行哪些信息的交流；采用何种云计算方式；云计算中如何合理利用分布式计算单元；如何合理地给计算单元分配适当的任务。这些都是不同于一般信息物理系统的问题，其中如何进行控制部分整合和云端计算是设计的关键。

4.2 基于物理、通信和计算机理建立云控制系统模型设计与构建

控制系统设计的首要问题是建立合理的模型，云控制系统是计算、通信与控制的融合，计算模式、通信网络的复杂性，以及数据的混杂性等为云控制系统的建模工作带来了前所未有的挑战。尤其是云计算作为控制系统的一部分，与传统网络化控制系统中控制器的形式有很大不同，如何构建云计算、物理对象、（计算）软件与（通信）网络的综合模型，以及如何应用基于模型的现有控制理论是一大挑战。在建模过程中，计算模型和通信模型需要包含物理概念，如时间，而建立物理对象的模型需要提取包含平台的不确定性，如网络延时、有限字节长度、舍入误差等。同时，需要为描述物理过程、计算和通信逻辑的异质模型及其模型语言的合成发展新的设计方法。

4.3 基于数据或知识的云控制系统分析与综合

作为多学科交叉的领域，云控制系统必然存在一些新特性，除了包含云计算、网络化控制和复杂大系统控制的一般特性，还有自身的特性。针对这些特性，需探究和创建合适的控制理论。云控制系统作为复杂系统，其模型建立困难，或者所建模型与实际相差过大，需要探究不依靠模型而基于数据或知识的控制方法。同时，云控制系统必然存在一定的性能指标，合理提炼并进行指标分析和优化，对于设计和理解云控制系统具有指导意义。

4.4 优化云控制系统成本

将云服务运用于控制系统减少硬件和软件的花费。但是在运用云计算过程中，需要进行控制任务的分配与调度，本地部分功能向云端虚拟服务器迁移，以及云控制系统的维护与维持等，如何优化云控制系统的成本是一个更为复杂的问题。

4.5 保证云控制系统安全性

云控制系统的安全问题是最重要的问题。针对云控制系统的攻击形式多种多样，除了针对传输网络的拒绝服务攻击，还有攻击控制信号和传感信号本身的欺骗式攻击和重放攻击等。对于云控制系统而言，设计的目标不仅要抵御物理层的随机干扰和不确定性，更要抵御网络层有策略有目的的攻击。因此，研究云控制系统的安全性对我们提出了更高的要求，研究者需要综合控制、通信和云计算研究。目前的网络化控制系统要求控制算法和硬件结构具有更好的“自适应性”和“弹性”以便适应复杂的网络环境，云控制系统的架构具有更好的分布性和冗余性，因此能够更好地适应现代网络化控制系统安全性的需要。

4.6 云控制智能自主决策

云控制系统规模庞大，被控对象所处的环境复杂多变，单一的某种传统控制方法很难达到较好的控制效果。人工智能方法模拟了人的经验和智慧，具有较好的容错能力和自学习、自推理、自组织等功能。因此，需要将传统控制方法与神经网络、深度学习相结合，使得云控制系统的控制算法能够更好地适用于不同环境。如何将神经网络的架构引入控制器的设计当中，如何提取不同环境和不同算法的特征以供神经网络学习，如何在引入神经网络的情况下保证系统的稳定性，这些都是云控制系统自适应地根据环境智能自主决策急需解决的问题。

4.7 面向工业互联网的智能云端协作

伴随计算、控制、通信和网络技术的迅猛发展，工业互联网极大拓展了工业系统对象之间互联、互通、互控的方式和规模，云端融合催生了新型工业协作模式，将全面提升工业生产的智能化水平与效率，成为全球新工业革命的使能技术。“两化深度融合”已上升为国家战略，中国工业面临前所未有的重大机遇和挑战。

当前工业互联网智能云端协作面临 5 类应用问题：大量无传感生产环境亟须接入非侵入式可感知外壳；工业终端协议各异难以高效互联；工业大数据难以实现动态按需实时处理；现有工业制造难以有效实现大规模个性化定制；工业终端控制从封闭走向开放亟须新的安全手段。

通过搭建工业智能制造云平台，使用非传感器感知与多媒体自适应感知技术、云端融合的大规模工业异构终端按需高效互联互通技术、工业大数据智能动态按需实时处理技术、工业制造虚拟化技术和工业互联网云环境可信技术，实现工业智能制造云平台的制造资源虚拟化与服务化、按需聚合与动态协同、生产状态监控与柔性调度控制。

4.8 云控制系统并行任务分配优化与并联控制

并行处理系统的子过程数目越多，同时进入系统的指令数目就越多，发生指令相关的机会也就越多。如果处理不当，将会导致并行处理能力显著下降。在发生指令相关的情况下，如何合理分配处理任务以保持系统较强的并行处理性能，是要进一步研究的问题。此外，相对于“瓶颈”子过程再细分的优化方法，并联控制方法较为复杂。合理设置并联通道的数目，制定最优的并联控制策略，在低设备成本的前提下，使任务完成时间达到最短，仍需深入研究。

综上所述，利用其强大的数据计算和存储能力，云控制可满足复杂控制任务的实时智能计算、优化、计划、调度、预测、决策与控制。可以预见，虽然当前云控制技术的研究和应用还存在许多挑战，但在不久的将来，云控制系统的深入研究将对控制理论的发展和各种实际应用起到积极推动作用。

参考文献

[1] XIA YQ. From networked control systems to cloud control systems [C] // Proceedings of the 31st Control Conference，2012：5878-5883.

[2] XIA YQ. Cloud control systems [J]. IEEE/CAA Journal of Automatica Sinica，2015，2 (2)：134-142.

[3] XIA YQ，FU M，SHI P. Analysis and synthesis of dynamical systems with time-delays [M]. Berlin，Heidelberg：Springer，2009.

[4] FRANZÈ G，TEDESCO F，FAMULARO D. Model predictive control for constrained networked systems subject to data losses [J]. Automatica，2015，54：272-278.

[5] LIU X，YU X，MA G，et al. On sliding mode control for networked control systems with semi-Markovian switching and random sensor delays [J]. Information Sciences，2016，337：44-58.

[6] YIN X，YUE D，HU S，et al. Model-based event-triggered predictive control for networked systems with data dropout [J]. SIAM Journal on Control and Optimization，2016，54 (2)：567-586.

[7] PANG ZH，LIU GP，ZHOU D，et al. Data-driven control with input design-based data dropout compensation for networked nonlinear systems [J]. IEEE Transactions on Control Systems Technology，2016，25 (2)：628-636.

[8] QIU J，WANG T，YIN S，et al. Data-based optimal control for networked double-layer industrial processes [J]. IEEE Transactions on Industrial Electronics，2016，64 (5)：4179-4186.

[9] OLFATI-SABER R，FAX JA，MURRAY RM. Consensus and cooperation in networked multi-agent systems [J]. Proceedings of the IEEE，2007，95 (1)：215-233.

[10] XIE G，LIU H，WANG L，et al. Consensus in networked multi-agent systems via sampled control：fixed topology case [C] // American Control Conference. IEEE，2009：3902-3907.

[11] GE X，HAN QL，DING D，et al. A survey on recent advances in distributed sampled-data cooperative control of

multi-agent systems [J]. Neurocomputing, 2018, 275: 1684-1701.

[12] MEHRABIAN AR, KHORASANI K. Constrained distributed cooperative synchronization and reconfigurable control of heterogeneous networked Euler-Lagrange multi-agent systems [J]. Information Sciences, 2016, 370: 578-597.

[13] 夏元清. 云控制系统及其面临的挑战 [J]. 自动化学报, 2016, 42 (1): 1-12.

[14] 夏元清, Mahmoud MS, 李慧芳, 等. 控制与计算理论的交互: 云控制 [J]. 指挥与控制学报, 2017, 3 (2): 99-118.

[15] XIA YQ, XIE W, LIU B, et al. Data-driven predictive control for networked control systems [J]. Information Sciences, 2013, 235: 45-54.

[16] XIA YQ, QIN Y, ZHAI DH, et al. Further results on cloud control systems [J]. Science China Information Sciences, 2016, 59 (7): 073201: 1-073201: 5.

[17] 司旭. 分布式多云架构下的协同计算方法研究 [D]. 西安: 西安电子科技大学, 2017.

[18] 叶云斐, 陈晓建, 陈伟青, 等. 基于云计算的民航协同决策系统基础架构研究 [J]. 软件产业与工程, 2015 (4): 36-41.

[19] 谭貌, 段斌, 彭邦伦, 等. 云制造环境下协同工作流控制模型研究 [J]. 计算机工程, 2012, 38 (24): 21-26.

[20] 宋秀兰, 丁峰, 漏小鑫, 等. 异构通信网联车系统鲁棒协同自适应巡航控制 [J]. 控制与决策, 2019 (8): 1-7.

[21] BERNSTEIN D. Containers and cloud: from LXC to docker to kubernetes [J]. IEEE Cloud Computing, 2014, 1 (3): 81-84.

[22] ZHU J, LI X, RUIZ R, et al. Scheduling stochastic multi-stage jobs to elastic hybrid cloud resources [J]. IEEE Transactions on Parallel and Distributed Systems, 2018, 29 (6): 1401-1415.

[23] MALAWSKI M, JUVE G, DEELMAN E, et al. Algorithms for cost-and deadline-constrained provisioning for scientific workflow ensembles in IaaS clouds [J]. Future Generation Computer Systems, 2015, 48: 1-18.

[24] MAO H, ALIZADEH M, MENACHE I, et al. Resource management with deep reinforcement learning [C] // Proceedings of the 15th ACM Workshop on Hot Topics in Networks. Atlanta, USA: ACM, 2016: 50-56.

[25] XIA YQ, DAI L, XIE W, et al. Network-based data-driven filtering with bounded noises and packet dropouts [J]. IEEE Transactions on Industrial Electronics, 2017, 64 (5): 4257-4265.

[26] GAO RZ, XIA YQ, MA L. A new approach of cloud control systems: CCSs based on data-driven predictive control [C] // Proceedings of 4th Chinese Automation Congress, 2017: 3419-3422.

[27] ALI Y, XIA YQ, MA L, et al. Secure design for cloud control system against distributed denial of service attack [J]. Control Theory and Technology, 2018, 16 (1): 14-24.

[28] YUAN H, XIA YQ. Secure filtering for stochastic non-linear systems under multiple missing measurements and deception attacks [J]. IET Control Theory & Applications, 2017, 12 (4): 515-523.

[29] MANUEL P. A trust model of cloud computing based on quality of service [J]. Annals of Operations Research, 2015, 233 (1): 281-292.

[30] LI P, LI J, HUANG Z, et al. Multi-key privacy-preserving deep learning in cloud computing [J]. Future Generation Computer Systems, 2017, 74: 76-85.

[31] HABIB M, AHMAD M, JABBAR S, et al. Speeding up the internet of things: LEAIoT: a lightweight encryption algorithm toward low-latency communication for the internet of things [J]. IEEE Consumer Electronics Magazine, 2018, 7 (6): 31-37.

[32] DRAGOMIR D, GHEORGHE L, COSTEA S, et al. A survey on secure communication protocols for IoT systems [C] // Proceedings of the 5th International Workshop on Secure Internet of Things. (SloT) Heraklion,

Greece：IEEE，2016：47-62.

［33］任延明. 新能源集控中心网络设计及云控制实现［D］. 北京：北京理工大学，2018.

［34］KUMARI S，KARUPPIAH M，DAS A，et al. A secure authentication scheme based on elliptic curve cryptography for IoT and cloud servers［J］. The Journal of Supercomputing，2018，74（12）：6428-6453.

［35］ZHANG P，ZHOU M，FORTINO G. Security and trust issues in fog computing：a survey［J］. Future Generation Computer Systems，2018，88：16-27.

［36］YUAN H，XIA YQ，ZHANG J，et al. Stackelberg-game-based defense analysis against advanced persistent threats on cloud control system［J］. IEEE Transactions on Industrial Informatics，2019，16（3）：1571-1580.

［37］QIN Q，POULARAKIS K，IOSIFIDIS G，et al. SDN controller placement at the edge：optimizing delay and overheads［C］// Proceedings of the 37th Conference on Computer Communications，2018：684-692.

［38］HU L，MIAO Y，WU G，et al. iRobot-Factory：an intelligent robot factory based on cognitive manufacturing and edge computing［J］. Future Generation Computer Systems，2019，90：569-577.

［39］马岩岩. 大数据一体化平台在电厂中的研究与应用［J］. 世界电信，2017，30（4）：64-71.

［40］耿清华. 浅谈基于大数据的智慧水电厂建设［J］. 水电与新能源，2018，32（10）：33-35.

［41］喻敏华. 智慧全析电厂信息平台研究与设计［J］. 电力与能源，2018，39（3）：392-396.

［42］KHAN F，PAL N，SAEED S. Review of solar photovoltaic and wind hybrid energy systems for sizing strategies optimization techniques and cost analysis methodologies［J］. Renewable and Sustainable Energy Reviews，2018，92：937-947.

［43］艾芊，郝然. 多能互补、集成优化能源系统关键技术及挑战［J］. 电力系统自动化，2018，42（4）：2-10.

［44］赵泽. 风光水互补发电系统有功控制问题研究［D］. 北京：中国水利水电科学研究院，2018.

［45］罗金亮，宿云波，张恒新. “作战云”体系构建初探［J］. 火控雷达技术，2015（3）：26-30.

［46］赵国宏. 作战云体系结构研究［J］. 指挥与控制学报，2015，1（3）：292-295.

［47］时东飞，蔡疆，黄松华，等. 美国空军“战斗云”作战理念及启示［J］. 指挥信息系统与技术，2017（3）：27-32.

［48］李飞. 空天云作战指挥控制效能评估［C］// 中国指挥与控制学会. 第六届中国指挥控制大会论文集. 北京：电子工业出版社，2018.

［49］张云志，王刚，袁方，等. 基于战术云的防空反导分布式作战体系研究［J］. 飞航导弹，2018（3）：55-60.

［50］方超，戴锋. 网络空间“云作战”模型及仿真分析研究［J］. 军事运筹与系统工程，2016，30（3）：40-47.

［51］刘鹏，戴锋，闫坤. 基于复杂网络的“云作战”体系模型及仿真［J］. 指挥控制与仿真，2016（6）：6-11.

［52］齐玲辉. 面向服务的军事组织云协同关键技术研究［D］. 西安：西北工业大学，2015.

［53］孙海洋，张安，高飞. 云协同中作战资源两阶段虚拟化方法［J］. 系统工程与电子技术，2018，40（5）：1036-1042.

［54］梁维泰，毛晓彬，黄松华. 面向空中战斗云的协同任务规划框架研究［C］// 中国指挥与控制学会. 第六届中国指挥控制大会论文集. 北京：电子工业出版社，2018.

［55］高晓光，万开方，李波，等. 基于云协同的网络集群反隐身火控系统设计［J］. 系统工程与电子技术，2013，35（11）：2320-2328.

［56］夏元清，闫策，王笑京，等. 智能交通信息物理融合云控制系统［J］. 自动化学报，2019，45（1）：132-142.

［57］马庆禄，斯海林，郭建伟. 物联网环境下城市交通区域联动的云控制策略［J］. 计算机应用研究，2013，30（9）：2711-2714.

［58］WANG FY，ZHENG NN，CAO D，et al. Parallel driving in CPSS：a unified approach for transport automation and vehicle intelligence［J］. IEEE/CAA Journal of Automatica Sinica，2017，4（4）：577-587.

[59] CHAN KY, DILLON TS, SINGH J, et al. Neural-network based models for short-term traffic flow forecasting using a hybrid exponential smoothing and Levenberg-Marquardt algorithm [J]. IEEE Transactions on Intelligent Transportation Systems, 2012, 13 (2): 644-654.

[60] MENG D, JIA Y. Finite-time consensus for multi-agent systems via terminal feedback iterative learning [J]. IET Control Theory & Applications, 2011, 5 (8): 2098-2110.

[61] NASCIMENTO JC, SILVA JG, MARQUES JS, et al. Manifold learning for object tracking with multiple nonlinear models [J]. IEEE Transactions on Image Processing, 2014, 23 (4): 1593-1604.

[62] 赵德民. 基于 OpenStack 的工业实时云控制系统的研究 [D]. 北京：北方工业大学，2017.

[63] 徐海恩，项慧慧，邵星，等. 基于 4G 物联网技术的无人船云控制系统设计与实现 [J]. 软件导刊，2017，6 (16)：56-58.

[64] 曾明亮，刘衍军，黄炜. 一种靶场实时系统云控制平台及其实现方法 [J]. 计算机测量与控制，2014，22 (5)：1378-1380.

[65] 王彩璐，陶跃钢，杨鹏，等. 云控制系统并行任务分配优化算法与并联控制 [J]. 自动化学报，2017，43 (11)：1973-1983.

[66] DENKER M, WOYCZYNSKI W. Data representation and compression [J]. Introductory Statistics and Random Phenomena, 2017, 12: 55-117.

[67] PEREZ-GUERRERO R, HEYDT GT, JACK NJ, et al. Optimal restoration of distribution systems using dynamic programming [J]. IEEE Transactions on Power Delivery, 2008, 3: 1589-1596.

[68] SHOJAFAR M, JAVANMARDI S, ABOLFAZLI S, et al. FUGE: a joint meta-heuristic approach to cloud job scheduling algorithm using fuzzy theory and a genetic method [J]. Cluster Computing, 2015, 18: 829-844.

[69] KEHOE B, PATIL S, ABBEEL P, et al. A survey of research on cloud robotics and automation [J]. IEEE Transactions on Automation Science & Engineering, 2015, 12 (2): 398-409.

[70] ERICSON K, PALLICKARA S, ANDERSON CW. Analyzing electroenceph alograms using cloud computing techniques [C] // Proceedings of the IEEE Second International Conference on Cloud Computing Technology and Science, 2010: 185-192.

[71] RAILEANU S, ANTON F, BORANGIU T, et al. A cloud-based manufacturing control system with data integration from multiple autonomous agents [J]. Computers in Industry, 2018, 102: 50-61.

[72] SCHLECHTENDAHL J, KRETSCHMER F, SANG Z, et al. Extended study of network capability for cloud based control systems [J]. Robotics and Computer-Integrated Manufacturing, 2017, 43: 89-95.

[73] COUPEK D, LECHLER A, VERL A. Cloud-based control strategy: downstream defect reduction in the production of electric motors [J]. IEEE Transactions on Industry Applications, 2017, 53: 5348-5353.

[74] 杨鹏飞. 基于 Kubernetes 的资源动态调度的研究与实现 [D]. 杭州：浙江大学，2017.

[75] 彭丽苹，吕晓丹，蒋朝惠. 基于 Docker 的云资源弹性调度策略 [J]. 计算机应用，2018，38 (2)：557-562.

[76] 杨欣. 服务创新平台弹性负载均衡机制的研究与实现 [D]. 北京：北京邮电大学，2017.

[77] ZHANG Q, ZHANI F, BOUTABA R. Dynamic heterogeneity-aware resource provisioning in the cloud [C] // IEEE 33rd International Conference on Distributed Computing Systems, 2013: 510-519.

[78] CHANWIT K, KORNRATHAK C. Improvement of container scheduling for docker using ant colony optimization [C] // 9th International Conference on Knowledge and Smart Technology, 2017.

[79] VÍCTOR M, OMER R, JOSÉ Á. Adaptive application scheduling under interference in kubernetes [C] // IEEE/ACM 9th International Conference on Utility and Cloud Computing, 2016: 426-427.

撰稿人：夏元清　刘　坤　高润泽　张琪瑞

集群系统协同控制

1. 引言

在自然界中，多个生物个体聚集在一起就组成了生物集群，如兽群、鸟群、鱼群、昆虫群和微生物群等，又如物理中粒子的自组织、自激励等行为，都显示出某种群体特质。生物学家很早就发现，集群比单一个体在觅食、逃避天敌、迁徙等方面更有优势。生物集群中的个体在视听感知能力、运动能力及智力水平等方面都是有限的，只能基于局部范围内的信息来决策进而完成相对简单的行为模式。但是通过个体自身的运动及相互之间的交互作用构成大规模集群后，就能够将有限的个体能力聚集起来，克服单一个体能力上的不足，在整体上涌现出功能和机制更为强大和复杂的行为，即集群行为（swarming behavior）。随着嵌入式计算和通信能力的提高，以及分布式或者非集中式思想的发展，人们越来越认识到多智能体系统的合作能够以更小的代价完成更复杂的任务。

相比于单个个体，集群系统，尤其是基于分布式控制策略的集群系统，具有很多明显的优点：①分布式的感知与控制、算法运行的并行性；②具有较大的冗余性与鲁棒性；③成本低廉；④良好的可扩展性等。

现代仿生学的发展历程表明，对自然界中群体行为的研究有助于解释人类社会中复杂的群体现象及解决工程技术领域中遇到的诸多问题。集群系统控制的重大进展将会为人类科技进步提供新思想、新原理和新理论。因此，近年来针对群体行为的建模、分析和控制已经成为科学领域内一个重要的研究课题。集群系统控制在包括航空航天在内的众多领域中展现出了强大的应用潜力，如多微纳卫星深空探测、多无人机协同侦察、多导弹饱和攻击、多无人艇协同巡逻及多机器人协同搬运等。

世界各大军事强国均掀起无人集群分布式作战研究高潮，其中美国投入最多，完成一系列演示验证试验，集群智能与协同控制技术最为领先。2014 年，美国率先提出“第三次抵消战略”，给出以大量低成本、相互协作的武器系统，实现大规模集群作战的构想，用于突破敌方的防御系统、对敌方目标实施饱和攻击等作战任务，并制定了详细的发展路线图。2016 年，美国把人工智能列为核心技术，其中包括人机协作、先进有人 / 无人作战编队、网络化自主武器等。2018 年，美国国防部最新公开的《无人系统综合路线图（2017—2042）》把集群智能技术列为自主增效的核心技术，并把集群能力列为自主性的远期目标。可以说，美国已将集群智能作为其扩大军事优势的颠覆性技术，并将发展集群智能上升为国家战略。中国也非常重视集群技术的发展，在 2017 年 7 月国务院印发的《新一代人工智能发展规划》所列出的 8 项基础理论中，至少有 2 项是与集群系统协同直接相关的，包括群体智能理论、自主协同控制与优化决策理论等。2018 年科技部发布科技创新 2030——新一代人工智能重大专项指南，集群智能在相关规划和重大重点项目中均占据重要地位。因此，集群智能是人工智能发展的必然趋势，是新一代人工智能的核心领域之一，是引领未来的一种战略性技术。

当前，新一轮科技革命和产业变革正在孕育兴起，数字化、网络化与智能化技术正在加速影响装备技术、作战模式与战争形态，人工智能技术与无人系统集群的深度结合极大地提升了集群系统的战斗力，无人系统集群体系可以体现出比传统人工系统更卓越的协调性、智能性和自主能力。集群智能与协同控制技术将在很大程度上改变未来作战模式，从根本上改变人类参与战争的方式，必将对军事领域、战争活动产生广泛而深远的影响，引领对抗形态、作战方式、战术战法和战争伦理等方向前所未有的变革和挑战，分布式体系对抗将成为未来战争的主导形式，智能、无人和协同将成为全域空间分布式体系对抗的显著技术特征和发展趋势。无人集群系统采用开放的网络化作战体系，通过信息共享、自主决策和协同控制，形成高级集群智能涌现现象和完成复杂作战任务的能力，具有高抗毁性、低成本、智能化和分布式等特点，集群智能与协同控制技术是实现无人系统分布式作战的关键使能技术。

因此，对集群系统的深入研究，可以把握集群系统的运行机理以及控制策略，对于人类进行指挥与控制集群完成作战任务奠定了理论基础，可为人 - 无人集群高效指挥控制协同作战的实践提供技术支持，满足完善作战指挥与控制体系、拓展未来指挥与控制学科的概念。

集群智能与协同控制技术是在控制论、人工智能理论和传统的指挥与控制技术基础上逐步演变出的群体协作模式，将多个无人平台按照一定的结构、关系、模式进行组合，使它们之间相互影响、相互协作，具备自主决策指挥控制能力，而且能够达到整体最优的工作性能。其概念和技术内涵随着时代的演变、人工智能技术的发展、协同模式的改变也在不断的进步和发展。集群智能与协同控制技术以无人集群系统为对象，依赖于链路层、信息层、任务层以及制导控制层的支撑和保障，涉及动态自组网、协同感知定位、协同作战指挥决策、协同任务规划、协同制导控制、综合效能评估等为一体的综合性技术。集群智能与协同控制学科融合复杂系统理论、体系工程、运筹学、协同作战理论、人工智能理论、信息论、决策论、作战控制、火力控制、信息处理、通信网络、飞行控制、飞行器设计、大数据、导航、制导等多个学科和技术，是一门综合性交叉学科。先进的集群智能与协同控制技术可把无人集群协同作战的各个环节有机的联系起来，构成完整的协同任务体系，实现高度的信息共享、任务综合和资源优化。

一致性控制问题是群系统协同控制众多问题中一个十分基础和重要的问题。Reynolds 在 1987 年创造了“boids”模型，提出了著名的集群系统建模规则，“群体一致”概念进入动力学系统研究领域。1995 年，物理学家 Vicsek 等提出了一个自驱动粒子群的运动模型（“Vicsek”模型），发现每个粒子按照相同的速率和不同的初始方向在平面上运动，粒子当前的运动方向由上一时刻其自身及邻居运动方向的平均值来确定。2003 年，Jadbabaie 等利用代数图论和矩阵理论的分析工具对线性化、无噪声的“Vicsek”模型进行了理论研究，证明了如果群系统的作用拓扑是联合连通的，则所有主体的运动方向将趋于一致。2004 年，Olfati-Saber 和 Murray 研究了连续时间一阶群系统的一致性问题。上述研究标志着集群系统一致性问题正式进入自动控制领域，逐渐成为本领域内一个热点研究课题。近年来，对于一阶、二阶、高阶线性、非线性集群系统的一致性问题涌现出大量的研究成果。

目前，集群系统协同控制领域在一致性控制（consensus control）的基础上已经产生了众多紧密相关而又截然不同的研究分支，如编队控制（formation control）、一致跟踪控制（consensus tracking control）、编队跟踪控制（formation tracking control）、合围控制（containment control）、编队—合围控制（formation-containment control）、协同对抗与博弈控制（cooperative confrontation and game control）等。其中，编队—合围控制的研究课题主要涵盖了前五个分支；一致性控制是编队控制的基础，同时也是编队控制的一种特例；一致性跟踪控制是编队跟踪控制的基础，同时也是编队跟踪控制的一种特例；编队控制、编队跟踪控制及合围控制是编队—合围控制的基础，这三者以及一致性控制和一致跟踪控制都可以看作编队—合围控制的特例。而协同对抗与博弈控制则是多个集群系统之间的合作与竞争问题。这些内容的关系如图 1 所示。

2. 我国发展现状

2.1 一致性控制

集群系统实现了一致是指集群系统中的主体就某些共同感兴趣的变量实现相同或一致。这些实现一致的变量通常被称为协调变量。为了实现一致，集群系统中的主体之间通常存在着局部的相互作用关系。这种相互作用是通过各主体依据邻居主体的信息构建自身的控制器或者协议（protocol）来实现的。一致性控制算法是一种分布式控制算法，具有可扩展性高、鲁棒性好、计算量小等优点。下面针对一致性控制的研究对象特性进

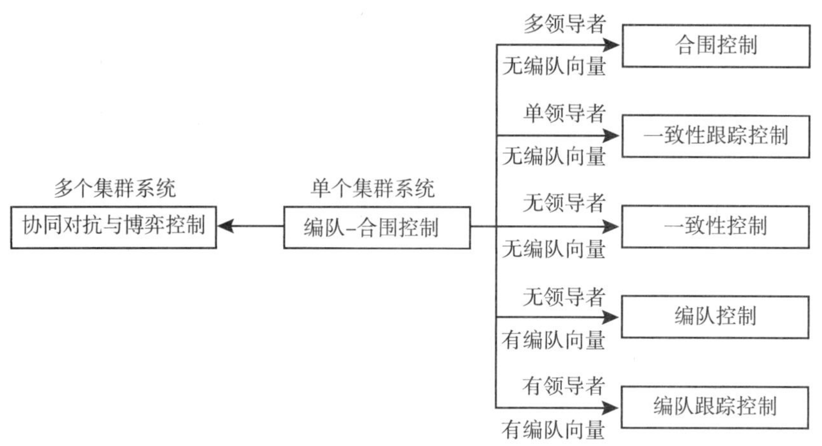

图 1　集群系统控制研究内容关系

行分类综述。

2.1.1　非线性集群系统一致性

由于线性系统的特点，线性集群系统的一致性一般可以运用代数图论和矩阵的知识进行分析。然而，几乎所有实际中的物理系统都具有非线性特性，因此对高阶非线性集群系统的一致性进行研究是具有应用价值的。线性集群系统适用的矩阵分析方法对非线性集群系统将不再有效，因此，从理论上研究高阶非线性多智能体比研究线性集群系统将面临更多的挑战性。在文献［1］中，Zhang 等研究了带领导者的 Brunovsky 型高阶非线性集群系统的一致性问题，通过构造一致性误差面，设计了鲁棒自适应神经网络控制器。在非线性函数 / 满足 Lipschitz 条件的前提下，文献［2］利用 M- 矩阵的性质，证明了所提出一致性协议对集群系统的有效性。Peng 等人[3]在非线性函数 / 不满足 Lipschitz 条件时，利用自适应神经网络，提出了分布式自适应一致性协议。利用非线性系统控制理论中的反步法，文献［4-5］研究了具有严格反馈形式的高阶非线性多智能体的一致性问题。

2.1.2　异构集群系统一致性

Su 等人[6]首先将前馈设计法应用到异构集群系统的一致性问题中，为每个智能体设计了分布式的领导者状态观测器，从而可应用输出调节理论来设计一致性协议。Cai 等人[7]设计了领导者模型系统矩阵的观测器，提出了分布式的自适应一致性协议。利用内模原理，文献［8］提出了动态状态反馈和动态输出反馈的一致性协议，并利用输出调节原理证明了协议对具有不确定性的异构集群系统的一致性问题的有效性。考虑异构集群系统中同时存在动态节点和动态边的情况，文献［9］利用动态边的无源性，结合输出调节理论，解决了集群系统输出协调的若干问题。

2.1.3　带时延的集群系统一致性

通信时滞在工程应用中最为常见，也是影响系统稳定的关键因素之一。研究通信时滞对系统收敛性的影响是多智能体技术在工程中应用的重要基础。Lin 等人[10]在具有时滞的联合连通拓扑二阶集群系统中利用线性矩阵不等式得到系统平均一致性的充分条件。Zhang 等人[11]将包含噪音、时变时滞以及数据包丢失的二阶多智能体通信网络中引入排队机制，得出系统均方鲁棒一致性的充要条件。文献［12–13］利用状态空间分解法将高阶系统一致性问题转化为不带时滞和外部干扰多个子系统同时稳定的问题，并在此基础上给出了具有时变时滞高阶系统一致性函数的显式表达式。此外，明平松等人[14]在随机时滞多智能体一致性研究上展开了详细的总结和梳理。

2.1.4 集群系统有限时间一致性

有限时间一致性需要系统状态在某一限定时间内收敛到某一范围内，使得集群系统更快实现一致同步。许多实时控制的应用场合对收敛速度的要求都比较高，特别是控制领域，所以研究有限时间一致性更具有工程意义。Wang 等人[15]将有限时间的控制思想扩展到具有单积分器动力学的集群系统中，提出了基于连续状态反馈的一阶集群系统有限时间控制模型。基于李雅普诺夫方法和齐次性，文献［16–17］进一步提出面向二阶多智能体网络的有限时间一致性协议，该协议保证系统在有限时间内实现一致。在非线性系统研究中，Zuo 等人[18]利用李雅普诺夫函数构造无向网络的鲁棒有限时间一致性协议，并证明该协议的收敛时间在任何初始条件下均有上界。蒋国平等人[19]就国内外基于收敛速度的多智能体一致性研究进行了详细的总结及分析。

2.1.5 集群系统切换拓扑下的一致性

集群系统在切换拓扑下的一致性研究已有许多结果。文献［20］考虑存在通讯时延的积分器模型的集群系统，当拓扑在连通的拓扑集合中切换时，通过设计共同李雅普诺夫函数，最终以矩阵不等式的形式给出了系统达到一致的充分条件。文献［21］考虑了一阶、二阶非线性集群系统在切换拓扑下的一致性问题。文献［22］研究了高阶线性集群系统，在拓扑切换信号满足平均驻留时间的条件时，设计了有效的一致性协议。文献［23］考虑一类高阶非线性集群系统，采用间歇控制的方法，拓扑图在某些时刻存在孤立点时，分析了系统的一致性。

2.2 一致性跟踪控制

一致性问题大致分为两种，即无领导者的一致性和领导者—跟随者的一致性。无领导者一致性问题即上节中讨论的问题。领导者—跟随者一致性也叫一致性跟踪，一致性跟踪控制的基础是无领导者一致性，其控制器结构与稳定性分析与无领导者一致性本质是相同的，其独特之处在于可通过一个领导者来控制整个网络，使得所有主体就某些共同感兴趣的变量最终都趋于领导者的相应变量。下面针对一致性跟踪控制的研究现状进行综述。

2.2.1 高阶集群系统一致性跟踪

集群系统一致性跟踪理论的研究对象最早针对的是一阶和二阶积分器网络，由于在某些情形下自主体的动力学方程是由一般高阶动力学方程描述，因此有学者开始研究高阶动力学多自主体系统的一致性问题。其中 Li 等人在高阶集群系统的一致性跟踪领域做了大量研究[24-25]。Zhao 等人[26]研究了一般 Lipschitz 非线性动力学多自主体系统的自适应一致性跟踪问题，其假设领导者的控制输入是时变的。Zhang 等人研究了基于状态观测器的最优一致性跟踪问题[27]。

2.2.2 基于切换拓扑的一致性跟踪

在现实世界中，由于自主体运动、环境等因素的影响，集群系统中的通信拓扑是变化的，因此有必要研究基于切换通信拓扑的集群系统一致性跟踪问题。Ren 等人研究了二阶积分器集群系统在切换拓扑下的一致性跟踪问题[28]。Wen 等人在文献［31］中研究了基于切换拓扑且自主体偶尔丢失控制输入情形下高阶集群系统一致性跟踪问题。Yoo 研究了一类严格状态反馈形式下的非线性集群系统在切换拓扑下的一致性跟踪问题，其假设通信拓扑在各个时间区间联合包含一棵有向生成树[32]。

2.2.3 带有通信延迟的一致性跟踪

对带有通信延迟一致性跟踪问题的研究也已经有很多相关文献。Lu 等人研究了任意有限通信延迟条件下的一阶集群系统一致性跟踪问题[33]。Zhu 等人分别研究了固定和切换通信拓扑条件下且伴有非一致时变通信延迟的二阶集群系统一致性跟踪问题[34]。Chen 等人研究了基于状态观测器的高阶集群系统在定常通信延迟条件下的一致性跟踪问题[35]。Zhou 等人研究了一般线性动力学集群系统在大的通信和输入延迟条件下的一致性跟踪问题[36]。Ding 等人研究了基于采样数据的非线性高阶集群系统在切换拓扑和通信延迟条件下的一致性跟踪问题[37]。

2.3 编队控制

集群系统的编队控制是指随着时间的演化，多个个体在合适的控制协议作用下能够形成并保持期望的几何结构（即编队队形），以满足实际任务（比如避障、侦察、搜寻等）的需求。近年来，由于强大的应用背景和重要的实际价值，编队控制问题已经受到许多国内外著名科研团队和学者们的广泛关注和深入研究。

集群系统的编队控制问题在传统的机器人领域中由来已久，也积累了大量的采用集中式或者分布式编队控制策略的文献资料。综合目前已有的文献，集群系统的编队控制策略主要有三大类：一类是经典的编队控制策略，包括 3 种典型方案，基于领导者—跟随者（leader-follower based）的编队控制策略，基于行为（behavior based）的编队控制策略以及基于虚拟结构（virtual structure based）的编队控制策略；第二类是基于一致性理论的编队控制策略；第三类是基于距离 / 刚性图的编队控制策略。下面具体介绍一下这 3 类方案。

2.3.1 经典的编队控制策略

（1）基于领导者—跟随者的编队控制策略

基于领导者—跟随者的编队控制策略[38-39]的基本思想是：指定集群系统中一个或者多个主体作为领导者，其余主体作为跟随者，领导者按照指定的路径运动，跟随者与领导者或者临近跟随者保持特定的相对位置及角度关系进行运动。领导者—跟随者式队形控制方法具有控制简单的优点，因此成为现阶段研究与应用比较广泛的一种队形控制方法。然而，采用这种队形控制方法的系统有一较为明显的缺点：抗干扰性能极差。

（2）基于行为的编队控制策略

基于行为的编队控制[40-41]的基本思想是：群系统中每个主体都具有几种预定的行为模式，如队形保持、避碰、避障、向特定目标运动等，这些行为模式构成一个行为集。每一种行为都可以产生相应的控制作用，主体的最终控制器由这些行为的控制作用通过加权求和得到。基于行为的队形控制方法可以实现分布式控制。然而，该方法最大的不足之处在于不能明确定义系统的群体行为，由此难以设计系统的数学模型进行相应的数学分析，并且使得队形控制的稳定性性能得不到保证。

（3）基于虚拟结构的编队控制策略

基于虚拟结构的编队控制策略[42-43]的基本思想是：把期望的编队看作是一个刚性的虚拟结构，这种方法的基本思想是将集群系统期望保持的几何队形当作一个整体视为刚性的虚拟结构体，则每个个体都是充当刚性虚拟结构中保持相对位置稳定的刚体结构点。基于虚拟结构的队形控制方法可以很容易地设计出具有队形反馈的无人集群队列行为，不存在复杂的通信协议和功能划分问题。但是，此方法缺乏一定的灵活性和适应性，使得这种队形控制策略的应用范围具有很大的局限性。

2.3.2 基于一致性理论的编队控制策略

随着近年来群系统协同控制特别是一致性理论的发展和完善，越来越多的研究者开始尝试用一致性的理论来处理编队控制问题，基于一致性（consensus based）的编队控制策略[44]作为一种新的编队控制方法，正在吸引越来越多来自机器人及控制等领域的研究者的目光。基于一致性的编队控制策略的基本思想是群系统中所有主体的状态或输出相对于某个共同的编队参考（formation reference）保持特定的偏差。Ren在文献［44］中，证明了传统的基于领导者—跟随者、基于行为以及基于虚拟结构的编队控制策略都可认为是基于一致性的编队控制策略的特例，并在一定程度上克服了这三种控制策略的缺点。

（1）高阶线性集群系统

文献［45］针对一阶集群系统提出了一种有限时间的编队控制协议，并证明了群系统可以在有限时间内实现指定的时不变编队。文献［46］分析了具有无向作用拓扑的二阶群系统的编队控制问题，并给出了实现时不变编队的充分条件。文献［47］针对二阶系统提出了一种旋转时变编队的分布式控制算法。

文献［44–46］中考虑的编队不是时变的，文献［47］中的编队仅是圆形时变的，并且给出的可行编队集合也十分有限。Dong 等人[48–49]针对一般高阶线性定常群系统，给出了一种基于一致性方法的时变状态 / 输出编队控制协议。此外，文献［50］研究了切换拓扑情况下的时变编队控制方法，并且在多无人机系统上进行了试验验证[51]。文献［52］研究了事件触发条件下的时变编队控制方法。上述文献在设计控制协议的过程中，均利用到了集群系统的全局信息，文献［53］采用了一种自适应增益方法，使得在设计控制协议的过程中不需要利用全局信息。在此基础上，文献［54］研究了基于输出反馈的自适应时变编队控制问题。值得注意的是，时不变编队以及圆形时变编队均可以看作是一般意义下时变编队控制的特例。

（2）非线性集群系统

由于非线性系统没有一般的、通用的控制方案，因此一般非线性集群系统的编队控制方案也是针对系统特性进行设计的。Wang 等人[55]考虑 Lipschitz 非线性环节的同时，考虑了干扰，并且设计了基于干扰观测器的编队控制协议。此外，基于反馈线性化的方法[56]也是处理非线性系统编队控制的一种有效途径。另一类非线性集群系统是高阶严反馈非线性集群系统，这种系统一般采用 back-stepping 方案[57–58]；文献［57–58］虽然研究的是一致性控制问题，编队控制问题可以采用类似的思路。文献［59］针对带有 Lipschitz 非线性环节的集群系统，设计了基于状态反馈的时变编队控制协议。此外，学者们更加关注具有实际意义的一般非线性系统的编队跟踪控制问题。

（3）欠驱动集群系统

欠驱动集群系统一般包括多轮式移动机器人、多无人艇等系统。其处理方法主要有 3 类，一类是以反馈线性化为基础，将欠驱动模型转化为二阶系统[60]。另一类是基于非线性控制方法[61]。第三类是分层设计方法[62]。同样，学者们一般更加关注欠驱动集群系统的编队跟踪控制问题。

2.3.3 基于距离 / 刚性图的编队控制策略

集群系统中图论方法的另一重要工具为刚性图论。当无向图的顶点运动时，任意两顶点之间的距离能够保持的性质称为图的刚性。刚性图理论被广泛应用于研究低通信复杂性编队构型。Liu 等人[63]研究了二阶系统的基于刚性图的编队控制问题。文献［64］研究了将持久队形生成与势场函数控制相结合的编队形成方法，使得双轮机器人在简捷的通信下完成刚性队形的形成、保持与变换。文献［65］研究了最优刚性编队的生成理论，论证了基于分布式的最优刚性生成方算法的可行性，并且提出了一种集群系统的编队控制算法。

2.4 编队跟踪

集群系统的编队跟踪控制问题指的是多个跟随者在形成一定的编队构型的过程中，同时跟踪单个 / 多个领导者的轨迹。编队跟踪控制问题具有重要的实际意义。例如在有人机—无人机混合编队协同作战过程中[66]，有人机充当领导者，无人机群作为跟随者受到领导者的指挥进行协同作战；有人机可以携带高精度探测设备、数据链系统，而无人机则携带数据链系统以及武器设备，这样差异化配置有助于提高作战效费比。值得注意的是，上一节中的基于领导者—跟随者的编队控制策略是编队控制问题的一个特例，其一般假设每个跟随者都能得到领导者的信息，在本节中不再赘述。在目前的研究中，基于一致性理论的编队跟踪控制策略是研究的重点与热点，其一般假设仅有部分跟随者能够获得领导者的信息。此外，基于虚拟结构的编队跟踪策略以及基于人工势能场的编队跟踪策略也是两种重要的方法。下面详细介绍这 3 类方法。

2.4.1 基于一致性理论的编队跟踪控制策略

（1）线性系统

文献［67］研究了二阶集群系统的编队跟踪控制问题。文献［68］研究了一般高阶系统的编队跟踪控制问题，并且将理论结果应用到航天器编队跟踪控制问题中。值得注意的是，上述研究都是针对时不变编队跟踪控制问题，也就是说，跟随者之间形成的编队是固定的。由于编队函数是常值，其导数为零（向量），因此这一类问题可以用一致性跟踪理论进行解决，这里不再赘述。与时变编队控制问题类似，时变编队跟踪控制策略具有广泛的意义，而且时不变编队跟踪、一致性跟踪均可以看作是时变编队跟踪控制的一个特例。Dong 等人在文献［70］首次研究了具有单个领导者的二阶线性集群系统的时变编队跟踪控制问题。在此基础上，研究了多个领导者的时变编队跟踪控制问题[71-72]以及不确定性及扰动存在的鲁棒时变编队跟踪控制问题[73-74]。

（2）一般非线性系统

针对具有 Lipschitz 非线性环节的集群系统，文献［75-76］设计了基于状态反馈 / 输出反馈的线性编队跟踪控制协议。Li 等人[77]采用经典的鲁棒输出调节方法，研究了一般非线性集群系统的输出编队跟踪控制问题，设计了非线性编队跟踪控制协议。针对一类非线性集群系统是高阶严反馈非线性集群系统，这种系统一般采用 back-stepping 方案[78]，值得注意的是，文献研究的是一致性跟踪控制问题，时不变编队跟踪控制问题可以有一致性跟踪理论进行解决。文献［79］针对一类非线性集群系统，设计了基于滑模面的非连续编队跟踪控制协议，并且实现跟踪误差有限时间收敛的特性。针对一类典型的匹配非线性系统，自抗扰 / 抗干扰控制或者基于干扰观测器的控制方法可以消除不确定非线性环节的影响[80]。但是上述文献只能处理跟随者自身的不确定性，不能同时处理领导者以及跟随者的不确定性，文献［81］设计了基于分布式扩张状态观测器的时变编队跟踪控制协议解决了这个问题。

（3）欠驱动集群系统

在以移动机器人、无人艇等欠驱动集群系统的编队跟踪控制领域，有相对较多的成果。针对多移动机器人系统的编队跟踪控制问题，反馈线性化通常是最有效的技术途径。文献［82］分别采用反馈线性化方法将欠驱动系统转化为二阶集群系统。Yu 等人[83]在经典欠驱动系统的非线性控制基础上，设计了基于观测器的分布式圆形时变编队跟踪控制协议。文献［84］在经典欠驱动系统的非线性控制基础上，研究了时变编队跟踪控制问题。针对欠驱动船舶的编队跟踪控制问题，Peng 等人[85]采用基于 Leader-follower 算法设计了鲁棒编队跟踪控制策略。

（4）异构集群系统

由于任务不同，集群系统中的个体特性往往人为设置成异构的，如无人机—无人车集群系统。针对线性集群系统，输出调节理论是处理这类问题的主要手段[86]。文献［87］针对异构线性集群系统，提出了一种比例积分形式的编队跟踪协议。当系统的部分信息可以观测的时候，文献［88］研究了基于观测器的异构集群系统的编队跟踪控制问题。对于一类更加特殊的时变编队跟踪控制问题，文献［89］针对高阶异构集群系统设计了考虑多个领导者以及切换拓扑的时变编队跟踪控制问题。

2.4.2 基于虚拟结构的编队跟踪策略

基于虚拟结构的编队跟踪控制的基本思想是：这种方法的基本思想是将集群系统期望保持的几何队形视为刚性的虚拟结构体，在形成编队的同时跟踪领导者的轨迹。基于虚拟结构的编队跟踪策略具有明确的物理意义。文献［90］针对多自主水下航行器（AUV）的编队路径跟踪控制问题，提出了基于 Serret-Frenet 坐标系的虚拟结构编队控制方法，分为单个 AUV 队形路径跟踪控制，以及多个 AUV 间路径跟踪参考点的一致性协调控制两部分。文献［91］将虚拟结构的运动转化为各机器人的期望轨迹，然后基于反步思想设计了编队跟踪控制协议。

2.4.3 人工势能场法

人工势能场法的基本原理是根据环境及队形约束虚拟一个力场，主体在力场中运动，目标点被引力场包围，合力由主体与目标点的吸引力、主体与障碍物的斥力、主体与主体之间的约束力组成。这种方法的优点是计算简单，易于实时控制，特别是在处理编队避障问题中有着突出的优势；但是如何将编队队形约束、运动空间中的障碍物以及避碰等行为用势能函数表示出来，是一个极难解决的问题，同时势能函数还有存在局部极值点的问题。文献［92-93］将人工势场法与虚拟结构方法、虚拟领导—跟随方法相结合，研究了集群系统的编队跟踪问题。文献［94］建立一种具有可视化范围的速度为矢量的速度可变的智能体模型，利用矢量的人工势能场法进行多智能体编队的避撞和避障。文献［95］分别研究了航天器以及多机器人系统的编队跟踪控制问题。

2.5 合围控制

在集群系统合围控制（containment control）问题中，将整个集群中的主体划分为领导者和跟随者两大类，领导者可以为跟随者提供运动的参考或指令信号，跟随者则以特定的形式跟踪领导者运动。合围控制主要解决存在多个领导者的情况下，如何让跟随者收敛到领导者的状态形成的凸包中。合围控制在有人机 / 无人机混合编队、多机器人协同穿越危险区域、高低搭配导弹协同攻击等领域均具有重要的实际意义。

合围控制的概念较早出现在文献［96］中，引入了多领导者凸包的概念，通过多领导者带领跟随者进行协同运动。Meng 等对刚性集群系统的有限时间合围问题进行了研究[97]。Cao 等在文献［98］中把二阶集群系统合围控制算法在多轮式机器人平台进行了实验验证。从 2012 年开始，合围控制问题受到了国内越来越多研究者的关注并产生了一系列成果，部分研究成果及水平处于国际先进行列。按照无人集群系统的动力学特性可以把这些成果划分为四类：一阶集群系统、二阶集群系统、Euler-Lagrange 集群系统以及高阶集群系统。

2.5.1 一阶集群系统合围控制

针对一阶集群系统，文献［99］给出了在固定和切换拓扑下实现合围的判据。Yan 和 Xie 讨论了常数时延对一阶集群系统合围控制的影响[100]。Li 等研究了具有切换拓扑和测量噪声的一阶集群系统合围控制问题[101]。文献［102］给出了一阶集群系统在有限时间内实现合围的充分条件。文献［103］研究带有多个时变时滞的一阶集群系统在有向网络拓扑下的 H_∞ 包围控制问题，给出了集群系统具有 H_∞ 包围控制性能常数的充分条件。

2.5.2 二阶集群系统合围控制

对于二阶集群系统，Liu 等给出了实现合围的充要条件[104]。Lou 和 Hong 给出了具有随机切换拓扑的二阶集群系统实现合围的判据[105]。文献［106］分别对二阶集群系统有限时间合围控制问题进行了研究。文献［107］分别给出了二阶集群系统在仅使用位置反馈的情况下实现合围的充分和充要条件。文献［108］研究了存在执行器输出饱和限制的二阶集群系统合围控制问题，采用滑模变结构控制方法设计了分布式合围控制器。

2.5.3 Euler-Lagrange 集群系统合围控制

对于 Euler-Lagrange 集群系统，文献［109］分别用自适应和滑模控制方法对合围控制问题进行了研究。文献［110］对含有模型非线性不确定性和外部扰动的分布式协调包含控制问题进行了研究，采用神经网络方法逼近并补偿非线性不确定性，提出一种分布式自适应包含控制律。文献［111］对多 Euler-Lagrange 系统的抑制抖振分布式有限时间包含控制方法进行了研究，能够抑制分布式包含控制时控制输出的抖振现象，且实现系统的有限时间收敛。

2.5.4 高阶集群系统合围控制

对于高阶集群系统，Liu 等在文献［112］中把智能体分为内部智能体和边界智能体，并给出了内部智能体的状态进入边界智能体状态形成的凸包的充要条件。Dong 等在文献［114］和［115］中对具有常数时延的高阶奇异集群系统的状态合围控制问题及无时延的高阶集群系统的输出合围控制问题分别进行了研究。文献［116］研究了有强连通子图拓扑结构的高阶线性集群系统领导者选择及可控合围控制问题。文献［117］假设领导者的动力学特性是未知的，针对高阶集群系统设计了自适应输出合围控制器。文献［118］针对高阶线性异构集群系统，采用分布式观测器方法构造了输出合围控制器。

2.6 编队 – 合围控制

编队 – 合围控制（formation-containment control）是集群系统协调控制中的重要研究课题之一。如果领导者之间通过协调控制实现期望的编队，同时跟随者的状态进入领导者状态形成的凸包的内部，则称集群系统实现了状态编队 – 合围。编队 – 合围控制在包括有人 / 无人战斗机混合编队协同攻击及多导弹协同突防等在内的多个领域内均有用武之地。

编队 – 合围控制问题同时与编队控制问题和合围控制问题密切相关。在 2006 年，Ferrari-Trecate 等和 Dimarogonas 等引入“合围”概念的时候，他们要求领导者保持特定的编队，同时跟随者进入到领导者形成的凸包的内部[119-120]。文献［119］和［120］中的“合围”问题即是现在的编队 – 合围问题。由于当时编队控制问题自身也是一个很复杂的难题，所以在文献［119］和［120］之后，研究者把主要精力放在了合围问题上，即假设领导者之间不需要通过协调控制形成指定的编队。随着编队控制问题与合围控制问题研究的深入，编队 – 合围控制问题逐渐成为下一个研究热点。需要指出的是，由于领导者的动力学特性对跟随者的动力学特性具有影响，所以编队 – 合围问题并不能简单地解耦成编队问题和合围问题。

Liu 等给出了具有拓扑切换的一阶集群系统实现编队 – 合围的充分条件[121]。对于二阶集群系统，文献［122］研究了通信时延条件下编队 – 合围控制问题。文献［123］假设在只能获得位置信息的条件下，基于分布式观测器方法实现了二阶集群系统的编队 – 合围控制。Wang 等在文献［124］中研究了有限时间编队 – 合围控制问题，使得在有限时间内领导者能够形成期望的旋转编队，且跟随者能够收敛到领导者所形成的凸包内。Dong 等在文献［125］中给出了多无人机系统编队 – 合围控制的理论与实验结果，并基于多旋翼无人机协同平台开展了室外飞行实验。文献［126］基于输出反馈研究多 Euler-Lagrange 系统的编队 – 合围控制问题，采用滑模控制与高增益观测器方法设计了分布式控制器。文献［127］研究了存在执行器饱和约束的多 Euler-Lagrange 系统的编队 – 合围控制问题。

Dong 等在文献［128］中考虑时延的影响，基于李雅普诺夫 – 克鲁索夫斯基方法设计了编队 – 合围控制器。文献［129］利用各智能体的输出信息，设计静态输出反馈控制器，实现了高阶集群系统的输出编队 – 合围控制。文献［130］研究了离散通信条件下的高阶多智能体的输出 – 合围控制问题，给出了分布式混杂主动控制协议的设计方法。

2.7 协同对抗与博弈控制

协同对抗是集群系统的典型应用场景之一，目标在于通过集群系统集中式或分布式的协作完成大规模决策任务，实现整体收益最优。博弈理论为多智能体的决策和控制问题提供了理想的建模框架，并且在集群系统的协同对抗与控制等方向取得了众多研究成果，包括多智能体强化学习方法、多智能体分布式马尔科夫决策过程以及多智能体博弈等内容。

2.7.1 多智能体强化学习方法

强化学习方法为机器学习领域的一个分支，通过观察环境的反馈进而调整行为的选择，最终取得最优策略。强化学习是 Agent 从环境到行为映射的学习过程，以获得最大化的回报值。

Littman[131] 于 1994 年提出了一种均衡型多智能体强化学习算法 Minimax-Q。Hu[132] 等人提出了解决多智能体一般博弈问题的纳什 Q 学习算法。Littman[133] 在纳什 Q 学习算法的基础上提出 Friend-or-foe Q-learning（FFQ）算法，收敛性有所改进。这 3 种方法都是基于混合策略纳什均衡。

2.7.2 多智能体分布式马尔科夫决策过程

集群对抗环境属于典型的不确定性环境，同时，智能体难以在实际环境中观察到所有的信息，因此马尔科夫决策过程无法达到绝对最优，所有的决策都是在部分观察信息的条件下做出的。这类问题称为部分可观察马尔科夫决策过程（Partially Observable Markov Decision Process，POMDP）。基于 POMDP 模型的规划问题和学习问题的求解极具挑战性，由于计算复杂度很高，精确求解大规模的 POMDP 问题被认为是不可能的。国内学者为提升 POMDP 求解效率做了很多研究[134-135]。

考虑多个个体参与的 POMDP 模型时，就形成了分布式局部可观测马尔科夫（Decentralized Partially Observable Markov Decision Process，DEC-POMDP）模型。对于分布的集群系统，每个智能体在仅有的局部信息情况下要保证团队协调，完全靠推理的方式制定策略是难以实现的，所以有必要根据队友策略进行相互协作，即要求引入通信机制[136]，在此基础上设计 DEC-POMDP 离线规划算法[137-138]。

2.7.3 多智能体博弈

博弈理论是解决多智能体最优控制的动态规划方法的一种自然延伸，每个智能体通过决策或控制以最小化当地性能指标，通过设计性能指标表达形式，则可以形成合作博弈、零和博弈以及混合博弈等多种博弈形式。

多智能体最优控制中的耦合 Hamilton-Jacobi（H-J）方程的解可视为多智能体博弈的纳什均衡解。近年来，自适应动态规划方法被广泛采用并用于求解多智能体非零和博弈问题的纳什均衡解。自适应动态规划方法一般通过强化学习思想或技巧进行求解，从而趋近最优解。在未知系统动态条件下，通常有两种处理方法，一是系统辨识方法[139]，二是数据驱动方法[140-141]。当考虑多智能体之间的通信拓扑结构时，每个智能体仅能够与建立通信连接的邻居进行信息交互，获得对方的策略或状态并进行决策，此时的多智能体微分博弈问题称为多智能体微分图型博弈[142-143]。

2.8 集群控制应用

国内对系统集群的研究起步较晚，由于国家对科研投入较大，近几年也得到了飞速发展。国内众多大学和科研院所都开展了各具特色的研究工作，并取得了一定成绩，尤其是集中在无人集群编队、多无人平台协作与多机器人学习等方面[144]。文献［145-146］研究了多飞行器编队的协同拦截、协同制导、协同估计问题。北京航空航天大学[147]搭建了多无人机系统时变编队试验验证平台，具备室外实飞能力。国防科学技术大学[148]利用马尔科夫决策模型研究了无人机集群系统侦查监视任务的决策规划。清华大学[149]构建了一种在实验室环境下低成本的人工智能集群控制演示验证系统。

2016 年，我国第一个固定翼无人机集群飞行试验以 67 架飞机的数量打破了之前由美国海军保持的 50 架固定翼无人机集群飞机数量的纪录；2017 年 6 月 11 日，中国电子科技集团公司 119 架固定翼无人机集群编队飞行试验成功，成为世界上最大规模的固定翼无人机集群飞行纪录。这种大规模的集群试验具有极大的战场应用价值，目前，研发人员正在开发数千架无人机同步操作、辨别和袭击目标的集群作战系统。

2018 年空军装备部举办“无人争锋”智能无人机集群系统挑战赛，重点考核无人机集群密集编队、精确高速避障、协同搜索识别和定位、集群协同策略和动态任务规划、空中精确定位、精确编队和空中预对接等技术创新水平。通过比赛展示了我国在无人机集群方面的最新成果，检验无人机集群技术的实战化运用水平。

3. 国内外发展比较

3.1 一致性控制

Ren 等人[150]针对一种高阶线性集群系统进行分析，得出了实现一致性的充分必要条件，为高阶线性集群系统一致性的研究奠定基础。有学者提出了一种新的基于动态邻居的协议，该协议只使用 Agent 的第一种状态的相关信息，只要有足够的条件就可以使所有的 Agent 达成一致。一些学者对带扰动的高阶线性系统、离散时间下的高阶线性系统也进行了研究，证明其能够实现一致。根据高阶积分器的模型特点，对其的分析方法主要基于矩阵分析工具、非线性工具，如 back-stepping 方法[152-157]。

集群系统一致性问题最早由国外相关学者提出，他们对一致性问题理论研究框架的建立作出了重要贡献，并对一些基本的一致性问题给出了相关控制算法，随后国内学者开始跟进多智能体一致性的研究，基于一般模型和复杂约束，深入研究了复杂情况下的多智能体一致性问题，针对通信约束、复杂系统模型等条件，结合自适应控制，鲁棒控制等先进方法，解决了相关情况下的多智能体一致性问题，取得了重大研究进展。

3.2 一致性跟踪控制

Olfati-Saber 基于 Reynolds 提出的 3 条规则对集群系统运动算法和理论做了系统的分析[158]，奠定了对集群运动进行理论分析的基础。Cheah 等人设计了基于区域形状的控制器，使得多个自主体能在指定区域形状内以统一速度运动，但这里有非常强的假设即所有跟随者都知道区域的形状[159]。Djaidja 等人研究了同时存在量测噪声和通信延迟条件下的一阶积分器网络的一致性跟踪问题[160]。Bernardo 等人研究了伴有时变通信延迟条件下的汽车编队跟踪问题[161]。

国外学者最早开始了一致性跟踪的研究，取得了一些基础性的研究成果。国内学者在此基础上深入研究了切换拓扑、通信时延、基于采样数据等条件下的一致性跟踪问题，针对高阶线性和满足 Lipschitz 条件的非线性系统，给出了其实现一致性跟踪的条件，取得了大量的实质性进展，为集群系统一致性跟踪控制理论作出了重要贡献。

3.3 编队控制

3.3.1 经典的编队控制策略

（1）基于领导者 – 跟随者的编队控制策略

文献［162］首次对基于领导者 – 跟随者的编队控制策略进行了研究，研究了移动机器人的编队控制规律。这些思想在航天器编队[163]中得到了应用，Kumar 教授领导的 GRASP 团队对跟随领航者法做了大量理论和实验上的奠基工作。

国外开展了大量的基于领导者 – 跟随者的编队控制策略的研究。Vela[164]等人研究了基于视觉的领导者 – 跟随者的编队控制策略。此外，近年来领导者 – 跟随者的编队控制策略正在与智能控制[165]以及优化控制[166]方面相结合，基于一致性的领导者 – 跟随者的编队控制策略已经成为研究的热点。

（2）基于行为的编队控制策略

早在 1987 年，基于行为的方法就被用于计算机动画中模拟鸟群、鱼群等的聚集行为[167]，通过定义并组合 3 个局部行为实现了群体的聚集[168]。进一步，Balch 等[169]将基于行为法应用于多智能体编队控制中，通过设计一系列基本行为使四智能体系统编队避障运动到目标点，并且进行了仿真和实物的对比研究。Droge 等人[170]研究了基于 MPC 以及行为的编队控制策略。文献［171］利用基于行为的方式研究了带有避障机制的编队控制策略。

（3）基于虚拟结构的编队控制策略

Ren 等[172]引入编队反馈控制来克服集群系统编队运行时扰动对队形控制的影响；为

了克服虚拟结构法集中控制的弊端，文献［173］将分散控制引入虚拟结构法中，并设计了基于虚拟结构法的空间飞行器编队飞行的分散式控制框架。虚拟结构法也被应用于各类机器人的编队控制中，文献［174-176］研究了多机器人编队的基于虚拟结构的编队控制方法。

综合国内外研究现状来看，在经典的编队控制策略方面，国外开展相关的研究时间较早，而且理论较为成熟。目前来看，基于行为的编队控制策略以及基于虚拟结构的编队控制策略主要是针对具体对象开展研究，重点是研究具体的编队策略，国内外发展差距并不是很大。在基于领导者—跟随者的编队控制策略研究方面，国外目前已经与智能控制方法、人工智能方法以及优化控制等相结合，国内相关成果并不是很多，这种结合是未来的发展趋势。

3.3.2 基于一致性理论的编队控制策略

基于一致性的集群系统编队控制策略国外研究较早，理论也较为成熟。文献［177］针对一阶集群系统，分析了一致性控制问题，可以直接应用于时不变编队控制问题。Ren[178]将一致性控制理论应用到二阶系统以及多机器人系统的编队控制问题。针对一般高阶集群系统的一致性 / 编队控制问题，文献［179］利用 LQR 技术设计了控制协议中的增益矩阵表达式。文献［180］结合神经网络逼近理论与滚动时域优化理论研究了多机器人系统的编队控制问题。文献［181-183］研究了非线性集群系统的编队控制问题。

基于一致性理论的编队策略虽然是国外学者首先提出的，但是目前主要是针对特定对象系统开展研究。国内学者在理论层面也做了大量工作，尤其是首先提出了更加具有普遍意义的时变编队控制问题，使得基于一致性理论的编队控制理论更加完善。

3.3.3 基于距离 / 刚性图的编队控制策略

Anderson[184]领导的团队提出了有向刚性概念。有向刚性定义为有向图的基图满足刚性，且有向图本身能够满足方向约束。文献［185］提出了一种利用刚性图求解非平面多智能体编队控制问题的方法，考虑了三维编队控制问题，其中部分个体在一个平面内编队，而其他一些个体在该平面之外编队。Ramazani 等人[186]研究了基于刚性图论的多智能体分层编队控制。

在基于刚性图的编队控制方面，国内起步较晚，但是近年来，国内外发展差距并不是很大。国内外学者不仅在理论层面有所研究，而且重视理论在实际系统中的应用。

3.4 编队跟踪控制

3.4.1 基于一致性理论的编队跟踪控制策略

基于一致性的集群系统编队跟踪控制策略国外研究起步相对较早。文献［187］针对二阶线性集群系统，研究了基于一致性理论的时不变编队跟踪控制问题。近年来，国外的学者大多针对非线性、多约束等复杂集群系统开展编队跟踪控制研究[188-190]。

与编队控制类似，基于一致性理论的编队跟踪策略也是国外学者首先提出的，但是国内学者在理论层面做了大量的工作，尤其是首先提出了更加具有普遍意义的时变编队跟踪控制问题，使得基于一致性理论的编队跟踪控制理论更加完善。此外，在基于一致性理论的编队跟踪控制策略，跟随者之间的信息是局部的，控制协议是分布式的，因此基于领导者—跟随者的编队控制策略正在逐渐被基于一致性理论的编队控制策略取代。后者由于具有明确的物理意义，已经成为研究热点，也是相对有前景的一种控制策略。

3.4.2 基于虚拟结构的编队跟踪策略

Lewis 和 Tan[191]在 1997 年第一次提出在机器人编队中应用虚拟结构法进行编队跟踪控制，值得注意的是，跟踪的对象为一个固定的移动的队形。文献 [192] 定义了一个虚拟向量作为领导者，在移动机器人编队中实现了编队跟踪。Low 等人[193]主要针对移动机器人编队以及无人机编队利用虚拟结构方法设计了编队跟踪控制协议。文献 [194] 则研究了独轮车移动机器人集群系统的基于虚拟结构的编队跟踪控制问题。

3.4.3 人工势能场法

文献 [195] 中将编队中各个智能体看作由势能场包围的点，若其邻居与其本身的距离大于给定的阈值，则产生引力，若小于给定的阈值，则产生斥力，而队形的调整或编队的运动则由虚拟的领导者来完成。文献 [196] 研究了无人机编队在障碍物环境下编队跟踪飞行的问题。文献 [197] 研究了一种卫星环形编队的编队控制策略，采用人工势场法进行路径规划，采用滑模控制技术设计了鲁棒控制器。

在基于虚拟结构以及基于人工势能场的编队跟踪控制方面，在近年来，国内外发展差距并不是很大。国内外学者均针对明确的实际集群系统开展研究。值得注意的是，国外学者能够将理论应用于试验验证，国内在这一方面稍有欠缺。

3.5 合围与编队合围控制

从无人集群系统合围控制与编队合围控制的国内外研究发展对比来看，虽然早期关于合围控制以及编队 - 合围控制的基本概念是由国外相关的研究者提出的[96, 119, 120]，但之后将合围控制与编队 - 合围控制方法拓展应用到具有更一般动力学特性的无人集群系统，并考虑实际应用中通信时延、拓扑切换、外部扰动、控制输入饱和等多种约束条件，国内的研究者设计了众多分布式合围控制与编队 - 合围控制协议，取得了一系列研究成果，做出了大量创新性的工作。就近几年合围控制以及编队 - 合围控制方法的研究来看，国内取得了一些具有一定开创性的研究成果，尤其是在编队 - 合围控制领域，国内的相关研究处于世界领先水平。

3.6 协同对抗与博弈控制

动态、不确定环境下的序列决策问题已经成为机器学习、人工智能和控制领域的核心问题，也是目前的研究焦点。POMDP 为建模部分可观察随机环境中主体的规划或序列决策问题和学习问题提供了一个通用的数学模型，并被引入人工智能中。国外在 POMDP 理论和算法的实际应用中都有很多成果[198-199]。多智能体博弈问题的纳什均衡解一般通过强化方法来近似求解。这一求解思路最早由国外学者提出[200-202]。

从上述两方面来看，无论是 POMDP 问题还是多智能体博弈问题，强化学习方法在其中都占有重要地位。若要在无人集群的协同对抗和博弈控制中获得优势地位，将人工智能应用技术和控制理论进行深入结合将会是关键所在。比较而言，国外相关研究起步较早，具有先发优势，同时在细分技术领域理论研究较为深入，国内处于跟进研究状态，但与国外差距逐渐减小。

3.7 集群控制应用研究

国外对集群系统的研究起步早，发展较快。20 世纪 80 年代 Toshio Fukuda[203]等人就建立了第一个多机器人系统（Cellular Robotic system，CEBOT），多个器官化机器人通过深度的自组织甚至可以构成功能更加复杂的机器人系统。在工业领域，将由大量机器人组成的无人集群系统用于危险物品的检查、收集和搬运[204]；在军事领域，由大规模无人机、无人舰艇和机器人等进行侦查和作战，可最大限度地减少人员伤亡[205]。无人空中集群在搜索或搜索—攻击任务中的控制已相当先进，并且已有文献研究了此类任务中的集群组织演化行为[207]。

国外积极推动不同类型的无人机集群项目，并开展了大量的研究、试验与演示验证。2015 年 3 月，美海军研究局对单架“郊狼”无人机携带不同载荷执行任务以及 9 架无人机的编队飞行进行了试验。9 架无人机依次被气动弹射升空，通过低功率射频网络进行通信，共享位置和其他信息，最终自主执行编组编队飞行[208]。

目前地面以及海上的无人 - 有人系统编队技术正处于研发阶段，而空中无人 - 有人系统的编队技术研究已经取得突破性进展。美英等国均已开展有人 - 无人系统编队技术研究，美国处于绝对领先地位。美国陆军在 2011 年完成首次有人 - 无人系统编队综合能力演习，实现了有人系统和无人系统间无缝交互。目前美国陆军现役多种无人机已经具备与有人驾驶飞机的编队互操作能力，并正在开展下一代有人 - 无人编队技术研究，即有人 - 无人智能编队技术[209]。2015 年，空军研究实验室（AFRL）正式启动了“忠诚僚机”的概念研究[210]，旨在通过为 F-16“战隼”战斗机设计和研制一种人工智能模块，增加无人机自主作战能力，确保美空军在未来战争中实现无人驾驶的 F-16 四代战机与有人驾驶的 F-35A 五代战机高低搭配，有效增强美空军未来在对抗和拒止环境下的作战能力，完成协同作战，提高作战效能。

此外，美国国防先进研究计划局（DARPA）还针对人与无人集群系统之间的交互式协同作战展开了研究。2014 年，DARPA 提出“拒止环境中协同作战”（CODE）项目，目标是发展一套包含协同算法的软件系统，可以适应带宽限制和通信干扰，减少任务指挥官的认知负担，通过自主能力、编队协同、人机接口和开放式架构支撑拒止环境下协同作战[211]。2017，DARPA 发布进攻性蜂群使能战术（OFFSET）项目，其主要工作聚焦于开放式软件与系统架构、博弈软件设计与基于博弈的社群开发、沉浸式交互技术以及用于分布式机器人的机器人系统集成与算法开发[212]。

综上所述，国外在集群系统领域开展较早，无论是无人集群还是有人 - 无人混合集群系统中的部分关键技术仍处于领先地位。相比而言，我国近年来在无人集群领域已取得一定的成果，然而在智能化集群技术、人机交互技术等方面，与国外相比存在一定的差距，而且在工程实践方面仍有一定的落后。

4. 我国发展趋势及展望

4.1 集群控制“自主化”

在未来信息化、网络化、体系对抗作战环境下，集群系统相对单机系统，利用其规模优势，能够完成更加复杂的任务，具有更好的鲁棒性，更强的生存能力，同时也具有巨大的成本优势，是集群控制重要发展方向。目前对于集群的研究多处于概念研究和初步验证阶段，如何将自组织机制引入无人集群平台，真正实现复杂、动态、不确定环境下的无人集群还面临一系列问题，需要解决的关键问题包括集群协同感知与态势共享、集群智能自主协同决策等。集群协同态势感知是集群控制和决策的基础。集群自主协同任务分配是集群协同控制的一个重要方面，需要进一步重点研究与解决协同任务分配建模的可行性、不确定性环境中的集群动态分布式协同任务分配、协同任务分配算法的实时性以及异构多类型集群的协同任务分配等关键问题。

4.2 集群控制“智能化”

集群系统控制“智能化”主要体现在 3 个方面。一是与现代智能控制方法结合。集群智能控制的一种潜在技术途径就是从仿生学的角度出发通过对生态群体系统的研究与抽象设计一种智能的群体控制结构，让多个简单的智能控制个体通过学习和进化能够共同完成复杂控制功能。二是与现代人工智能技术结合。大规模智能无人集群系统是一类特殊的复杂系统。目前的研究还大多停留在运动控制层面，且鲜有考虑对抗情形下的集群编队与运动控制。集群执行任务中个体存在不确定性，但通过集群的组织和控制，实现集群整体的可控，研究适应于集群对抗的智能控制方法是将无人集群系统大规模应用于现实环境所必须攻克的难题与挑战。三是与人的高级智慧结合，探索有人 – 无人集群协同控制理论。未来作战或者作业中，人的智慧仍将起到关键作用，需要重点突破协同作战自主化、无人集群自主化、人机界面友好性以及适用于分布式系统的开放式结构等关键技术。

4.3 集群控制“网络化”

集群系统中个体之间的信息交互是进行协同控制的基础与前提，可将集群系统视为典型的网络化系统。如何实现大规模无人集群系统的快速组网通信，是保证协同控制理论能够在集群系统中实际应用的关键技术之一。不同的网络拓扑结构对于集群系统协同控制有着重要影响，开展网络拓扑优化设计研究，保证通信网络的鲁棒性与可靠性，并对有效提高通信效率、降低通信资源开销具有重要的实际意义。此外，基于一体化思想开展通信控制一体化技术研究，充分分析通信与控制的耦合影响，进一步提高集群系统组网通信与协同控制的综合性能，是无人集群系统协同的发展趋势之一。

4.4 集群控制“安全化”

由于实际的集群控制系统总是会存在外部干扰以及受建模、故障等不确定性因素影响，必须考虑控制的安全性与可靠性。集群系统的控制安全化的发展趋势主要有 4 点。第一，为实现有效集群控制对通信拓扑的要求，更需要研究通信故障（全局、局部定位失效）下的集群控制技术。第二，集群系统往往受到各种干扰，包括外部干扰、内部干扰以及模型不确定性等，需要研究带有扰动估计与补偿机制的集群控制策略，采用鲁棒控制、自适应控制、抗干扰控制等手段，设计相应的鲁棒 / 自适应集群控制器。第三，当执行机构存在故障的时候，需要研究带有在线故障诊断与容错机制的集群控制技术。第四，集群系统的物理安全与信息安全已引起业界的关注，需要开展带有防碰撞与连通性保持机制的集群控制技术研究。

4.5 集群控制“最优化”

集群控制“最优化”主要有两个发展趋势。一是与最优化技术相结合，实现分布式优化。无人集群执行任务期间将涉及大量的优化决策问题，大规模集群的优化问题必须采用分布式优化方法以提高系统的鲁棒性。二是集群分布式博弈对抗技术。在对抗环境下，无人机群个体之间或群体之间将存在收益冲突，对抗的对象可以是其他己方个体或敌方集群，甚至是控制系统的干扰源。如何设计博弈策略使得个体或团体的收益最大，是分布式博弈对抗技术所要解决的问题。分布式博弈对抗将多智能体的协作关系拓展到对抗层面，是多智能体研究领域的另一重要研究方向。

参考文献

[1] ZHANG H，LEWIS FL. Adaptive cooperative tracking control of higher-order nonlinear systems with unknown dynamics [J]. Automatica，2012，48（7）：1432-1439.

[2] LI Z，REN W，LIU X，et al. Consensus of multi-agent systems with general linear and Lipschitz nonlinear dynamics using distributed adaptive protocols [J]. IEEE Transactions on Automatic Control，2013，58（7）：1786-1791.

[3] PENG Z，WANG D，ZHANG H，et al. Distributed neural network control for adaptive synchronization of uncertain dynamical multiagent systems [J]. IEEE Transactions on Neural Networks and Learning Systems，2014，25（8）：1508-1519.

[4] DONG W. Adaptive consensus seeking of multiple nonlinear systems [J]. International Journal of Adaptive Control and Signal Processing，2012，26（5）：419-434.

[5] CHEN C，WEN GX，LIU YJ，et al. Observer-based adaptive back stepping consensus tracking control for high-order nonlinear semi-strict-feedback multiagent systems [J]. IEEE Transactions on Cybernetics，2016，46（7）：1591-1601.

[6] SU Y，HUANG J. Cooperative output regulation of linear multi-agent systems [J]. IEEE Transactions on Automatic Control，2012，57（4）：1062-1066.

[7] CAI H，LEWIS FL，HU G，et al. The adaptive distributed observer approach to the cooperative output regulation of linear multi-agent systems [J]. Automatica，2017，75：299-305.

[8] WANG X，HONG Y，HUANG J，et al. A distributed control approach to a robust output regulation problem for multi-agent linear systems [J]. IEEE Transactions on Automatic Control，2010，55（12）：2891-2895.

[9] XIANG J，LI Y，HILL DJ. Cooperative output regulation of linear multi-agent network systems with dynamic edges [J]. Automatica，2017，77：1-13.

[10] LIN P，JIA Y. Consensus of a class of second-order multi-agent systems with time- delay and jointly-connected topologies [J]. IEEE Transactions on Automatic Control，2010，55（3）：778-784.

[11] ZHANG Y，TIAN YP. Consensus of data-sampled multi-agent systems with random communication delay and packet loss [J]. IEEE Transactions on Automatic Control，2010，55（4）：939-943.

[12] XI J，SHI Z，ZHONG Y. Consensus and consensualization of high-order swarm systems with time delays and external disturbances [J]. Journal of Dynamic Systems Measurement &Control，2012，134（4）：041011.

[13] WANG D，MA H，LIU D. Distributed control algorithm for bipartite consensus of the nonlinear time-delayed multi-agent systems with neural networks [M]. Elsevier Science Publishers B V，2016.

[14] 明平松，刘建昌. 随机多智能体系统一致稳定性分析 [J]. 控制与决策，2016（3）：385-393.

[15] WANG L，FENG X. Finite-time consensus problems for networks of dynamic agents [J]. IEEE Transactions on Automatic Control，2010，55（4）：950-955.

[16] WANG X，HONG Y. Finite-time consensus for multi-agent networks with second-order agent dynamics [J]. IFAC Proceedings Volumes，2008，41（2）：15185-15190.

[17] LI S，DU H，LIN X. Finite-time consensus algorithm for multi-agent systems with double-integrator dynamics [J]. Journal of Tianjin University of Technology，2013，47（8）：1706-1712.

[18] ZUO ZY，TIE L. Distributed robust finite-time nonlinear consensus protocols for multi-agent systems [J]. International Journal of Systems Science，2016，47（6）：1366-1375.

[19] 蒋国平，周映江．基于收敛速率的多智能体系统一致性研究综述［J］．南京邮电大学学报：自然科学版，2017，37（3）：15–25.

[20] SUN YG，WANG L，XIE G．Average consensus in networks of dynamic agents with switching topologies and multiple time–varying delays［J］．Systems & Control Letters，2008，57（2）：175–183.

[21] LIU K，XIE G，REN W，et al．Consensus for multi–agent systems with inherent nonlinear dynamics under directed topologies［J］．Systems & Control Letters，2013，62（2）：152–162.

[22] ZHENG D，ZHANG H，ZHENG Q．Consensus analysis of multi–agent systems under switching topologies by a topology–dependent average dwell time approach［J］．IET Control Theory & Applications，2017，3（11）：429–438.

[23] JIA Q，TANG WK．Consensus of nonlinear agents in directed network with switching topology and communication delay［J］．IEEE Transactions on Circuits and Systems I：Regular Papers，2012，59（12）：3015–3023.

[24] LI ZK，REN W，LIU XD，XIE LH．Distributed consensus of linear multi–agent systems with adaptive dynamic protocols［J］．Automatica，2013，49（7）：1986–1995.

[25] LI ZK，DING ZT．Distributed adaptive consensus and output tracking of unknown linear systems on directed graphs［J］．Automatica，2015，55：12–18.

[26] ZHAO Y，LI ZK，DUAN ZS．Distributed consensus tracking of multi–agent systems with nonlinear dynamics under a reference leader［J］．International Journal of Control，2013，86（10）：1859–1869.

[27] ZHANG HW，LEWIS FL，DAS A．Optimal design for synchronization of cooperative systems：state feedback，observer and output feedback［J］．IEEE Transactions on Automatic Control，2011，56（8）：1948–1952.

[28] REN W．Second–order consensus algorithm with extensions to switching topologies and reference models［C］// Proceeding of the 2007 American Control Conference．New York：American Automation Control Council，2007：1431–1436.

[29] REN W．Consensus tracking under directed interaction topologies：algorithms and experiments［C］// Proceeding of the 2008 American Control Conference．Seattle：American Automation Control Council，2008：742–747.

[30] ZHAO HY．Leader–following consensus of data–sampled multi–agent systems with stochastic switching topologies［J］．Neurocomputing，2015，167：172–178.

[31] WEN GH，HU GQ，YU WW，et al．Consensus tracking for higher–order multi–agent systems with switching directed topologies and occasionally missing control inputs［J］．Systems and Control Letters，2013，62（12）：1151–1158.

[32] YOO SJ．Synchronized tracking control for multiple strict–feedback non–linear systems under switching network［J］．IET Control Theory and Applications，2014，8（8）：546–553.

[33] LU JQ，HO DWC，KURTHS J．Consensus over directed static networks with arbitrary finite communication delays．Physical Review E，2009，80（6）：066121.

[34] ZHU W，CHENG DZ．Leader–following consensus of second–order agents with multiple time–varying delays［J］．Automatica，2010，46（12）：1994–1999.

[35] CHEN JH，XIE DM，YU M．Consensus problem of networked multi–agent systems with constant communication delay：stochastic switching topology case［J］．International Journal of Control，2012，85（9）：1248–1262.

[36] ZHOU B，LIN ZL．Consensus of high–order multi–agent systems with large input and communication delays［J］．Automatica，2014，50（2）：452–464.

[37] DING L，GUO G．Sampled–data leader–following consensus for nonlinear multi–agent systems with Markovian switching topologies and communication delay［J］．Journal of the Franklin Institute，2015，352（1）：369–383.

[38] LIU SC，TAN DL，LIU GJ．Robust leader–follower formation control of mobile robots based on a second order kinematics model［J］．Acta Automatica Sinica，2007，33（9）：947–955.

[39] CHEN J, SUN D, YANG J, et al. Leader-follower formation control of multiple non-holonomic mobile robots incorporating a receding-horizon scheme [J]. The International Journal of Robotics Research, 2010, 29 (6): 727-747.

[40] 崔荣鑫，徐德民，沈猛，等. 基于行为的机器人编队控制研究 [J]. 计算机仿真，2006，23（2）：137-139.

[41] 王涛，许永生，张迎春，等. 基于行为的非合作目标多航天器编队轨迹规划 [J]. 中国空间科学技术，2017（1）：23-29.

[42] 袁健，唐功友. 采用一致性算法与虚拟结构的多自主水下航行器编队控制 [J]. 智能系统学报，2011，6（3）：248-253.

[43] 何真. 基于虚拟结构的分布式编队控制方法 [J]. 应用科学学报，2007，25（4）：387-387.

[44] RE W. Consensus strategies for cooperative control of vehicle formations [J]. IET Control Theory & Applications, 2007, 1 (2): 505-512.

[45] XIAO F, WANG L, GAO JCY. Finite-time formation control for multi-agent systems [J]. Automatica, 2009, 45 (11): 2605-2611.

[46] XIE G, WANG L. Moving formation convergence of a group of mobile robots via decentralised information feedback [M]. Taylor & Francis, Inc. 2009.

[47] LIN P, JIA Y. Distributed rotating formation control of multi-agent systems [J]. Systems & Control Letters, 2010, 59 (10): 587-595.

[48] DONG X, XI J, LU G, et al. Formation control for high-order linear time-invariant multiagent systems with time delays [J]. IEEE Transactions on Control of Network Systems, 2014, 1 (3): 232-240.

[49] DONG X, HU G. Time-varying output formation for linear multiagent systems via dynamic output feedback control [J]. IEEE Transactions on Control of Network Systems, 2017, 4 (2): 236-245.

[50] DONG X, HU G. Time-varying formation control for general linear multi-agent systems with switching directed topologies [J]. Automatica, 2016, 73: 47-55.

[51] DONG X, YU B, SHI Z, et al. Time-varying formation control for unmanned aerial vehicles: theories and applications [J]. IEEE Transactions on Control Systems Technology, 2015, 23 (1): 340-348.

[52] LI X, DONG X, LI Q, et al. Event-triggered time-varying formation control for general linear multi-agent systems [J]. Journal of the Franklin Institute, 2019, 356 (17): 10179-10195.

[53] WANG R, DONG X, LI Q, et al. Distributed adaptive time-varying formation for multi-agent systems with general high-order linear time-invariant dynamics [J]. Journal of the Franklin Institute, 2016, 353 (10): 2290-2304.

[54] WANG R, DONG X, LI Q, et al. Distributed time-varying formation control for linear swarm systems with switching topologies using an adaptive output-feedback approach [J]. IEEE Transactions on Systems, Man, and Cybernetics: Systems, 2019, 49 (12): 2664-2675.

[55] WANG C, ZUO Z, GONG Q, et al. Formation control with disturbance rejection for a class of Lipschitz nonlinear systems [J]. Science China (Information Sciences), 2017 (7): 29-39.

[56] LIU T, JIANG ZP. Distributed formation control of nonholonomic mobile robots without global position measurements [J]. Automatica, 2013, 49 (2): 592-600.

[57] SHEN Q, SHI P. Distributed command filtered backstepping consensus tracking control of nonlinear multiple-agent systems in strict-feedback form [J]. Automatica, 2015, 53: 120-124.

[58] YANG Y, YUE D, DOU C. Distributed adaptive output consensus control of a class of heterogeneous multiagent systems under switching directed topologies [J]. Information Sciences, 2016, 345 (1): 294-312.

［59］ YU J，DONG X，LI Q，et al. Distributed time-varying formation control for second-order nonlinear multi-agent systems based on observers［C］// 29th Chinese Control and Decision Conference（CCDC）. IEEE，2017.

［60］ WANG R，DONG X，LI Q，et al. Distributed adaptive time-varying formation for multi-agent systems with general high-order linear time-invariant dynamics［J］. Journal of the Franklin Institute，2016，353（10）：2290-2304.

［61］ YU X，LIU L. Distributed circular formation control of ring-networked nonholonomic vehicles［J］. Automatica，2016，68：92-99.

［62］ DU H，WEN G，YU X，et al. Finite-time consensus of multiple nonholonomic chained-form systems based on recursive distributed observer［J］. Automatica，2015，62：236-242.

［63］ LIU H，LIN ZY，Cao M，et al. Coordinate-free formation control of multi-agent systems using rooted graphs［J］. Systems & Control Letters，2018（119）：8-15.

［64］ 刘春，宗群，窦立谦. 基于持久图的双轮机器人编队生成与控制［J］. 控制工程，2017，24（3）：518-523.

［65］ 任锐，周浔，丁岩松. 基于最优刚性编队分布式生成算法［J］. 装甲兵工程学院学报，2012，26（03）：74-78.

［66］ 王刚，张洋，谷全祥. 美军固定翼有人/无人机协同技术研究进展［J］. 国际航空，2017（10）：14-18.

［67］ 夏红. 多智能体系统群一致性与编队控制研究［D］.

［68］ LIU Y，GENG Z. Finite-time formation control for linear multi-agent systems：a motion planning approach［J］. Systems & Control Letters，2015，85（9）：54-60.

［69］ 戴国忠，王怀龙. 多智能体编队在时延约束下的动态跟踪控制［J］. 指挥控制与仿真，2017（3）：36-39.

［70］ DONG XW，XIANG J，HAN L，et al. Distributed time-varying formation tracking analysis and design for second-order multi-agent systems［J］. Journal of Intelligent & Robotic Systems，2017，86（2）：277-289.

［71］ DONG XW，TAN QK，LI QD，REN Z. Necessary and sufficient conditions for average formation tracking of second-order multi-agent systems with multiple leaders［J］. Journal of the Franklin Institute，2017，354（2）：611-626.

［72］ DONG XW，Hu GQ. Time-varying formation tracking for linear multi-agent systems with multiple leaders［J］. IEEE Transactions on Automatic Control，2017，62（7）：3658-3664.

［73］ HUA YZ，DONG XW，LI QD，REN Z. Distributed time-varying formation robust tracking for general linear multiagent systems with parameter uncertainties and external disturbances［J］. IEEE Transactions on Cybernetics，2017，47（8）：1959-1969.

［74］ HUA YZ，DONG XW，LI QD，et al. Finite-time time-varying formation tracking for high-order multi-agent systems with mismatched disturbances［J］. IEEE Transactions on Systems，Man，and Cybernetics：Systems，2019，49（12）：2664-2675.

［75］ WANG X，QIN J，LI X，et al. Formation tracking for nonlinear agents with unknown second-order locally Lipschitz continuous dynamics［C］// Control Conference，2012：1-6.

［76］ YU JL，DONG XW，LI QD，et al. Distributed observer-based time-varying formation tracking for high-order multi-agent systems with nonlinear dynamics［C］// 36th Chinese Control Conference，2017：8583-8588.

［77］ 李伟勋. 基于鲁棒控制与输出调节理论的多智能体控制研究［D］. 天津：南开大学，2014.

［78］ HUA CC，YOU X，GUAN XP. Leader-following consensus for a class of high-order nonlinear multi-agent systems［J］. Automatica，2016，73：138-144.

［79］ LÜ J，CHEN F，CHEN G. Nonsmooth leader-following formation control of nonidentical multi-agent systems with directed communication topologies［J］. Automatica，2016，64：112-120.

[80] QIN W, LIU Z, CHEN Z. Formation control for nonlinear multi-agent systems with linear extended state observer [J]. IEEE/CAA Journal of Automatica Sinica, 2014, 1 (2), 171-179.

[81] YU JL, DONG XW, LI QD, et al. Practical time-varying formation tracking for high-order nonlinear multiagent systems based on the distributed extend state observer [J]. International Journal of Control, 2019, 92 (10): 2451-2462.

[82] YANG E, GU D, HU H. Nonsingular formation control of cooperative mobile robots via feedback linearization [C] // IEEE/RSJ International Conference on Intelligent Robots & Systems. IEEE, 2005.

[83] YU X, LIU L. Cooperative control for moving-target circular formation of nonholonomic vehicles [J]. IEEE Transactions on Automatic Control, 2017, 62 (7): 3448 - 3454.

[84] YU JL, DONG XW, LI QD, REN Z. Practical time-varying formation tracking for multiple nonholonomic mobile robot systems based on the distributed extended state observers, IET Control Theory & Applications, 2018, 12 (12): 1737-1747.

[85] PENG ZH, WANG D, LAN WY, et al. Robust leader-follower formation tracking control of multiple underactuated surface vessels [J]. China Ocean Engineering, 2012, 26 (3): 521-534.

[86] 杨若涵，张皓，严怀成. 基于事件触发的拓扑切换异构多智能体协同输出调节 [J]. 自动化学报，2017 (3): 472-477.

[87] XU Y, LUO DL, LI DY, et al. Affine formation control for heterogeneous multi-agent systems with directed interaction networks [J]. Neurocomputing, 2019 (330): 104-115.

[88] KEER Z. Observer-based formation control of heterogeneous multi-agent systems without velocity measurements[C]// Automation. IEEE, 2017.

[89] HUA YZ, DONG XW, LI QD, REN Z. Time-varying output formation tracking of heterogeneous linear multi-agent systems with multiple leaders and switching topologies [J]. Journal of the Franklin Institute, 2019, 356, 539-560.

[90] 赵宁宁，徐德民，高剑，等. 基于 Serret-Frenet 坐标系的多 AUV 编队路径跟踪控制 [J]. 鱼雷技术，2015，23 (1): 35-39.

[91] 袁健，张文霞. 递阶式虚拟结构非完整机器人的编队控制 [J]. 汕头大学学报 (自然科学版)，2010，25 (2): 42-50.

[92] 潘无为，姜大鹏，庞永杰，等. 人工势场和虚拟结构相结合的多水下机器人编队控制 [J]. 兵工学报，2017 (2): 121-129.

[93] 王佳，吴晓蓓，徐志良. 一种基于势能函数的多智能体编队控制新方法 [J]. 信息与控制，2008，37 (3): 263-268.

[94] 代冀阳，殷林飞，杨保建，等. 一种矢量人工势能场的多智能体编队避障算法 [J]. 计算机仿真，2015，32 (3): 388-392.

[95] JIA QL, YAN JG, WANG XM. Formation control of multiple robot system based on potential function [J]. Robot, 2006, 28(2): 11-114.

[96] JI M, Ferrari-Trecate G, Egerstedt M, Buffa A. Containment control in mobile networks [J]. IEEE Transactions on Automatic Control, 2008, 53 (8): 1972-1975.

[97] MENG ZY, REN W, YOU Z. Distributed finite-time attitude containment control for multiple rigid bodies [J]. Automatica, 2010, 46 (12): 2092-2099.

[98] CAO YC, STUART D, REN W, MENG ZY. Distributed containment control for multiple autonomous vehicles with double-integrator dynamics: Algorithms and experiments [J]. IEEE Transactions on Control Systems Technology, 2011, 19 (4): 929-938.

[99] CAO YC, REN W, EGERSTEDT M. Distributed containment control with multiple stationary or dynamic leaders

in fixed and switching directed networks [J]. Automatica, 2012, 48 (8): 1586–1597.

[100] YAN F, XIE DM. Containment control of multi-agent systems with time delay [J]. Transactions of the Institute of Measurement and Control, 2014, 36 (2): 196–205.

[101] LI WQ, XIE LH, ZHANG JF. Containment control of leader-following multi-agent systems with Markovian switching network topologies and measurement noises [J]. Automatica, 2015, 51 (1): 263–267.

[102] LIU HY, CHENG L, TAN M, et al. Distributed exponential finite-time coordination of multi-agent systems: Containment control and consensus [J]. International Journal of Control, 2015, 88 (2): 237–247.

[103] 廖福成，孔敏，刘会央. 带有多个时变时滞的一阶多智能体系统的 H_∞ 包围控制. 控制与决策，2017，32（4）：584–592.

[104] LIU HY, XIE GM, Wang L. Necessary and sufficient conditions for containment control of networked multi-agent systems [J]. Automatica, 2012, 48 (7): 1415–1422.

[105] LOU YC, HONG YG. Target containment control of multi-agent systems with random switching interconnection topologies [J]. Automatica, 2012, 48 (5): 879–885.

[106] HE XY, WANG QY, YU WW. Finite-time containment control for second-order multiagent systems under directed topology [J]. IEEE Transactions on Circuits and Systems II: Express Briefs, 2014, 61 (8): 619–623.

[107] XU CJ, ZHENG Y, SU HS, et al. Necessary and sufficient conditions for distributed containment control of multi-agent systems without velocity measurement [J]. IET Control Theory & Applications, 2014, 8 (16): 1752–1759.

[108] FU J, WAN Y, WEN G, HUANG T. Distributed robust global containment control of second-order multi-agent systems with input saturation [J]. IEEE Transactions on Control of Network Systems, in press. DOI: 10.1109/TCNS.2019.2893665.

[109] MEI J, REN W, CHEN J, MA GF. Distributed adaptive coordination for multiple Lagrangian systems under a directed graph without using neighbors' velocity information [J]. Automatica, 2013, 49 (6): 1723–1731.

[110] 孙延超，李传江，姚俊羽，等. 无需相对速度信息的多 Euler-Lagrange 系统自适应神经网络包含控制 [J]. 控制与决策，2016，31（4）：693–700.

[111] 陈亮亮，李传江，孙延超，等. 多 Euler-Lagrange 系统抑制抖振分布式有限时间包含控制 [J]. 哈尔滨工业大学学报，2018，50（10）：49–56.

[112] LIU HY, XIE GM, WANG L. Containment of linear multi-agent systems under general interaction topologies [J]. Systems & Control Letters, 2012, 61 (4): 528–534.

[113] WEN GH, DUAN ZS, ZHAO Y, et al. Robust containment tracking of uncertain linear multiagent systems: a non-smooth control approach [J]. International Journal of Control, 2014, 87 (12): 2522–2534.

[114] DONG XW, XI JX, LU G, ZHONG YS. Containment analysis and design for high-order linear time-invariant singular swarm systems with time delays [J]. International Journal of Robust and Nonlinear Control, 2014, 24 (7): 1189–1204.

[115] DONG XW, MENG FL, SHI ZY, et al. Output containment control for swarm systems with general linear dynamics: a dynamic output feedback approach [J]. Systems & Control Letters, 2014, 71 (1): 31–37.

[116] 陈世明，王培，李海英，等. 带强连通分支的多智能体系统可控包含控制 [J]. 控制理论与应用，2017，34（3）：401–407.

[117] ZUO S, SONG YD, LEWIS FL, DAVOUDI A. Adaptive output containment control of heterogeneous multi-agent systems with unknown leaders [J]. Automatica, 2018, 92: 235–239.

[118] LIANG H, ZHOU Y, MA H, ZHOU Q. Adaptive distributed observer approach for cooperative containment control of nonidentical networks [J]. IEEE Transactions on Systems, Man, and Cybernetics: Systems, 2019, 49 (2): 299–307.

[119] FERRARI-TRECATE G, EGERSTEDT M, BUFFA A, JI M. Laplacian sheep: a hybrid, stop-go policy for leader-based containment control [C] // Proceedings of Hybrid Systems: Computation and Control, 2006: 212-226.

[120] DIMAROGONAS DV, EGERSTEDT M, KYRIAKOPOULOS KJ. A leader-based containment control strategy for multiple unicycles [C] // Proceedings of the 45th IEEE Conference on Decision and Control, 2006: 5968-5973.

[121] LIU HY, CHENG L, TAN M, et al. Containment control with multiple interacting leaders under switching topologies [C] // Proceedings of the 32nd Chinese Control Conference, 2013: 7093-7098.

[122] HAN L, DONG XW, Li QD, Ren Z. Formation-containment control for second-order multi-agent systems with time-varying delays [J]. Neurocomputing, 2016, 218: 439-447.

[123] ZHENG BJ, MU XW. Formation-containment control of second-order multi-agent systems with only sampled position data [J]. International Journal of Systems Science, 2016, 47 (15): 3609-3618.

[124] WANG YJ, SONG YD, KRSTIC M. Collectively rotating formation and containment deployment of multiagent systems: a polar coordinate-based finite time approach [J]. IEEE Transactions on Cybernetics, 2017, 47 (8): 2161-2172.

[125] DONG XW, HUA Y, ZHOU Y, et al. Theory and experiment on formation-containment control of multiple multirotor unmanned aerial vehicle systems [J]. IEEE Transactions on Automation Science and Engineering, 2019, 16 (1): 229-240, 2019.

[126] LI D, ZHANG W, HE W, et al. Two-layer distributed formation-containment control of multiple Euler-Lagrange systems by output feedback [J]. IEEE Transactions on Cybernetics, 2019, 49 (2): 675-687.

[127] LI CJ, CHEN LM, GUO YN, MA GF. Formation-containment control for networked Euler-Lagrange systems with input saturation [J]. Nonlinear Dynamics, 2018, 91: 1307-1320.

[128] DONG XW, LI QD, REN Z, ZHONG YS. Formation-containment control for high-order linear time-invariant multi-agent systems with time delays [J]. Journal of the Franklin Institute, 2015, 352 (9): 3564-3584.

[129] DONG XW, LI QD, REN Z, ZHONG YS. Output formation-containment analysis and design for general linear time-invariant multi-agent systems [J]. Journal of the Franklin Institute, 2016, 353 (2): 322-344.

[130] WANG YW, LIU XK, XIAO JW, SHEN Y. Output formation-containment of interacted heterogeneous linear systems by distributed hybrid active control [J]. Automatica, 2018, 93: 26-32.

[131] LITTMAN ML. Markov games as a framework for multi-agent learning [C] // Proceedings of the 11th International Conference on Machine Learning, 2002: 404-408.

[132] HU J, WELLMAN MP. Nash Q-learning for general-sum stochastic games [J]. Journal of Machine Learning Research, 2003, 1: 1-30.

[133] LITTMAN ML, STONE P. Leading best-response strategies in repeated games [C] // 17th Annual International Joint Conf on Artificial Intelligence Workshop on Economic Agents, Models and Mechanisms, Seattle, 2001.

[134] 王学宁，贺汉根，徐昕. 求解部分可观测马氏决策过程的强化学习算法 [J]. 控制与决策. 2004, 19 (11): 1263-1266.

[135] 张波，蔡庆生，郭百宁. 口语对话系统的POMDP模型及求解 [J]. 计算机研究与发展. 2002, 39 (2): 217-224.

[136] 任孝平，蔡自兴，陈爱斌. 多移动机器人通信系统研究进展 [J]. 控制与决策, 2010, 25 (3): 327-332.

[137] 郭靖. 基于马氏决策理论的智能体决策问题研究 [D]. 广州：广东工业大学，2012.

[138] 张文旭. 基于一致性与事件驱动的强化学习研究 [D]. 成都：西南交通大学，2018.

[139] ZHAO DB, Zhang QC, Wang D. Experience replay for optimal control of nonzero-sum game systems with unknown dynamics [J]. IEEE Transactions on Cybernetics, 2016, 46 (3): 854-865.

[140] ZHANG Q, ZHAO D. Data-based reinforcement learning for nonzero-sum games with unknown drift dynamics [J].

IEEE Trans actions on Cybernetics, 2019, 49（8）: 2874-2885.

[141] ZHANG HG, et al. Data-driven optimal consensus control for discrete-time multi-agent systems with unknown dynamics using reinforcement learning method [J]. IEEE Transactions on Industrial Electronics, 2017, 64（5）: 4091-4100.

[142] JIAO Q, MODARES H, XU SY, et al. Multi-agent zero-sum differential graphical games for disturbance rejection in distributed control [J]. Automatica, 2016, 69（1）: 24-34.

[143] SUN J, LIU C. Distributed zero-sum differential game for multi-agent systems in strict-feedback form with input saturation and output constraint [J]. Neural networks, 2018, 106: 8-19.

[144] DONG X, Yu BC, Shi ZY, et al. Time-varying formation control for unmanned aerial vehicles: theories and applications [J]. IEEE Transactions on Control Systems Technology, 2015, 23（1）: 340-348.

[145] 赵恩娇. 多飞行器编队控制及协同制导方法 [D]. 哈尔滨：哈尔滨工业大学，2018.

[146] 杨秀霞，罗超，张毅，曹唯一. 导弹编队队形参数优化设计 [J]. 飞行力学，2018，36（6）：54-58.

[147] Dong X, Zhou Y, Ren Z, et al. Time-varying formation control for unmanned aerial vehicles with switching interaction topologies [J]. Control Engineering Practice, 2016, 46: 26-36.

[148] 陈少飞. 无人机集群系统侦察监视任务规划方法 [D]. 长沙：国防科学技术大学，2016.

[149] 安梅岩，王兆魁，张育林. 人工智能集群控制演示验证系统 [J]. 机器人，2016，38（3）：265-275.

[150] REN W, MOORE K, CHEN YQ. High-order consensus algorithms in cooperative vehicle systems [C] // Networking, Sensingand Control, 2006. ICNSC'06. Proceedings of the 2006 IEEE International Conference on. IEEE, 2006: 457-462.

[151] WIELAND P, ALLGOWER F. An internal model principle for consensus in heterogeneous linear multi-agent systems [J]. IFAC Proceedings Volumes, 2009, 42（20）: 7-12.

[152] WIELAND P, SEPULCHRE R, et al. An internal model principle is necessary and sufficient for linear output synchronization [J]. Automatica, 2011, 47（5）: 1068-1074.

[153] KIM H, SHIM H, et al. Output consensus of heterogeneous uncertain linear multi- agent systems [J]. IEEE Transactions on Automatic Control, 2011, 56（1）: 200-206.

[154] Cortés J. Finite-time convergent gradient flows with applications to network consensus [J]. Automatica, 2006, 42（11）: 1993-2000.

[155] OLFATI-SABER R, MURRAY RM. Consensus problems in networks of agents with switching topology and time delays [J]. IEEE Transactions on Automatic Control, 2004, 49（9）: 1520-1533.

[156] KIM H, SHIM H, BACK J, et al. Consensus of output-coupled linear multi-agent systems under fast switching network: averaging approach [J]. Automatica, 2013, 49（1）: 267-272.

[157] STILWELL DJ, BOLLT E M, ROBERSON DG. Sufficient conditions for fast switching synchronization in time-varying network topologies [J]. SIAM Journal on Applied Dynamical Systems, 2006, 5（1）: 140-156.

[158] OLFATI-SABER R. Flocking for multi-agent dynamic systems: algorithms and theory [J]. IEEE Transactions on Automatic Control, 2006, 51（3）: 401-420.

[159] CHEAH CC, HOU SP, Slotine JJE. Region-based shape control for a swarm of robots [J]. Automatica, 2009, 45（10）: 2406-2411.

[160] DJAIDJA S, WU QH. Consensus seeking in multi-agent systems with noisy and delayed communication in digraphs having spanning tree [J]. International Journal of Systems Science, 2016, 47（9-12）: 2975-2984.

[161] BERNARDO MD, SALVI A, SANTINI S. Distributed consensus strategy for platooning of vehicles in the presence of time-varying heterogeneous communication delays [J]. IEEE Transactions on Intelligent Transportation Systems, 2015, 16（1）: 102-112.

[162] WANG PKC. Navigation strategies for multiple autonomous mobile robots moving in formation [J]. Journal of

Robotic Systems, 1991, 8 (2): 177-195.

[163] WANG PKC. Coordination and control of multiple microspacecraft moving in formation [J]. J of Astronautical Sciences, 1996, 44 (3): 315-355.

[164] VELA P, BETSER A, MALCOLM J, et al. Vision-based range regulation of a leader-follower formation [J]. IEEE Transactions on Control Systems Technology, 2009, 17 (2): 442-448.

[165] XU J. Nonrepetitive Leader-follower formation tracking for multiagent systems with LOS range and angle constraints using iterative learning control [J]. IEEE Transactions on Cybernetics, 2019, 49 (5): 1748-1758.

[166] FRANZE G, CASAVOLA A, FAMULARO D, et al. Distributed receding horizon control of constrained networked leader-follower formations subject to packet dropouts [J]. IEEE Transactions on Control Systems Technology, 2018, 26 (5): 1798-1809.

[167] DIMAROGONASA D, TSIOTRASB P, KYRIAKOPOULOSC K. Leader-follower cooperative attitude control of multiple rigid bodies [J]. Systems & Control Letters, 2009, 58 (6): 429-435.

[168] REYNOLDS C. Flocks, herds, and schools: a distributed behavioral model [J]. Computer Graphics, 1987, 21 (4): 25-34.

[169] BALCH T, ARKIN R. Behavior-based formation control for multirobot teams [J]. IEEE Trans on Robotics and Automation, 1998, 14 (6): 926-939.

[170] DROGE G. Distributed virtual leader moving formation control using behavior-based MPC [C] // American Control Conference. IEEE, 2015.

[171] LEE G, CHWAD. Decentralized behavior-based formation control of multiple robots considering obstacle avoidance [J]. Intelligent Service Robotics, 2018, 11 (1), 127-138.

[172] REN W, BEARD RW. Formation feedback control for multiple spacecraft via virtual structures [J]. IET Control Theory and Applications, 2004, 5 (3): 357-368.

[173] REN W, BEARD R. Decentralized scheme for spacecraft formation flying via the virtual structure approach [J]. Journal of Guidance, Control and Dynamics, 2004, 27 (1): 73-82.

[174] YOSHIOKA C, NAMERIKAWA T. Control of nonholonomic multi-vehicle systems based on virtual structure [C] // Proceeding of the 17th Int Federation of Automatic Control World Congress (IFAC' 08). Seoul, 2008: 5149-5154.

[175] DEN TTBV, DE NNWV, NIJMEIJER HH. Formation control of unicycle mobile robots: a virtual structure approach [J]. International Journal of Control, 2009, 84 (11): 1886-1902.

[176] SADOWSKA AD. Formation control of nonholonomic mobile robots: the virtual structure approach [D]. Queen Mary University of London, 2012.

[177] OLFATI-SABER R, MURRAY RM. Consensus problems in networks of agents with switching topology and time-delays [J]. IEEE Transactions on Automatic Control, 2004, 49 (9): 1520-1533.

[178] REN W, SORENSEN N. Distributed coordination architecture for multi-robot formation control [J]. Robotics and Autonomous Systems, 2008, 56 (4): 324-333.

[179] TUNA SE. LQR-based coupling gain for synchronization of linear systems [J]. Mathematics, 2008, 1-9.

[180] GUZEY HM, XU H, SARANGAPANI J. Neural network-based finite horizon optimal adaptive consensus control of mobile robot formations [J]. Optimal Control Applications and Methods, 2015, 37 (5): 1014-1034.

[181] LEE T, AHN HS. Consensus of nonlinear system using feedback linearization [C] // IEEE/ASME International Conference on Mechatronics & Embedded Systems & Applications. IEEE, 2010.

[182] SEN A, SAHOO SR, KOTHARI M. Nonlinear formation control strategies for agents without relative measurements under heterogeneous networks [J]. International Journal of Robust and Nonlinear Control, 2018, 28 (5), 1653-1671.

[183] KIM Y, MAHMOOD A. Collision-free second-order vehicle formation control under time-varying network topology [J]. Journal of the Franklin Institute, 2015, 352 (10), 4595-4609.

[184] YU C, HENDRICKX J, FIDAN B, et al. Three and higher dimensional autonomous formations: rigidity, persistence and structure persistence [J]. Automatica, 2007, 43 (3): 387-402.

[185] RAMAZANI S, SELMIC RR, QUEIROZ MD. Rigidity-based multiagent layered formation control [J]. IEEE Transactions on Cybernetics, 2017, 48 (8), 1902-1913.

[186] RAMAZANI S, SELMIC RR, QUEIROZ MD. Multiagent layered formation control based on rigid graph theory [J]. Control of Complex Systems, 2016, 1: 397-419.

[187] REN W. Multi-vehicle consensus with a time-varying reference state [J]. Systems & Control Letters, 2007, 56 (7): 474-483.

[188] MAHMOOD A, KIM Y. Leader-following formation control of quadcopters with heading synchronization [J]. Aerospace Science & Technology, 2015, 47: 68-74.

[189] YOO SJ, KIM TH. Distributed formation tracking of networked mobile robots under unknown slippage effects [J]. Automatica, 2015, 54: 100-106.

[190] GE SS, LIU X, GOH CH, et al. Formation tracking control of multiagents in constrained space [J]. IEEE Transactions on Control Systems Technology, 2016, 24 (3): 992-1003.

[191] LEWIS MA, TAN K. High precision formation control of mobile robots using virtual structures [J]. Aotuonomous Robots, 1997, 4 (1): 387-403.

[192] HECTOR GDM, JAYAWARDHANA B, CAO M. Distributed rotational and translational maneuvering of rigid formations and their applications [J]. IEEE Transactions on Robotics, 2016: 32 (3): 684-697.

[193] LOW CB. Adaptable virtual structure formation tracking control design for nonholonomic tracked mobile robots, With Experiments [C] // IEEE International Conference on Intelligent Transportation Systems. IEEE, 2015.

[194] SADOWSKA A, DENBROEK TV, HUIJBERTS H, et al. A virtual structure approach to formation control of unicycle mobile robots using mutual coupling [J]. International Journal of Control, 2011, 84 (11): 1886-1902.

[195] LEONARD NE, FIORELL IE. Virtual leaders, artificial potentials and coordinated control of groups [C] // Proceedings of the 40th IEEE International Conference on Decision and Control, 2001.

[196] CETIN O, ZAGLI I, YILMAZ G. Establishing obstacle and collision free communication relay for UAVs with artificial potential fields [J]. Journal of Intelligent & Robotic Systems, 2013, 69 (1-4): 361-372.

[197] NAIR R R, BEHERA L, KUMAR V, et al. Multisatellite formation control for remote sensing applications using artificial potential field and adaptive fuzzy sliding mode control [J]. IEEE Systems Journal, 2015, 9 (2): 508-518.

[198] DOSHI F, PINEAU J, ROY N. Reinforcement learning with limited reinforcement using Bayes risk for active learning in POMDPs [C] // International Conference on Machine Learning. ACM, 2008: 256-263.

[199] ROSS S, CHAIB-DRAA B, PINEAU J. Bayesian reinforcement learning in continuous in POMDPs with application to robot navigation [C] // International Conference on Robotics and Automation. IEEE, 2008, 2845-2845.

[200] LEWIS FL, VRABIE D. Reinforcement learning and adaptive dynamic programming for feedback control [J]. IEEE Circuits & Systems Magazine, Invited Feature Article, 2009, 9, 32-50.

[201] MODARES H, et al. Integral reinforcement learning and experience replay for adaptive optimal control of partially-unknown constrained-input continuous-time systems [J]. Automatica, 2014, 50 (1): 193-202.

[202] YAGHMAIE FA, BRAUN DJ. Reinforcement learning for a class of continuous-time input constrained optimal control problems [J]. Automatica, 2019, 99: 221-227.

[203] FUKUDA T，NAKAGAWA S，FUKUDA T，et al. A self-reorganized robotic system with cell structure [J] . IEEE Transactions on Electronics Information & Systems，1987，107 (11)：1019–1026.

[204] SHEETAL，VENAYAGAMOORTHY GK. Unmanned vehicle navigation using swarm intelligence [C] // International Conference on Intelligent Sensing & Information Processing，2004.

[205] MORISHITA H，EGUCHI S，KIMURA H，et al. Impact of flight regulations on effective use of unmanned aircraft systems for natural resources applications [J] . Journal of Applied Remote Sensing，2010，4 (1)：101–101.

[206] ROBERT OW，THOMAS PE. The unmanned combat air system carrier demonstration program：a new dawn for aviation [R] . Washington，DC：Center for Strategic and Budgetary Assessments，2007.

[207] GAUDIANO P，BONABEAU E，SHARGEL B. Evolving behaviors for a swarm of unmanned air vehicles [C] // IEEE Swarm Intelligence Symposium，2005.

[208] KEVIM M. Day of the LOCUST：Navy demonstrates swarming UAVs [EB/OL] (2015–04–15) [2019–02–04] . https://defensesystems.com/articles/2015/04–15.

[209] SPARROW R. Building a Better WarBot：ethical issues in the design of unmanned systems for military applications [J] . Science & Engineering Ethics，2009，15 (2)：169–187.

[210] 郑大壮."忠诚僚机"概念将大幅提升有人 / 无人机协同作战能力 [J]. 防务视点，2016 (6)：63.

[211] 李洪兴. DARPA 启动攻击性"蜂群"能力战术计划 [J]. 现代军事，2017 (2)：20–20.

[212] 李磊，王彤，蒋琪. 美国 CODE 项目推进分布式协同作战发展 [J]. 无人系统技术，2018，1 (3)：63–70.

撰稿人：吕金虎　任　章　董希旺　李清东　刘克新

空间安全控制技术

1. 引言

空间安全主要研究与人类航天活动相关的安全问题，既包括航天器系统自身的运行控制、安全管理，也包括与之相关的国家安全、资产安全、环境安全等问题。空间系统所处物理空间环境特殊、应用领域举足轻重、构成体系复杂，对指挥与控制提出了前所未有的极高要求。

航天技术自诞生以来，其最新成果都是应用于军事领域，因此国家安全是空间安全所涉及的首要问题，除了作战飞行器的指挥与控制，还要研究航天器探测、监视与攻防对抗对国家安全造成的影响；空间飞行器是高技术产品，使用价值高，自身价值也很昂贵，在空间环境等因素影响下，一旦损坏将造成不可估量的损失，因此资产安全是空间安全所研究的重要内容，需要对航天器潜在风险进行预测与评估，并研究与之相关的问题，如航天器的空间碎片威胁与规避问题等；空间系统是典型的复杂系统，主要体现在体系构成复杂、系统非线性强、环境与人为影响因素多、系统具有极大的不确定性，尤其在攻防对抗条件下，更难以应用确定性系统管理与控制的方法。空间安全的这些问题，不是单一学科可以解决的，需要综合飞行力学、通信、模式识别与智能控制、人工智能、复杂系统等学科的前沿理论及技术加以研究，并在研究的根本方法上寻求重大突破。以平行系统作为解决空间复杂系统建模的主要理论基础，以理论研究、科学实验和计算技术为研究方法，集中开展空间安全的理论技术研究和应用实践拓展，对空间资源的和平利用及可持续发展具有重要意义，也将成为指挥与控制学科不可或缺的重要组成部分。

人类对太空的探索与开发，使太空的轨道位置、微重力、真空、太阳能逐渐具有了资源属性。太空资源成为继陆地、海洋自然资源之后的新型战略资源，对人类政治、经济生活产生了全面而深刻的影响。由太空开发所催生的技术飞跃和产业革命呼之欲出。太空资源的和平、有序、可持续开发逐渐成为共识。

太空飞行器在轨道的驻留依赖于轨道运动离心力和地心引力的平衡，这一物理属性决定了太空飞行器的运动空间无法限定在任何国家的国土范围内；由于历史原因，太空飞行器的运行控制也没有形成有效统一的管理机制。随着太空资源越来越紧张，在太空中飞行的各类航天器也如同在城市中穿梭的车辆，面临着日趋拥挤的交通和潜在的碰撞威胁。除了正常运行、受人类控制的航天器外，航天发射中的废弃物、被地球引力俘获的流星体、碰撞或解体事件产生的空间碎片、寿命终结的航天器等也充斥在太空交通环境中。

太空资源是人类的共同财富，维护太空资源的可持续发展是人类的共同责任。实现太空交通的安全管理和有序控制需要多个层面的努力，如政府间的协调、机构间的数据共享、相关基础设施的建设等，但对太空安全问题的研究是必不可少的基础。太空安全问题涉及空间物理学、航天学、管理学、控制论以及法律、经济等领域的基础理论和前沿技术，是一个崭新的研究领域，需要学术界付出坚持不懈的努力。

以美国为首的航天大国，历来重视空间安全问题，甚至将航天器称之为“基础设施的基础设施”，将其作为电视广播、互联网、通信、能源、贸易和金融网络等的必要基础。尽管美国一直重视空间资源，并且声称其不是反卫星技术研究的倡导者，但是其行为确暴露其称霸的野心。一方面，不断占据宝贵的空间资源，特别是重要轨道资源，以 SpaceX 和 Blue Origin 为代表的商业公司，还在不断建造价格便宜、可重复使用的运载器，每次发射增加 100 多颗航天器入轨。另一方面，逐渐加大对反卫星武器和卫星防御武器的技术研发和战略实施[1-2]。美国国防部在《2018 国防战略》中提出[3]：“针对空间在商业和军事方面应用的新威胁正不断出现，同时对于日常生活、商务、政府和军队不断增长的连通性正在产生大量的脆弱点。在战争过程中，对我们关键的国防、政府和经济相关的基础设施必须提前防御。”2019 年被美国人称之为“决策之年”，美国参众两院在建立航天部队的方面已经达成共识，国防部方面也对总统提议作出响应。关系到空间安全的一个非常重要的历史事件是：2019 年 2 月 19 日，美国总统特朗普以备忘录形式签发 4 号太空政策令《建立美国天军》，明确近期将在空军内部建立天军，作为美国第六大军种，未来时机成熟后根据需要在国防部成立独立的天军部，并要求国防部为此制定法案[4]。

2. 我国发展现状

随着我国载人航天工程战略的逐步实现，大型航天设施逐步投入使用，以及军事航天领域的蓬勃发展，对空间安全的角度逐渐由科普转化为学术和工程应用，空间安全问题越来越受到重视。特别是国际空间安全索引计划历年来公布的《空间安全索引》，从空间环境、进入和利用空间的能力、空间系统的安全性、外层空间的政策和法规四大方面介绍了影响空间安全性和空间承受能力的因素[5-6]。报告公布后，国内相关领域学者迅速响应，并提出应用平行控制理论与方法学来研究空间安全的策略和思想：清华大学进行了空间系统复杂性及其平行管理方法的相关研究，建立了空间环境的人工系统模型，提出了解决空间资源优化、安全保障、应急事件处理等问题的平行管理方法；装备学院提出了飞行在回路的空天体系控制与验证方法，开展了空地集群智能探测技术研究等。

2015年初，鉴于空间安全在指挥与控制及相关领域的重大意义和重要作用，由清华大学联合中科院、国内高校和科研院所共同发起，组建成立中国指挥与控制学会空天安全平行系统专业委员会。该专委会是国内首个也是目前唯一一个专门以空间安全为研究背景，集中开展空天安全与平行系统的理论技术研究和应用实践拓展、积极开展国际交流与合作的学术组织，基本覆盖了国内与航天航空相关的科研机构、高校、军工企业和民营公司。同年，专委会创办了中国空天安全会议。

第一届中国空天安全会议于2015年8月19—21日在山东烟台举行，130余名代表参加会议。共完成10个专题共50个报告的交流，评选出12篇优秀论文。论文集共收录文章103篇，由科学出版社出版，CNKI收录。第二届中国空天安全会议于2017年8月9—11日在辽宁大连举行，得到大连理工大学等高等院校、《中国空间科学技术》等期刊编辑部以及中科院复杂航天系统电子信息技术实验室等单位的支持。会议共设置7个研讨专题，收录113篇论文，基本涵盖了与空间安全相关的领域，由CNKI收录。

依托中国指挥与控制学会空天安全平行系统专业委员会和中国空天安全会议，国内空间安全研究已形成较为完备的学科发展体系，涵盖了空间目标跟踪与监视、临近空间飞行器、空间碎片与小行星、空间智能集群、航天器健康管理与卫星集群控制、航天器在轨操控与机动控制、空间系统测控等多个领域，集中体现了我国学者在这些问题上的学术见解和研究成果。空间安全与平行控制学科发展的专题研究，是对空间安全研究及其成果的进一步梳理和全面分析，必将对指挥与控制学科建设起到重要的支撑和推动作用。

本报告梳理了我国在空间安全控制方面的最新研究进展，是在两届中国空天安全会议交流的学术论文和学术报告基础上，参考中国指挥与控制学会空天安全平行系统专业委员会成立以来所开展的学术交流，征询专委会和有关学者专家意见的基础上编写的，基本涵盖了我国近几年来在空间安全领域的发展情况。

下面分别介绍空间安全控制七个领域的关键技术，并以国内研究现状为主。

2.1 空间目标监视与识别

随着全球太空资源开发的热潮，人类对深空探测的逐步深入，空间目标的识别与监视技术以其关键的特性，正日趋成为研究热点[7-8]。空间目标主要指卫星，其中包括在轨工作状态和非工作状态的卫星，还有空间碎片及其他自然物体，典型的有在空间轨道运行的助推火箭、保护罩、经过近地空间的小行星和彗星等。空间目标监视系统包括地基与天基两类。其主要任务是对感兴趣的目标进行识别、跟踪与监视，从而获取目标基本特性，如几何尺寸、形状结构和轨道参数等。由于从天基角度在轨进行目标识别具有耗能少、视场广、隐蔽性强、实时性能好、易于小型化实现、战时生存能力强及不受地理位置和气象条件限制等特点，因此可以有效弥补地基系统的局限。对空间目标的快速捕获识别与高精度跟踪监视是利用并控制空间资源的前提和基础。美国、俄罗斯、加拿大、英国、德国、日本等国家都先后展开了天基空间目标识别与监视系统的研究工作，并在军事和民用领域取得了较为广泛的应用。在天基空间目标监视领域，典型的系统有美国中段空间试验卫星搭载的可见光遥感器和天基监视系统的第一颗卫星 SBSS Block10、加拿大军事卫星 Sapphire 以及近地目标监视威胁卫星 NEOSSat 等。其中，SBSS 可对地球同步轨道以下的所有太空目标进行监测和跟踪，可对直径大于 0.1m 的 1.7 万个太空目标编目，监视 30 万个直径在 0.01m 以上的太空物体，跟踪 800 多颗在轨卫星。空间目标的识别与监视在空间探测活动中具有重要的价值，因其精准识别物体和预测运行轨道的能力，可以在可见光和红外波段识别碎片和卫星及其种类，进一步建立目标编目数据库，及时发现潜在威胁并对航天器进行预警，从而及时规避碰撞等风险。

空间目标的特征由其几何、光谱、辐射、姿态、轨道等特性综合体现，天基空间目标监视系统所观测的空间目标以在轨卫星为主，因其在上述方面的特殊性质，可基于上述特性开展方法研究。

从空间目标几何形状的角度看，空间站、通信卫星、电子侦察卫星及光学成像观测卫星的外形特征区别较大，因此基于几何特性开展空间目标识别是行之有效的方式。根据待判别目标的几何特征，以专家库为依据，可将已聚类的目标识别出来。例如识别卫星，可先收集常见的卫星本体外形和外伸部件布局的几何特征参数，再依此判断聚类后的各类别，进一步综合形状因子和相关系数，便可将卫星识别出来。此法能够有目的性地自动提取图像信息，具有识别速度快、抗噪性强的特点。但由于空间中目标成像往往受距离、分辨率、清晰度等因素的限制，仅用此法仍会造成一定的虚警率及漏警率。

利用光谱特性能够有效区分目标的这一特点，可以开展相应的识别方法研究。一般卫星的外伸太阳翼贴片有半导体硅或砷化镓的成分，能够将太阳能转化成电能；卫星本体表面又包含聚合物、环氧碳纤维、温控涂层。不同的部分采用不同的材料，导致观测到的光谱曲线存在一定的差异。此法速度较快，能同时提取目标的材料、结构及尺寸等信息，有效降低了差错概率。相比于以往研究工作中基于亮度特性与仿真结果匹配的目标识别方法，采用光谱特性识别的反演计算方法，不需建立相当规模的目标亮度特性数据库，从而能够有效减少仿真数据量，同时获取目标的材料特性。但识别时应综合考虑目标的材料特性、几何特性、背景特性、轨道特性等因素，且需有一套标准特征作为基准，同时对已有数学模型仍需进一步优化以增强其适应性。对不同种类的目标，温度不同时光谱辐射会有不同。目前对于目标红外辐射特性的研究主要有两种方法：①实验测量法：通过实验的方法对温度、辐射通量等红外特性进行测量，获得相关的实验数据，加以整理并得到一定规律；②理论分析法：通过理论分析和数值模拟相结合，对目标的辐射特性的影响因素等进行分析，并建立一定的理论模型，然后进行适当的仿真计算。

对卫星的瞬态温度场及红外辐射特性进行计算分析，能用于提高红外预警卫星识别和跟踪的性能，设计或改进卫星的热控制系统。因目标的辐射特性目标表面温度、尺寸、材料等密切相关，此法综合了多种特性，能较为全面地反映目标信息，但因没有精确考虑星内仪器、设备对卫星整体温度场的影响，仍会有一定的误差。空间目标的光散射、光辐射特性除了与其几何结构、表面材料、本体温度等密切相关，也受到姿态变化对其光学特性的影响，而且这种影响在天基观测中尤为明显。

基于姿态特征的空间目标可见光特性分析方法可对卫星和碎片进行分类识别。此法的建模结果可为空间目标的探测、识别提供理论依据，在低信噪比下取得较高的识别率，但运算量大，对噪声较为敏感。

空间目标运动的轨道参数是表征其运动规律的主要数据，因此结合轨道特性，可对目标进行分类识别。通过测定空间目标运行轨道得到轨道特性，进一步实现空间目标识别的方法一般考虑卫星运行轨道的运行规律、分布特点及是否可控，通过关联和积累观测数据，进行初轨计算和轨道匹配，就能利用轨道根数等信息对目标进行识别。此法实时性较好，还可观测出卫星是否因摄动影响而有偏离轨道的情况。但卫星在一个轨道周期内可见的时间最多持续 2/3 个周期，而目标清晰可探测的时间则更短。因此若要实现对空间目标的有效探测，应在低可见光和无可见光情况下加入非可见光的观测能力。

空间目标探测实现的基本途径主要有地基探测与天基探测。天基空间目标探测是利用位于天基平台的监测设备进行探测的方法。由于探测位置与空间目标的距离更近，并且没有大气对信号的干扰（例如消光和吸收），天基探测方法的分辨率更高。空间目标的天基测量从测量形式上可以分为天基遥感监测、天基直接监测、航天器表面采样分析等三种主要手段，其中天基遥感监测属于主动式监测方式，而后两种则为被动式的空间目标监测。

天基遥感监测设备包括光学望远镜、微波雷达、激光雷达、太赫兹雷达等，其监测平台包括卫星、飞船和空间站。

天基直接监测是利用在空间航天器上搭载由一定材料构成的监测仪器，通过这些仪器记录空间目标及星际尘埃的撞击效果，从而收集空间目标信息的监测方法。天基空间目标监测仪器的总体趋势是功能越来越强、结构越来越复杂、监测范围从近地空间逐渐延伸至外太空。仪器有很强的综合化趋势，国际合作也逐渐增多。通过天基直接监测，能准确记录空间目标的碰撞事件，计算出空间目标的质量、速度、通量和运行轨迹等信息，是了解小尺度空间目标的重要方法，对航天器的防护和航天材料的研究也有参考价值。

航天器表面采样分析通过对已返回的长期暴露于空间环境中的航天器表面材料的分析来获取空间目标信息。暴露在空间环境中的航天器表面布满了微流星体和微小空间目标的撞击坑，撞击坑的尺寸从微米级到毫米级不等。通过对这些撞击坑的发生时间和尺寸的分析，能够有效获得亚毫米尺寸空间目标的信息，统计出航天器运行轨道层面上空间目标的流量，并能直接分析得出小空间目标对航天飞行任务的影响。

2.2 临近空间飞行器的安全

临近空间飞行器的飞行高度与卫星相比较低，主要在大气层边缘飞行，临近空间飞行器包括导弹、高超声速飞行器等。这些飞行器自身的安全是其主要研究领域，为了保障这些飞行器的安全，可以利用卫星星座进行目标监视。

HTV-2 作为 FALCON 项目中的第二代高超声速飞行器，由美国国防高级研究计划局和美国空军合作研制，主要用于验证无动力高超声速滑翔技术和快速全球打击武器的气动构型与热防护、制导、导航与控制等关键技术。为了满足快速全球打击任务的需求，HTV-2 有别于传统弹道导弹，作为可在临近空间作长时间高速滑翔的新型乘波体武器装备具备实施快速全球打击的能力。该类飞行器因机动性能高和雷达散射面积小而具有优越的突防能力，因此依据红外辐射特征对其跟踪、探测和识别势必成为高效的技术手段之一。通过数值方法对地基和天基观测平台下目标的辐射特征和探测距离进行分析研究，分析了类 HTV-2 高超声速飞行器在临近空间滑翔段的红外可探测性[9]。

高超声速飞行器是近年来科学研究的热门领域之一，由于其飞行的快速性、特殊的气动布局、独特的点火方式与发动机结构、气动舵与燃气舵的组合使用、飞行中的高温高热带来的机体弹性变形等为控制系统的设计带来了新问题。针对高超声速空间飞行器的不确定非仿射型块控模型，综合动态面反演设计方法、神经网络理论及反馈线性化设计思想，提出了一种新颖的鲁棒自适应控制方法，用反演设计控制律[10]。

临近空间飞行器高度上的特点，使其具有承上（卫星）启下（航空器）的作用。卫星通信在通信距离、覆盖范围以及组网方式等方面虽然具有不可比拟的突出优势，但近年来，随着我国民航运输事业的迅猛发展，提高飞机飞行过程中的安全性、可靠性和经济性将是今后航空器飞行安全面临的主要问题。地空数据网受限于地缘政治以及地理条件的限制对越洋飞行的民航飞机安全监控存在薄弱环节。传统星座设计采用区域覆盖方法，仅从地表考虑经纬度两维因素，无法适用民航飞机飞行时空变化的特点。通过分析总结民航航路运行规律，从民航飞机飞行的四维时空特征出发，提出适用于我国民航越洋飞行监测的卫星星座构建策略[11]。

2.3 空间碎片清理与小行星探测

空间碎片以每秒 10km 左右的速度围绕着地球飞行。即便是一次不经意的碰撞，足以彻底毁掉与之相遇的飞船和卫星。空间碎片的每一次碰撞会产生更多碎片，进而产生新的碰撞危险源，它们就如同悬在地球上空的“达摩克利斯之剑”，直接危害到了各国的空间资产安全。目前空间碎片及其所引起的空间碰撞威胁已经成为国际社会的关注焦点。美国全国研究委员会报告称，太空中轨道碎片的数量已多到足以持续碰撞并产生更多太空碎片，威胁航天器的安全，如果长期得不到处理，必将对人类社会产生巨大影响。截至2017年3月，直径10 cm以上的在轨空间碎片数量达到15934个，占在轨可编目物体的95%。小于10 cm的空间碎片数量增加更快，空间环境的日益严峻使得航天器在轨运行遭受空间碰撞的风险正在大幅增加。

利用天基平台进行空间碎片清理由于技术成熟度高，且可以从根本上改善空间环境而受到各国重视。由于清理空间碎片的天基平台涉及多次轨道机动，燃料消耗代价较大，所以在清除策略制定上，限定清除目标范围、筛选合适目标并确定天基平台与目标的交会顺序最为关键。通过对当前尺寸大于10 cm的所有空间碎片（截至2017年3月3日）进行了分布统计，明确了重点清理区域，考虑到多目标交会机动的燃料消耗问题，制定了节省燃料的清除策略[12]。

近地小行星是指轨道与地球轨道相交的小行星。太阳系中存在着的小行星还包括主带小行星、特洛伊小行星、海王星外天体等。近地小行星由于靠近地球轨道，具有潜在的撞击地球的危险，近年来各航天国家对小行星的探测极为重视，都在其未来空间探索计划中涵盖了小行星探测计划。近地小行星探测手段主要有地基望远镜探测、空间望远镜探测及近距离空间探测器探测。地面上实现近地小行星监测的基本手段包括两类：主动手段也即雷达手段，被动手段也即光学手段。相比之下，地基光学手段探测距离长，探测信息为二维信息，包括方位角、高低角，系统无源功耗较小；而雷达手段能够探测四维信息（方位角、高低角、距离、距离变化率），但功耗较大。地基光学望远镜虽然技术成熟，但不能工作在白天或晨昏段，而且易受到天气、大气干扰、月光散射和大气衰减的影响，需要有天基观测手段作补充。针对直径在30 m左右的小行星的探测情况，对物体的辐射能量采用灰体模型进行计算，其中可见采用窄谱段进行探测，红外采用热红外宽谱段进行探测。传感器的可探测距离与装置的灵敏度有关，因此利用可见及红外传感器的光学探测模型，其中可见、红外探测器采用目前世界上已有的性能最高探测器的参数，估算可见及红外传感器的信噪比以及最远可探测距离。通过比较在已有的可见与红外探测器能力下，红外的可探测距离约为可见探测的45倍[13]。

2.4 空间智能集群

随着科学技术的不断发展，现代战争向着“海、地、空、天、电”一体化方向发展，新的军事理论、军事技术与武器平台不断出现。智能无人系统具有隐身性好、自主能力强、可重回收利用等特点，在近来发生的几场世界局部战争中展现了自身优势，军事地位不断提高，逐渐由执行辅助任务转而成为主要作战力量。可以预见在未来立体化、信息化、电子化的战场上，智能无人作战将成为军事强国作战的主要方式之一。现代战争中，雷达等探测系统搜索能力和防御火力逐渐增强，日益复杂的作战环境、日益多样的作战样式和日益扩大的作战范围使智能无人作战面临严峻的挑战。因此功能多样、能力简单的小型智能机器人集群和大型无人智能平台集群化将是未来无人智能系统发展的趋势。军事上无人智能系统的应用趋势也将是智能集群代替传统系统执行任务。智能集群协同作战更能发挥无人智能系统的优势，提高任务成功率，完成无人智能个体难以完成的任务。智能集群（Intelligent Swarm）是指由实体通过自组织（Self-Organizing）合作机制组成的拥有共同目标的群组，自组织是集群在获取或者尝试获取该目标时产生的协调行为，这些行为不需要或者很少需要控制中心授权，而是基于每个个体特定的任务，随环境变化而动态调整。

借鉴自然界的自组织机制，智能集群技术在没有集中指挥控制的情况下，通过多个智能节点的信息交互产生整体效应，使有限自主能力的节点能实现较高程度的自主协作，从而能在尽量少的人员干预下完成预期的任务目标。集群技术能使集群内的无人智能个体避免相互冲突，确保智能集群的行为安全，并针对不同任务或请求，选派最佳无人智能个体完成指定任务。因此，发展智能集群需要重点解决的关键问题包括典型作战任务个体行为规划、个体自主与协同控制、群体感知与态势共享和智能集群的自组网通信等[14]。

从复杂网络理论的基本原理出发，对空间信息服务体系结构进行研究，构建了空间信息服务体系结构的网络拓扑模型及特征参数，分析初始连接机制、通信节点数以及总节点数的变化对空间信息服务体系结构整体特征的影响规律，验证了模型的科学性和有效性[15]。

2.5　航天器健康管理与卫星集群控制

现代航天器的任务系统越来越复杂，组成设备越来越多，寿命要求也越来越长。航天器长期工作在真空、失重、高低温和强辐射的恶劣环境下，可能出现多种故障。据统计，在过去的四十多年里，世界各个国家进行航天试验过程中发生了数以万计的故障，其中危害性和代表性的故障达 1700 多次。面对如此繁多故障类型，为了保障长期运营期间的安全，航天器特别是载人航天器必须满足安全性技术指标要求，具有健康管理的功能，具备快速故障检测、故障定位、故障诊断、故障预测和故障管理的能力，能够做到“一次故障工作，两次故障安全”。提高航天工程的可靠性和降低航天风险，是航天技术发展的一个永恒话题。航天器健康管理技术是在故障诊断技术基础上发展起来的，是对航天器进行故障预测、故障诊断、故障隔离、故障处理决策、趋势预测等方面的一门技术，对于控制航天器的风险、降低保障成本、缩减维护规模具有现实意义。飞行器健康管理是航天器长期自主运行的关键支撑技术之一，开发具有自主健康管理能力的航天器是未来航天器的发展方向。

随着微小卫星和皮纳卫星技术的不断成熟，卫星集群化部署和协同完成空间信息获取、空间控制和空间打击等空间作战任务，已经成为降低空间力量成本、增强空间力量生存能力和快速反应能力、提高力量效能的重要方向。卫星集群系统实质上是将以往单个复杂卫星转化为相互协同的多个较为简单的小卫星，将结构性的“硬”联系转化为信息和控制的“软”联系，虽然避免了大型主体结构的复杂性，却带来了群体管理和协调控制的复杂性。部分集群任务仅需要松散地维持各航天器近距离相伴飞行，而不要求严格的几何构形和精确的相对位置保持。即使对于精确编队，长期保持严格构形的巨大燃料消耗也必然要求非工作期间内解除构形约束，仅维持松散伴飞状态。但在多种摄动因素作用的复杂航天动力学环境下，由于编队卫星的轨道参数、面质比等方面的差异，将导致编队卫星受到的摄动力互不相同，从而使编队产生漂移，卫星集群无法自然稳定在长期伴随飞行的状态，因此需要进行集群飞行的维持控制，使卫星间的相对距离保持在一定范围内[16]。

2.6 航天器在轨操控与机动控制

在轨服务既可以大幅提升在轨空间系统的寿命，维护在轨系统的健康工作状态，还可以显著提升在轨系统的空间活动能力，大幅降低系统研发和运行成本，提高现有空间系统的价值与弹性，降低成本并实现空间系统的可持续发展。此外，在轨服务具有很强的军事背景，能为未来的空间军事化提供快速、高效的后勤保障，可直接对目标（特别是非合作目标）实施抵近、捕获、破坏、攻击等在轨操作，具有很强的空间对抗性，能大幅度提高空间作战能力。特别是在2010年后，许多航天国家根据本国的发展需求，依托自身的技术优势，相继启动多项在轨服务项目计划，开展自主在轨服务系统的研发。以北斗卫星导航系统为例，它是我国独立建设、自主运行的地球同步轨道卫星系统，由于地球静止轨位在轨卫星数量非常多，轨道和频率资源非常拥挤，其中东经80°、110.5°、140°和160° 4个轨位均存在与其他卫星同轨共位的现实情况，特别是北斗系统东经140°，北斗系统G1卫星与俄罗斯EXPRESS-AM5、日本MASAT-1R三颗卫星同轨同位运行。北斗系统作为一个在轨运行十几年的复杂卫星系统，其GSO、IGSO卫星在轨安全的协调保障方案，对其他卫星系统也具有一定的借鉴意义[17]。

2.7 空间系统测控

作为空间系统的重要组成部分，卫星测控与数据传输系统可辅助用户卫星之间建立高速数据传输链路，是空间系统网络化发展的主要途径。随着我国综合国力的提高，以及与世界各国交往的日益频繁，我军可能需要部署到更远的地区执行维和任务，我国的远洋商船、科学考察船队也可能需要专用的通信通道。国土之外的测控、数传和通信需求大增，急需建立全球覆盖的卫星测控与数据传输网络[18]。实现对低轨通信星座卫星的有效测控，是保障系统长期稳定健康运行的基本要求。而受到测控频率资源、测控成本、地面站分布范围等方面的限制，传统的地面测控系统难以满足星座中同时多星测控需求。借助地球同步轨道卫星作为数据中继构成天基测控网，则面临传输时延长和空间传输损耗大的困难。提出基于通信星座固有的星间链路的网络测控方案，以卫星自身为测控信息传输节点，以通信链路充当测控链路来传输测控信息，利用几个地面站和几颗可见卫星就可以实现对星座的整体测控。天基快速响应体系虚拟演示系统是其重要组成部分之一，有助于设计人员或管理人员简捷、直观地验证天基快速响应体系的各项关键技术并实时监测其运行状态，同时为地面指挥控制系统提供友好的操作界面。文献［19］通过以指定的在轨服务任务为牵引，研究了基于（Open Scene Graph，OSG）平台的天基快速响应体系虚拟演示系统。

3. 国内外研究进展比较

空间安全对世界各国都是一个重要议题，以美、俄、欧为代表的航天大国和政治团体对空间安全的重视程度日益提升，世界各国在空间安全相关问题上既存在合作又存在竞争，如何在维护世界航天发展相对安全稳定的基础上体现本国的利益，是每个国家都要时刻应对的难题[20-21]。与冷战时期不同，当前的航天环境包含了60多个国家和地区，各国具有不同的战略目标和经济与技术发展水平；同时还有很多商业卫星运营商。地球观测、通讯和卫星导航，最初主要用于支持军事活动，现在已成为日常生活中民用和商用的组成部分。这一趋势的结果是，如何长期提供最佳的安全、稳定、可持续的空间运营服务，成为日益受到关注的重要问题[22-23]。

航天事业高度发达的国家，如美、俄、欧、中，已经针对空间安全问题建立了国家政策和战略[24]。其他国家，包括日本，正逐步将空间安全集成到它们广义的国家安全和外交政策之中。在多边的层次上，一个专门用于规范空间活动的规范和规则所构成的共同体，包含外层空间和太空物体的特殊国际状态，于20世纪后半期逐渐形成[25-26]。但是，这些规范和规则的实现相对滞后，其原因在于：不同国家在太空中利益的“非对称性”，地球上国际冲突与空间安全日益紧密的关联性，缺少对空间发生事件的跟踪记录等[27-28]。幸运的是，在认识到空间安全重要性的前提下，世界各国已经开始着手开展提升空间响应和预测空间变化的研究，以改善空间安全状况。这些工作的主要目标是保护空间环境，并使得空间资产免受来自自然和人为的风险和威胁。其中，来自自然的威胁包含：空间碎片、空间气象和近地小行星等；来自人为的威胁包含：蓄意的卫星干扰，反卫星攻击，赛博战等[29]。

美国作为航天大国和军事大国，其空间力量服从和服务于军事力量的发展，国家安全政策始终向空间发展和采购方面倾斜[30-31]。美国的军事和国家安全能力越来越多依赖其空间设施，因此其空间安全战略一直处于国家战略层面。由国防部制定颁布的《国家安全空间战略》（National Security Space Strategy，NSSS）是《国家空间政策》（National Space Policy，NSP）的重要组成部分，列举并定义了美国空间计划所有方面和关键部分。美国将空间安全问题分解为三个方面：拥塞、争议、竞争，其空间安全战略和相关研究均围绕这三个方面展开。

俄罗斯的航天能力继承自苏联，尽管由于经济等原因有较大幅度削弱，但在很多方面仍居于国际领先地位。特别是普京总统执政以来，俄罗斯努力恢复其航天和军事方面的国际地位，对航天工业体系、航天领域的军事科研体系以及地面支持系统进行了重组。但在空间安全领域，仍然存在较大问题。首先，俄罗斯的空间航天能力仍然依赖苏联时期所建立的空间资源，并且在航天运营能力方面存在短板。其次，冷战思维依然在战略和决策中占据主导地位，与当前合作与竞争的总体发展趋势相悖[32]。

长期以来，欧洲各国对空间安全的开发总是有别于其他航天大国[33]，其根源在于欧洲的空间活动绝大多数集中在民用领域，即发射入轨的空间设施主要用于民用目的，很少涉及国家安全和国防目的，尽管空间设施的基础能力都是相同的[34-35]。近年来，由于空间应用已完全集成到经济体系中，并且全社会对空间所能提供的关键服务功能的依赖性越来越强[36]，因此欧洲各国迫切希望保护空间资产，并确保其在空间环境中的可维持能力，保持并进一步开发它们从太空中获得的收益。实际上，欧洲在空间安全相关的政策和规则制定、科学研究方面一直处于主导地位。

总体来看，空间安全的研究与实践处于从起步到快速发展阶段，全世界对空间安全的重视程度日益提升，各国在空间安全相关问题上既存在合作又存在竞争，如何在维护世界航天发展相对安全稳定的基础上体现本国的利益，是每个国家都要时刻应对的难题。

3.1 国际空间安全及其管理与合作

到目前为止，全世界已有超过 5000 颗航天器被送入了地球轨道，当前依然运行的航天器则超过了 950 颗。由于这些航天器提供的信息和其他服务对于国家安全、经济活力、人类福利来说越来越重要，所以航天器拥有者越来越想保证它们的安全，其原因就在于：只要有航天器，就会有人想干扰它们。

摧毁一颗航天器就会产生大量危害性空间碎片，从而破坏空间环境。而且，对于侦察等重要航天器，一旦发生损害或损失，可能使冲突快速升级，或者产生其他不可预测与危险的后果。即使不对航天器实施真正的打击，哪怕是瞄准航天器或者制造天基武器，都可能导致军备竞赛，造成长远而有害的后果。

防止外层空间军备竞赛（Prevention of an Arms Race in Outer Space，PARO）历来都是裁军会议（Conference on Disarmament，CD）的议程。裁军会议是主要的军备控制条约谈判国际机构。1985 年组建了 PAROS 临时工作小组，小组陆续开会到 1994 年，但进展甚微。PAROS 也是联合国大会的目标。2006 年，美国在《国家空间政策》中增加了一条规定，反对提出任何会限制美国进入或使用太空的新法律体系或其他机制。2008 年，俄罗斯和中国根据 2002 年最初提交的一份工作文件内容向 CD 提出了《关于防止外层太空部署武器条约》的草案。该条约对反卫星武器的使用提出了重要的限制，但是并未提及减缓其研制或部署。2010 年，欧盟编制了《外层空间活动行为准则》草案，要求具有进入和应用空间的国家要负责防止与太空物体产生有害干扰，克制故意破坏航天器。2012 年 1 月，美国宣布不签署欧盟准则，但愿与欧盟和其他国家共同努力，就《外层太空活动国际行为准则》达成共识。

3.2 国际空间力量

在太空时代的早期，军事航天器主要用于通信、侦察、弹道导弹发射预警、气象数据收集、军备控制核查等。虽然到目前为止，航天器的主要功能仍然是被动支援，但在战争期间它们可以起到“力量倍增器”的作用，执行诸如大量保密或非保密的通信、目标指示与导航服务、天气预报、战斗评估等任务。这些应用大部分是美国开发的，但其他国家也逐渐将航天器用于这些主动军事支援。商业航天器的技术能力也逐渐扩展，目前可以提供以前只是政府职能范围的能力，如高分辨率图像和保密通信。

当前，这一系列的服务对于民用、科研、经济生活与军事作战都至关重要。例如，虽然 NAVSTAR/GPS 卫星导航系统是由美国军方建设用于军事目的的，但美国政府很快意识到这是一种“全球设施”，可以造福全球用户。于是，美国政府在 2000 年宣布，不再保留“选择性提供”的选择权，也就是美国可以故意降低 GPS 信号精度的特权，从而使得使用服务的平民和商业用户可以依赖 GPS。

当前，许多国家都具备了太空发射能力，其中有 50 多个国家拥有或部分拥有航天器。因此，美国愈发对反卫星武器感兴趣。俄罗斯和中国作为航天大国也在积极跟进。而其他国家，特别是印度，对反卫星武器的研发也表示出浓厚兴趣。

3.3 空间响应

空间响应既不是一个简单的武器装备发展问题，也不是一个非传统技术支撑的模型。空间响应更强调研究中的时间效应，以及在此基础上所制定的适当策略。由于当前技术所限，航天器应用系统的部署仍然依赖大型昂贵的在轨设施，因此空间响应涉及的主要是时间和成本相关的问题。

与时间相关的问题包括：①与空间部署相关的所有活动，即为了实现新的或改良的航天能力，在投标申请中航天工业部门所应遵循的问题，包括技术问题、法律问题、组织问题和管理问题；②每一类活动在整个任务周期中所占据的时间比例；③每一类活动对整个任务的整体进展和完成程度的比例；④决定每一类活动所消耗时间的关键内容；⑤这些活动之间的重叠程度；⑥瓶颈问题；⑦瓶颈问题的产生原因及解决途径；⑧这些日程结构的主要资助者是谁；⑨这些主要资助者对空间项目和响应能力的影响程度有多大多广；⑩如何解决与特定部门或机构相关的瓶颈问题。

与成本相关的问题包括：①航天任务全寿命周期成本的基本组成有哪些；②每项基本

组成对整个任务的贡献程度有多大；③哪些因素决定了每项基本组成的成本；④哪些问题提高了任务成本，如何解决这些问题；⑤任务的主要资助者有哪些。

3.4 空间安全问题

作为一类全球公地（Global Commons），太空出现了“公地悲剧”的现象。每个“牧羊人”（国家和非国家行为体）都想增加更多的“羊群”（卫星），太空公地上的“草原”出现“沙化”。具体表现为：空间碎片增多，空间环境恶化；在轨卫星增多，频率、轨道资源紧张；空间武器化趋势严重。

空间安全问题主要来自两个方面：空间自然环境威胁和空间人为安全威胁。其中，空间自然环境威胁主要来自空间碎片。空间碎片是指人类在空间活动过程中遗留在空间的废弃物，是位于地球轨道上或者再入大气层的非功能性的人造物体，包括其碎片和部件。空间人为安全威胁主要是一些反卫星的技术，具体包括：卫星干扰，机动卫星，陆基激光等[37]。

空间作战是空间安全问题中不可回避的一个重要方面。“谁占领了太空，谁就占领了未来战争的制高点”。随着太空技术的发展和太空武器的出现，传统的进入太空和利用太空逐渐向控制太空发展，制天权应运而生，空间作战是保证我航天器入轨、在轨运行等安全的关键。太空作战指挥具有鲜明的特征：体制高度集中；信息高度依赖；指挥程式严格；协同性要求高。这些特征决定了太空作战能力与其指挥水平密切相关[38]。21 世纪以来的几场局部战争表明，空间资源有效提高了美军的作战能力和效率，已成为美国赢得战争的关键。为谋求空间霸权，确保美国在空间的绝对优势，防止战略对手的挑战，近年来，美国不断调整其空间安全战略，研发新型空间装备，布局先进空间系统项目，并通过一系列空间对抗演习检验其空间作战能力。美国空间系统与能力的提升，使我国面临日趋严峻的空间战略环境，已对我国空间利益拓展与和平利用空间提出严峻挑战[39-40]。

3.5 空间交通管理

随着空间技术的不断发展和人类航天活动的不断增加，外层空间飞行器的种类、数目快速增长，使得航天器轨道环境状况日趋呈现出“公地悲剧”的特征，表现在航天器数量日益增多、空间碎片数量急剧增加、空间竞争日益紧张[41]。

在轨航天器数量的不断增多，使得空间资源日益紧张。2014 年，全球发射入轨的航天器达到了 285 个。静止轨道航天器的“定点”已成为稀缺资源，航天器通信的无线频谱逐渐耗尽，无线电频率干扰无法忽略。

空间碎片数量急剧增加，使得“空间交通事故”出现的概率大大增大，航天器受到的空间碎片碰撞威胁日益严重。截至 2015 年 1 月，尺寸大于 10cm 的在轨空间物体数量为 17112 个，其中 90% 以上为空间碎片，尚未编目的空间目标数目更是大得惊人。

空间竞争日益紧张。太空军事化、武器化给航天器正常运行带来严重威胁，是太空安全的巨大不确定因素。冷战期间，美苏两国先后进行了 9 次太空核武器反卫星试验；此外新型反卫武器不断出现，例如，2008 年 2 月 20 日，美军用 SM-3 导弹击毁一颗失控卫星，展示了其反卫能力。

太空交通是太空中可机动航天器和不可机动空间目标运行状态的统称，太空交通管理与控制的目的是通过对太空交通系统整体进化机理的研究，提出规范航天活动的规则与策略，保障空间资源利用的可续性。

美俄卫星的相撞，是太空中首次发生完整的卫星相撞事件。由于相撞地点位于航天器最为稠密的太阳同步轨道区域，碰撞解体碎片将会对很大一部分在轨航天器造成碰撞威胁，对太空交通安全产生了严重影响，引起了国际宇航界和国际社会的高度关注和普遍担忧。研究空间目标分布和不断演化的规律，是避免航天器受到空间碎片的碰撞威胁，阻止雪崩效应出现，实现空间系统安全管理的前提条件和必要基础。

考虑到人类太空活动的可持续发展，在确保所有国家平等利用太空资源权利的条件下，可以按照协商一致的原则制定全球统一的太空活动规范，出台有利于太空交通安全的航天发射、运行与管理的行为规范，从而有效控制空间碎片、提升轨道飞行器的运行安全，并最终实现文明有序的太空交通。

为实现太空交通的安全管理与控制，可从三个方面入手。首先，加强太空目标观测，有效建立并完善空间碎片数据库，通过改进现有技术，提高空间碎片运行轨迹的预报能力，实现空间安全态势感知与预警。其次，通过开发新的轨道碎片清除技术，通过回收或轨道转移技术将现有碎片及解体航天器推离现有工作轨道，实现太空交通的有序性、安全性。再次，规范空间飞行器运行行为，实现太空交通的有序化，严格控制碎片的进一步增长，有效保持太空交通环境的长期有序，具体包括：①限制航天器系统正常操作期间释放碎片；②避免航天器运行阶段发生爆炸解体；③避免故意使航天器在轨自毁和其他有害活动；④限制航天器和运载火箭轨道级在任务结束后对 GEO 区域的长期干扰。

3.6 空间应用与空间安全

当今世界，各国以经济为核心的综合国力的竞争日益激烈。鉴于国家安全和国家利益对空间的日益依赖，世界军事大国认为，空间已成为当今维护国家安全和国家利益所必须关注和占据的战略“制高点”。美国着眼未来发展很早就提出“谁能控制空间，谁就能控制世界”。在控制空间战略指导下，各军事大国十分重视空间军事力量的发展，大力发展包括空间监视、空间攻防、在轨服务和维护、空间资产再利用、低成本快速进入空间等在内的空间操控技术。空间军事化越演越烈，太空安全成为全球焦点[42]。面对空间安全领域新的发展态势以及我国空间安全的严峻挑战，对我国天基空间操控能力提出了新的需求。

美国提出“控制太空”，就是要达到确保飞行器自由进入太空，监视太空适时掌握空间状况，保护美国及其盟国的航天系统，防止敌方使用美国及其盟国的航天系统，阻止敌方使用自己航天系统，即扰乱、欺骗、破坏敌方的航天系统或降低敌方航天系统的应用效能。以在轨操控为核心，打着在轨服务招牌发展控制空间技术和手段。

早在 20 世纪 60 年代，美国就开始了对空间操控技术的探索性研究。进入 90 年代后，随着对天基自主操控技术的重要性认识越来越深刻，开展了多项空间自主操控技术研究项目计划和在轨演示验证，在天基操控技术领域处于国际绝对领先地位。

近几年，NASA 积极研究未来卫星可能的在轨服务技术。NASA 戈达德空间飞行中心完成了“卫星服务能力计划”报告，得出的结论是：发展卫星在轨服务能力是可行的、有深远影响的技术。为了获得更加强有力的控制空间的手段，美国已经开始规划在未来整合操控能力，开展在轨服务及维护体系概念研究（如太空港）以及空间攻防能力的飞行器集群“怒火计划”等研究。

为支持深空探测，美国提出低轨后勤服务基地建设规划设想。低轨后勤服务基地主要由可重复使用航天器、大运载航天器、空间服务机器人、太空穿梭机、空间机库、宇宙后勤运载器、船坞和指挥控制中心八个关键部分组成。其中空间服务机器人、太空穿梭机以及后勤运载器、燃料 / 货物贮箱等作为空间在轨操作的执行体，进行在轨组装、修理、运输、加注等一系列的空间在轨操作行为，为深空探测提供有力的后勤支持和保障。

发展空间操控技术，能实现航天器在轨功能扩展、延长寿命和攻防操控。无论是在军用还是民用领域，均具有广阔的应用前景，得到空前重视。我国亟须一个空间依托——空间服务基地，发展空间操作技术，提供在轨服务。抢占空间战略制高点，获取制天权，保障我国空间资产的安全以及使我国空间资产的利用率最大化。

国际社会在制定空间行为准则方面展开博弈，全面禁止空间武器化法规尚未形成，各航天强国抓住机遇期以各种名义大力发展空间操控技术和能力的形势下。建立空间服务基地，通过自主创新，成体系地发展在轨服务与维护系统，牵引智能自主、空间构建、抓捕、停靠等技术发展，推动我国空间操控技术跨越，抢占世界空间技术发展制高点。

4. 我国发展趋势及展望

我国发展趋势及展望，分别从空间安全领域的研究热点、支撑技术和应用三个方面，对未来我国空间安全领域的发展趋势进行预测，符合空间安全学科领域发展的特点。

4.1 空间安全问题研究进展及发展趋势

通过前述分析，可以获得以下结论：

第一，空间安全问题是影响和制约空间资源探索和应用的关键问题。由于空间轨道资源的有限性，随着在轨航天器和太空垃圾的增加，如何保障在轨航天器的正常运行并发挥作用，是未来航天应用及相关研究所必须解决的关键问题之一。

第二，世界航天领域在空间安全方面尚未达成共识，以美国、俄罗斯和欧盟为代表的航天大国根据自身利益，单方面制定相关条约和规定，并未得到全球范围的一致认可和遵守。我国在航天领域仍处于后进发展阶段，一方面，要利用当前很多条约和政策尚未完善的机会大力发展航天，争取更多的空间资源，另一方面，要联合国际和平利用航天资源的力量，实现对航天霸权的约束和制约。

4.2 支撑技术的进展及发展趋势

中国制造 2025、工业 4.0 将给我国空间技术的发展带来新的挑战和机遇。《中国制造2025》指出：发展新一代运载火箭、重型运载器，提升进入空间能力。加快推进国家民用空间基础设施建设，发展新型卫星等空间平台与有效载荷、空天地宽带互联网系统，形成长期持续稳定的卫星遥感、通信、导航等空间信息服务能力。推动载人航天、月球探测工程，适度发展深空探测。推进航天技术转化与空间技术应用。

空间服务基地正是瞄准维护国家太空安全，引领空间操控技术跨越发展这一战略需求，以开展在轨服务技术研究为掩护，来发展空间控制技术手段，保障我国空间系统在轨安全可靠运行，必要时对敌方空间系统实施有效打击。

我国空间系统初具规模，广泛应用于政治、经济、国防、教育等领域，目前处于基本不设防状态，在轨故障时有发生，一旦发生灾难性故障或遭受干扰和破坏均导致严重后果。特别是随着我国空间资产的快速增长，该情况更为突出。因此，通过建立空间服务基地，发展在轨操控技术为在轨飞行器提供主被动防护，扭转基本不设防状态，保障空间资产安全。

现有空间飞行器规模有限、一星一用，航天运载器只有运载火箭，空间系统一次发射一次使用。空间服务基地需要在轨组装和构建的大型空间系统，可多次为其他卫星等空间资产提供服务，充分利用轨道间可重复使用飞行器，可以破解一次性使用难题，并能进一步提升我国开发利用空间能力。

随着我国在轨卫星数量的增长，空间系统初具规模，仅次于美、欧、俄。近年来由于在轨故障导致卫星的损失，需要创新发展低成本在轨服务与维护，提高我国的在轨资产利用率。空间服务基地，可以重新利用太空废弃资源，实现低成本的在轨服务。建立空间服务基地正式满足于上述的需求。

现在战争的突发性大大增强，要求快速进入空间作战区域，执行作战任务。由于发射场容易受到对方攻击而瘫痪。而在轨维持多种攻防卫星的运行，其费用高昂。利用空间基地进行在轨释放携带多种载荷执行任务小型航天器，快速进入空间战场，执行攻防任务，是解决上述矛盾的好办法。

以保护国家空间资产、有效控制空间、充分利用空间系统为目标，建立由基地平台系统、小型轨道间飞行器、上行运输补给系统构成空间服务基地，支持在轨服务（维修、维护、补给、任务升级等）、空间监视、安全防护和可控毁伤等任务，具备控制空间和对我国空间设施服务保障能力，维护国家太空安全，引领未来空间操控技术发展。

可以预见，随着在轨服务技术日趋成熟，服务手段日趋完善，利用可重复使用飞行器装载大量补给物资运送到空间服务基地，带有智能化机器人的空间飞行器穿梭于基地和卫星之间，实现维护、补给和空间装配。

4.3 未来可能的应用

平行控制是中国科学院自动化研究所团队于十多年前提出的方法论体系[43-44]，其核心是 ACP 方法（人工系统 A+ 计算实验 C+ 平行执行 P），现已成为复杂系统领域成体系化的、完整的研究框架[45-46]。由于空间安全问题不仅是技术问题，也是社会科学问题。因此，基于 ACP 方法的平行控制，以社会物理信息系统（Cyber-Physical-Social System，CPSS）等复杂系统为研究对象，结合理论研究、实验方法和计算技术三种科学研究手段，提升了认识复杂系统要素相互作用的动态演化规律的能力，提高了复杂系统应对变化和非正常状态的管控能力，为空天安全系统这一特殊的复杂系统的研究与控制提供了有效的手段。

参考文献

[1] HARRISON T, JOHNSON K, ROBERTS TG, et al. Space threat assessment 2019 [R]. Washington, D.C.: Center for Strategic & International Studies, 2019.

[2] SAMBALUK NM. The other space race: eisenhower and the quest for aerospace security [M]. USA: Naval Institute Press, 2015.

[3] U.S. Department of Defense. Summary of the national defense strategy of the United States of America: sharpening the American military's competitive edge [R]. Washington, DC: U.S. Department of Defense, 2018.

[4] White House. Text of space policy directive-4: establishment of the united states space force [EB/OL]. (2019-02-19) [2019-02-19]. https://www.whitehouse.gov/presidential-actions/text-space-policy-directive-4-establishment-united-states-space-force/.

[5] JESSICA WEST. Space Security Index 2018 [R]. Canada: Pandora Print Shop, 2018.

[6] JESSICA WEST. Space Security Index 2017 [R]. Canada: Pandora Print Shop, 2017.

[7] 刘兴潭，武延鹏. 天基空间目标识别方法综述［C］// 第二届空天安全会议论文集. 北京：中国指挥与控制学会空天安全平行系统专业委员会，2017：77-85.

[8] 王晓海. 天基空间目标探测系统技术研究进展［C］// 第二届空天安全会议论文集. 北京：中国指挥与控制学会空天安全平行系统专业委员会，2017：207-222.

[9] 牛青林，杨霄，陈彪，等. 临近空间类 HTV-2 飞行器红外可探测性分析［C］// 第二届空天安全会议论文

集. 北京：中国指挥与控制学会空天安全平行系统专业委员会，2017：271–277.

[10] 陈洁，沈如松，林建欣. 高超声速飞行器的动态面反演容错控制设计 [C] // 第二届空天安全会议论文集. 北京：中国指挥与控制学会空天安全平行系统专业委员会，2017：295–302.

[11] 张雷，何珊，王兆魁. 用于航空器越洋飞行实时监测的通信星座优化设计 [C] // 第二届空天安全会议论文集. 北京：中国指挥与控制学会空天安全平行系统专业委员会，2017：245–251.

[12] 吴宁伟，张雅声，宋旭民，等. 基于空间碎片长期演化规律的碎片清除策略研究 [C] // 第二届空天安全会议论文集. 北京：中国指挥与控制学会空天安全平行系统专业委员会，2017：332–339.

[13] 胡琸悦，陈凡胜. 可见 / 红外传感器对深空小行星目标的探测能力的研究 [C] // 第二届空天安全会议论文集. 北京：中国指挥与控制学会空天安全平行系统专业委员会，2017：378–384.

[14] 宋瑞，杨雪榕，潘升东. 智能集群关键技术及军事应用研究 [C] // 第二届空天安全会议论文集. 北京：中国指挥与控制学会空天安全平行系统专业委员会，2017：416–420.

[15] 刘震鑫，冯磊，朱肇昆. 基于复杂网络理论的空间信息服务体系结构建模 [C] // 第二届空天安全会议论文集. 北京：中国指挥与控制学会空天安全平行系统专业委员会，2017：465–469.

[16] 石永峰，陈琪锋. 卫星集群长期相伴飞行的初始条件研究 [C] // 第一届空天安全会议论文集. 北京：科学出版社，2015：256–261.

[17] 张春海. 北斗卫星导航系统空间段在轨安全形势分析 [C] // 第一届空天安全会议论文集. 北京：科学出版社，2015：483–485.

[18] 李希媛，孙亚楠，钟选明，等. 国外航天测控技术新进展及关键技术研究 [C] // 第一届空天安全会议论文集. 北京：科学出版社，2015：491–495.

[19] 赵良玉，毛小松. 常建龙. 天基快速响应体系的虚拟演示系统研究 [C] // 第一届空天安全会议论文集. 北京：科学出版社，2015：461–467.

[20] 张育林. 核武器、导弹防御与太空安全的物理学辨析 [M]. 北京：国防工业出版社，2014.

[21] ROBERT C，HARDING. Space policy in developing countries：the search for security and development on the final frontier [M]. USA and Canada：Routledge，2013.

[22] FORREST MCCARTNEY. National security space launch report [R]. USA：RAND Report，2006.

[23] LELE A. Asian space race：rhetoric or reality? [M]. India：Springer，2013.

[24] BURGER E，BORDACCHINI G. Yearbook on space policy 2017：security in outer space：rising stakes for civilian space programmes [M]. Switzerland：Springer International Publishing，2019.

[25] ABEYRATNE R. Space security law [M]. Germany：Springer，2011.

[26] ABEYRATNE R. Aviation security law [M]. Germany：Springer，2010.

[27] DETLEV W. Common security in outer space and international law [M]. Switzerland：United Nations Institute for Disarmament Research，2006.

[28] MACDONALD BW. China，space weapons，and U.S. security [R]. USA：Council on Foreign Relations ® Inc，2008.

[29] KAI–UWE S，PETER LH，JANA R，et al. Handbook of space security [M]. New York：Springer Reference，2015.

[30] MUSGRAVE GE，LARSEN AM，SGOBBA T. Safety design for space systems [M]. USA：Elsevier Ltd.，2009.

[31] HAYS PL. Space and security [M]. USA：ABC–CLIO，2011.

[32] UNIDIR. Safeguarding space security：prevention of an arms race in outer space [M]. Switzerland：United Nations Publication，2006.

[33] SERGUNIN A. The EU–Russia common space on external security：prospects for cooperation [R]. Russia：Nizhny Novgorod State Linguistic University Press，2011.

[34] GUY B，BRIAN G，JOSHUA H，et al. National security and the commercial space sector [R]. Washington，D.C.：Center for Strategic & International Studies，2010.

［35］UNIDIR．Building the architecture for sustainable space security［M］．Switzerland：United Nations Publication，2006.

［36］ROBINSON J．Europe's preparedness to respond to space hybrid operations［R］．Czech Republic：Prague Security Studies Institute，2018.

［37］ANNETTE F．Space security and legal aspects of active debris removal［M］．Switzerland：Springer International Publishing，2019.

［38］孔艳飞，杨乐平．太空作战指挥训练评估研究［C］// 第一届空天安全会议论文集．北京：科学出版社，2015：115-120.

［39］赵海洋，弥鹏，屈婷婷，等．美国空间力量发展对我国空间安全的影响［C］// 第一届空天安全会议论文集，2015：121-125.

［40］彭瑞雪，李智．美军太空力量发展及其启示［C］// 第一届空天安全会议论文集．北京：科学出版社，2015：132-136.

［41］胡敏，范丽，任子轩．空间交通管理研究现状与分析［C］// 第一届空天安全会议论文集．北京：科学出版社，2015：77-82.

［42］STEFANIA P．The new frontiers of space：economic implications，security issues and evolving scenarios［M］．New York：Palgrave Macmillan，2019.

［43］王飞跃．平行系统方法与复杂系统的管理和控制［J］．控制与决策，2004，19（5）：485-489.

［44］熊刚，董西松，王兆魁，等．平行控制与管理的研究及应用进展综述［C］// 第二届空天安全会议论文集．北京：中国指挥与控制学会空天安全平行系统专业委员会，2017：778-785.

［45］黄文德，王威，徐昕，等．基于 ACP 方法的载人登月中止规划的计算实验研究［J］．自动化学报，2012，38（11）：1794-1803

［46］刘亮，周鑫，陈彬，等．基于 ACP 的网络舆情仿真［C］// 第一届空天安全会议论文集．北京：科学出版社，2015：167-172.

撰稿人：王兆魁　李　昊　李麦亮　韩大鹏　陈海萍

公共安全指挥调度

1. 引言

1.1 指挥调度概念

指挥调度是对有组织、有目的的群体性活动进行指挥并对参与该活动的资源进行调度的活动。指挥调度从字面意义可理解为指挥和调度，指挥是根据情报分析与研判结果进而做决策，编制并把指令下达至具备理解力的对象，而调度是在决策指令有效时间范围内对可移动资源进行调动和安排，是对指挥指令的执行[1-2]。

随着社会发展和科技进步，指挥调度逐渐衍生了多种模式，包括集中统一指挥调度、合成指挥调度、一体化指挥调度、智能指挥调度等，但不管哪种称谓，其本质是使用信息化等技术手段以及与之相适应的工作机制，将互不相同，相互补充、互不隶属、相对独立的指挥要素、执行力量以及相关资源有机地融合为一个整体，以实现组织策划的目标。

1.2 指挥调度理论基础

指挥调度是指挥与控制科学在行业管理中的实践，其本质是以交互为核心在“赛博空间”中的各项活动：信息运行在信息基础设施、网络、计算机系统、传感设施等物理实体上，指挥调度所需的数据源自于物理实体空间（现实世界），通过人的认知将其转变为知识（信息运行空间），进而反向作用于现实世界[3]。

从认知的角度，将指挥调度分为感知域、认知域、行动域和保障域（如图 1 所示）。感知域是获取信息的第一个环节，是战斗力生成链条中的第一要素，目标在于收集客观数据并进行处理，将数据转变为信息、态势；认知域主要是以人为中心对感知信息进行研判并决策；行动域则是指挥调度指令作用于现实世界的唯一手段，行动过程中现场情况及行动情况再返回至认知和感知域，形成完整闭环[2]。

1.3 指挥调度演进图谱

习近平总书记提出，要构建总体国家安全观，推进国家治理体系、治理能力的现代化，建设立体化的社会治安防控体系，健全公共安全体系。指挥调度是立体化的公共安全防控体系的重要组成部分，是公共安全实战化和信息化建设的重要内容。在公安领域，指挥调度在过去几十年的发展，经历了五个阶段，它们是“00 匪警电话”“110 报警服务台”“三台合一”“一体化指挥调度”和“智能化指挥调度”，如图 2 所示。

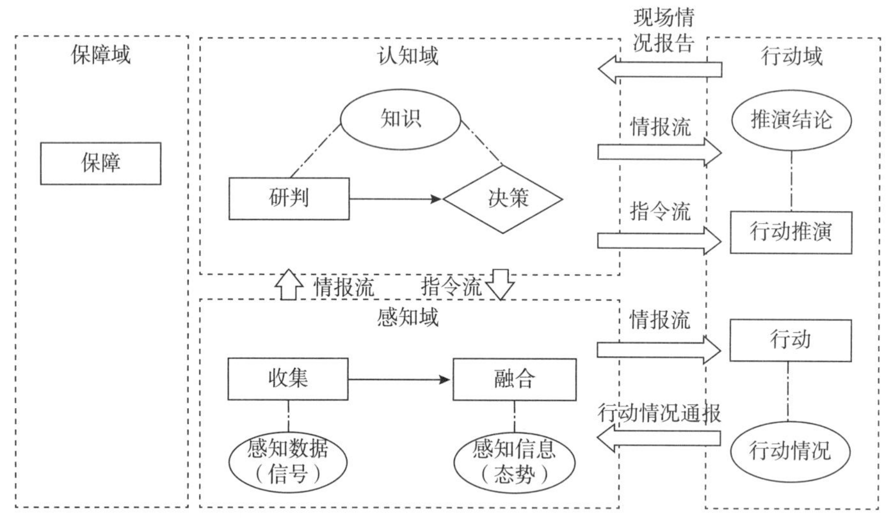

图 1　一体化指挥调度框架概念模型

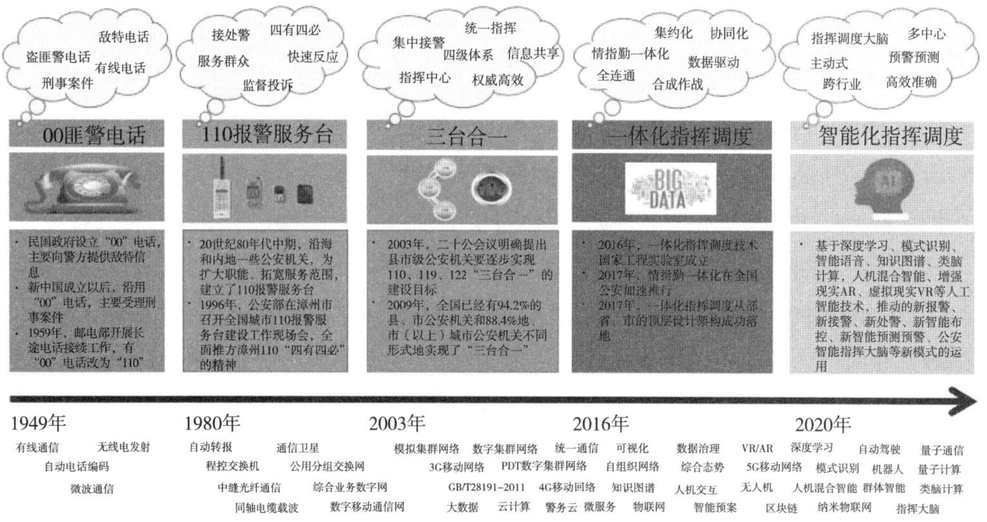

图 2　指挥调度演进路线

2. 我国发展现状

2.1 相关理论和技术研究进展

2.1.1 研究热点和领域

（1）应急预案

应急预案是面对重大突发性事件，特别是重特大治安事件、重大刑事案件、重大自然灾害事故、暴力恐怖事件、重大涉外事件、对重要目标的破坏、群体性事件的应急管理、指挥、救援、处置的计划或方案。为了更好地提高应急预案的实用性、针对性、操作性，针对应急预案编制、体系构建的研究工作不断深化、细化，国家层面的规章制度、法律法规也在不断细化、完善，同时，应急预案智能化的研究工作逐步深入。

1）预案数字化、结构化：以本体论知识表示方法为基础，通过关键字识别、属性抽取、要素提取等方法，实现应急预案的数字化、结构化，在智能预案研究领域正在逐步成为主流思想，另外，框架表示法在预案结构化的技术实现，也已形成诸多理论研究成果和实践应用成果。2016 年汪婧在《一种面向多预案整合的层次网络模型》一文中，在预案结构化研究成果的基础上，提出了预案体系概念模型、层次网络模型，并通过示范应用系统的建设，论证了该模型在多预案的横向整合、基于预案内容特征的流程的纵向整合两方面的实用价值。

2）预案匹配及优化：在预案匹配方面，2015 年崔铭月在《基于复杂事件处理的智能预案系统的研究与实现》一文中、2018 年崔浩等在《应急预案管理系统设计与实现》一文中，分别通过范例推理技术（Case-Based Reasoning，CBR）、分级检索算法、K 最近邻算法（K-Nearest Neighbor，KNN）、规则推理技术（Rule-Based Reasoning，RBR）、复杂事件处理技术（Complex Event Process，CEP）、基于反馈机制的冗余复杂时间处理优化算法等技术的应用研究，为预案匹配、优化提出了完整的技术实现、应用方案。

3）方案智能生成：2019 年崔浩在《公安应急预案数字化管理平台的设计与实现》一文中，利用 CBR、KNN、RBR 技术，实现了公安应急方案的辅助生成。

4）应用系统衔接：智能预案在应急指挥、资源调度方面的辅助决策作用，主要通过与指挥调度系统对接实现。2017 年何芬在《智能预案信息化在公安行业的研究与应用》一文中提出了可行的建设方案，实现了智能预案系统与一键指挥调度系统的对接。

（2）态势可视化

态势信息在指挥调度工作中的作用日益突出，逐步形成了以地理信息技术、消息分发技术、热点随动技术、虚拟组织技术、知识发现技术、联通公用移动网络、多媒体融合通信技术为主流的技术支撑体系，在提升态势感知、态势分析、态势研判能力，助力态势可视化研究的快速发展。公共安全领域的态势可视化进一步可细分为报警可视化、现场可视化、警力可视化、处警可视化、情报可视化，结合布警动态化、作战合成化、处置规范化、通讯现代化、指挥流程化、统一通信、统一定位、视频监控、4G 图传等技术，极大提升了指挥调度中的态势共享、态势分发能力，情报态势在指挥调度领域的应用模式、在辅助决策中的应用框架已逐步形成[4-5]。

（3）移动指挥

移动指挥主要由移动指挥平台、智能移动终端、单兵便携设备等组成，其与指挥调度系统互连，成为指挥中心的有效延伸，大幅提高了接处警效率。对于移动指挥中最重要的网络连接和访问安全问题，公安部第一研究所对公安一体化指挥调度通信网的构建与应用进行了详尽的分析和阐述，从组网背景、组网要求、组网关键问题、网络构成、组网应用等方面，提出了切实可行的建设方案；对统一通信协议、统一信元格式、通信服务与警务信息融合等关键问题提出了解决方案；从网络拓扑图、信令网关、媒体网关、数字化录音服务器等方面，对指挥调度通信网络的构成进行了详细阐述；从指挥中心警务调度、网格化巡控、便携式现场指挥调度、通信服务等角度，对指挥调度通信网在实际业务中的应用方式进行了分析[6]。

（4）大数据建模

随着大数据技术的不断发展和应用，公共安全领域的大数据智能建模分析成为研究热点，利用数据进行关联挖掘，构建基于群体智能的共享模型，从大数据过渡到大知识，从而提高指挥调度的智能化水平。

2016 年，吴信东等人在《从大数据到大知识：HACE+BigKE》中，评述现有的几种大数据模型，包括 5V、5R、4P，提出融合应用的 HACE 定理，同时从知识建模的角度，引入一种大数据知识工程模型 BigKE 来生成大知识。

2017 年，朱维和等人针对公安合成作战中视频资源在管理、应用、共享等环节存在的问题，以“整合资源、应用数据、智能研判、服务实战”为目标，突破海量多源异构数据智能融合与管理等关键技术，实现数据的按需汇聚、资源的安全共享、犯罪的精准预警、服务的智能推送和警务的高效协同，构建视频大数据服务系统，提升合成作战中视频大数据分析应用能力[7]。

2018 年，林强等人通过对热点地区数据进行分析和挖掘来预测热点地区的犯罪活动、潜在嫌疑犯或犯罪系列模式，提出一种基于大数据技术的预测性警务方案，通过理论分析指出该方案能有效提高犯罪预测的准确性[8]。

2.1.2 智能指挥调度相关技术进展

2.1.2.1 智能感知识别技术

公共安全领域涉及的智能感知识别技术主要包括人脸、车辆、人体姿态、人体行为、虹膜的识别和视频结构化等，在这些方面，国内研究技术进展如下。

（1）人脸识别

人脸识别因其便捷性、友好性、非侵扰性和非接触性等特点，在生物识别中占据重要地位，在公安视频图像侦查业务中具有极高的应用价值和探索空间，目前已经成为主流公安图侦系统必备功能之一。随着深度学习算法和卷积神经网络算法（CNN）的广泛应用，人脸识别精度大幅提升，最高的正确率可达99%。近几年，近红外人脸识别与可见光结合、3D结构光等技术的发展，给人脸识别技术带来了重大突破。

基于红外图像的人脸识别核心技术和系统，可实现在不同光线条件下，拍摄不受光照、环境影响的近红外人脸图像，相较而言，彻底解决了困扰人脸识别领域的环境光照对识别率的影响问题。红外双目摄像头活体检测技术，采用近红外和可见光两种图像，通过分析人脸皮肤纹理及微小动作带来的光流畅的规律变化，进行活体检测，具有识别快、低侵扰、准确度高等特点。

3D人脸识别方法基于人脸3D立体模型进行识别，有效地解决了基于图像识别的2D识别中遮挡、角度旋转等识别难点，特征信息的保留度更高，识别精度更高。主流的3D成像技术主要有结构光、TOF（Time of Flight）以及双目测距。目前3D技术因数据采集难度大、存储能力要求高，2D人脸识别技术仍为主流应用技术方向[9]。

另外，在多姿态人脸识别领域，近几年研究成果极为丰富，此领域的技术研究逐渐集中为双路卷积神经网络、深度学习算法、稀疏编码、多任务卷积编解码网络、多特征加权集成算法等方向。例如，2019年徐海月编写的《基于编解码网络的多姿态人脸图像正面化方法》；2019年龚锐编写的《基于深度学习的轻量级和多姿态人脸识别方法》等。

（2）车辆识别

以卷积神经网络（CNN）的经典结构AlexNet、GoogleNet、ResNet等为基础，结合SVM分类器、多特征融合技术、边缘特征识别技术、基于Haar特征识别、无线射频技术（RFID）等相关技术的研究和应用，使车辆识别效率得以极大提升。

2019年，陈旭在《车联网环境下基于改进CNN的车辆识别方法及其应用研究》一文中，提出基于改进CNN的CD-C模型核心算法。通过改进车辆定位中位置回归算法，在车型识别算法中综合运用数据增强、预处理和剪切技术，克服了复杂道路交通环境的干扰，提高了车辆定位和车型识别精度。

（3）虹膜识别

近几年公安部先后发布《安防虹膜识别应用算法测评方法》《安防虹膜识别应用图像数据交换格式》《安全防范虹膜识别应用程序接口规范》等技术标准，通过对虹膜采集、数据预处理、图像质量评估、数据存储、比对识别服务接口等环节的标准化、规范化，为虹膜识别技术规模化应用提供了基础保障。

虹膜识别领域的主要技术分支包括：移动端虹膜识别、虹膜图像采集、虹膜图像质量评价、虹膜定位、虹膜防伪、虹膜特征提取和匹配。

2019年马晓峰在《基于Gabor滤波的改进虹膜识别算法》一文中，提出基于Gabor滤波的改进虹膜识别算法。根据虹膜图像的灰度特性进行虹膜定位与归一化，再利用多尺度 Gabor 滤波器进行特征提取。根据识别能力的差异，计算滤波器的输出权值，利用加权后的距离进行虹膜识别。通过在 CASIA 虹膜库中的实验，证实该算法的系统识别率为 99.78%，等错率为 0.19%。

（4）人体行为识别

在人体行为识别领域，双流卷积神经网络、长短期记忆神经网络、深度学习算法、多维数据融合模型等正在成为技术研究的主流方向。

2019 年谈咏东在《（2+1）D 多时空信息融合模型及在行为识别的应用》一文中，提出了基于（2+1）D 多时空信息融合的卷积残差神经网络的人体行为识别技术。其中的多时空感受融合模型能够同时获取不同尺度的时空信息，提取更丰富的人体行为特征，可有效识别不同时间周期、不同动作幅度的人体行为。其提出的视频时序扩充方法，可在空间信息和时间序列扩充视频数据集，丰富训练样本。经在公共视频人体行为数据集 UCF101 和 HMDB51 中验证，证明该技术超过或接近最新的视频行为识别方法。

（5）车辆行为识别

车辆行为识别技术的研究，逐渐集中在车辆行为的分类和识别、车辆驾驶习惯的识别等方面，技术方向主要集中在卷积神经网络、长短期记忆网络、深度学习算法、条件随机场（CRF）算法等。

2018 年韩杰在《基于公安交通数据的知识发现算法应用研究》一文中，通过条件随机场（CRF）算法的应用，完成实体识别、数据脱敏；基于 K-Means 算法的聚类分析技术实现对车辆使用习惯的识别；基于 Apriori 算法的关联规则对卡口车辆信息数据进行挖掘，实现对车辆使用习惯关联规则的挖掘。

（6）其他识别技术

在行人再识别技术中，跨摄像机人像检索技术在学术界又被称为行人再识别（Person Reidentification）或行人重识别，是近两年的研究热点。由于受实际监控场景下光线、角度、姿态、遮挡等因素的影响，跨摄像机人像检索技术具有极强的挑战性和发展空间[10]。

在车辆再识别（或称车辆二次识别）相关技术研究中，已经形成的主流技术研究方向包括：复杂环境中基于视觉词袋模型的车辆再识别算法、基于 MVBI 哈希算法的车辆再识别、基于 BoVW 模型的车辆再识别算法、基于度量学习及深度度量学习模型的车辆再识别算法、基于特征空间的单角度车型识别算法、基于局部加强 PCANet 神经网络的细粒度车型识别算法、基于改进深度学习神经网络的车辆全属性分类和车辆识别算法等[11]。

人体姿态识别领域的技术研究中，深度学习算法、卷积神经网络、长短时记忆等技术的优化和改进正逐渐成为研究重点。基于无线体域网、移动终端设备的人体姿态识别算法研究，在众多现实场景中获得了大量的研究实践。例如，2019 年柯浩然编写的《基于机器人的家居环境安全状态及人体姿势识别》，2018 年潘峰编写的《防老年人摔伤智能可穿戴装置研究》等。

步态识别的应用方向可分为异常步态辨识和人员身份识别。前者常用于临床诊断和康复训练，后者常用于安保监控等场景。常见的识别方法有支持向量机、自编码器和卷积神经网络（Convolutional Neural Network，CNN）等。CNN 是进行步态识别的常用方法，相比于手工从原始数据中提取特征，CNN 可以自动从原始数据中提取分级特征，这将极大地提高工作效率。另外，随机森林（Random Forest，RF）、K 邻近算法（K Nearest Neighbor，KNN）、隐马尔科夫（Hidden Markov Model，HMM）算法和生成式对抗网络（Generative Adversarial Networks，GAN）也常被用于步态识别[12]。

视频结构化描述（Video Structurized Description，VSD）是一种视频内容信息描述的技术，它对视频内容按照语义关系，采用时空分割、特征提取、对象识别等处理手段，组织成可供计算机和人理解的文本信息。在技术领域可以划分为三个步骤：目标检测、目标跟踪和目标属性提取。

2.1.2.2　智能预案与行动方案生成技术

目前大多预案主要针对某一类场景进行处置方式和资源调度的规划，通常是以纸质或者电子文件格式存储。但事件发生具有不确定性和环境复杂性的特征，专家个人的知识积累很难完全考虑到所有可能发生的情况并综合判断，特别是需要多个单位和部门需要配合时，理解的差异性也会给预案的质量造成影响，导致预案制定时间长、质量差、共享难、应用难等问题。智能预案是利用人工智能、知识图谱等相关技术，将现有预案样本中的专家知识、领域规则、案例数据，通过实体关系建模、抽取融合，综合多部门、多领域专家的知识，构建预案知识库，实现预案知识的人机共享、信息对等和重用。

行动方案智能规划主要是利用现有的方预案，对周围环境进行认识与分析，识别出具体的工作目标及任务，在若干可供选择的动作以及资源的约束下，综合制订出实现原子目标的行动方案，针对复杂任务，可分解成多个原子任务，分别制订行动方案。当前面临的主要挑战是对于超出预案处理范围、带不确定性问题、带资源 / 特殊条件约束等场景，要求行动方案能任意时刻规划、能柔性中断输出、能重新规划、能处理高优先级事件目标、能处理事件目标冲突、能异步并行处理控制等处理能力。

（1）基于本体的预案建模构建方法

预案本体建模，是将预案中相关知识和所涉及的各要素抽象为实体，并对实体之间的关联关系进行定义，将非结构化或者半结构化预案文本信息结构化为关系型的预案知识信息，目的是实现预案知识的共享与重用。目前基于本体的预案知识建模在应急领域都有较多的研究。

2018 年丁志飞等人通过对化工厂应急预案的研究分析，将应急预案分为应急实体、应急响应、应急规则，通过基于 SUMO 模型的通用本体进行构造和实现，将相关概念以及概念关系进行了概念本体化的描述，实现了应急预案的本体建模工作[13]。

2018 年杨继星等人对比了 7 种本体工程构建方法，从方法成熟度及领域本体适应度考虑，选用 METHONTOLOGY 法，研究了应急预案本体化表达，对我国生产经营单位应急预案进行解构并获得应急预案本体知识，进而将其概念化，确定本体关系及属性，完成了应急预案的本体建模[14]。

2018 年刘晓慧等人在 ABC 事件本体模型的基础上，利用 OWL 语言和 SWRL 语言建立突发地质灾害应急响应知识地理本体模型（Geohazard Emergency Response Knowledge geo-ontology Model，GERKOM），并综合知识推理与 GIS 平台实现了应急响应知识的智能、快速获取，为地质灾害应急响应过程提供一种人机共享、可重用、智能化的知识支撑模式[15]。

（2）预案知识的实体识别和抽取技术

预案一般为纸质的非结构化的文本信息，或者是经过一般结构化处理的基于数据库的半结构化的数据，通过本体模型或者手工处理的方式确定实体以及实体间的关系，然后使用识别算法和抽取算法实现预案知识的自动抽取和结构化存储。

2019 年郝培豪通过对安保业务的梳理，调研获取到安保的流程、部署方法，提取一些公安面向社会的数据库，使用 BiLSTM-CRF 算法和句法分析的方法分别进行实体抽取和关系抽取，获取人名、地名、组织机构名等实体 4896 个，并建立实体之间的相互关系，完成关于安保警务知识图谱的数据层构建工作[16]。

（3）基于知识的智能预案生成技术

预案生成主要根据现有的案例、业务规则或者现有的知识本体和专家知识库，结合现有的场景及对象，使用预案匹配和预案推理技术自动生成预案。有相似案例的预案生成主要是通过匹配算法获取最相似案例，通过通用修改生成预案；无相似案例的，结合知识库，根据任务规划技术生成预案。

2017 年刘君以公路应急突发事件应急预案为基础，结合空间数据库和结构关系规则库，提出了使用决策树法和 K-NN 法搜索案例库，然后根据相似特征匹配度实现应急预案的自动生成[17]。

2018 年杨梦等人在煤矿预案上利用文本分析技术、特征值匹配技术以及基于规则的元推理技术实现自动生成智能化应急预案[18]。

（4）基于 HTN 的行动方案智能规划

2015 年朱钰林围绕应急物资调运任务规划的具体特征和层次任务网络 HTN（Hierarchical Task Network）规划的优势与不足，展开对基于 HTN 的物资调运任务规划系统的研究。目的在于利用 HTN 规划方法实现计算机自动根据应急态势信息与应急领域知识规划生成科学合理的应急行动方案，是 HTN 规划方法实际运用的新尝试，为解决应急物资调运任务规划问题提供了新思路，提高了 HTN 规划方法在应急领域的适用性[19]。

2015 年王丹围绕应急任务规划的具体特征和目前 HTN 规划研究的不足，从系统性的领域知识构建、带有资源与时态约束的 HTN 规划算法和基于 HTN 的重规划三个方面进行研究。提出带有时态和资源约束的 HTN 规划算法能够在最大化保全 HTN 规划速度的前提下，同时实现一般性的时态约束和多容量资源的推理[20]。

2016 年唐攀等人分析了应急响应决策过程，定义了这一过程涉及的关键要素，定义了应急行动方案制定决策问题。在此基础上，分析了应急行动方案制定方法的相关研究，提出基于层次任务网络（HTN）规划的应急行动方案制定方法，着重探讨了在应急领域中运用 HTN 规划方法所要解决的关键科学问题，为 HTN 在应急领域的应用构建了较完整的理论框架，为今后的相关研究提供可借鉴的思路[21]。

2018 年耿松涛等人针对联合作战电子对抗任务分解问题，提出了基于扩展层级任务网络的任务分解方法。在扩展 HTN 框架下，首先构建了规范化的电子对抗任务描述模型，建立了电子对抗任务列表；其次引入电子对抗作战能力构建了任务分解模型，设计了任务分解算法，并采用启发式前向搜索算法求解任务分解模型；最后通过具体的联合作战电子对抗任务分解问题，验证了分解方法的有效性[22]。

（5）不确定性问题行动方案智能规划

2016 年张立行等人针对众多研究领域都存在着客观或者人为的不确定优化问题。在传统量子遗传算法的原理和结构的基础上，分析了传统量子遗传算法主要存在的问题，即解空间转换和如何确定量子门的旋转相位，以此进行算法的改进，给出了改进量子遗传算法的流程，并以 Shaffer's F1 多峰不确定优化问题为例，分析了 IQGA 的运行效率、收敛速度等性能。通过仿真研究表明 IQGA 运行效率较高，收敛速度较快，能较好地支持不确定规划问题[23]。

2016 年王红卫等人从 HTN 规划过程出发分析了不确定 HTN 规划问题中涉及的三类不确定，即状态不确定、动作效果不确定和任务分解不确定；总结了系统状态、动作效果和任务分解等不确定需要扩展确定性 HTN 规划模型的工作，以此对现有不确定 HTN 规划的研究工作加以梳理和归类[25]。

（6）基于深度强化学习的行动方案智能规划

2017 年陈希亮等人针对陆军分队战术决策问题，在分析深度强化学习技术优势及其解决分队战术智能决策适用性基础上，建立了基于马尔科夫决策过程的陆军分队战术智能决策模型，提出了有限指挥决策范例数据条件下的逆向强化学习方法，给出了方案推演中基于深度 Q 网络的陆军分队战术决策技术求解框架[24]。

2018 年南京大学团队使用分层强化学习，结合宏动作学习、课程学习等方法，仅使用 12 个物理 CPU 核和 48 个线程，单机训练一天时间内，击败了《星际争霸 2》内置 AI。同年腾讯 AI Lab 团队首次在《星际争霸 2》完整的虫族对虫族比赛中击败了游戏的内置 AI Bot，这是首个能在正式比赛中击败内置机器人的 AI 系统。

2.1.2.3　资源优化调度技术

在面对一些公共安全事件的时候，如何进行资源调度是一个重要的问题。一个有效的应急资源调度有利于减轻事故的损害。

（1）基于动态规划的资源调度

2018 年 Wu 等发现大多数研究主要集中于减少响应时间或响应成本。然而决策者可能更想知道对应于不同资源使用情况的服务性能，即两者之间的权衡。他们使用了一种精确的动态规划算法和快速贪婪启发式算法，同时优化应急响应服务和资源利用，可以帮助决策者在两者之间作出良好的权衡[26]。

2019 年 Zhang 等考虑到主要和次要灾害，提出了一个三阶段随机规划模型，最大限度地减少运输时间和运输成本[27]。

（2）基于模糊理论的资源调度

2015 年李洪成基于多目标模糊规划的资源调度模型。首先，将不确定的航行时间和资源需求量表示为三角模糊数，用时间隶属度函数的全积分对模糊应急开始时间进行确定化表示，用需求量隶属度表示需求点所接收的资源数量满足需求的程度。其次，考虑各需求点和各类资源的重要程度，以系统的时效性、需求满意度、安全性和经济性为优化目标建立多目标规划模型，最后，给出了模型的求解方法，并通过算例分析证明了方法的有效性[28]。

（3）基于灰色理论的应急资源调度

2015 年 Bao 等人建立了以目标函数为时间满足度最大化的非线性规划模型，解决了灾点附近的路径可能被破坏，路径状态信息不完整，行程时间不确定等问题，同时基于灰色理论对交通网络的多条道路进行评价，选择可靠、最优的路径。最后，在车辆仅遵循从救援中心到受影响地点的最佳路径的情况下，简化了原始模型[29]。

（4）基于启发式算法的资源调度

1）基于差分算法的应急资源调度。2019 年宋晓宇等人建立了连续消耗问题的多供应点对支持点的物资调度模型，解决了在资源受限情况下，实现了最小的配送费用成本和缺失损失，通过引入 DE/best/1 与 DE/rand/2 双变异策略对差分进化算法进行了改进，提出了一种基于双变异策略的改进差分进化算法，提高了 Pareto 前沿解分布的广泛性[30]。

2）基于遗传算法的应急资源调度。2017 年 Gan 等人设计了一种新的多目标模型，该模型考虑了大规模救灾中 ELS 问题的总时间和运输成本，并同时考虑了多灾害、多供应商、多资源和多目标车辆等问题。然后，提出一种改进的非优势排序遗传算法Ⅱ（mNSGA-Ⅱ），为决策者寻找各种最优的调度方案。针对 ELSP-LDR 的固有特性，设计了三种修复算子，得到了改进的可行解。与原 NSGA-II 算法相比，还设计了一个局部搜索算子，大大提高了算法的性能[31]。

3）基于粒子群算法的应急资源调度。2017 年高志鹏等人提出以救援效用满意度作为应急资源调度的均衡性指标，从优化应急资源配送时间、配送成本大小和资源有效性 3 个方面构建多目标资源调度模型，解决在应急资源种类和数量一定的前提下尽可能缩小各受灾点满意率差异的问题，应用粒子群算法进行求解[32]。在面对一些公共安全事件的时候如何进行人员分配调度也是一个重要研究的方向。

（5）基于胜任度模型的人员调度

2018 年李铭洋等在《考虑多救援点的突发事件应急救援人员派遣模型》一文中针对具有多救援点的突发事件应急救援人员派遣问题，依据救援人员关于救援任务的能力指标评价值，计算出不同出救点的救援人员对救援任务的胜任度；依据救援人员到达救援点的应急救援时间，计算出应急救援时间满意度；获得应急救援人员与各救援点的综合匹配度；以综合匹配度最大为目标，构建应急救援人员派遣优化模型，并通过模型求解获得最优的应急救援人员派遣方案。

（6）基于协同度模型的人员调度

2015 年叶鑫等针对突发事件的应急救援人员分组问题，提出了一种考虑人员间协同效应的应急救援人员分组方法。综合考虑救援人员的基础效能与协同效应，基于协同度模型给出了救援人员完成不同任务的实际效能的表达式。在此基础上，以最大化各救援小组的实际效能为目标，构建了突发事件应急救援人员分组的优化模型，并给出了将这一多目标 0–1 二次规划模型转换为单目标 0–1 线性规划模型的方法，进而可求解并确定救援人员的最优分组方案[33]。

（7）基于遗传算子的人员调度

2017 年龙钰洋针对舰载机保障作业需要人员多，任务多，人员与任务多组合的情况，通过对比各个优化方法的优劣，选择以自适应并行遗传算法作为研究的基本方法对保障人员配置优化进行了研究，以保障耗时最短和人员工作负荷最均衡为目标对算法的适应度函数、染色体以及各个遗传算子进行了设计。通过最合理的人员配置将对舰载机保障时间和效率起决定性作用，从而使舰载机保障耗时尽可能的短且人员工作负荷尽可能地均衡[34]。

2.1.2.4　建模仿真及评估技术

随着指挥调度向智能化发展，对数据的需求日益增长。智能算法需要海量数据进行训练，数据的真实性与数据规模直接影响着算法模型的可靠性与适应程度。现有系统积累的数据规模有限，尤其是小概率高危事件的数据更为稀缺，通过建模仿真的方法以试验的方法，为复杂系统研究提供有力的数据支撑。

王飞跃在《平行系统方法与复杂系统的管理和控制》中提出平行系统方法的基本思想、概念和运行的基本框架，并讨论了控制系统与平行系统的关系和异同之处。平行系统是控制系统和计算机仿真随着系统复杂程度的增加，以及计算技术和分析方法的进一步发展，而必然迈上的一个更高的台阶，是弥补很难甚至无法对复杂系统进行精确建模和实验之不足的一种有效手段，与真实世界并行的建模仿真技术为指挥调度数据积累提供了重要的手段。

（1）基于 GAN 的仿真模型数据生成

生成式对抗网络 GAN（Generative adversarial networks，GAN）是近年来兴起的一种有

效生成数据和创造智能的模型。2018 年林懿伦等撰写的综述文章《人工智能研究的新前线：生成式对抗网络》概括了 GAN 的基本思想，对近年来相关的理论与应用研究进行了梳理，总结了常见的 GAN 网络结构与训练方法、博弈形式和集成方法，并对一些应用场景进行了介绍。孙亮等撰写的《基于生成对抗网络的多视图学习与重构算法》提出一种基于 GAN 的多视图学习与重构算法，利用已知单一视图，通过生成模型构建其他视图。提出新型表征学习算法，将同一实例的任意视图都能映射到相同的表征向量，并保证其包含实例的完整重构信息。为构建给定事物的多种视图，提出基于 GAN 的重构算法，在生成模型中加入表征信息，保证了生成视图数据与源视图相匹配。

（2）模型框架构建

2017 年王军、郑世明撰写的《面向指挥信息流的组件式仿真模型框架》中，基于组件化建模、分层设计和模块化组装的思想与方法，设计了一种灵活、可扩展的仿真模型集成框架，重点对指挥控制组件、任务组件、知识库、感知组件以及通信管理器等核心组件的功能与结构等进行描述，该框架实现了仿真引擎与仿真模型的独立管理和一体运行。

（3）基于大数据智能的建模

基于大数据智能的建模方法是利用海量观测与应用数据，实现对不明确机理的智能系统进行有效仿真建模的一类方法。涉及指挥调度的主要领域包括舆情大数据、交通大数据、突发事件大数据等。

2019 年司光亚等提出了基于仿真大数据的分析框架，介绍了仿真数据规划和体系分析挖掘层中的基于超网络的数据分析方法[35]。姚荣涵等在《基于大数据的交通流理论与仿真实验教学研究》中，解读与剖析交通流大数据的内涵、外延、来源与类型，总结和归纳了交通流大数据的常用采集设备与方法以及数据分析与建模情况。根据交通流大数据、交通流理论与仿真实验的内在关系，提出了以“数据”为轴线的实践检验思路。叶琼元等针对突发事件民意演化的研究，采用系统动力学建模方法[36]，分别从内部因素、外部因素两大影响网络民意演化的主要方面进行分析，以突发事件民意热度为指标，探讨突发事件民意演化影响因素及其逻辑关系，通过模拟仿真，得出若干条关于突发事件民意演化机理的规律。

（4）基于 VV&A 的仿真系统评估

在仿真系统评估研究中，模型校核、验证与验收（VV&A）技术经过长期发展已成为目前的主流方法，主要包括全生命周期 VV&A、全系统 VV&A、层次化 VV&A、全员 VV&A 和管理全方位 VV&A 等技术。

2019 年董智高等对模型校核、验证与确认（VV&A）相关的通用性要求和内容开展研究，明确了作战实验模型 VV&A 基本原则、要求及组织机制，提出了三类 VV&A 评价指标体系作为作战实验模型开展 VV&A 活动参考[37]。杨小军等对国内外仿真模型可信度研究的主要工作进行了系统的回顾与总结，总结了仿真模型可信度研究的发展历程、范式和生命周期模型，对仿真模型可信度评估的方法与技术进行了总结与分类，提出了仿真模型可信度评估面临的 8 项挑战。通过综述与难点分析，为制定仿真模型可信度评估的研究框架、创新可信度评估理论和方法提供了参考[38]。

（5）基于贝叶斯网络的行动方案评估

通过建立行动方案的效能模型，探索行动之间的依赖关系来处理行动方案结构和过程的复杂性。运用仿真实验处理行动方案本身的不确定性，并建立将效能模型中依赖关系映射为贝叶斯网络中因果关系的对应规则，最终采用贝叶斯方法实现了对行动方案空间集进行评估和优选。2018 年王江等在《基于贝叶斯网络的作战行动方案效能评估方法》中，分析了作战行动方案中作战行动之间的依赖关系，建立了作战行动方案效能模型和相应的贝叶斯网络，通过效能模型构建单元、数据生成单元、模型参数确定单元和评估单元对作战行动方案进行效能评估和优选。

2.2 行业应用研究进展

当前，我国重大型国际、国内活动日渐丰富，数量越来越多，规模和效应加大，从国家机关到各省市都制定了相应的重大活动安保管控规范，推动了重大安保指挥调度机制的成熟和应用。

2.2.1 业务体系

重大活动安保指挥调度业务体系涵盖城市运行的各个生命组体和城市脉络的每一个方向，业务体系庞大而复杂。在此报告中，我们从公共安全的角度，以公安机关为主体介绍关联重大活动安保指挥调度方向的业务体系。

公安机关作为重大活动安保指挥调度的中枢和执行主体，在业务体系构建上围绕活动安全这一底线，形成了集成多交叉业务应用的一体化格局。结合国内历次重大型活动保障工作及经验积累，借鉴国外安全保卫过程中的经验和模式，构建了重大活动安保指挥调度的架构和方案流程，形成了一套面向重大活动安保联勤指挥调度工作的常态化机制，该体系主要涵盖：

（1）情报获取与分析研判

公安机关掌握重大活动的基础，是各项指挥调度工作的重要组成部分，通过情报获取和情报分析，提供重大活动各个支撑要素的全空间掌控，对区域发展态势作出有效的评估，更加合理的进行警力部署。核心业务点包括：

1）掌握社会面多空间公安工作情况，收集、分析、报告动态警务信息。

2）协助各级领导统一指挥、调动各警种进行协同作战。

3）应急警务处置。

4）处置跨地区的重大行动、重大案件和重大事。

5）承担 110 接警服务，并形成警情联动的源点。

6）提供全局数据和情报信息支撑服务。

（2）路线管控与要人警卫

提供重大活动期间重点线路和重要人员的管控，其核心业务主要涉及：

1）路线交通管控。

2）沿线力量部署。

3）随行车队信息化。

（3）基础摸排与社会面防控

为保障重大活动期间的绝对安全，要对涉及的各敏感区域进行重点摸排，获取各项管控数据，为社会面整体防控提供参考依据。该项业务体系主要有：

1）重点基础信息摸排。

2）社会面防控力量部署。

（4）反恐维稳与应急处突

该项业务体系主要解决反恐维稳与突发应急事件处理，是公安业务体系“反恐处突无小事”的主要映射。主要是建立反恐维稳的联动事前防范和监控，对各项重点处突反恐要素进行重点管控和跟进盯办，对维稳工作中重点关注的人员进行管控。提供事中力量配置、行动协调，提供应急处置的各项联动手段和信息资源力量的一键调度。提供事后总结经验和归档。主要核心业务包含：

1）重点处突反恐要素的防范和监管。

2）重点维稳人员的管控。

3）处突结束后的总结和入库、案例化。

（5）安全监管与区域警务合作

安全监管与区域警务合作，主要是面向多域机构联勤管控工作业务，开展多区域联动安全保障，层层保障，开展区域警务合作，完善统一指挥、合成作战工作机制，提升重大活动期间的治安防控能力和警务协作水平。该项业务体系主要包括：

1）联勤职能配置与机构设置。

2）联勤单位区域联控信息共享。

（6）数据展示和综合态势可视化

在重大活动期间，各联勤单位的支撑数据和业务数据的综合展示，各项业务态势发展趋势的可视化，是指挥调度业务体系的重要组成。该业务体系主要将数据作为新的警力元素和重要力量，作为重大活动安保指挥决策和全要素掌控的重要手段，同时开发对态势的预知预判和决策支持。主要业务体系内容为：

1）全要素的可视化：时间、任务、组织、知识、通信、警力、车辆等。

2）态势分析与预测。

（7）舆情管控

该项业务体系是针对重大活动过程中的各项互联网舆情、特重舆情的监管工作，该项业务体系主要包含：

1）互联网敏感舆情管控。

2）重点舆情的通报联动，与情报系统关联。

3）跟办、盯办与反馈。

（8）视频巡控

该项业务体系主要是构建多维立体化的巡防控体系的重要支撑，基于已建设的公安系统视频监控体系，构建面向重大活动安保的重点区域、路线和点位的视频巡查、联动报警和视频通信支撑。主要业务包含：

1）重点区域、路线、单位的视频资源关联与编组。

2）多维视频巡防。

3）人员和车辆防控预警。

（9）空地联动

空地联动业务体系是重大活动指挥调度业务体系中空间管控工作的重要体现。通过在重大活动期间部署各项空中力量，如警用直升机、警用无人机和专用卫星系统，与地面的通信系统、视频系统、移动图传系统和情报系统等，形成联动管控模式，实现重大活动期间公安安保工作对于高中低各层空间的管控和各部署力量的指挥调度。主要的业务涵盖：

1）警航巡查。

2）无人机监控反制。

当前，在社会层面综合管控的牵引下，公安系统已逐步建立多级管控、以面保点的动态业务体系，建立重点部位、重点线路和重点区域的多层次应用业务架构，其业务体系向科信、治安和网安等多警种合成应用模式转变。

2.2.2 应用系统

“十三五”中已初步明确以重大活动为牵引的公安信息一体化发展布局和应用。当前，各地公安机关已建设和存在的信息化系统在重大活动安保的执行过程中各自发挥着作用，在专属警种业务应用信息化上已初见成效。

（1）机制流程信息化

逐步建立起较为完善的联勤指挥机制和合成指挥流程，在常态化管控的基础上，实现与重大型活动管控的无缝切换。

（2）基础支撑信息化

已建设和完成重大活动安保指挥调度所依赖的岗位勤务信息系统、警情监测系统、基础计算机信息网络、有线通信、数字集群通信、视频监控、电话电视会议、移动卫星通信等通信调度系统等，其中：

1）岗位勤务信息系统：日常勤务岗位管理系统，实现有效地勤务巡查，直观地了解勤务岗位状态。

2）警情监测系统：涉警舆情的监控和警情分析。

3）基础计算机信息网络：公安系统的基础计算机网络系统有办公网、政务网等。

4）有线通信：基于有线传输的通信系统。

5）数字集群通信：公安基于数字通信方式建设的基础集群通信网络，如 PDT。

6）视频监控：作为公安机关侦案的主力技术支撑系统，通过比对大量的视频、图像，从海量视频监控数据中精准、快速地找到目标人物。

7）电话电视会议：用通信线路把两地或多个地点的会议点连接起来，以电视和视频方式召开会议的一种图像通信系统，提供公安调度和视频指挥的基础网络架构和方式。

8）移动卫星通信：基于卫星通信构建动中通系统和专用卫星通信系统，实现重大活动特殊场景需求下的语音通信、定位、图像和视频传输的需要，提供公安应急通信指挥的重要通道。

（3）数据支撑信息化

已建设和正在建设的以核查录入系统、车辆核查系统、大人流监控系统、舆情监控系统、新闻中心舆情监测分析系统、警情大数据分析系统、智能分析平台等，其中：

1）核查录入系统：最大化的将警务前端感知数据进入警务资源库中，并最大化获取信息支撑。

2）车辆核查系统：建立车辆的核查系统，对重大活动期间的各类车辆进行动态监控、预警和跟踪，是车辆管控的重要数据支撑系统。

3）大人流监控系统：基于治安管控的需求，对重大活动安保期间的人员集聚进行仿真，对于人员密度和人与数算进行预警发布。

4）舆情监控系统：基于公安社会面管控的需要，对网络上重点的涉警舆情、重特大新闻信息进行甄别和监控跟进。

5）警情大数据分析系统：支撑 110 接警系统，用于涉警警情的分析统计，构建警情评估和预测。

6）智能分析平台：基于公安网络安全管控需求，对重点影响社会治安的人员进行分析和研判，实时跟进盯办，提供决策依据。

（4）指挥应用信息化

主要涉及多级指挥中心建设升级、110 接处警系统、区域警务合作系统、预案管理系统、警卫指挥系统、智能预警与视频应用系统等，其中：

1）110 接处警系统：整个系统以计算机网络和通信为基础，充分利用 CTI 平台、通信网络、警用地理信息 PGIS 等系统，具备快速接警、统一指挥调度、语音通信、数据通信、地图定位和辅助决策的功能，基于“三台合一”标准体系构建。

2）区域警务合作系统：联勤处置的区域合作共享信息化系统，搭建多主体联动的合作平台，形成协作一体的工作模式。

3）预案管理系统：各类预案处置和支撑系统，支撑预案的智能化。

4）警卫指挥系统：涉及要员的保障指挥系统。

5）智能预警与视频应用系统：基于视频和各类公安数据库，构建的依托智能化手段形成的预警和管控系统。

3. 国内外发展比较

3.1 相关理论和技术研究发展比较

3.1.1 智能感知识别技术

（1）国外现状

国外在智能识别领域的技术研究中，人脸识别、图像识别、虹膜识别的相关研究成果较为丰富，在相关技术层面以 CNN 网络的优化改进、深度学习算法的深度应用、图像识别技术的深度优化、3D 影像识别技术研究、复杂环境中的目标识别等方向较为集中。在行为识别方面，对降维算法、自动编码器相关技术的研究成果较为丰富[39]。

2016 年 Mayya 提出利用深度卷积神经网络（DCNN）特征自动识别人脸表情的方法，关注于从单个图像中识别个体的面部表情。经在两个公开的面部表情数据集中的验证，表明通过对通用图形处理单元（GPGPU）的应用，极大提升了验证效率。

2016 年 Hernandez-Matamoros 提出一种优化的人脸表情识别算法——基于模糊分类的人脸表情识别方法，该算法完成彩色图像中人脸图像的自动检测，经逐层分割，得到感兴趣区域（Region of Interest，ROI）的特征向量矩阵，插入基于聚类和模糊逻辑技术的低复杂度分类器中。该分类器计算复杂度很低，却与其他高性能分类器提供的识别率相近。实验结果表明，使用一个 ROI 的特征向量，系统的识别率可达 97%；使用两个 ROI 的特征向量，识别率可达 99%。这一结果表明，即使将两个 ROI 中的一个完全遮挡，该方法的总体识别率也可以达到 97%。

2017 年 Asma 提出了一种基于快速小波变换（FWT）、智能退出和跳层的快速 DCNN，提高了图像检索精度，降低了检索时间。该方法的优势在于：首先，应用 FWT 快速计算特征；其次，其中的智能退出方法是基于单元的有效性，而不是随机选择；最后，仅用早期层的有效单元完成图像分类，而忽略所有后续隐藏层直接到输出层。经过在 CIFAR-10 和 MNIST 数据集中的实验，达到预期目标。

2019 年 Abdolhossein Fathi 在对虹膜区域进行识别和分割的基础上，提出了一种基于学习的方法，定义和提取与虹膜纹理相关的旋转不变和光照不变的主要局部特征。再利用基于度量学习的变换来提高这些模式的识别率。经过在 CASIA-V4、UBIRIS 和 ICE 数据集中实验，识别精度分别为 99.7%、98.13% 和 99.26%，在识别精度和使用图像数量上均高于其他方法。

2019 年 Saiyed 研制了基于近红外图像和可见光图像的虹膜识别系统，在受限和非受限环境下近红外、可见光波段图像采集过程中，获得了很好的识别效率。系统经过图像预处理、特征提取和分类等步骤，完成虹膜识别。在预处理过程中，在眼球图像的环形虹膜分割中，针对近红外图像和可见光图像分别采用两种分割方法。在特征提取过程中，采用纹理分析的统计方法，提出了基于 patch 的特征直方图（patch 统计集成）。经过在 10 个基准虹膜数据库的实验，表明该系统在性能上明显优于其他方法。

2019 年 Kiruba 提出一种采用深度叠加式自编码器进行降维，用 softmax 层代替解码器层进行多类识别的行为识别方法。在行为识别的第一个阶段，选择判别帧作为每个动作的代表帧，以减少计算成本和时间。在第二阶段，基于三角形、四边形、五边形、六边形、八边形和七边形等几何形状的新型邻域选择方法被用于体积局部二值模式（VLBP）中，从基于运动和外观信息的帧序列中提取特征。经过在四种公开的基准数据集中进行测试，验证了该方法优于现有方法。

（2）综合分析对比

根据美国国家标准与技术研究院（NIST）的 2018 年全球人脸识别算法测试（FRVT）最新结果，来自全球的 39 家企业和机构参赛。前五名算法被中国公司包揽，后续 5 名分别被来自俄罗斯、立陶宛、法国、美国的公司获得，显示出了中国公司强大的竞争力。

相较而言，国内在智能感知识别领域的技术研究，成果更为丰富，研究范围更为广泛，特别是在车辆再识别、步态识别、姿态识别等方面的研究，国内成果更为突出。值得注意的是，国内在此领域的研究，多以具体应用场景为出发点，例如对特定人群、特定场合、特定需求下的识别技术的研究，研究成果针对性更强，业务特征明显。

国外在此领域的技术研究则更为规模化，特别是美国军方在图像识别、视频识别方面取得的成果，在恐怖分子识别中发挥了重要作用。密歇根州立大学的大规模人脸识别技术在犯罪嫌疑人、恐怖分子识别中也取得了相当好的成绩。日本日立公司推出的“日立视频分析（HVA）”帮助日本在视频监控技术领域异军突起，在公共安全领域的应用中反应良好。

在人脸识别技术飞速发展的同时，关于其中涉及非法歧视或侵犯人权、公民权利或隐私权的问题，逐渐进入人们的关注视野，特别是在美国，相关规定和法律的制定呼之欲出。相对而言，中国对此类问题的关注就比较薄弱，近一两年关于 AI 人脸识别的隐私问题、安全问题的关注只是偶见端倪。

3.1.2 智能预案与行动方案生成

（1）国外现状

国外应急领域知识图谱也有一定的研究，针对突发事件的特征、特性，将知识图谱技术应用于预案知识发现和本体识别，支持知识的共享。

De Maio 等人针对突发事件的特点，提出了一种基于模糊认知图（FCMs）支持知识处理和资源发现的方法，对应急区域内发生的时间以及可利用的资源的可用性形成一致的理解[40]。

Kattiuscia Bitencourt 等人针对时间处置过程中的主观性和不确定性等弊端，建立了一个针对建筑物火灾的应急响应协议的本体，支持使用协议的知识共享、评估和审查[41]。

近几年国外对行动方案智能规划作了大量的研究，在基于强化学习行动方案规划、基于记忆与推理的行动方案规划、基于群体协同的行动方案规划等方案有比较深入的研究和应用。

2016 年 Mnih 等人根据异步强化学习（Asynchronous Reinforcement Learning，ARL）的思想，提出了一种轻量级的 DRL 框架，该框架可以使用异步的梯度下降法来优化网络控制器的参数，并可以结合多种 RL 算法。其中，异步的优势行动者评论家算法（Asynchronous Advantage Actor–Critic，A3C）在各类连续动作空间的控制任务上表现的最好[42]。

2016 年 Sukhbaatar 等人基于 NTM 提出了一种应用于问答系统和语言建模任务上的记忆网络模型，进一步提升了网络的长期记忆能力。因此在现有的 DRL 模型中加入这些外部记忆模块可以赋予网络一定的长期记忆、主动认知、推理等高层次的能力；Oh 等人通过在传统的 DRL 模型中加入外部的记忆网络部件，并通过学习使模型拥有了一定的记忆和推理能力[43]。

2016 年 Foerster 等人提出了一种称为分布式深度循环 Q 网络（Deep Distributed Recurrent Q–Networks，DDRQN）的模型，解决了状态部分可观察的多 Agent 通信与合作的挑战性难题，可用于规划基于群体协同的行动方案[44]。

（2）综合分析对比

知识图谱的概念最早起源于谷歌公司，最初是应用于基于语义搜索引擎。由于其图特性可支撑语义搜索和知识推理，在其他行业也有较多的研究和应用。在预案方面，知识图谱可以支撑文本结构化转化和知识共享，所以在国内外均有一定的探索。

在国内智能预案的知识工程研究有预案知识的建模方法、预案知识的实体识别和抽取技术、基于知识的预案的智能匹配技术和基于知识的预案的自动生成技术等较多的研究成果，且每部分都有具体的算法支撑，但是由于国内原有预案的不一致性、地域性等特点，预案的知识转化具有一定的困难。

国外对知识图谱在智能预案的应用具有一定的优势，由于其重视体系化和规范化的建设，制订分级方案，将人员、程序、行动方案、专业工作和通信各要素有机集合，有利于形成统一指挥、要素完善的智能预案体系。在行动方案规划领域，国内比较偏重算法的优化和应用，国外比较侧重基础算法的创新研究，所以建议国内也需要在基础算法方面加强创新与研究。

3.1.3 资源优化调度

（1）国外现状

国外对应急资源调度有关问题研究主要集中在构模研究，分为物资调度和人员调度。

前者主要表现在服务点优化组合上，是指从多个物资救援点中选择合适的救援点，用于最大可能满足应急物资需求量。国外专家已经通过各种数学方法构建了人员调度配置模型，现阶段，国外专家通过对数学方法的改进提升，对人员调度配置模型进行了优化处理。

2017 年，Trivedi 等人基于层次分析法（AHP），模糊集理论和目标规划方法，建立了应急避难所的混合多目标位置分配模型。通过将所有目标转换为单个目标函数来解决该问题，并通过 2015 年尼泊尔地震的两个实际案例对结果进行了验证[45]。

2017 年，Sreekanth 等人基于 Agent 的建模和仿真概念，通过对马尔科夫决策过程的策略的对比，对有限条件下救护车和人员调度决策问题的不同求解方法进行评价，如对可疑的高风险患者也派遣救护车，对紧急医疗服务效率的影响。

2018 年，Ricardo Guedes 通过对多目标的优化，采用 Pareto 最优解，帮助应急中心当局调度资源的政策，减少响应时间、无人值守电话的数量、优先电话的接听和车辆转移的费用等目标，实现了最佳的调度策略以及工作负载平衡。

2018 年，TakwaTlili 通过遗传算法，解决了从紧急医疗服务的病人运输问题，通过改进救护车行车路径问题来缩短响应时间，并基于 Agent 的仿真进化算法实现对多目标的优化调度。

2015 年，Bozorgi-Amiri 为了最大限度地减少物资短缺的影响范围、时间以及灾前和灾后成本，提出了救援物流调度问题的多目标动态随机规划模型，应用 ε-constraint 方法，将该模型作为单目标混合整数规划模型求解。该模型在德黑兰特大城市地震灾害规划中得到适用性验证，结果表明，该模型有助于在救灾工作中进行设施选址、资源配置和路径选择等决策。

（2）综合分析对比

国内外均对于应急救援开展了不少的研究和实践。国外构建了诸多的模式和手段，针对不同的应急事件提出了很多新颖的资源调度优化算法，同时也能够针对已有调度算法在不同场景上应用的短板，通过融合多调度算法或提出新的优化策略，来解决大多数应急救援问题。国内在应急资源调度这方面的相关研究起步较晚，一方面，国内提出的资源调度算法很多都是在已有的算法上进行改进，以适配不同的应用场景，另一方面，这些调度算法的实际应用性不高，很多场景下的资源调度都是利用通信机制进行实时的调度。

从国内外现状研究可知，针对应急事件的应急救援评估研究不多，主要集中采用定性的专家评价方法来解决，定量评估的关键指标选择与实际应用存在脱节，评估效果需要改进和优化。

3.1.4 建模仿真及评估

（1）国外现状

随着基于代理的建模仿真技术日趋成熟，2015 年美国阿拉巴马大学的 Mikel D. Petty 等对基于代理的建模和仿真标准进行了深入探讨，对基于代理建模的描述性标准、通用标准及建模仿真标准做出了综述性归纳[46]。

2017 年美国雪城大学的 Robert Sargent 等在仿真模型校核与验证的历史回顾与总结中指出，现有的仿真模型验证及可信度评估方法与技术是足够丰富的，需要加强实践中的重视与应用，其同时指出，参考数据的缺乏限制了一些如统计检验类方法的使用[47]。

2018 年美国马里兰大学的 Aniket Bera 等提出了一种数据驱动的算法来建模和预测群体影响。算法对现实的轨迹级行为进行建模，对基于运动吸引力的人群进行分类和映射，该方案可以动态学习行人行为并通过群体运动特征来计算由此产生的由主体引起的情绪[48]。

2019 年法国研究员 Alexandre Muzy 将神经网络的分层动力学系统和学习过程应用到建模仿真中，提出由活动概念引发的系统的协调和计算，突出了有关其动力学的显著特征。基于神经元活动度量，在建模级别动态识别活动状态区域、在仿真级别以组件级跟踪活动区域、在学习过程使用基于活动的搜索算法[49]。

（2）综合分析对比

综合国内外研究内容，在仿真算法方面，国外研究更多偏重于基础性算法及算法效能，国内研究则偏重于算法的创新与跨界融合；在评估方法研究方面，国外对评估方法研究相对成熟，并逐步形成相关标准，国内研究偏重于评估方法的组合叠加；在仿真平台方面，国外仿真平台在架构设计、实时性能、可靠性、产品集成度、成熟度等方面具有明显优势；国内实时仿真平台相比国外起步较晚，现有平台在通用性、适配性、可靠性等方面与国外平台相比差距较大。

3.2 行业应用研究进展比较

3.2.1 国外现状

国外重大活动安保指挥调度在体系上更多地运用预警评估机制对重大型活动的风险等级进行评估，进而进行各方资源力量的配置，各国在大型活动上也存在着明显的国家特色。在美国，重大型活动举行前需要详密的评估安全需求，据此拟订出安全的执行计划。在德国，私人救济安保力量比较发达，在重大型活动的举办中主要由活动主办方组织安保力量进行安检和秩序维护，警察则是以中立者和震慑者的身份来防止违法犯罪行为或者骚乱行为的发生。此外，美国、日本和欧洲均将大型活动（重大活动）作为标准化战略的重点领域而大力推动，特别是在参加相关国际标准化活动中表现出争夺主导权、占领制高点的竞争态势。美国除美国机械工程师协会［ASME（American Society of Mechanical Engineers）］和美国保险商试验所［UL（Underwriter Laboratories Inc.）］等协会组织出台具体的安全标准，国家标准学会还专门成立积极参与 ISO 公共安全标准化活动。当前，国际奥委会明确要求国际赛事活动必须通过 ISO 20121：2012《大型活动可持续性管理体系要求及使用指南》的认证，申办者、承办者和供应商必须保证在活动中符合该标准要求，进一步凸显出重大型活动安保指挥调度产品及业务体系标准化推进的重要性。

3.2.2 综合分析对比

近年来，国内外举办重大型活动，虽然各国政治体制、社会环境不同，但其安保指挥调度工作却有许多共同之处。在重大活动相关研究中，各国的研究焦点都主要集中在重大活动社会风险管理、人群管理及公共安全管理等方面，都关注高科技产品的广泛应用，先进的地理信息系统（GIS）、全球定位系统（GPS）、卫星遥感系统（RS）及通信网络系统等信息化支撑系统都已成为重大活动安保指挥调度体系的关键点。

表 1 重大活动安保国内发展水平与国外的比较

水平 方向	落后	持平	先进
机制与流程		●	
技术与产品		●	
标准化	●		
政策与体制			●

随着我国承办的国内外重大活动越来越多，面向重大活动安保指挥调度的体系在逐步完善和国际化，在重大型活动安保上已经与发达国家站在了同一台阶。在此基础上，逐步加快和推进我国重大型活动安保的标准化工作，围绕可持续发展这一主题，以重大型活动为牵引提供一城、一域和一国发展新动力。

4. 我国发展趋势及展望

结合公共安全指挥调度系统的现状，吴伟、夏耘、李亚东等专家学者对发展趋势进行了展望[49]。

4.1 全要素一体化发展

4.1.1 情报指挥一体化

在“十三五”相关方针政策指导下，各地公安机关已经陆续建立一系列大数据情报平台，为案件研判、从源头避免或及时发现案件作出相当大的贡献。但如何充分利用这些情报数据来服务于公安实战应用是目前公安系统亟须解决的一个问题，而“情报指挥一体化”的引入将紧紧围绕案事件，通过系统间互联、互通、互操作，使信息、物资与能力资源得到全面的优化与结合。在案件发生后，各级公安机关信息全网共享，一点掌握，避免了信息不对称导致的事件处置不及时、事件处置不到位等现象。在信息不完整情况下，还可以结合虚拟现实（Virtual Reality，VR）/增强现实（Augmented Reality，AR）实现对现场场景的还原、推演和重构，将行业经验快速转换为生产力的可视化系统。

4.1.2 决策调度一体化

“情报指挥一体化”为决策者提供全面的事态信息，但多而全的信息并不能减少决策成本，而如何快速、准确地从海量信息中筛选出有效信息，并形成一系列调度指令才是控制现场局面的主要因素。人工智能的日益成熟为公安业务开辟了新的路径，在案例推理、规则推理、机器学习、模糊逻辑与模糊推理、神经网络等人工智能算法基础上，通过模型计算，迅速筛选出与此事件相似的历史典型案例及其所采取的预案，以便于决策者减少决策成本、提高决策准确性，在决策方案下达后，可通过人机交互方式将其迅速分解成非常好理解和传达的行动命令，规范化决策流程，提高决策效率。

4.1.3 力量到边一体化

力量到边是对行动赋能，它不仅仅是完成上级下发的标准化指令、完成对应任务，也是自我学习、自我掌控的过程。从装备的角度，可配置手机、警务通、PAD、可穿戴设备、摄像机等来提高终端工作效率；从培训的角度，可智能化地推送历史相关案例的执行信息供终端学习参考；从事件处置的角度，行动端不仅仅可以被动接收信息，还可以主动获取其他协作团队的相关进度、状态信息，实现任务协同、信息协同、流程协同。

4.1.4 综合保障一体化

在指挥控制过程中，指挥中心与一线民警、市局与分局指挥中心、一线民警之间、各警种之间能实现通信互联互通是保障基础。目前，全国公安机关已经自上而下建设了多种类型的通信系统，具备了有线、无线、卫星、视频等多种通信手段，但由于这些系统建设处于不同时期，多按照行政区划，分级、分层、分片建设，相对独立，技术手段单一，未能有效整合，无法形成互补，缺乏信息支撑，通信保障信息化含量较低；在突发应急事件发生时，因资源分布的离散性导致无法在关键时刻合理调用资源信息，为此“综合保障一体化”将打通通信传输通道、共享各区资源信息，为指挥调度提供更好的后台支撑。

4.2 全流程智能化趋势

4.2.1 智能化报警

随着信息化、互联网的发展，传统的110电话报警已无法满足实际需求，过于单一，基于目前三台合一的基础上，整合短信、微信、网上报警、金融一键报警、校园一键报警、公交车一键报警、舆情监控等综合报警方式，实现警情全接入、全定位、全掌握的目标。

4.2.2 智能化接警

根据不同的报警方式，获取语音、文本、图片、视频等不同类型报警相关信息数据，分析识别融合数据资源，快速确定报警人、警情、位置等关键信息，关联相关警情或警力资源等数据，为智能化接警提供数据支撑基础。以报警事件为核心，围绕五要素（人、地、物、组织、事件）对不同来源、不同类型的基础数据进行信息融合，提供地址信息匹配、人物信息匹配、物品信息匹配、组织信息匹配、案／事件信息匹配等智能模型，为警情接收提供更好的支撑。

4.2.3 智能化指令

利用人工智能等控制策略技术，规范协同作业流程，根据历史案例进行检索和适配、找到最匹配的预案知识、制订应急处置方案计划的生成引擎，产生新的预案知识，更新系统中的不合理和不完备的预案，实现系统的自我学习自我完善功能。同时利用大数据从中挖掘知识，直接形成决策方案和作战计划，尽可能减轻指挥员手工操作的工作量，通过 AI 技术辅助方案制定和决策，可极大限度地减少人为因素的影响，有助于达成遂行联合行动的各参战单元在计划层面上的协调一致，从而使指挥调度、决策走向智能化、自动化。

4.2.4 智能化处警

目前公安大多数的警情处理，是接警员根据案发位置信息，把警情人工派送给所属派出所，在新的扁平化、点对点调度体系下，可以向“滴滴”等互联网企业学习，把“大数据”“人工智能”技术运用到指挥调度实战中去，针对警情派送环节，可以建立智能分配模型，根据智能融合报警信息、周边警力分布、警力忙闲、警情分布、交通状态、气象环境等因素，智能分配模型自动生成派送方案，人工确认后自动把行动指令分发到不同的派出所 / 单兵上。

4.2.5 智能化布控

基于警情数据的时空变量，即发生地点、发生时间、前科人员数据、实有人口数据、街面盘查数据、人脸数据等多源数据，采用深度学习与多维时空技术，实现数据的智能碰撞与拟合，获取重点人员的动态分布、前科人员或者罪犯的落脚点，在最易于发生犯罪的时间把警力部署到最易于发生犯罪的区域，从而使得大部分潜在犯罪嫌疑人因心生戒备而放弃作案，降低整个区域的案发率，为情报部门提供打击方向与目标，提高警务人员的值勤效率。

4.2.6 智能化预警

汇聚多维警务数据、物联网数据、互联网数据、金融数据和环境数据，基于深度学习技术，构建犯罪心理模型、黑社会组织模型、金融诈骗数学模型等，结合更多、更广的实时“交互”数据多元碰撞挖掘计算，可针对不同风险隐患预测警情高发态势和方位，形成高效提前量打击。

参考文献

[1] 王飞跃，刘玉超，秦继荣，等. C2M和5G：新时代的智能指挥与控制［J］. 指挥与控制学报，2019，5（2）：79-81.

[2] 马文学. 一体化指挥调度现状和发展趋势［J］. 数字通信世界，2018（7）：28-30.

[3] 王飞跃. 赛博空间的涌现：从遗失的控制论历史到重现的自动化愿景［J］. 汕头大学学报（人文社会科学版），2017，33（3）：142-147.

[4] 林君，刘婷. 公安可视化协同指挥体系及架构研究［J］. 警察技术，2016（2）：36-39.

[5] 曹洪波，葛深宇. 公安可视化指挥调度应用［J］. 数字通信世界，2018（7）：22，60.

[6] 朱维和，王鑫，范芸. 公安一体化指挥调度通信网的构建与应用［J］. 警察技术，2014（2）：8-11.

[7] 周川，朱维和，王鑫. 视频大数据分析及其在公安合成作战中的应用［J］. 警察技术，2017（4）：11-14.

[8] 林强，林金山. 基于大数据的预测性警务方案研究［J］. 福建电脑，2018，34（6）：10-11.

[9] 许慕鸿. 安防人脸识别技术及测试方法研究［J］. 信息通信技术与政策，2019（5）：75-82.

[10] 高磊，赵炫. AI+公安视频分析应用进入新时代［J］. 警察技术，2018（2）：4-7.

[11] 王茜. 基于监控的大型城市车辆目标识别与分类的若干关键技术研究［D］. 上海：上海大学，2018.

[12] 李洪安，杜卓明，李占利，等. 基于双特征匹配层融合的步态识别方法［J］. 图学学报，2019，40（3）：441-446.

[13] 丁志飞. 基于本体的应急预案仿真演练系统设计与实现［D］. 南京：南京大学，2018.

[14] 杨继星，宋重阳，金龙哲. 基于METHONTOLOGY法的应急预案本体化构建［J］. 安全与环境学报，2018，18（4）：1427-1431.

[15] 刘晓慧，崔健，蔡菲. 突发地质灾害应急响应知识地理本体建模及推理［J］. 地理与地理信息科学，2018，34（4）：1-6，127.

[16] 郝培豪. 安保警务知识图谱构建研究［D］. 北京：中国人民公安大学，2019.

[17] 刘君，胡伟超，孙广林. 公路突发事件应急预案自动生成系统开发及应用［J］. 中国安全生产科学技术，2017，13（10）：53-58.

[18] 杨梦，周恩波. 煤矿智能应急预案生成系统设计与关键技术［J］. 煤矿安全，2018，49（7）：96-98.

[19] 朱钰林. 基于HTN的应急物资调运任务规划系统关键技术研究［D］. 武汉：华中科技大学，2015

[20] 王丹. 基于HTN的应急任务规划方法研究［D］. 武汉：华中科技大学，2015.

[21] 唐攀，祁超，王红卫. 基于层次任务网络规划的应急行动方案制定方法［J］. 管理评论，2016，28（8）：43-43.

[22] 耿松涛，操新文，李晓宁，等. 基于扩展层级任务网络的联合作战电子对抗任务分解方法［J］. 装甲兵工程学院学报，2018，32（5）：8-13.

[23] 张立行，金琦，魏振华. 不确定性智能规划算法研究［J］. 计算机与数字工程，2016，44（11）：2148-2151.

[24] 李晨溪，曹雷，张永亮，等. 基于知识的深度强化学习研究综述［J］. 系统工程与电子技术，2017，39（11）：2603-2613.

[25] 王红卫，刘典，赵鹏，等. 不确定层次任务网络规划研究综述［J］. 自动化学报，2016，42（5）：655-655.

[26] WU P，CHU F，CHE A，et al. Bi-objective scheduling of fire engines for fighting forest fires：new optimization approaches［J］. IEEE Transactions on Intelligent Transportation Systems，2017，19（4）：1140-1151.

[27] ZHANG JH，LIU HY，YU GD，et al. A three-stage and multi-objective stochastic programming model to improve the sustainable rescue ability by considering secondary disasters in emergency logistics［J］. Computers & Industrial Engineering，2019（2）：1145-1154.

[28] 李洪成，吴晓平，付钰，等. 海上应急保障资源调度的多目标模糊规划模型［J］. 安全与环境学报，2015

（4）：172-176.
［29］QIU BJ，ZHANG JH，QI YT，et al．Grey-theory-based optimization model of emergency logistics considering time uncertainty［J］．PLOS ONE，2015，10（9）：e0139132.
［30］宋晓宇，张明茜，常春光，等．面向双目标应急物资调度的改进差分进化算法［J］．信息与控制，2019，48（1）：107-114.
［31］GAN X，LIU J．A multi-objective evolutionary algorithm for emergency logistics scheduling in large-scale disaster relief［C］// IEEE Congress on Evolutionary Computation（CEC）．IEEE，2017.
［32］高志鹏，颜奥娜，杨杨，等．面向应急救援的多目标资源调度机制［J］．北京邮电大学学报，2017（S1）：4-7.
［33］叶鑫，王雪，仲秋雁．考虑协同效应的突发事件救援人员分组方法［J］．运筹与管理，2015（1）：237-245.
［34］龙钰洋．基于遗传算法的舰载机保障人员配置优化研究［D］．哈尔滨：哈尔滨工程大学，2017.
［35］司光亚，王飞，刘洋．基于仿真大数据的体系分析方法研究［J］．系统仿真学报，2019，31（3）：511-519.
［36］叶琼元，夏一雪，张鹏．面向舆情大数据的突发事件民意系统演化机理与仿真研究［J］．情报科学，2019，37（1）：80-85.
［37］董智高，胡斌．作战实验模型 VV&A 通用内容研究［J］．火力与指挥控制，2018，43（2）：71-76.
［38］杨小军，徐忠富，张星，等．仿真模型可信度评估研究综述及难点分析［J］．计算机科学，2019（B06）：23-29.
［39］张珂．全球值得关注的 11 家人脸识别公司与机构［J］．商讯，2018（21）：73-75.
［40］CARMEN DM，GIUSEPPE F，MATTEO G，et al．A knowledge-based framework for emergency DSS［J］．Knowledge-Based Systems，2011，24（8）：1372-1379.
［41］KANG YB，KRISHNASWAMY S，ZASLAVSKY A．A retrieval strategy for case-based reasoning using similarity and association knowledge［J］．IEEE Transactions on Cybernetics，2014，44（4）：473-487.
［42］MNIH V，BADIA AP，MIRZA M，et al．Asynchronous methods for deep reinforcement learning［C］// International Conference on Machine Learning，2016.
［43］SUKHBAATAR S，SZLAM A，WESTON J，et al．Weakly supervised memory networks［EB/OL］．（2015-04-03）［2019-05-26］．https://arxiv.org/abs/1503.08895v2.
［44］FOERSTER JN，ASSAEL YM，FREITAS ND，et al．Learning to communicate to solve riddles with deep distributed recurrent q-networks［EB/OL］．（2016-02-08）［2019-05-26］．https://arxiv.org/pdf/1602.02672.pdf.
［45］TRIVEDI，ASHISH，AMOL S．A hybrid multi-objective decision model for emergency shelter location-relocation projects using fuzzy analytic hierarchy process and goal programming approach［J］．International Journal of Project Management，2017，35（5）：827-840.
［46］COLLINS A，PETTY M，VERNON-BIDO D，et al．A call to arms：standards for agent-based modeling and simulation［J］．Journal of Artificial Societies and Social Simulation，2015，18（3）：1-12.
［47］SARGENT RG，BALCI O．History of verification and validation of simulation models［C］// Winter Simulation Conference（WSC），2017：292-307.
［48］BERA A，RANDHAVANE T，KUBIN E，et al．Data-driven modeling of group entitativity in virtual environments［C］// Proceedings of Virtual Reality Software and Technology，2018：27-34.
［49］MUZY A．Exploiting activity for the modeling and simulation of dynamics and learning processes in hierarchical（neurocognitive）systems［J］．Computing in Science and Engineering，2019，21（1）：84-93.
［50］吴伟，夏耘，李亚东．智能指挥平台之新理念、新方法、新技术［C］// 中国指挥与控制学会．第五届中国指挥控制大会论文集．北京：电子工业出版社，2017.

撰稿人：刘玉超　高　展　于　龙　凌　萍　张苏南　赵志强　温小平
常海峰　武　兴　郑梅云　李博蕊　马　严　李小勇　丁　嵘

ABSTRACTS

Comprehensive Report

Advances in Command and Control

Through the dynamic iterative process of intelligence synthesis, situation analysis, planning decision-making and action control, command and control are to comprehensively utilize digital, networked and intelligent technologies, to organize leadership, plan coordination, and monitor scheduling on the confrontation, emergency and group actions in the military and public security fields. The discipline of command and control is a discipline on the theory, methods, techniques, systems and engineering applications of command control. It is a specialized knowledge system formed in the process of command and control cognition and practice. It is a comprehensive and cross-disciplinary discipline that combines control science, information science, and military command science, system science, complex science, intelligent science, cognitive science, mathematics, and management science. The discipline of command and control covers command and control of combat, non-war military operations, and public security and civil affairs in the areas of anti-terrorism, disaster relief, emergency response, and traffic management. The main body of discipline development involves the military, colleges and universities, defense industry departments, research institutes, think tanks, etc., and the power structure is diversified.

In recent years, China's command and control discipline has achieved many outstanding achievements in fundamental research, applied research and engineering practice. The discipline construction investment has been continuously growing, the discipline team construction has been continuously optimized and grown, the discipline advantages and characteristics have become increasingly prominent. Cross-integration of related disciplines is also continually nurturing innovation, gradually deepening the discipline connotation and expanding the extension of disciplines, and there are also some problems.

Based on the statistical analysis of the relevant published literature of the discipline between January 1, 2016 and June 22, 2019, and in-depth study of more than 400 selected documents, combined with years of research practice of the writing team, this discipline development report summarizes the domestic and international development of the command and control discipline from 2016 to 2019, analyzes the results and gaps, and forecasts and conceives the future development. The basic understanding and conclusions are as follows：

1. The overall characteristics and research hotspots of the discipline

In recent years, it has coincided with "a great change that's rarely seen in a century" in the world. With the revolution in the world's military, the adjustment of the national military strategy, the real needs of social governance, and the development of information technology and weaponry technology, the development of China's command and control discipline has always been oriented towards the strategic commanding heights of national security, the era of technology development, and the development planning and system framework of the country and the military. It reflects the phased features of "network information system based, multi-domain precision warfare, emphasis on mission-based command and real-time weapon control, highlighting data drive and knowledge guidance, focusing on human-machine hybrid intelligence and autonomous coordination".

In the past five years, the research hotspots of this discipline have been mainly distributed in the fields of "model", "simulation", "indicator system", "system architecture", "artificial intelligence", "efficiency assessment" and "big data", especially in "indicator system", "artificial intelligence" and "big data". The most active area of research is the military field, followed by traffic and emergency command. As a new force in the development of this discipline, the academic contribution of doctoral/master's thesis in the main direction of the discipline has taken a large share, reflecting that the discipline has considerable scale and effectiveness in the talent cultivation and reserve forces. However, research on the basic "concept and organizational model", "efficiency evaluation model" and cutting-edge "assisted decision-making" needs to be strengthened and improved.

2. Research progress at home and abroad on the theoretical level of command and control

(1) Basic theory of command and control. Domestic research mainly focuses on global operations, mission-based command, theater joint operations command and control, intelligent command and control based on the network information system, and also focuses on defining the connotation, clarifying the mechanism, designing the model, and asking questions. At the same time, the US military has also proposed combat concepts such as multi-domain operations, algorithm warfare, and mosaic warfare. In general, the research of domestic scholars still begins with tracking the results of foreign countries, especially the theoretical research of the US military, and understanding and drawing lessons from it.

(2) Command and control process model. With the continuous evolution of the new operational concept and its command and control system, the classic OODA process model is gradually unable to adapt. Most researchers optimized the OODA ring model based on different operational scenarios and combat missions. A few researchers independently proposed a new command and control model. Foreign countries are also re-examining the command and control process model from the perspective of war form changes and reconstructing the OODA model. The basic ideas at home and abroad are on the one hand, practical improvement combined with the characteristics of the military service and the specific requirements of the combat style, and on the other hand, Incorporating information, knowledge, uncertainty and other elements to intelligently improve.

(3) Command and control system structure. Domestic research focuses on the command and control system, the organizational structure of command and control, the measurement method of command and control structure, and the development method of command and control system architecture. Some achievements have been made in the aspects of the complex network, C2 organizational design and measurement, architecture analysis verification and evaluation methods. Some achievements have been made in the areas of verification and evaluation methods. Compared with foreign research, domestic researches on the factors and measurement of command and control organizational agility, command and control organizational structure optimization design, system structure integration and optimization methods are still weak.

(4) Command and control effectiveness evaluation. In recent years, China has developed rapidly in command and control effectiveness evaluation. System dynamics model, network analytic hierarchy process, cloud model, fuzzy theory, neural network, multi-agent coordination and other evaluation methods are widely used. At the same time, combined with the actual situation of our army, the construction of the system operational effectiveness evaluation index system and the effectiveness evaluation method based on the system contribution rate have been greatly developed, which plays an important supporting role for the development of the command and control efficiency evaluation. In terms of quantitative analysis and effectiveness assessment, the methods and research results are close to or reach the level of foreign research. Foreign research has focused on quantitative assessment issues and effectiveness assessment issues, and proposed some new methods.

3. Research progress at home and abroad on the technical level of command and control

(1) Common support technology. In terms of the construction and application of knowledge graphs, the technical strength at home and abroad is basically the same, but there is a certain gap in practical application. The United States has deployed a number of major projects in the military field and made major breakthroughs. Relevant applications such as multimedia data associative reasoning in the military field are ahead of China. In terms of intelligent gaming, the US military is actively exploring the combination of intelligent technology and war game system, but it is still in the primary research stage, the relevant technology is not yet mature, and the domestic researches reference to the development of the US military, but started late, the current research on intelligent gaming has just begun. In terms of simulation modeling, the US military has developed a large number of simulation training systems, while the overall domestic research generally draws on the development route of the US military, but it started late, especially in intelligent simulation. In terms of human-computer interaction, the US military has witnessed successful trials and applications of more mature products and related aspects in intelligent interaction, human-machine integration and smart wearable devices. There is a certain gap in domestic technology level, and there are few mature technology products, especially in terms of brain-computer interaction and intelligent integration of human-computer integration, the domestic research is still in its infancy, and there have been successful application tests abroad, having a large gap.

(2) Situational awareness of cognitive technology. In terms of situational awareness, the US military has realized the detection and perception mode of the open space network situation, and the unmanned platform that can fly over the theater to obtain information difficult to be

gained in the single-base system. Domestically, small-target, stealth target identification and tracking technologies, joint battlefield situational awareness system construction, and networked situational awareness information system construction have made great progress. In terms of situational cognition, the US military has launched a number of intelligent situational awareness projects, focusing on distributed battlefield situational awareness technologies under the conditions of network-centric warfare, autonomic situational awareness of unmanned platforms, and algorithmic warfare; domestic artificial intelligence military application research has become a hot spot, and significant progress has been made in the aspects of human-computer integration situational awareness, battlefield situational cognition system, networked operational target system inference, and threat estimation intelligent algorithm.

(3) Mission planning techniques. The domestic theory and practice of combat planning in the theater have made certain breakthroughs, especially in the field of joint operations, and achieved rich results through some special constructions; multi-firepower, multi-strength cluster collaborative planning, human-machine hybrid intelligent decision-making has become an important development direction of action planning. Compared with foreign research, most of the multi-strength and multi-fire coordination planning research is still in the concept research stage. In the large-scale complex operational scenarios, multi-agent planning decision-making needs further research.

(4) Action control technology. The multi-weapon platform collaborative control has become an important development direction. The US military weapon collaboration data chain has matured. China has made great breakthroughs in the research of ground-fixed and low-speed mobile platform collaborative networking technology. Around the action control modeling, action control optimization and decision-making, combat action effectiveness evaluation, both domestic and foreign researches are in the theoretical stage, and various advanced methods such as artificial intelligence and game theory are carried out.

(5) Command and control guarantee technology. In terms of top-level architecture design, the foreign military has been facing a strong confrontation environment, carrying out open architecture design, development, integration and test verification. The support system has the ability to quickly update and adapt to new technologies. China is developing a “cloud” service system architecture. The open architecture is still in the theoretical research phase. In terms of facility interconnection, domestic and foreign researches are developing high-reliability network communication facilities that are resistant to interference and difficult to detect. The technical equipment capabilities such as software radio, cognitive radio, and directional link communication are at the same level. In terms of information services, a large number of intelligent information researches have been carried out at home and abroad. By integrating cognitive computing, artificial intelligence and other technologies, users can obtain more accurate and valuable knowledge from the original information. In terms of security, both domestic and foreign researches are seeking means and methods to transplant the human immune system into the information infrastructure environment, in order to ensure that the information infrastructure can operate effectively when attacked by the enemy. In terms of data security, the domestic research has done a lot of work in data acquisition, reorganization processing, integrated fusion, and the in-depth analysis and mining of data has become the focus.

4. Research progress at home and abroad on the application level of command and control

(1) Joint operational command and control system. Our military is gradually improving the theater joint battle command system, and has completed the joint operation of the theater, and built our first command information system for joint operations. Scholars generally carry out research on the characteristics of future command information systems such as intelligence, knowledge-driven, resilience, and agility. At present, there is a little gap between the software technology of the joint operational command and control system at home and abroad, and the difficulty lies in cross-domain integration. However, from the overall level of system and organizational use, we still have significant gaps in the joint mission planning system and the distributed collaborative joint tactical command and control system.

(2) Network operations command and control system. From the perspective of command and control, the study of cyberspace attack and defense confrontation has received the attention of the academic community. The United States Joint Chiefs of Staff released a new version of the cyberspace warfare command JP3-12, which will guide and promote the application of the US cyberspace operations. It is a milestone for cyberspace operations and a significant reference for researching cyberspace and cyberspace operations.

(3) Unmanned combat command and control system. The unmanned platform of point-to-point command and control is developing rapidly, but the single unmanned platform command and control system with soft definition and access capability of combat cloud is underdeveloped; the demonstration and verification of coordinated command and control for multiple unmanned platforms are gradually started, but it has not yet matured. The military and civilian systems for unmanned cluster command and control have developed, but there is still a big gap between the intelligent and real cluster capabilities; the unmanned combat command and control autonomy and intelligence are insufficient.

(4) Space operations command and control system. Although China's space combat command and control system is developing at a rapid pace, there is still a gap compared with foreign armies: space warfare forces are scattered, and space warfare forces cannot be fully integrated. There is no fast and effective space joint warfare mechanism among various arms; space battlefield situational awareness ability is weak, and it is impossible to monitor the global space situation in real time. On the one hand, it is because of that the ground-based monitoring system and the space-based monitoring system cannot effectively cover the global scope in real time, the detection capability needs to be improved urgently. On the other hand, despite the establishment of the Beidou system, it is still difficult to achieve rapid global broadband access. The space combat mission system is slow to update, unable to meet the space-aware fusion and combat mission planning assessment under the rapid battlefield changing situation, and is not enough to achieve intelligent cognition and decision-making ability.

(5) Public safety command and control system. China's comprehensive disaster emergency management system started late, and it needs to refer to foreign mature and excellent emergency management system; foreign risk assessment and prevention technology are relatively advanced on theoretical level and model establishment. At present, mainstream risk assessment models are from abroad. Domestic scholars' research mostly focuses on localization improvement of the model in accordance with local specific conditions to adapt to China's social public security environment. At present, China has made great progress in monitoring and forecasting environmental disasters, and initially built a disaster monitoring and early warning and forecasting system, but there are still some gaps in the ability of refined forecasting and early warning and forecasting information release. The foreign research of emergency management command system is mostly based on the actual situation in its country, and is applicable to the actual situation of emergency management in western countries. In the design of the emergency management command system in China, there is a lack of effective contact and communication between organizations. Resources cannot be well centralized and utilized, and emergency forces cannot be used to maximize their effectiveness in responding to emergencies.

(6) Traffic command and control system. Foreign development started earlier and has formed

a world-leading mature product of traffic command and control system, and all aspects of technology are leading. In contrast, domestic development started late, but it has carried out a lot of research work in keeping with the international pace. Although there is still a certain gap from practical application, in terms of intelligent traffic command and control, it has also shown vigorous growth in recent years, and the technological progress is faster.

5. The overall development trend of the discipline in the next 5 years

Facing the new era of national, national defense and military development strategies, adapting to the development trend of science and technology, in the next five years, the discipline of command and control will pay more attention to the strategic orientation of system success and independent originality, to the global coordination, agile and resilient operational forms, to the complex dynamic and cognitive gaming scientific mechanism, and to the technological route on human-machine intelligence and the network cloud edge. The development theme of command is intelligent decision-making, highlighting combat system analysis and war design, agile adaptation, temporary decision-making, human-machine hybrid intelligence, group intelligence, uncertainty decision, incomplete information game, cognitive confrontation, and so on. The development theme of control is online collaboration, highlighting 5G+ control, IoT+ control, distributed independent collaboration, unmanned autonomous collaboration, manned and unmanned collaboration, and edge AI.

In conclusion, this report is not only a review of the achievements of the discipline in recent years, but also an inventory of the development of the discipline. It also hopes to lay the foundation for more scientific and effective development of the discipline in the future.

Written by Zhang Weiming, Xiao Weidong, Chen Honghui, Mao Shaojie, Huang Siniu, Deng Su, Luo Xueshan, Liu Yan, Jin Xin, Zhu Cheng, Yu Yue, Yan Jingjing, Ren Hua, Diao Lianwang, Zhang Litao

Reports on Special Topics

Advances in Information Fusion Technology

Information fusion technology is an information processing technology that uses computer technology to automatically analyze and synthesize multi-source information from multi-sensor detection according to certain rules, and then automatically generate more complete, accurate, timely and effective comprehensive information. In the field of military application, information fusion can be understood as the multi-level and multi-faceted processing of multi-source information and data, such as detection, association, correlation, estimation and synthesis, in order to obtain more accurate determination of target state and category, as well as the information processing process of comprehensive and timely assessment of battlefield situation, threat and their importance. This process is a continuous refining process of the evaluation of the demand for additional information sources, and also a process of self-improvement of the information process to obtain the continuous improvement of the fusion results. Information fusion technology can also increase the correctness and reliability of command decision-making, reduce the cost of the weapon system, and detect and track more enemy targets at the same time by properly allocating sensors in a certain range. Of course, the improvement of multi-sensor information fusion system performance is at the cost of increasing the complexity of the system. This special report includes three main parts. The first part is the research progress of information fusion technology in China. It summarizes the research progress of the basic theory of information fusion from the evidence theory, random set theory, fuzzy set and rough set theory and other mathematical theories; from target detection and tracking, image fusion and recognition, situation awareness and cognition, fusion algorithm performance evaluation and other technologies The breakthrough of key technologies of information fusion is summarized in this part. The second part is the comparison of the research progress of information fusion technology at home and abroad. It makes a comparative analysis of the research progress of the basic theory of information fusion at home and abroad from the research fields of evidence theory, random set theory, fuzzy set and rough set theory, etc.; from the research fields of target detection, location and tracking, image fusion and recognition, situation awareness and cognition, fusion algorithm performance evaluation, etc. The research progress of key technologies of information fusion at home and abroad is compared and analyzed. The third part is the development trend and research prospect of information fusion technology in China. It discusses the development trend of information fusion technology in China from five aspects: basic theory, target detection, location and tracking, situation awareness, fusion algorithm performance evaluation and fusion system architecture; from distributed information fusion and perception, information perception and fusion integration, cognitive domain information fusion , context based information fusion, human in the loop battlefield situation awareness, and information fusion technology combined with artificial intelligence and big data and other emerging technologies, six aspects of the future breakthrough technology have prospected.

Written by Huang Qiang, Li Tingting, Diao Lianwang

Advances in Mobile Command Network Technology

Mobile commanding is the ability to use wireless communication technology and network technology to assist the implementation of command and control under the condition of constantly changing node location. The communication network supporting this ability is called mobile command network. The specific functions of the mobile command network are: under various network scheduling mechanisms, relying on the wired and wireless channels for network communication, transmitting the effective information of the target object and scene, and assisting the command systems. This report describes the typical application deployment of mobile command network and summarizes the domestic and foreign development status of network transmission technology, networking and control technology, network security technology and network service technology in the past five years. Finally, the development trend and countermeasures of Chinese mobile command network technology are put forward.

Written by Liu Peilong, Li Yong

Advances in Theory and Technology of Cloud Control System

Cloud control and collaboration introduce cloud computing, edge computing, big data processing technology and artificial intelligence algorithms in the traditional control. The massive data aggregated by various sensor perceptions, are stored in the cloud, and applied to online identify and model of the system by artificial intelligence. Combined with various advanced methods, the algorithms of planning, scheduling, forecasting, optimization, decision-making and control are conducted in the cloud to realize the autonomous intelligent management and control of the system. The network interacts with information to form a cloud-network-edge-terminal collaboration mechanism to improve the real-time and availability of complex intelligent system control. This report gives the relevant theories of cloud control and collaboration and its applications, and describes the new trend of cloud control and collaboration. With the rapid development of cloud computing, edge computing and artificial intelligence technology, cloud control and collaboration have ushered in the dawn of development.

In recent years, network technology has made remarkable progress, and more and more network technologies have been applied to control systems. In general, a control system that forms a closed-loop through a network communication channel is called a networked monitored and adjusted through a communication channel. Networked control theory has played a key role in the rapid development of the Internet of Things technology. The Internet of Things uses networked control technology to achieve interconnection, intercommunication and inter-control of objects, thereby establishing a highly interactive and real-time response network environment. With the development of the Internet of Things, the system will be able to process this massive amount of data. These data come from the wide-spread information perceived by sensing devices such as mobile devices, vision sensors, radio frequency identification readers, and wireless network sensors. Massive data in the control system will greatly increase the communication, storage and computational burden of the system. In this case, the traditional networked control technology faces the challenges of the complexity of the control system, the constraints of computing power and storage space, and the limitations of the traditional control architecture itself. With the development of new generations of information technologies such as cloud computing and big data processing, control systems need to be smarter, have more powerful functions and better information interaction capabilities. Intelligent decision-making and closed-loop control have become the key elements of national strategies, such as the US National Manufacturing Innovation Network, German Industry 4.0, EU Horizon 2020, and China Manufacturing 2025. The State Council's New Generation Artificial Intelligent Development Plant also pointed out that the new generation of control systems should have intelligent computing, optimization decision-making and control capabilities.

Taking control as the core, cloud computing and Internet of Things technology as the means, relying on networked control, Cyber-Physical System and complex large system theory, Cloud Control System (CCS) emerged as the social and industrial requirement, achieving a control performance with a high degree of autonomy and intelligence. In the CCS, real-time control is guaranteed by the application of cloud computing. In the cloud, intelligent algorithms such as deep learning, combined with key technologies such as big data processing, networked predictive control and data-driven control, bring the CCS considerable intelligent and autonomous control capabilities.

Command and control system is the core link and important support of modern combat, social management and emergency response. In modern time, the intelligent processing of data, management of system platforms and effective and precise control of terminal equipment are key factors for the decision-making advantage of command and control system. However, the increasingly complex scene information and situation make the command and control system need to process more and more data from the battlefield or other sources of information. Faced with such a huge amount of information, the processing speed of a single computing node cannot meet the requirements of the command and control system. The traditional command and control architecture can not meet the requirements of massive data processing. The overall architecture and core requirements of the command and control system are high compatible with the CCS. Therefore, the CCS theory and technology are applied to the command and control system to process large and diverse data efficiently.

Written by Xia Yuanqing, Liu Kun, Gao Runze, Zhang Qirui

Advances in Cooperative Control for Swarm Systems

Through local perception and simple behavior interaction between individuals in a cluster, complex group behavior can emerge in the macro level. Swarm intelligence has significant advantages over individuals. Inspired by the behavior of biological swarm, swarm intelligence and cooperative control have shown strong application potential in many fields. The subject of swarm intelligence and cooperative control is a comprehensive interdisciplinary subject, which integrates complex system theory, cooperative operation theory, artificial intelligence theory, information theory, decision theory, communication network, flight control, big data, navigation, guidance and other disciplines and technologies. Firstly, this report introduces the origin and development process of cooperative control for swarm systems, and discusses the concepts and connotations. Secondly, consensus control is the most representative theory of cooperative control. Based on consensus control, this report expounds on several research branches extended from consensus control in recent years, including consensus tracking control, formation control, formation tracking control, containment control, formation containment control, and cooperative confrontation and game control. On this basis, the application and practice of cooperative control theory in the unmanned swarm system are introduced. Finally, based on the analysis of the related projects and key technology research status, the report puts forward the relevant development suggestions from the technical characteristics, which provides important reference for the development of command and control discipline and the future development of swarm system cooperative control field.

Written by Lv Jinhu, Ren Zhang, Dong Xiwang, Li Qingdong, Liu Kexin

Advances in Space Security Control Technology

Space security control is a crucial subject to almost all of the countries. Space security is focused on nearly all security issues related to the human space activities, which comprise not only operational control and safety management of the spacecraft itself, but also a broad range of interrelated problem about national security, property security, and environmental security. Furthermore, command and control of the spacecraft system is facing unprecedented highest requirements for its special environment, important applications, and complex architecture.

Since the beginning of space activities, its latest achievements are applied in the military field. Therefore, national security is the primary issue involved in space security. In addition to the command and control of combat aircraft, it is also necessary to study the impact of spacecraft detection, surveillance, attack, defense and confrontation on national security. Spacecraft is high technology product, the use of high value, its value is also very expensive, in the space environment, under the influence of such factors as once damage will cause immeasurable loss, so the asset security is an important part of the study of space security, need to predict the potential risk to spacecraft and evaluation, and study the related problems, such as the spacecraft space debris threats and avoid problems; Space system is a typical complex system, which is mainly reflected in complex system composition, strong nonlinear system, multiple environmental and human factors, and great uncertainty of the system. Especially under the condition of attack, defense and confrontation, it is more difficult to apply the method of deterministic system management and control. These problems of space security cannot be solved by a single discipline. They need to be studied by integrating the cutting-edge theories and technologies of flight mechanics, communication, pattern recognition and intelligent control, artificial intelligence and complex systems, and seek for a major breakthrough in the fundamental method of research. To parallel system as the main theoretical basis of complex system modeling solution space, with theoretical research, science and technology as the research methods of experiment and calculation, concentrating on theory of security technology research and application practice, to the peaceful use of space resources and sustainable development is of great significance, will also become an indispensable part of command and control subjects.

Human exploration and development of space, space orbit position, microgravity, vacuum, solar energy has gradually become resource attributes. Space resources have become a new type of strategic resources after the natural resources of land and sea, and have exerted a comprehensive and profound influence on human political and economic life. The technological leap and industrial revolution spawned by space exploration are just around the corner. The peaceful, orderly and sustainable development of space resources has gradually become a consensus.

The space vehicle's stay in orbit depends on the balance of centrifugal force and gravity of orbital motion, which determines that the space vehicle's motion cannot be limited to the territory of any country. Due to historical reasons, the operational control of space vehicles has not formed an effective and unified management mechanism. With the space resources becoming more and more strained, all kinds of spacecraft flying in space are also like vehicles shuttling in the city, facing increasingly crowded traffic and potential collision threats. In addition to normal operation and human-controlled spacecraft, space launch debris, captured meteoroids by the earth's gravity, space debris generated by collision or disintegration events, spacecraft at the end of their life are also full of the space traffic environment.

Space resources are the common wealth of mankind, and it is the common responsibility of mankind to maintain the sustainable development of space resources. The realization of safety management and orderly control of space traffic requires efforts at multiple levels, such as coordination between governments, data sharing among agencies, and construction of related infrastructure. However, research on space security issues is an indispensable basis. Space security involves basic theories and cutting-edge technologies in space physics, astronautics, management, cybernetics, law, economy and other fields.

Written by Wang Zhaokui, Li Hao, Li Mailiang, Han Dapeng, Chen Haiping

Advances in Command and Dispatch of Public Safety and Security

With the development of society and the advancement of science and technology, command and dispatch gradually derived a variety of models. However, the essence is to use information technology and other suitable working mechanisms to integrate the different, complementary, relatively independent command elements, executive forces and related resources. As a whole system, to achieve the goals of organizational planning.

Part One of this report gives the concept of command and dispatch, introduces the theoretical basis of command and dispatch, and draws a roadmap of command and dispatch evolution.

Part Two of the report tells the development status of intelligent command and dispatch in China from three major aspects, they are researching hotspots and fields, key technologies and business systems and application systems. The researching hotspots and fields include the followings: emergency planning; situation visualization; mobile command and big data modeling. And emergency planning is divided into four researching sub-hotspots, they are digitalization and structuring of plans, plan matching and optimization, generating plans smartly and cooperate with command and dispatch application system.

The report introduces the key technologies related to the intelligent command and dispatch in China. They are ①intelligent sensing recognition technology, such as face recognition, vehicle identification, iris recognition, human behavior recognition, vehicle behavior recognition and other identification technologies, ②intelligent plan and action plan generation technology, such as plan modeling method based on ontology, entity recognition of plan knowledge and extraction technology, knowledge-based intelligent plan generation technology, HTN-based action plan intelligent planning, action plan intelligent planning for the uncertain problem and action plan intelligent planning based on deep reinforcement learning technology, ③ resource optimization scheduling technology, such as resource dispatching based on dynamic programming, resource dispatching based on fuzzy theory, emergency resource dispatching based on grey theory, resource dispatching based on the heuristic algorithm, personnel dispatching based on a competency model, personnel dispatching based on synergy model and personnel dispatching based on genetic operator, ④ modeling simulation and evaluation techniques, such as simulation model data generation based on GAN, model framework construction, modeling based on big data intelligence, evaluation of simulation system based on VV&A theory and evaluation of action plan based on Bayesian network theory.

The report also lists out some business systems and application systems related to the intelligent command and dispatch in China. Business systems: intelligence acquisition and intelligence analysis, route control and key people control, basic searching and investigation for monitoring and controlling the social security, anti-terrorism and maintain the stability of society and handling emergencies, safety supervision and regional police cooperation, data display and comprehensive situation visualization, monitoring and controlling public opinions, monitoring and controlling video, joint operations between the air and ground police. Application systems related to following fields: mechanisms and processes informationization; basic support informationization, such as post information management system, alarm detection system, basic computer information network, wired communications system, digital trunking communication system, video surveillance system, telephone and video conferencing, mobile satellite communications; data support informationization, such as data checking and recording system, vehicle verification system, large people flow monitoring system, public opinions monitoring and controlling system, police big data analysis system, intelligent analytics platform; command application informationization, such as 110 answering and handling alarm system, cooperation system for police from different offices working on the same cases, plan management system, security command system, intelligent early warning system based on video and data system from the police.

Part Three summarizes the status of intelligent command and dispatch in the other countries from the following perspectives: intelligent perception recognition technology, intelligent plan and action plan production, resource optimization scheduling, modeling simulation and evaluation, industry application research and development. It also makes a comprehensive analysis and comparison with domestic development.

Part Four analyzes the development trend and prospects the intelligent command and dispatch technology in China from two viewpoints. One of them is “all-elements integration”, which includes intelligence command integration, decision-making and dispatching integration, force to edge integration and comprehensive security integration. The other trend is "intelligent lifecycle", which includes an intelligent flow of giving an alarm, answering the alarm, making decisions and commands according to the dynamic situation, dispatching police force based on the dynamic situation, giving early warning based on the information smartly.

Written by Liu Yuchao, Gao Zhan, Yu Long, Ling Ping, Zhang Sunan, Zhao Zhiqiang, Wen Xiaoping, Chang Haifeng, Wu Xing, Zheng Meiyun, Li Borui, Ma Yan, Li Xiaoyong, Ding Rong

索 引